개정판

건설 감정

공사비편

이기상
손은성
감수 윤재윤

건설분쟁사건에서 감정은 결론을 실질적으로 좌우하는 핵심적인 기능을 한다. 오래 전부터 건설감정의 공정성과 정확성을 높이기 위하여 법조인과 건축사 등 전문가들이 꾸준히 노력을 해왔다.

나는 2002년 서울중앙지방법원 건설전문부 재판장으로 있을 때 최초로 건설감정인 실무연수 세미나를 열어서 건설감정절차와 기준에 관하여 토의하였고, 기회가 있을 때마다 '감정절차의 표준화'와 '감정인의 전문화'를 역설해왔다. 그 후 법원의 노력과 경험이 축적되어 2011년에는 주요 감정기준을 다룬 '건설감정실무(서울중앙지방법원)'가 2014년에는 '건설감정 매뉴얼(법원행정처)'이 발간되었고 현재 이러한 책이 감정의 가이드라인으로 기능을 하고 있다.

그럼에도 불구하고 건설분쟁사건에서 감정인들의 감정결과를 둘러싸고 불만이 줄어들고 있지 않은 것 같다. 실제로 감정결과를 비교, 분석해 보면 형식적으로는 감정기준에 맞추는 형태를 갖추고 있으나, 실질적으로는 자의적이고 비합리적인 판단을 하는 경우가 매우 흔한 실정이다. 이는 감정인의 전문성 부족과 통합적인 기준의 부재가 주된 원인으로 생각된다.

이러한 상황에서 이 책이 출간된 것은 매우 의미가 깊다고 하겠다.

이 책의 저자는 이미 2013년에 하자에 관한 건설감정실무를 다룬 '건설감정-하자편'을 출간한 바가 있다. 위 책은 건물의 하자에 관하여 감정기준과 실제 사례를 충실하게 정리하여 실무상 큰 도움이 되었다. 이 책은 하자 감정 외에 공사대금과 기타 감정을 망라한 후속편이라고 하겠다. 이 책은 건설도급계약을 총론으로 하여 실무적으로 빚어지는 공사대금의 특성을 상세히 설명하고 있다. 특이한 것은 공사대금 소송의 본질을 계약과정의 문제라는 관점에서 보고 있다는 점이다. 저자는 도급계약의 체결과정을 비정형성, 경쟁자중심의 가격결정, 원가의 계층구조로 풀이하고 있다. 나아가 소송에서 감정인이 꼭 짚어 봐야할 쟁점별 공사대금 산출방법도 다루고 있고, 이러한 내용을 토대로 공사대금 감정을 설명하고 있다. 이 외에도 '설계비', '유익비 · 원상복구비', '건축측량 · 상태' 등 감정 전반에 관하여 해설하고 있다. 실제 수행한 감정 사례를 제시하고 자세히 분석하여 실무감각을 익히도록 한 것도 좋은 시도라고 하겠다.

이제는 건설감정이 더 전문화되고 통일적 기준을 가져야 한다. 이를 위하여 열린 마음으로 감정에 관한 정보를 교환하고 토론하고 논의하여 올바른 감정방법을 정립해 나가야 한다. 그 흐름의 전환점에서 이 책은 하나의 초석이 될 것이라 믿으며 이 책을 추천한다.

윤 재 윤 (법무법인 세종 변호사)

건설감정 공사비 초판이 발행된 것이 2015년이니 벌써 5년이 지났다. 초판을 준비할 때는 감정서를 작성하는 감정인으로서 인용된 사례에 오류가 있는 것은 아닌지, 적용논리에 허점이 있는 것은 아닌지에 모든 신경이 집중되어 있었다. 그러기에 그때는 사례로 든 감정을 할 때 겪었던 것들을 돌이켜볼 여유가 없었다. 하지만 지금은 타인이 작성한 감정서를 검토하는 입장에서 개정판을 준비하다 보니 감회가 새롭다. 그때의 긴장과는 달리 사례가 된 감정 각각에 대한 기억과 이기상 소장님과의 일들이 떠오르기 때문이다. 보고서를 쓰다가 의심이 생겨 현장을 몇 번씩 다시 가봤던 일, 기성고 개념을 이해하기 위해 가상의 내역서를 작성해봤던 일, 공사비 산출을 위해 부위별로 철근, 콘크리트, 거푸집 시공량을 구분하여 산출했던 일, 설계비 감정의 틀을 만들기 위해 설계도서 기성고 비율 산출양식을 24번에 걸쳐 수정했던 일, 사건의 본질이 무엇이고 감정의 목적이 무엇이냐에 따라 감정기준이 달라질 수 있는 상황에서 견해차이로 소리 높였던 일, 법원 민원실에 제출하러 간 직원을 불러 세워 보고서를 회수하고 수정했던 일들이 새록새록 떠올랐다. 돌이켜 보니 이 모든 일들이 애정이었고 열정이었다. 이제는 모든 감정인들이 이와 같지 않다는 것을 알기 때문이다.

그동안 법원에 소속되어 감정서를 검토하고 재판부에 의견을 제시하면서 안타까운 경우를 많이 봤다. 오류가 있는 보고서가 제출되었을 때다. 감정인은 정작 자신의 보고서에 오류가 있다는 것을 모르는 경우가 많다. 당초 감정에 대한 기본적인 지식이 부족하기 때문이다. 그런데 더 큰 문제는 그것이 확인되어도 상당수 감정인이 이를 바로잡으려는 노력을 하지 않는다는 것이다.

하자의 경우 현상으로 나타나기 때문에 사실관계 확인이 용이하며 당사자들 또한 이미 보수에 대해 고민했기 때문에 감정결과에 대한 논란이 크지 않다. 하지만 공사비의 경우 감정인의 적용기준에 따라 감정결과 자체가 달라질 수 있다. 실제로 건설소송에서 법원이 인정한 기성고 공사비 개념에 맞지 않는 감정서가 제출되고 있다. 감정인이 기성고 공사비 감정에서 기시공 부분에 소요된 공사비와 미시공 부분에 소요될 공사비의 의미를 모르는 것은 물론이고, 기시공 공사비를 산출함에 있어 임의로 공종별 할증을 적용하는 경우도 있었다. 이에 대해 사실조회를 통해 할증근거를 물으니 민원으로 공사가 지연되어 공사비가 증가되었는데 이를 공사의 난이도가 높아진 것으로 인정하여 할증했다고 회신하였다.

이와 같은 일들이 발생하는 이유는 건설감정에 대한 체계적인 교육이 이루어지지 않고, 감정인 스스로의 노력이 부족하며, 소송특성상 감정서가 공개되지 않으니 설사 감정이 잘못 되었다 하더라도 밖으로 드러나지 않기 때문이다.

감정에 정답은 없다. 감정인마다 갖고 있는 지식과 경험이 다르며 판단기준 또한 다르기 때문이다. 하지만 객관적 사실과 일반화된 규칙 및 상식에 근거한 감정결과라면 이해와 더불어 납득할 수 있다. 그런데 문제는 앞에서와 같이 일반화된 규칙도 모른 채 감정을 하는 이들이 있다는 것이다.

평생교육은 100세 시대만 전제로 하는 것이 아니다. 감정인들에게
도 평생교육이 필요하다. 20년을 시공현장에서 근무한 시공기술사도
공사비집행은 못해봤을 수 있다. 더욱이 공사만 하였다면 설계변경이
나 공기연장 간접비 등에 대한 것은 모를 수 있다. 설계의 대가라 하더
라도 설계비를 단계별로 구분하는 것은 쉽지 않다. 해보지 않았기 때
문이다. 그렇다고 어디서 이와 같은 것을 배울 수 있는 곳도 없다. 그
래서 책이 필요하다. 책에 있는 예시를 통해 당면한 문제를 해결하고,
제시된 방법에 대한 고민을 통해 보다 나은 방법을 모색하는 것이 책
의 목적이기 때문이다.

불교용어 중 보시(布施)가 있다. 널리 베푼다는 뜻으로 자비의 마음
으로 타인에게 조건 없이 나눠주는 것이다. 그런 의미에서 책을 쓰는
것도 보시의 하나라고 생각된다. 요즘이야 의미가 퇴색되었지만 한동
안 노하우(know how)가 화두인 시절이 있었다. 나만 알고 있는 지식이
나 기술을 돈으로 바꿀 수 있기 때문이었다. 그러나 인터넷 검색으로
핵폭탄도 만들 수 있는 지금은 노하우란 말 자체가 쓰이지 않고 있다.
그럼에도 불구하고 책을 쓰는 것은 쉬운 일이 아니다. 일단 논리적인
근거에 따라 무언가를 정리하여 제시하는 것이 보통일이 아니기 때문
이다. 그래서 나는 지식이나 기술 분야의 책을 쓰는 분들을 존경한다.
더욱이 꾸준한 노력을 통해 기존의 것들을 발전시키고 이를 통해 타
인의 이익까지 도모하는 분들을 존경한다. 내 것을 나눈다는 것이 얼
마나 어려운 일인지 잘 알기 때문이다.

초판에 이어 개정판을 준비하며 다시금 내가 운이 좋은 사람이라는
생각을 했다. 그리고 내 곁에 이와 같이 어려운 일을 척척 해내는 분이

있다는 것에 감사드렸다. 이 글을 빌려 이기상 소장님께 감사와 존경의 인사를 전한다.

2020.10.

손 은 성

　서울중앙지방법원의 '건설감정실무'를 토대로 몇 분과 같이 감정에
관한 책을 썼다. 2013년 펴낸 '건설감정-하자편'이 그것이다. 그 직후
부터 하자 외에도 각종 공사대금 감정을 비롯하여 유익비나 설계비
감정까지 큰 틀의 정리가 필요함은 느끼고 있었다. 부족하지만 이왕
하자 감정에 관한 책도 썼던 터라 약간의 책임감도 있었다. 그래서 지
난 10년 동안 수행했던 감정서를 정리하기 시작했다. 주변의 감정인
에게도 부탁하여 자료도 많이 구했다. 논문이나 책도 많이 봤다. 그런
데 지난 감정서들을 보다 보니 얼굴이 후끈거린다. 누구보다 많은 경
험이 축적되어 있다고 자부하고 있었다. 그런데 다시 보니 오자는 왜
그리 많은지. 띄어쓰기는 왜 그리 안 맞는지. 개념정리도 명확하지 않
고 대충한 것 같은 느낌이 드는 것도 많았다. 뭔가 올바르지 않다는 느
낌이 드는 것도 있었다. 더 잘할 수 있지 않았을까 하는 아쉬움이 깔렸
다. 일만시간의 결과 치고는 너무 보잘 것 없는 것 아닌가 하는 자괴감
도 들었다. 어떻게 헤쳐 나온 것 같았지만 과오도 많았던 것이다. 그
냥 잊고 살았던 것이다.

　그래서 이 책을 쓰게 되었다. 이 책은 하자 외에 공사대금과 기타
감정을 다루고 있어 지난 2013년에 펴낸 '건설감정-하자편'에 이은 2
편이라고 할 수도 있다. 앞서 하자편이 건설감정실무를 근간으로 만

든 것이라면 이 책은 감정인마다 축적된 자료를 모아 정리하고 분석한 것이다. 이를 통해 뭔가 올바른 감정방법을 논할 수 있는 틀을 만들 수 있지 않을까 라는 생각에서 출발하였다. 아직 미완이지만 이제 감정분야도 고도의 객관성과 공정성, 과학적 사고를 요구하는 전문화된 업역으로 자리 잡고 있다. 그만큼 감정인의 전문적 역할과 비중도 높아지고 있다. 그래서 이러한 자료와 논리를 정리하여 다른 감정인들과 공유할 수 있다면 보람이 있을 것이라는 생각이 이 책을 쓴 가장 큰 이유이다.

돌이켜보면 감정의 성패는 감정사항을 정확히 이해하는데 달려있는 것 같다. 감정사항은 감정의 출발점이기 때문이다. 그래서 감정서에 감정사항을 기재해야 한다. 마치 판결문에 청구취지를 기재하는 것과 같다. 문제는 감정인이 감정의 신청취지를 제대로 이해하지 못한 경우도 있다는 것이다. 만약 감정인이 감정사항을 올바르게 이해하지 못한 채 감정에 착수하였다면 그 결과는 전혀 다른 방향으로 전개될 것이다. 또한 건설분쟁에서 발생하는 정보량과 그 수준이 감정인의 이해능력을 추월할 때마다 감정인은 벽에 부딪힌다.

이 추세를 막을 수 없다. 현재 국내 건설산업은 설계나 시공의 품질, 성능이 급속히 선진화되고 있기 때문이다. 때론 불가피하게 실수도 있기 마련이다. 미처 확인하지 못한 오류도 일어난다. 그렇다면 그 감정결과는 증거로서의 가치가 상실될 수밖에 없다. 우리가 지금보다 조금이라도 더 통찰력을 가져서 감정의 실수나 오류를 줄이고 더 잘할 수 있다면 얼마나 좋을까. 어떻게 하면 시행착오를 줄일 수 있는가. 올바른 감정방법은 무엇인가. 이 책은 이런 물음에 대한 고민이다.

먼저 감정사항에 대한 올바른 진단이 전제되어야 한다. 그러기 위해서 감정의 사고는 명료하게 전개되어야 한다. 감정의 유형별로 감정사항을 구분할 수 있어야 한다. 아무리 꼬여있는 쟁점이라 하더라도 하나하나 풀어야 한다. 소음 속에서 신호를 걸러내야 한다. 이를 위해서는 감정인의 사고 속에 마치 우편함과 같은 칸이 있어야 한다. 감정사항을 그 유형별 칸에 집어넣어야 한다. 예를 들면 기성고 공사대금은 기성고 칸에, 추가공사대금은 추가공사비 칸에 말이다. 감정의 출발은 이렇게 시작되어야 한다. 그렇지 않다면 부정확한 감정을 진행하게 되어 오류가 생기거나 비약이 생기고 설득력이 떨어진다.

이 책은 바로 이 감정의 출발을 위한 칸을 다루고 있다. 이 칸을 하나의 장으로 하여 구체적 감정의 사례로 채웠다. 책은 크게 11장으로 구성되어 있다. 각 장마다 특정한 주제를 담았다. 사례들은 좀 더 직접적이고 구체적이다. 그래야 감정의 실체에 좀 더 쉽게 다가갈 수 있을 것으로 생각했기 때문이다.

제1장은 감정절차에 관한 내용이다. 건설과 같은 전문분야 재판에서 감정절차의 중요성이 갈수록 부각되고 있다. 법관이 필요한 모든 전문 지식을 갖출 수 없기 때문이다. 결국 전문가로부터 기술적인 보조를 받아야 한다. 그래서 감정인도 재판부나 변호사 못지않게 감정절차를 정확하게 숙지할 필요가 있다. 이런 측면에서 감정절차를 규정한 감정인 관련 예규와 법원의 감정절차를 상세히 들여다보았다.

제2장은 건설도급계약에 관한 것이다. 분쟁의 관점에서 건설을 자세히 들여다보면 '도급계약'이 그 중심에 있음을 알게 된다. 대부분의 건설 분쟁은 바로 이 '도급계약'의 조문에서 파생한다. 이 장에서는 건설 분쟁의 속성을 제대로 파악하기 위해서 건설도급의 특성을 다루었다.

제3장은 공사대금의 특성에 관한 내용이다. 감정을 통하여 만나는 공사대금 분쟁의 전말을 살펴보면 마치 하인리히 법칙과 같은 현상을 발견할 수 있다. 분쟁의 원인을 역으로 추적하다 보면(감정을 맡으면 불

가피하게 이런 상황이 발생한다) 내재된 갈등을 발견할 수 있다. 다양한 원인들이 갈등의 에너지로 축적되고, 어느 순간 임계치를 넘으면 터져 나오는 것 같다. 이 같은 분쟁을 이해하기 위해서는 먼저 공사대금의 특성과 이로 인한 공사대금 관리의 한계점을 살펴볼 필요가 있다.

제4장은 쟁점별 공사비 산정방법에 관한 것이다. 국내로 외국의 선진화된 기법이 도입되고 있다. 공정관리(EVMS)와 가치분석(VE), BIM과 같은 것들이다. 하지만 이러한 기법 도입에도 불구하고 공사대금의 '비정형성', '경쟁자중심 가격결정', '계층성'이라는 특성에 기인하는 각종 한계적 상황은 동일하게 발생하고 있다. 관급공사와 같이 정교한 공사비내역서를 첨부한 경우에도 마찬가지다. 이 장에서는 이러한 쟁점별 공사비 산정방법을 살펴보았다.

제5장은 기성고 공사대금 감정방법이다. 공사대금 소송은 청구 원인과 취지에 따라 다양한 유형의 '공사비 감정'이 요구된다. 그 중 가장 대표적 공사비 감정이 '기성고 공사대금'이다. '기성고 공사대금'을 감정해야 하는 상황은 한 가지 경우 밖에 없다. 바로 건설도급계약의 해제로 인해 건설공사가 중단 되었을 때다. 이 장에서는 기성고 감정의 개요와 구체적 방법을 다루었다.

제6장은 추가공사대금 감정방법이다. 추가공사대금에 관한 분쟁은 주로 소규모 건축공사에서 더욱 빈번하다. 계약 후 도급인과 수급인이 아무런 문제를 제기하지 않고 원만하게 공사를 완료한다면, 그리고 건물을 제대로 인도받았다면 다툼은 발생하지 않은 것이다. 하지만 건설소송에서 총액계약, 정액도급이라는 건설의 특성에 무색하게 추가공사대금 분쟁은 큰 비중을 차지하고 있다. 이 장에서는 추가공사대금의 개요와 구체적 감정방법을 살펴보았다.

제7장은 공사대금 정산에 관한 내용이다. 공사대금 정산은 추가공사대금과 정확히 반대되는 개념이다. 추가공사대금이 수급인이 추가

공사대금에 대한 청구권을 발생시킨 경우라면 공사대금 정산은 당초 약정보다 일부를 미시공하였거나 변경하여 시공한 부분에 대해서 도급인이 수급인에게 감액을 요구하는 것이다. 이 장에서는 공사대금 정산 감정의 방법을 사례와 함께 살펴보았다.

제8장은 설계비 감정방법에 관한 내용을 담았다. 이 장에서는 설계자의 손해배상 책임이나 설계도서의 저작권에 관한 분쟁은 다루지 않았다. 설계보수비를 중점적으로 다루었다. 설계용역의 경우, 계약이 중도에서 종료되었다 할지라도 설계자는 이미 한 일에 대한 보수를 청구할 수 있다. 설계비 감정방법을 사례를 들어 상세히 살펴보았다.

제9장은 유익비 · 원상복구비 감정방법에 관한 것이다. 건축감정의 범위는 꼭 건축공사 과정에만 국한되지 않는다. 건물이 완성된 한참 후에도 건물 내 특정 공간에 대해 감정이 필요한 경우가 있다. 필요비 · 유익비상환청구나 부속물매수청구, 또는 임대차 종료 시 기존 시설에 대한 원상복구비 등이 그것이다.

제10장은 건축측량 · 상태 감정에 관한 것이다. 앞서 살펴본 공사비, 용역비, 유익비와 하자나 건축물의 구조, 공정 외에도 건축감정이 필요한 사건은 아주 많다. 사실 건축물에서 나타나는 기술적 특성에 관한 분쟁은 전부 감정의 대상이 될 수 있다. 그러다 보니 비용을 산정하는 것 외에 어떤 면적이나 높이에 대한 측정을 요구하는 감정도 있다. 건축상태에 관한 감정도 있다. 건설과정에서 이미 처리되고 완료되었어야 할 것임에도 불구하고 이에 대한 사정을 현재시점에서 재구성하고 원인을 추적하는 것이다.

제11장은 외국의 감정절차에 관한 내용이다. 물론 외국의 감정 제도는 문화적인 측면이나 법률 운영의 특성상 우리의 현실과는 다소 차이가 난다. 하지만 과학적이고 올바른 감정 제도에 대한 방향성을 가늠한다는 측면에서 외국의 감정절차도 한번 살펴볼 필요가 있다.

역사적으로나 실체적으로 감정절차가 아주 잘 발달되어 있는 외국의
감정인제도를 들여다보았다.

　　내가 감정분야에서 가장 전문적인 사람이라고 할 수는 없다. 하지
만 다양한 감정 경험을 쌓은 사람 중의 하나임은 분명하다. 이 책은 이
경험에 터 잡아 쓴 것이다. 건설감정인들과 건설사건과 관련한 분들
에게 조그마한 도움이 되었으면 한다.

2015.04

이 기 상

제 1 장   감정절차

제 2 장 건설도급계약

제 3 장   공사대금의 특성과 종류

제 4 장   쟁점별 공사비 산정방법

제 5 장   기성고 공사대금 감정

제6장 추가공사대금 감정

제7장 공사대금 정산

제8장 설계비 감정

제9장 유익비·원상복구비 감정

제 10 장   건축측량·상태 감정

제 11 장   외국의 감정절차

부록 차례

표 차례

그림 차례

수식 차례

제 1 장

감정절차

감정절차

제1장

    '감정(鑑定)'이란 지식과 경험의 조합이다. 법원의 판단능력을 보충하기 위하여 전문적 지식과 경험을 가진 자로 하여금 법규나 경험칙(대전제에 관한 감정) 또는 이를 구체적 사실에 적용하여 얻은 사실판단(구체적 사실판단에 관한 감정)을 법원에 보고하게 하는 증거조사방법이다.[1] '증거'라는 단어의 의미에서 알 수 있듯이 '감정'은 사실관계를 확정하는 중요한 절차 중 하나이다. 소송에서 만난 원고와 피고의 주장들은 영원히 교차하기 힘든 평행선 위에 놓여 있는 것 같다. 감정은 이 주장들의 사실관계를 파악하여 하나의 일치된 교차점을 만드는 것이다.

    감정제도의 근본적 취지는 과학적이고 합리적이며 공정한 절차나 방식에 의한 증거의 확보이다. 감정인의 감정결과는 감정방법 등이 경험칙에 반하거나 합리성이 없는 등의 현저한 잘못이 없는 한 존중받는다.[2] 하지만 당사자 일방과 접촉하여 자료를 접수한 경우는 감정인의 편파성이 문제되기도 한다. 이 경우 정확성 여부와 관계없이 감정결과가 배척당하기도 한다. 감정인의 입장에서 주의해야 할 점이다. 그러므로 감정인에게는 무엇보다 정확하고 투명한 절차를 통해

---

1 건설감정매뉴얼(법원행정처), 2면, 2014.
2 대법원 2012. 11. 29. 선고 2010다93790 판결, 대법원 2007. 2. 22. 선고 2004다70420, 70437 판결 등

감정을 수행해야 할 의무가 있다. 항상 선서를 잊어서는 안 된다.[3]

또한 재판제도와 증거법, 감정절차에 대한 이해도 필요하다. 따라서 감정인도 재판부나 변호사 못지않게 감정절차를 정확하게 숙지해야 한다. 특히 감정절차의 중요성은 건설과 같은 전문분야 재판에서 더욱 부각된다. 이런 관점에서 감정절차를 규정한 감정인 관련 예규와 법원의 건설 감정절차를 상세히 들여다보고자 한다.

Ⅰ 감정인 등 선정과 감정료 산정기준 등에 관한 예규

감정의 진행 절차는 민사소송법의 증인증거규정(민사소송법 제333조 내지 제342조)을 준용한다. 민사소송법(제3절 제333~363조)에서 규정한 감정절차의 세부적인 운영 지침은 대법원 예규인 감정인 등 선정과 감정료 산정기준 등에 관한 예규(대법원 재판예규 제1462호 (재일 2008-1), 이하 감정예규)로 정하고 있다. 감정예규는 각 분야의 감정 진행 시, 감정인 명단의 작성과 감정과목별 감정인의 선정과 지정, 감정절차 및 감정료 산정에 관한 사항을 구체적으로 정하고 있다. 그러므로 감정예규는 감정인에게 마치 헌법과도 같다고 할 수 있다. 감정인은 감정예규를 숙지하여 감정인등재를 신청하고 감정업무에 차질이 없도록 해야 한다. 감정예규의 주요 내용은 다음과 같다.

1. 감정인 명단의 작성

'감정예규'는 감정인 명단의 작성업무를 규정하고 있다. 법원행정처장은 예규에 따라 매년 12월 일정한 자격을 갖춘 사람 중에서 적절하다고 판단되는 사람을 『감정인 명단』에 등재해야 한다. 우선 감정인

---

3 감정인은 감정업무를 수행하기 앞서 "양심에 따라 성실히 감정하고, 만일 거짓이 있으면 거짓감정의 벌을 받기로 맹세합니다"라고 선서해야 한다(민사소송법 제338조).

이 되고자 하는 사람이 『온라인감정인신청시스템』[4]을 통하여 감정인 후보자 등재 신청을 해야 한다. 이후 법원행정처장은 범죄경력조회 등 자격심사를 한 후 감정인 후보자 명단을 『온라인감정인신청시스템』을 통하여 각급 법원 및 지원에 송부한다. 각급 법원 및 지원은 송부 받은 명단의 감정인 후보자 중에서 '평정기준표'에 의하여 감정인으로 적정하다고 평가한 자를 선정하여 법원행정처장에게 등재를 요청한다. 이때 결격사유[5]가 있는 사람을 등재 요청해서는 안 된다. 각급 법원 및 지원에서 등재 요청한 감정인 후보자는 법원행정처장의 승인을 거쳐 『감정인선정전산프로그램』의 『감정인 명단』에 등재하게 된다.

---

4 2013년도에 감정인등재신청 방식에 변화가 있었다. 각급 법원에서 개별 접수받던 감정인명단등재신청서를 사법지원실의 온라인시스템을 통하도록 바뀌었다. 온라인감정인신청시스템은 감정인등재희망자가 인터넷을 통해 스스로 등재신청을 진행하고 공인인증, 실명인증을 통하여 신청자정보를 등록하는 시스템이다. 감정인으로 등재될 경우 My Page에서 자신의 정보를 조회할 수 있다.

5 감정예규 제4조의2(결격사유)
① 다음 각 호의 어느 하나에 해당하는 사람은 『감정인 명단』에 등재하여서는 아니된다.
1. 피성년후견인 또는 피한정후견인
2. 파산선고를 받고 복권되지 아니한 사람
3. 금고 이상의 형을 받고 그 집행이 종료되거나 집행을 받지 아니하기로 확정된 후 5년을 경과하지 아니한 사람
4. 금고 이상의 형을 받고 그 집행유예의 기간이 완료된 날로부터 2년을 경과하지 아니한 사람
5. 금고 이상의 형의 선고유예를 받은 경우에 그 선고유예 기간 중에 있는 사람
6. 법원의 판결 또는 다른 법률에 의하여 자격이 상실 또는 정지된 사람
7. 공무원으로서 파면의 징계처분을 받은 때로부터 5년을 경과하지 아니한 사람
8. 공무원으로서 해임의 징계처분을 받은 때로부터 3년을 경과하지 아니한 사람
9. 감정 업무와 관련하여 형사처벌 또는 징계처분을 받은 전력이 있는 사람
10. 『감정인 명단』에서 삭제된 날로부터 2년이 경과되지 아니한 사람
② 『감정인 명단』에 등재된 사람이 제1항 각 호의 어느 하나에 해당하는 때에는 『감정인 명단』에서 삭제한다.
③ 『감정인 명단』에 등재된 사람이 다음 각 호의 어느 하나에 해당하는 때에는 『감정인 명단』에서 삭제할 수 있다.
1. 심신상의 장애로 감정인으로서의 직무집행을 할 수 없다고 인정될 때
2. 직무상 의무위반 그 밖에 감정 업무를 수행하기에 적당하지 않은 행위가 있다고 인정될 때

2. 공사비 감정인의 자격

'건설 분야 감정인'의 자격은 '건축사 · 건축구조기술사 · 건축시공기술사' 등의 건설 분야의 전문 국가기술자격을 가진 사람으로 규정하고 있다(감정예규 제5조 제1항 제4호). 이들의 구체적인 감정 업무는 '공사비, 유익비, 하자보수비, 건축물의 구조, 공정, 그 밖에 이에 준하는 사항'으로 정하고 있다(감정예규 제2조 제1항 제5호). 공사비 감정시 요구되는 감정인의 자격을 상세히 살펴보면 다음과 같다.

1) 건축사(建築士)

'건축사'란 국토교통부장관이 시행하는 건축사 자격시험에 합격한 사람으로서 건축물의 설계와 공사감리 등 건축사법 제19조에 따른 업무를 수행하는 사람을 말한다(건축사법 제2조). 건축사법 제19조의 건축사의 업무는 ⟨표 1-1⟩과 같다.

건축사는 건축과 관련한 대부분의 감정 업무를 수행하고 있다. 건축사의 업무를 건설사업관리[6] 단계별로 구분하면 '설계 · 감리업무' 외에도 건축물의 준공 후 유지관리까지 그 업무 범위가 건설사업단계

❖ 표 1-1 **건축사의 업무**

업무 내용(건축사법 제19조)
① 건축물의 설계와 공사감리에 관한 업무
② ①항의 업무 이외의 다음 각 호의 업무
1. 건축물의 조사 또는 감정(鑑定)
2. 건축물에 대한 현장조사, 검사 및 확인
3. 건축물의 유지 · 관리 및 건설사업관리
4. 특별건축구역의 건축물에 대한 모니터링 및 보고서 작성
5. 기타 법령에서 건축사의 업무로 규정한 사항

---

6 '건설사업관리'란 건설공사에 관한 기획, 타당성 조사, 분석, 설계, 조달, 계약, 시공관리, 감리, 평가 또는 사후관리 등에 관한 관리를 수행하는 것을 말한다(건설 산업기본법 제2조 제8호).

전반에 걸쳐 있기 때문이다.

2) 기술사(技術士/건축분야)

'기술사'란 해당 기술분야에 관한 고도의 전문지식과 실무경험에 입각한 응용능력을 보유한 사람으로서 국가기술자격법 제10조에 따라 기술사 자격을 취득한 사람을 말한다(기술사법 제2조). 기술사는 과학기술에 관한 전문적 응용능력을 필요로 하는 사항에 대하여 계획 · 연구 · 설계 · 분석 · 조사 · 시험 · 시공 · 감리 · 평가 · 진단 · 시험운전 · 사업관리 · 기술판단(기술감정을 포함한다)[7] · 기술중재 또는 이에 관한 기술자문과 기술지도를 그 직무로 한다(기술사법 제3조).

기술사법 시행령 제2조, [별표1]의 구체적인 기술종목은 총 91개 분야이고 이 중 건설 분야 기술종목(기술사자격)은 23개이다.[8] 이 범위에 포함되어 있지 않지만 건축물에 반드시 설치되어야 하는 '소방'과 '통신' 분야를 포함하면 건설 분야 기술종목은 실질적으로 25개에 이른다. 그 중 감정예규에 명시된 기술사의 자격 분야는 '건축시공기술사, 건축구조기술사, 건설안전기술사, 토목시공기술사, 토목구조기술사, 도로 및 공항기술사' 등 6개이다(감정예규 제5조 제2항 제1호 라목, 별첨 2. 평정기준표 참조). 이들의 수행직무는 〈표 1-2〉와 같다.

기술사 자격은 직무범위가 세분화되어 있다. 예컨대 '건축시공기술사'는 건설현장의 시공분야에서 고도의 전문지식과 실무경험에 입각한 계획, 연구, 설계, 분석, 시험, 운영, 시공, 평가 또는 이에 관한 지도, 감리 등의 기술업무를 수행한다. '건축구조기술사'는 건축구조의

---

7 2007. 1. 26. 기술사법이 개정되면서(법률 제8268호, 시행 2007. 7. 27) 기술사의 직무에 '기술감정을 포함한다'는 내용이 추가됨에 따라 기술사의 감정 업무에 관한 명확한 법적 근거를 갖추게 되었다.

8 1.토질 및 기초, 2.토목구조, 3.토목시공, 4.농어업토목, 5.토목품질시험, 6.항만 및 해안, 7.도로 및 공항, 8.철도, 9.교통, 10.수자원개발, 11.상하수도, 12.건축구조, 13.건축시공, 14.건축품질시험, 15.도시계획, 16.조경, 17.측량 및 지형공간 정보, 18.지적, 19.건설안전, 20.화약류 관리, 21.건축기계설비, 22.건축전기설비, 23.지질 및 지반

❖ 표 1-2 기술사 종류별 직무 범위

구분	수행직무	비고
건축시공기술사	건축시공 분야	에 관한 고도의 전문
건축구조기술사	건축구조 분야	지식과 실무경험에
건설안전기술사	건설안전 분야	입각한 계획, 연구,
토목시공기술사	토목시공 분야의 토목기술	설계, 분석, 시험, 운
토목구조기술사	토목구조 분야의 토목기술	영, 시공, 평가 또는
도로 및 공항기술사	도로 및 공항 분야의 토목기술	이에 관한 지도, 감리
		등의 기술업무 수행

계획, 연구, 설계 등을 담당한다. '건설안전기술사'는 건설현장의 안전점검 및 정밀안전진단을 통한 건설의 질적 향상 및 재해예방을 주 직무로 한다. 즉 기술사의 자격명이 곧 전문분야라고 할 수 있다.

3) 감정인의 선정 및 지정 절차

감정인 선정의 큰 원칙은 감정인을 법원행정처에서 운영하는 『감정인선정전산프로그램』에 의하여 선정한다는 것이다.[9] '다만 양쪽 당사자가 합의하여 특정 감정인 등에 대한 감정인 선정 신청을 하거나 『감정인선정전산프로그램』에 의하여 선정할 수 없는 경우에는 그러하지 아니하다'고 규정하고 있다.

세부적으로 다음과 같은 절차를 거쳐야 한다. 먼저 감정인을 선정하고자 할 경우에는 담당 사무관이 재판장의 명을 받아 『감정인선정전산프로그램』의 『감정인선정기능』을 실행하여야 한다. 민사사건, 가사사건 및 행정사건 등은 감정인 지정결정서 및 감정인 소환장을 작성해야 한다.

법원이 다른 사건에 지정된 감정인을 당해 사건의 감정인으로 다시

---

9 『감정인선정전산프로그램』, 『감정인 명단 등』에 등재된 자 전원에게 균등하게 선정될 기회를 부여하는 것이어야 한다(감정예규 제4조).

지정함이 상당하다고 인정하여 특정 감정인의 선정을 명한 경우에는 『감정인선정전산프로그램』의 『동일감정인선정기능』을 실행하여 감정 인을 선정해야 한다. 법원이 수개의 사건에 관하여 감정인을 지정함 이 상당하다고 인정하여 이를 명한 경우에는 그 수개의 사건 중 사건 번호가 가장 앞선 사건의 감정인은 상기 첫 번째 방법에 따라, 나머지 사건의 감정인은 두 번째 방법에 따라 선정해야 한다. 법원은 특별한 사정이 없는 한 선정된 사람을 감정인으로 지정해야 한다. 감정인으 로 지정되면 법원사무관 등은 감정인지정결정서에 법원의 날인을 받 아 이를 기록에 편철하고, 그 결정서의 등본과 감정소환장 및 감정할 사항을 기재한 서면을 지정된 감정인에게 송달해야 한다.

4) 사건별 감정인 평가

법원의 입장에서 좋은 감정결과를 얻기 위해서는 사건의 특성에 적 합한 감정인을 선정하는 것이 중요하다. 문제는 감정인선정프로그램 으로 감정인 후보자를 무작위로 추출·선정하다 보니 역량이 부족한 감정인이 지정되는 경우가 종종 있다는 것이다. 이 때문에 부실한 감 정결과가 제출되기도 한다. 이런 점을 개선하기 위해 감정인 평정제 도가 생겼다. 하지만 감정인 평정은 재판장의 필요에 따라 임의적으 로 감정인평정표를 작성한 수준이라서 감정인에 대한 전반전인 평가 체계로 보기는 어려웠다. 연말에 일부 특별히 부적격 의견을 낸 후보 자만 제외하는 정도로 활용되는 실정이었다. 그래서 이런 문제점에 대한 개선책으로 불성실하거나 무능한 감정인 후보자를 사건별로 평 가하여 선별하자는 의견이 개진되었다.

2014년 감정예규가 개정되면서 사건별 감정인 평가에 관한구체적 인 방안이 마련되었다. 감정예규 제46조를 개정하여 감정인의 감정 이 종료된 시점에 재판장이 감정인평정표(A1801)를 반드시 작성하도

❖ 표 1-3	개정 감정예규 46조
개정 전	**개정 후**
제46조(감정인 등 평정)	제46조(감정인등 평정)
감정인의 지정 취소 또는 감정 종료된 시점에 재판장이 감정인에 대한 평가가 필요하다고 인정할 경우에는 감정인평정표[전산양식 A1801]를 작성하여 담임 법원사무관 등에게 송부하고, 담임 법원사무관 등은 이를 『감정인선정전산프로그램』에 입력한다.	감정인의 지정이 취소되거나 감정이 종료된 시점에 재판장(경매사건에서의 시가 등의 감정의 경우에는 담당 사법보좌관)은 『감정인선정전산프로그램』을 이용하여 감정인평정표[전산양식 A1801]를 작성하여야 한다. 다만, 신체감정 등의 경우에는 재판장이 감정인 등에 대한 평가가 필요하다고 인정하는 때에 한하여 감정인평정표를 작성한다.

록 의무화한 것이다. 법원은 이와 같은 평정결과가 계속 누적될 경우 감정인 명단 작성 및 관리 업무가 획기적으로 개선될 것으로 기대하고 있다. 결국 법원의 고민은 장기적으로 어떻게 우수한 감정인의 명단을 작성할 수 있느냐로 귀결되고 있다. 이는 건설 분야 사건이 갈수록 대형화되고 복잡해지는 현재의 상황에서 당연한 추세라고 할 수 있다. 감정인들도 이런 점에 유의하여 개정된 감정예규를 숙지하고 감정인으로서 업무의 숙련을 심화시키는 노력을 기울여야 할 것이다.

II 감정절차

1. 감정신청

감정은 법원이 직권으로 명할 수도 있으나, 당사자의 신청에 의하여 행하는 것이 일반적이다. 건설사건은 대부분 소장의 접수단계나 서면공방단계에서 당사자들로부터 감정신청이 이루어지는 경우가 많다. 당사자가 감정을 신청할 시에는 감정을 구하는 사항을 적은 서면과 함께 입증취지와 감정대상을 적은 신청서를 내야 한다. 다만 부득이한 사유가 있는 때에는 재판장이 정하는 기한까지 제출하면 된다. (민사소송규칙 제101조 제1항)

2. 감정의 채부결정

감정신청의 채부는 법원의 재량에 달려있다. 법원은 감정의 필요성, 감정의 가능성 여부에 대해 면밀히 검토한 뒤 채택 여부를 결정한다. 사실관계의 심리나 당사자 적격 등 법리적 판단에 따라 결론을 도출할 수 있는 사건은 감정이 필요 없다. 전문지식을 증인신문, 관련 문헌[10] 또는 사감정서 등을 통하여 얻을 수 있는 사건의 경우도 마찬가지다. 불가피하게 감정이 필요하다고 판단될 때에는 채택 결정을 해야 한다.

하지만 법원이 사건에 대한 전문적 지견을 갖고 있지 않으므로 현실적으로 대부분의 감정 신청이 채택되고 있다. 공사대금과 관련한 소송이나 하자담보책임을 묻는 소송은 감정이 필요하다. 문제는 건설소송과 관련한 감정은 감정료가 고액인데다 감정절차로 인하여 소송이 장기화되기 쉽다는 것이다. 감정결과로 인하여 자칫 분쟁이 더 심화되거나 조정 가능성이 낮아질 가능성도 있다. 그러므로 법원은 감정절차를 거치지 않고 판결을 하거나 조정 등으로 당사자 간 화해를 모색할 수 있는지 여부를 먼저 살펴보고 채부를 결정해야 한다.

---

10 여기서 일부는 감정인을 활용하지 않고 전문문헌으로 전문적 쟁점을 판단할 수 있는 사례가 있을 수 있다. 이때 감정을 불허하고 법원이 전문문헌을 통해서만 쟁점에 대해 판단을 판단할 수 있느냐가 쟁점이 될 수 있다. 법원이 전문지식을 보유하지 않은 경우에는 가급적 감정신청을 채택하는 것이 합리적이다. 전문 분야에 대해 체계적인 지식을 갖추지 못한 경우, 전문문헌의 직접적인 사용은 큰 착오를 유발할 수 있는 위험을 내포하고 있기 때문이다(木川統一, 民事鑑定の 硏究, 判例タイムズ社, 12면, 2003).

3. 감정인 지정

감정이 채택되더라도 소송당사자는 감정인을 특정할 수 없다. 법원이 감정인을 지정한다. 법원은 『감정인선정전산프로그램』을 이용하여 『감정인 명단』 중에서 1인을 무작위로 추출하여 선정한다. 이런 방식이 적절하지 않다고 판단되는 경우에는 '복수 후보자 선정 후 감정인 지정' 절차를 거쳐야 한다. 복수 후보자 선정 방식은 『감정인선정전산프로그램』에 의하여 2인 또는 3인의 감정인 후보자를 선정한 다음 감정인 후보자의 전문분야, 경력, 예상감정료 및 당사자의 의견 등을 종합하여 감정인을 지정하는 방식이다(감정예규 제4조, 제25조 제1항).

간혹 감정인이 감정신청내용을 제대로 이해하지 못하거나 감정인의 수행능력이 크게 떨어져 감정결과가 부실한 경우가 있다. 고도의 감정 능력이 필요한 사건인데도 불구하고 자격 조건이 맞지 않거나 전문분야가 달라 감정능력이 부족한 감정인이 선정되기 때문이다. 이경우 이런 문제를 예방하기 위해서는 법원이 감정인 후보자의 전문분야와 경력을 충분히 파악하여 가장 적합한 감정인을 가려내야 할 것이다.

4. 감정기일의 진행

법원은 당사자의 신청에 따라 감정을 채택한 경우 감정인을 지정하고 감정료를 예납하도록 한다. 감정료가 예납되면 감정인 신문기일을 정해 당사자와 감정인을 소환한다. 감정인 신문기일을 흔히 감정기일이라고 한다. 감정기일 재판부는 감정인의 신분사항을 확인하고 감정사항, 감정의 전제 사실을 주지시킨다. 감정자료에 대해서도 유의할 사항을 알려주기도 한다. 감정자료는 법원이 지정한 것, 양 당사자가 동의한 것, 감정에 필요한 것으로서 공정성에 지장이 없는 것으로 한정해야 한다. 당사자 일방이 제공한 것은 감정의 공정성이나 객관성에 문제가 생길 수 있으므로 감정자료에 포함시켜서는 안 된다.[11] 또한 감정인에게 공정한 감정의무를 고지함에 있어 당사자와의 접촉 시 유의할 사항도 함께 고지한다.

5. 감정서 작성

건설감정의 업무 단계는 준비작업, 현장조사, 감정서 작성의 세 단계로 나누어진다. 준비단계에서는 감정신청 사항의 충분한 검토가 요구된다. 준비단계가 미흡하면 현장조사에 차질이 발생하거나 지연되기 때문이다. 우선 각종 설계도서 등 감정자료가 확보되어야 한다. 현장조사를 위한 장비와 조사방법의 점검 및 조사양식 등도 미리 구비되어야 한다. 현장조사는 감정신청 사항에 대한 조사를 수행하는 단계이다. 현장조사 결과를 정리하여 현장조사서를 작성한다. 감정서 작성단계는 현장조사 결과를 토대로 감정서와 감정내역서를 작성하여 감정결과를 도출하는 단계이다. 이 단계에서 감정인은 감정 사항에 대한 종합적인 감정의견을 제시해야 한다.

6. 감정의 보충

법원은 감정서가 제출된 이후, 신청인이 감정서가 미흡하다고 여기거나 이해가 어려운 내용에 대해 감정인에게 보완설명을 요구한다.[12] 감정결과에 대한 불만이나 의문사항 또는 감정사항의 누락이 있는 경우에도 마찬가지다. 감정결과가 제출되었다 하더라도 감정사항, 감정자료, 감정조건을 확정하지 못하고 감정을 진행한 경우에는 언제

---

11 감정 실무상 관련서류의 중요부분이 법원에 모두 제출되지 않는 경우가 많다. 일부만 제출되고 나머지 필요한 서류는 오히려 당사자, 특히 감정신청인이 법원을 통하지 않고 개별적으로 감정인에게 각종 서류를 교부하거나 현장설명을 하는 경우가 더 많다 (윤재윤, 앞의 책 주 31) 721).
12 건설감정매뉴얼(법원행정처), 앞의 책 주 1), 126면.

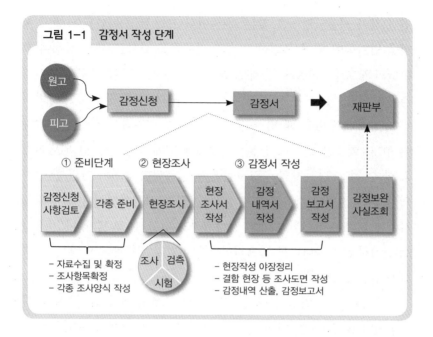

그림 1-1 감정서 작성 단계

원고 피고 → 감정신청 → 감정서 ⇒ 재판부

① 준비단계 ② 현장조사 ③ 감정서 작성

감정신청 사항검토 → 각종 준비 → 현장조사 → 현장 조사서 작성 → 감정 내역서 작성 → 감정 보고서 작성 → 감정보완 사실조회

조사 검측 시험

– 자료수집 및 확정
– 조사항목확정
– 각종 조사양식 작성

– 현장작성 야장정리
– 결함 현장 등 조사도면 작성
– 감정내역 산출, 감정보고서

든 '감정보완'이 요구된다. 감정결과에 대한 구체적인 설명이 필요하거나 미비한 사항에 대해서는 보충을 구하는 것이다.

이처럼 감정인은 감정서를 제출한 이후에도 재판과정에 지속적으로 참여하게 된다. 감정인은 감정수행 시 오류가 생기지 않도록 주의를 기울여야 한다. 감정인의 감정결과에 문제가 있을 경우 증거로서의 가치를 상실할 수도 있기 때문이다. 따라서 감정결과에 논리적 허점이 있을 경우 이를 적극 보완하려는 자세가 요구된다.

Ⅲ 감정의 심증 형성

감정결과는 감정사항에서 출발해 전제사실의 틀 안에서 논리적 검증을 통해 도출된다. 감정결과는 재판에서 사실관계를 확정하는 중요한 전기가 된다. 이를 분기점으로 재판의 방향이 결정된다. 하지만 판결과 같이 최종확정성을 갖는 것은 아니다.[13] 감정은 법원이 어떤 사항을 판단함에 있어 특별한 지식과 경험칙을 필요로 하는 경우에 그 판단의 보조수단으로서 한계가 있기 때문이다. 감정인의 전문지식과 경험을 이용하는 데 지나지 아니하므로 동일한 사실에 관하여 상반되는 감정결과가 있을 때 법관이 그 중 하나에 의거하여 사실을 인정해야 한다. 이것은 경험칙이나 논리법칙에 위배되지 않는 한 위법이라고 할 수 없고, 당사자의 주장사실에 대한 유일한 증거가 아닌 한 증거의 채부는 법원이 자유로이 결정할 수 있는 재량사항이다.[14] 동일한 사항에 관하여 상이한 수개의 감정결과가 있을 때 그 중 하나만 사실로 인정하였다 하더라도 경험칙이나 논리법칙에 위배되지 않는 한 적법하다는 것이다.[15]

이를 위해서는 법원이 사실인정 권한자로서 주체적으로 소송의 전문적 쟁점을 검토해야만 한다. 감정의견을 비판적으로 검토해야만 한다. 법원이 단순히 감정인의 대변인이 되어서는 안 된다는 것이다. 법원이 전문적 지식을 이용하면서 전문적 쟁점에 관하여 판단해야 할 때는 3단계의 심증형성 구조를 갖추어야 한다.[16] 구체적인 심증형성 과정을 살펴보면 다음과 같다. 제1단계는 감정결과에서 재판부가 제시한 전제사실을 제대로 적용했는지에 대한 검토 단계이다. 감정인이 특별한 경험법칙을 적용한 기초사실과 이 사실이 법원이 인정한 예정사실[17]을 전제하는지를 확인해야 한다. 제2단계는 감정인이 전문적 지식에 따라 인정한 전문적 사실[18]에 대해서도 파악해야 한다. 감정인

---

13 윤재윤, 건설분쟁관계법, 박영사, 727면, 2014.
14 대법원 2006. 11. 23. 선고 2004다60447 판결 등
15 대법원 2009. 6. 25. 선고 2008다18932, 18949 판결, 대법원 2008. 11. 13 선고 2008다45491 판결 등
16 木川統一郎, 앞의 책 주 11), 6면.
17 법원이 증거 조사에 따라 일반 경험법칙을 이용하여 인정하는 사실(앞의 책, 5면).
18 감정인이 전문적 지식에 따라 인정한 전문적 사실의 예로서 재판의 전제사실은 아니었지만 감정인이 현장 조사 시 확인하여 적용한 전제 등으로 예를 들면 콘크리트 타

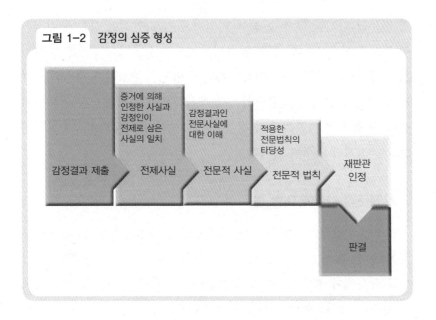

그림 1-2 감정의 심증 형성

감정결과 제출

전제사실
- 증거에 의해 인정한 사실과 감정인이 전제로 삼은 사실의 일치

전문적 사실
- 감정결과인 전문사실에 대한 이해

전문적 법칙
- 적용한 전문법칙의 타당성

재판관 인정

판결

이 적용한 전제사실은 무엇이며 사실에 대한 판단이 올바른지와 같은 감정의견을 대상으로 한 심리이다. 제3단계는 감정인이 적용한 전문적 법칙이 일반적인 승인을 얻은 전문적 법칙인지 타당성을 검토하는 것이다. 이러한 과정을 거쳐 심증을 형성하여야 한다.

1. 전제사실에 대한 검토

일반적 경험법칙으로 인정할 수 있는 사실은 법원이 스스로 증거조사를 하여야 한다. 이런 사실에 대해서까지 감정으로 위임하는 것은 직접증거조사의 원칙에 위반된다.[19] 법원은 증거조사결과 인정한 예정사실을 감정인에게 전달하고,[20] 이것을 기초로 감정하도록 지시

설방법에 오류가 있었음을 나타내는 특징적인 사실을 발견한 경우를 들 수 있다.

19 앞의 책, 5면.

20 법원이 인정사실을 감정인에게 전달하지 않으면 동일 기록을 읽고 복수의 감정인이 상이한 전제사실을 끌어내 감정할 위험이 있다(앞의 책, 5면).

할 책무를 가진다.[21] 소송 중에 법원이 증거로 인정한 사실과 감정인이 전제로 삼은 사실이 서로 일치해야 한다. 이 둘 사이에 불일치가 있으면 증거로서 활용이 어렵다.[22] 때문에 법원은 감정서가 제출되면 먼저 법원의 인정사실을 감정인이 전제사실로 적용하였는지 검토해야한다. 공동주택 하자소송의 경우 감정기준이나 하자판정기준도면이 중요한 전제사실이 될 것이다.

2. 전문적 사실에 대한 검토

감정인은 감정보고서를 어떤 전제사실에, 어떤 전문적 법칙을 적용하여, 어떤 결론을 내렸는지를 법원이나 대리인이 쉽게 이해할 수 있도록 작성해야 한다. 또한 감정인이 조사한 전문적 사실에 대한 상세한 설명이 제시되어야 한다. 설명이 부족한 경우 법원은 보충감정서의 형태로 설명케 하거나 법정에서 설명토록 할 필요가 있다. 또한 법원은 사실의 판단이 올바르게 이루어졌는지도 검토해야 한다.

이런 절차를 포기한다면 감정인의 사실인정이 법원을 구속하는 결과가 돼버리기 때문이다.[23] 특히 동일한 사건에 대한 복수의 감정인이 상이한 결론을 도출했을 때 검토를 심화하여야 한다. 이때 한 감정인이 다른 감정인의 전문적 사실을 뒤엎기에 충분한 합리적 설명을 제

---

21 일본의 실무는 모순된 증언, 증언과 모순된 서증 등을 포함하는 소송기록을 제공하거나, 재판소의 인정예정사실을 전혀 전달하지 않고 감정인의 질문에도 응답하지 않는 법원이 있다는 점은 상당히 문제이다. 더욱 심한 것은 증언을 감정인 마음대로 평가하여 사실인정을 하고, 그것을 기초로 감정의견을 작성한 경우에 재판소가 증언을 독자적으로 검토하지 않고 감정의견에 따라 판결을 내리는 경우가 있다. 이것은 본말전도이다. 증언은 재판소가 평가하여 인정사실을 결정하고, 그것을 감정인에게 전달, 이것을 기초로 감정하도록 지시해야 한다. 만약 재판소가 증언평가상 망설임이 있다면 택일하여 전제사실을 제공해야 한다(앞의 책, 5면).
22 둘 사이에 불일치가 있을 때에 그 감정은 독일법은 '사용불가능'이라 하고, 일본법은 '증거가치 제로'라고 한다. 독일에서 그러한 판결은 모두 상고심에서 파기되고 있다(앞의 책, 6면).
23 앞의 책, 9면.

시할 경우는 그 감정인의 전문적 사실을 따라도 무방하다.[24] 그렇지 않다면 법원이 감정의견을 면밀히 조사하여야 한다.[25]

예로서 공동주택 하자 감정에서는 감정인이 직접 작성하거나 촬영한 현장조사서, 사진을 들 수 있다. 문제는 대부분의 감정인들이 현장조사서를 수기방식으로 작성하고 있어 검증이나 오류의 확인이 어렵다는 것이다. 특히 사진은 대표적 하자현상 몇 장만 제출하므로 전체 하자에 대한 파악이 힘들다. 최근에는 스마트폰을 활용한 전문 어플리케이션이 개발되어 과학적이고 객관적인 현장조사가 가능해졌다.[26]

3. 전문적 법칙에 대한 검토

감정인은 법원이 일반경험법칙에 의해 인정한 사실과 감정인이 조사한 전문적 사실에 전문적 법칙을 적용하여 감정결과를 도출한다. 재판실무에서 당사자가 전문적 법칙에 대해 조사하고 분석하여 오류가 있을 때, 감정보완이나 사실조회 등의 형태로 이의를 제기할 수 있다. 하지만 원칙적으로는 법원이 주도적으로 감정인이 적용한 전문적 법칙이 일반적인 승인을 얻은 전문적 법칙인지 타당성을 검토해야 한다. 경우에 따라서는 법원이 전문문헌을 수집하여 분석하고 이를 통해 감정인이 적용한 법칙이 구체적으로 무엇을 의미하는지 확인해야 한다.[27]

4. 감정의 인정

역설적으로 법원은 전문적 지식이 부족하기 때문에 감정을 명령하지만 감정의견이 제출되면 비판적 검토를 수행해야 하는 것이다. 면

---

24 앞의 책, 9면.
25 BGH는 의견이 상이한 복수의 감정인의 대질을 권장한다(앞의 책, 12면).
26 하자 감정도 스마트폰시대(획기적 작업기간 단축), 중앙일보, 2015. 4. 6.
27 앞의 책, 9면.

밀한 분석을 통해 감정인의 인정을 '법원의 인정'으로 변신시켜야만 한다.[28] 이를 위해서 법원은 감정서의 내용을 충분히 파악해야 한다. 소장, 답변서, 준비서면, 당사자 쌍방이 제출한 전문문헌 등을 검토해서 지식을 습득해야 한다. 전문용어의 의미, 전문적 법칙의 내용, 감정인이 실시한 전문적 사실인정에 오류가 없는지를 검토해야 한다.

당사자가 제출한 사감정서도 법원의 전문지식 습득 재료가 된다. 사감정서의 의견이 전문문헌이라고 할 수 없지만 과학적이고 객관적인 경우도 있다. 하지만 사감정인의 의견에 따라 판결하는 것은 허용될 수 없다.[29] 사감정인은 재판상의 감정인이 아니며, 이에 따라 판결하게 되면 재판상의 감정 없이 판결을 내리는 결과로 귀착되기 때문이다.

대법원도 "감정의견이 반드시 소송법상 감정인신문 등의 방법에 의하여 소송에 현출되지 않고 소송 외에서 전문적인 학식과 경험이 있는 자가 작성한 감정의견이 기재된 서면이 서증의 방법으로 제출된 경우라도 사실심 법원이 이를 합리적이고 믿을 만하다고 인정하여 사실인정의 자료로 삼는 것을 위법하다고 할 수 없지만, 원래 감정은 법관의 지식과 경험을 보충하기 위하여 하는 증거방법으로서 학식과 경험이 있는 사람을 감정인으로 지정하여 선서를 하게 한 후에 이를 명하거나 또는 필요하다고 인정하는 경우에 공공기관·학교, 그 밖에 상당한 설비가 있는 단체 또는 외국의 공공기관 등 권위 있는 기관에 촉탁하여 하는 것을 원칙으로 하고 있으므로, 당사자가 서증으로 제출한 감정의견이 법원의 감정 또는 감정촉탁에 의하여 얻은 그것에 못지않게 공정하고 신뢰성 있는 전문가에 의하여 행하여진 것이 아니라고 의심할 사정이 있거나 그 의견이 법원의 합리적 의심을 제거할 수

---

28 앞의 책, 8면.
29 앞의 책, 12면.

있는 정도가 되지 아니하는 경우에는 이를 쉽게 채용하여서는 안 되고, 특히 소송이 진행되는 중이어서 법원에 대한 감정신청을 통한 감정이 가능함에도 그와 같은 절차에 의하지 아니한 채 일방이 임의로 의뢰하여 작성한 경우라면 더욱더 신중을 기하여야 한다"고 판시하고 있다(대법원 2010. 5. 13. 선고 2010다 6222 판결).

그러므로 법원은 감정인에게 심증형성 과정에 오류가 발생하지 않게끔 논리적 검증을 통해 감정결과를 제출하도록 명해야 한다. 전문적 쟁점에 대해서는 감정인을 법정에 소환하여 전문적인 설명을 시키기도 한다. 이 과정을 통해서 전문지식을 습득할 수도 있다. 이 외에도 독자적으로 전문문헌을 수집하여 검토해야 한다. 이렇게 축적된 지식으로 감정의견의 타당성을 검증하기 위해 감정인에게 질문하고 또한 필요한 만큼 보충감정서를 작성하게 하거나 구두청취를 실시하여 전문적 쟁점 정리를 명확하게 할 필요가 있다.

Ⅳ 건설감정의 종류

일반적으로 건설 분야 감정은 공사대금감정, 하자 감정, 건축피해 감정 세 가지 정도로 분류해 왔다.[30] 주로 수급인의 입장에서는 공사대금이 주요 대상이 되고, 도급인의 입장에서는 하자담보책임을 따지는 사례가 많다. 건축피해는 도급계약과는 무관한 제3자에 대한 손해배상책임과 관련한 것이다. 하지만 실무에서는 이외에도 다양한 유형의 감정이 실시된다.

실제 건설소송에서 자주 발생하는 감정을 업무 유형별로 정리하면

---

30 현행 '감정인 등 선정과 감정료 산정기준 등에 관한 예규(이하 감정예규)'는 건축분야 감정을 '공사비, 유익비, 하자보수비, 건축물의 구조, 공정, 그 밖에 이에 준하는 사항의 감정'으로 정하고 있다(감정예규제2조).

다음과 같이 7가지 종류로 나눌 수 있다.[31] 건축물의 ① 하자 감정, ② 건축피해 감정, ③ 공사비 감정, ④ 각종 용역비 감정, ⑤ 유익비나 원상복구비용을 다루는 건축 기타 감정 그 밖에 ⑥ 건축측량·상태 감정, ⑦ 특수분야 감정이 그것이다. 여러 유형이 복합적으로 혼재된 감정사례도 많다. 때문에 감정을 채택하고 적합한 감정인을 선정하기 위해서는 먼저 감정신청내용에 대한 정확한 이해가 선행되어야 한다. 건설감정을 유형별로 살펴보면 〈그림 1-3〉과 같다.

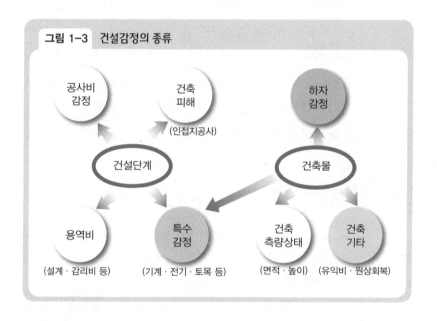

그림 1-3   건설감정의 종류

1. 하자 감정

하자 감정은 건축물의 하자에 대한 원인을 파악하고 보수비용을 산정하는 증거방법이다.[32] 하자는 건축공정별로 설계과정에서 발생한

---

31 건설감정매뉴얼, 앞의 책 주 1) 13면.
32 대법원은 건축물의 하자의 의미를 "일반적으로 완성된 건축물에 공사계약에서 정한 내용과 다른 구조적·기능적 결함이 있거나, 거래관념상 통상 갖추어야 할 품질을 제

설계상 하자, 건축시공과정에서 발생한 시공상 하자, 감리과정에서 발생한 감리상 하자, 건축물을 인도받은 후 도급인 등이 사용하는 과정에서 발생하는 사용관리상 하자로 나뉜다. 이런 구분이 필요한 이유는 공사수급인이 하자보수책임을 부담하는 하자는 건축시공과정에서 발생한 시공상 하자에 한정되기 때문이다. 그러므로 하자 감정 실무에서는 건축물에 발생한 하자를 설계상 하자, 시공상 하자 또는 사용관리상 하자 등 그 원인을 분석하고 하자보수비를 산정하여야 한다.

2. 건축피해 감정

건축피해는 건축공사로 인해 주변의 제3자에게 손해를 끼친 것을 말한다. 토지굴착으로 주변건물에 손상을 끼치는 경우를 예로 들 수 있다. 이 경우 진동이나 지하수위 변동에 따른 지반 침하로 인해 균열, 누수, 소음, 진동과 같은 물리적 하자가 나타난다. 간혹 중대한 충격으로 건축물의 상태가 정상적으로 유지되기 힘든 경우도 발생한다. 이 때 건축물에 발생한 결함을 치유하거나 아예 신축하는 비용 등 각종 공사비 산정을 위한 감정이 필요하다.

건물의 침하나 균열 등 하자의 보수가 가능하다면 하자보수비 상당액이, 보수가 불가능하다면 당시의 교환가치가 통상의 손해가 된다.[33]

대로 갖추고 있지 아니한 것을 말하는 것으로, 하자 여부는 당사자 사이의 계약 내용, 해당 건축물이 설계도대로 건축되었는지 여부, 건축 관련 법령에서 정한 기준에 적합한지 여부 등 여러 사정을 종합적으로 고려하여 판단되어야 한다"고 판시하고 있다 (대법원 2010.12.9, 선고, 2008다16851, 판결).

33 불법행위로 인하여 물건이 훼손·멸실된 경우 그로 인한 손해는 원칙적으로 훼손·멸실 당시의 수리비나 교환가격을 통상의 손해로 보아야 하되, 건물이 훼손되어 수리가 불가능한 경우에는 그 상태로 사용이 가능하다면 그로 인한 교환가치의 감소분이, 사용이 불가능하다면 그 건물의 교환가치가 통상의 손해일 것이고, 수리가 가능한 경우에는 그 수리에 소요되는 수리비가 통상의 손해일 것이나, 훼손된 건물을 원상으로 회복시키는데 소요되는 수리비가 건물의 교환가치를 초과하는 경우에는 그 손해액은 형평의 원칙상 그 건물의 교환가치 범위 내로 제한되어야 한다(대법원 1999. 1. 26.

하지만 훼손된 건물의 보수가 가능하기는 하나 소요되는 하자보수비가 건물의 교환가치를 초과하는 경우에 그 손해액은 형평의 원칙상 그 건물의 교환가치 범위 내로 제한되어야 하므로 감정인에 감정을 지시할 때 이런 점을 주의시켜 감정에 오류가 없도록 하여야 한다.[34]

3. 공사비 감정

건축물을 짓는 과정은 마치 생명체가 성장하는 과정과 유사하다. 변수가 많고 예기치 못한 문제가 자주 발생한다. 그 중 하나가 공사비를 둘러싼 분쟁이다. 가장 흔한 사례로 도급계약이 더 이상 진행되지 못하고 공사가 중단된 경우, 그 시점까지 투입된 공사대금 분쟁을 들 수 있다. 흔히 이를 '기성고 공사대금'이라고 하고 이에 대한 감정을 '기성고 감정'이라고 한다.

건축공사는 여러 공종으로 진행되므로 공사가 중단된 경우의 '기성고 감정'은 전체 건축공정 중에서 '기성고 비율'을 구하는 공사부분을 명확하게 확정하는 것이 중요하다. 누가 시공했는지 다툼이 있는 부분은 그 부분별로 감정하여야 한다.

'추가공사대금'을 감정해야 하는 경우도 많다. 추가공사는 당초의 공사와 동일성을 유지하면서 양적으로 공사범위를 넓히는 경우(동종 공정상 시공면적을 원계약보다 늘리는 경우)와 당초 공사의 동일성을 넘어서 다른 공종의 공사까지 시공하는 경우(건물의 골조공사만 계약하였다가 외벽까지 공사하는 경우)로 나눌 수 있다.

<hr>

선고 97다39520 판결).
34 하자보수비 상당액을 산정할 때 피해건물의 균열 등으로 인한 붕괴를 방지하기 위하여 지출한 응급조치비용은 건물을 원상으로 회복시키는데 소요되는 하자보수비와는 성질을 달리하는 것이므로 별도로 처리하여야 한다. 피해상태에 대해서는 기존건물의 노후화를 감안한 기여도를 반영하여야 한다. 손해배상책임을 부담하는 수급인이 피해건물의 기존의 하자정도 및 노후화로 인한 보수비용의 기여도를 주장할 경우 이 부분의 감정을 명확하게 요구하여야 한다. 통상 법원의 지시가 없는 경우에 감정인이 현재의 하자상태만 감정을 하는 경향이 있다.

약정에서 규정한 채무를 불이행하거나 부당이득금을 챙기는 경우와 같이 공사비의 '정산'을 요구하는 감정도 있다. 공사비를 건축물의 인도 여부에 따라 '분할'해야 하는 경우도 발생한다. 공사비 분할의 예로서 공공공사의 지체상금 사건에서 기성부분 또는 기납부분에 대하여 검사를 거쳐 이를 인수한 경우에 그 부분에 상당하는 금액을 감정하는 경우를 들 수 있다.[35]

4. 각종 용역비 감정(설계용역비 등)

선행적으로 이루어지면서 건축공사와 뗄래야 뗄 수 없는 것이 바로 '설계'와 '감리'용역이다. 여기서도 각종 분쟁이 발생한다. 용역 업무를 수행하는 도중 약정 조건이 변경되거나 용역 도중에 계약이 해지됐을 때 빈번히 발생한다. 이런 경우 진행된 용역의 수행비율 산정은 감정을 통해 확인할 수밖에 없다. 이때 용역비 산정 시 이미 진행된 수행비율에 의할 것인지, 아니면 계약서에 명시된 지불비율에 따라 지불해야 하는지에 대하여 다툼이 있을 때가 있다. 이런 경우 재판부는 당사자 사이에 체결된 계약내용을 확인하고 감정의 기준과 전제사실을 명확하게 해주어야 한다.

5. 건축기타 감정(유익비 및 원상복구비 등 감정)

임대차 계약의 종료나 해지 시 임차물건의 내부시설에 대한 유익비를 감정하여야 하는 사례도 종종 있다. 유익비 감정은 우선 유익비 상

---

35 국가계약법 시행령 제74조 제2항은 '기성부분 또는 기납부분에 대하여 검사를 거쳐 이를 인수한 경우(인수하지 아니하고 관리·사용하는 경우를 포함한다)에는 그 부분에 상당하는 금액을 계약금액에서 공제한 금액을 기준으로 지체상금을 계산하여야 한다. 이 경우 기성부분 또는 기납부분의 인수는 성질상 분할할 수 있는 공사·물품 또는 용역 등에 대한 완성부분으로서 인수하는 것에 한한다'고 규정하고 있다. 정부 도급공사 표준계약서의 공사계약 일반조건(회계예규 2200.04-104-23, 2010. 11. 30. 개정된 것) 제25조 제2항에도 동일하게 규정되어 있다.

환 청구의 대상이 무엇인지 특정하는 것이 중요하다. 그 대상이 건물의 구성부분이 아닌 것으로서, 건물 사용 시 객관적인 편익을 위한 것인지가 판단 기준이 된다.[36]

임대차계약서에 거의 빠지지 않고 기재되는 문구가 바로 '임차인의 임대차목적물 원상복구의무' 조항이다. 임대차계약이 종료되면 임차인은 '임대차목적물을 원상으로 회복해서 반환한다'거나 '원래 상태 그대로 반환한다'는 취지의 계약문구가 바로 그것이다. 이 조항을 근거로 원상복구비에 대한 감정을 신청하는 사례도 있다.

6. 건축측량 · 상태확인 감정

드물지만 건축물의 특정 상태를 확인하기 위한 감정도 있다. 대표적으로 집합건물에서 분양면적의 확인이나 전유부분 및 공유부분 분배의 적정성을 판단해야 하는 사례를 들 수 있다. 일종의 건축물에 대한 측량이라고 할 수 있다.[37] 그 밖에 어떤 공정의 시공 여부, 공사의 진척도를 측정하거나 시공된 자재의 재질이나 규격, 적용공법, 바닥의 평활도 등과 같은 '상태'를 확인하는 감정도 있다. 천공 · 조망 · 반사와 같은 건축 환경에 대한 감정도 있다.

---

36 민법 제646조에서 건물임차인의 매수청구권의 대상으로 규정한 '부속물'이란 건물에 부속된 물건으로 임차인의 소유에 속하고, 건물의 구성부분으로는 되지 아니한 것으로서 건물의 사용에 객관적인 편익을 가져오게 하는 물건을 말하므로 부속된 물건이 오로지 건물임차인의 특수한 목적에 사용하기 위하여 부속된 것일 때에는 부속물매수청구권의 대상이 되는 물건이라 할 수 없으며 당해 건물의 객관적인 사용목적은 그 건물 자체의 구조와 임대차계약 당시 당사자 사이에 합의된 사용목적, 기타 건물의 위치, 주위환경 등 제반 사정을 참작하여 정하여지는 것이다(대법원 1991. 10. 8. 선고 91다8029 판결).
37 지적측량은 토지를 토지 공부(土地公簿)에 등록하거나 지적 공부에 등록된 경계를 지표상에 복원할 목적으로, 각 필지(筆地)의 경계 또는 면적을 정하는 측량을 말한다. 반면, 건축물에 대한 측량(이하 건축측량이라 한다)은 건축물 내외의 길이나 면적, 높이를 실제적으로 계측한 후 그 결과를 다시 건축법 시행령 제119조의 '면적 등의 산정방법으로 산정하여야 한다. 이런 측면에서 보면 건축측량은 지적측량과는 완전히 구분되어야 한다. 따라서 이런 유형의 감정은 지적측량사가 아닌 건축사와 같은 건설분야 감정인을 지정하여야 제대로 된 감정결과를 얻을 수 있다.

7. 특수분야 감정

건축분야 외 대형 플랜트와 같은 특수한 분야의 문제라면 각 해당 분야의 전문가가 필요하다. 교량이나 대형 토목구조물에 대한 사건은 토목 관련 전문가가 필요하다. 기계, 전기 설비에 관한 문제라면 기계나 전기 관련 전문가가 필요하다. 감정예규는 이처럼 '공사비등의 감정인'이 수행할 수 없는 분야에 대한 감정을 위하여 '특수분야 전문가 명단'을 별도로 작성 · 관리하고 있다(제47조 이하). 특수분야 감정인은 그 전문영역이 다양하므로 사건의 취지에 적합한 감정인을 선정하는 것이 중요하다.

제 2 장

건설도급계약

건설도급계약

집이나 학교, 빌딩과 같은 건물을 짓는 것을 '건축'이라고 한다. 도로를 닦고 다리를 놓는 것을 '토목'이라고 한다. 일련의 건축이나 토목의 과정을 '건설(建設)'이라고 한다. 인류가 동굴에서 나와 도시에 살고 있는 것도 '건설'이 있었기 때문에 가능했다. 높은 곳에 올라가 시가지를 내려다보면 불과 몇 년 전까지만 해도 벌판이었던 곳이 어느 순간 아파트촌으로 변해있고, 100층이 넘는 마천루가 하늘을 찌를 듯 솟아 올라있다. 이처럼 '건설'은 도시의 시작이자 현재이며 미래다. 인간의 역동성을 이만큼 강력하게 보여줄 수 있는 것이 또 있을까?

한 가지 문제가 있다면 분쟁이 잦다는 것이다. 모든 건설단계에서 다양한 형태의 다툼이 생겨난다. 관리기법이 더 정교해졌음에도 불구하고 갈등은 줄지 않고 있다. 오히려 증가하고 있다. 더 복잡해지고 있다. 기성고 공사대금이나 추가공사대금, 건축하자와 같은 분쟁이 대표적 사례이다. 이런 분쟁의 관점에서 건설을 자세히 들여다보면 '도급계약(都給契約)'이 그 중심에 있음을 알게 된다. 대부분의 건설 분쟁은 바로 이 '도급계약'에서 파생한다. 때문에 건설 분쟁의 속성을 제대로 파악하기 위해서는 건설도급의 특성을 먼저 이해할 필요가 있다.

I 개요

1. 도급의 의의

건설 산업은 분업화 된 구조적 특성을 지니고 있다. 크게 건축, 토목, 기계설비, 전기설비와 같은 기술 분야로 나뉘고 전문기업별로 더욱 잘게 갈라진다. 따라서 발주자나 건축주의 입장에서 건설공사를 수행하기 위해 전문기업들과 개별적으로 계약을 맺기는 어렵다. 이들을 모으기도 쉽지 않고 적절히 통제하기도 힘들다. 그래서 대부분의 발주자는 건설행위를 종합적으로 해결해 줄 시공자를 찾게 된다. 이때 이 둘의 관계는 '계약'이라는 법률적 형식으로 연결된다. 이것이 바로 '도급계약'이다.

민법 제664조는 '도급'의 의의를 다음과 같이 정의하고 있다. "도급은 당사자 일방이 어느 일을 완성할 것을 약정하고 상대방이 그 일의 결과에 대하여 보수를 지급할 것을 약정함으로써 그 효력이 생긴다." 도급계약의 법적 성질은 크게 세 가지로 볼 수 있다. 첫째, 수급인에게는 일의 완성의무와 도급인에게는 보수의 지급의무가 서로 의존관계에 있는 유상[1] · 쌍무계약[2]이다.[3] 둘째, 성립에 특별한 방식을 필요로 하지 않는 낙성 · 불요식계약[4]이기도 하다.[5] 셋째, 기성품의 재산권

---

1 유상계약(有償契約)이란 매매, 교환, 임대차, 고용, 도급, 조합, 화해, 현상광고 등과 같이 당사자가 대가로서의 의의를 가지는 경제적 출연을 하는 계약을 말한다. 재산적 출손에 대한 상호의존관계는 각 당사자가 상호 채무를 부담하는 쌍방계약 시 필연적으로 존재한다. 유상계약에 속하는 것은 민법의 전형계약 가운데 매매 · 교환 · 현상광고 · 임대차 · 고용 · 도급 · 조합 · 화해 등이다. 민법은 유상계약에 관하여 매매의 규정을 준용하도록 규정하고 있다(민법 제567조).
2 쌍무계약(雙務契約)이란 계약당사자가 서로 대가로서의 의의를 가지는 채무를 부담하는 계약을 말한다.
3 김준호, 민법강의, 법문사, 1566면, 2010.
4 낙성계약(諾成契約)이란 계약당사자 간의 합의만으로 성립하는 계약을 말한다. 불요식계약(不要式契約)이란 계약이 성립하기 위하여 당사자 간의 합의 이외에 일정한 방식을 요구하지 않는 계약을 말한다. 하지만 계약서를 작성하지 않은 경우 계약내용을 주장하고 입증하기가 곤란하므로 계약서의 작성은 필수적이라고 할 수 있다.

이전을 목적으로 하는 매매계약과는 다르다는 것이다.[6]

즉 도급계약의 궁극적인 목적은 어떤 '일의 완성'인 것이다. 도급의 결과가 약정된 결과로 나타나야 한다. 도급에서 수급인의 노무는 단지 일의 완성을 위한 수단에 지나지 않는다. 수급인이 아무리 노무를 공급하였더라도 소기의 결과가 발생하지 않으면 채무를 이행했다고 할 수 없기 때문이다. 반면 흔한 경우는 아니겠지만 수급인 자신이 노무를 공급하지 않았더라도 약속한 결과가 이루어지면 그 채무는 이행한 것이 된다.[7] 그만큼 결과가 중요하다. 이런 점에서 도급계약은 '고용(雇傭)'[8]이나 '위임(委任)'[9]과 뚜렷한 차이가 있다.

도급으로 가능한 일은 크게 유형적인 것과 무형적인 것 두 가지로 나뉜다. 유형적인 것의 대표적인 사례로는 '선박의 건조'나 '건설공사'를 들 수 있다. 무형적인 도급의 대표적 사례로는 '운송'이나 '여행'과 같은 것이 있다.

---

5 현행 민법 제664조는 도급계약의 의의를 밝히고 있다. 이하의 조문들은 도급인의 수급인에 대한 보수지급시기(동법 제665조), 수급인의 보수채권 확보방안으로서의 저당권설정청구권(제666조), 수급인의 하자담보책임(제667조 내지 제672조), 일의 완성 전 도급인의 해제권(제673조) 및 도급인의 파산과 계약해제권(제674조)에 대하여 규정하고 있다.

6 로마법에서의 도급계약은 대략(貸約, locatio conductio)의 일종이었다. 대략(貸約)은 오늘날 임대차 · 고용 · 도급의 세 가지 가운데 어느 하나에 속하는 경우를 포함하는 계약이었다. 여기서 도급은 매매와 구별하였는데, 재료의 공급자를 기준으로 제작자가 재료를 공급하는 경우에는 매매, 그 상대방이 재료를 공급하는 경우는 도급으로 보았다(李相氣, "都給契約에 관한 判例의 動向", 한국법학회 판례연구회 발표논문(1996. 9), 1면).

7 곽윤직, 채권각론, 박영사, 250면, 2013.

8 고용이란 당사자 일방이 상대방에 대하여 노무를 제공할 것을 약정하고 상대방이 이에 대하여 보수를 지급할 것을 약정함으로써 그 효력이 생기는 계약을 말한다(민법 제655조). 흔히 회사에 근무하는 직원을 생각하면 된다.

9 위임은 당사자 일방(위임인)이 상대방(수임인)에 대하여 사무의 처리를 위탁하고 상대방이 이를 승낙함으로써 성립하는 계약이다(민법 제680조). 대표적으로 변호사의 업무를 들 수 있다.

2. 도급의 의무

도급에서 수급인과 도급인 양자의 의무는 대응관계에 있다. 수급인은 일을 완성하고 도급인은 그 대가로 보수를 지급한다. 도급인과 수급인이 각자의 의무를 이행해야 도급계약은 차질없이 종료된다.

1) 수급인(受給人)의 의무

수급인에게는 계약 내용에 따라 일을 완성할 의무가 있다. 완성된 일의 결과가 물건일 때에는 그 목적물을 도급인에게 인도해야 한다. 이때 목적물의 「인도」는 완성된 목적물에 대한 단순한 점유의 이전만을 의미하는 것이 아니라, 도급인이 목적물을 검사한 후 그 목적물이 계약내용대로 완성되었음을 명시적 또는 묵시적으로 시인하는 것까지 포함하는 의미이다.[10] 공사가 진행하는 도중에 계약이 해제된 경우는 수급인은 계약해제와 동시에 도급인에게 준공부분을 인도할 의무가 있다.[11]

수급인에게는 담보책임의 의무도 요구된다. 도급은 매매와 같은 유상계약이지만 수급인의 담보책임에 관해서는 따로 정하고 있기 때문이다(민법 제667조 이하). 매매는 '재산권의 이전'에 목적을 두고 있는 반면 도급은 '일의 완성'에 목적을 두고 있어 담보책임의 내용이 다를 수밖에 없다. 도급의 담보책임으로는 '하자보수청구', '손해배상' 그리고 '계약해제'가 있다.[12]

---

10 김준호, 앞의 책 주 39), 1569면.

11 조성민, 建築都給契約의 解除와 效果, 법학논총 제24재 제2호, 한양대법학연구소, 603면, 2007.

12 수급인의 담보책임의 법적 성질에 관해서는 법정책임설과 채무불이행설로 견해가 나뉜다. 법정책임설은 완성물의 하자에 대해 수급인의 과실을 묻지 않고 민법이 일정한 책임을 정한 것으로 보는 견해이다. 채무불이행설은 수급인은 어느 일을 완성해야 할 의무를 져야 하는데, 수급인이 일을 잘못하여 그 결과에 흠이 있는 때에는 채무를 제대로 이행하지 않은 것으로서, 넓은 의미의 채무불이행에 속하는 것으로 보는 견해이다.

2) 도급인(都給人)의 의무

도급관계에서 수급인(受給人)은 일의 완성을 약정해야 한다. 반대로 도급인(都給人)은 보수의 지급을 약정한다. 일이 완성되었다는 전제가 필요하지만 도급인은 수급인에게 보수를 지급할 의무가 있다. 도급인의 채무는 수급인의 일을 완성할 채무와 대가관계에 있는 것이다.[13]

보수의 지급시기에 관해서는 후급을 원칙으로 한다. 일반적으로 도급의 보수는 완성물의 인도와 동시에 지급해야 한다. 목적물의 인도를 요하지 않는 경우에는 일의 완성 후 지체 없이 지급해야 한다(민법 제665조 제1항). 시기의 약정이 없으면 관습에 의하고 관습이 없으면 약정한 노무를 종료한 후 지체 없이 지급해야 한다(민법 제665조 제2항·제656조 제2항).[14]

또한 수급인이 보수청구권을 담보하기 위하여 저당권의 설정을 청구한 때에는 도급인은 그에 응할 의무가 있다.[15] 건물의 건축이나 토지상의 공작물의 도급관계는 수급인이 그 보수채권의 담보를 위해 도급인에 대해 저당권의 설정을 청구할 수 있다. 이때 저당권이 설정되

---

13 곽윤직, 앞의 책 주 43), 262면.
14 도급계약 시 보수청구권의 소멸시효는 도급공사의 하자담보책임에 의한 배상청구권의 소멸시효와는 구별된다. 민법 제163조 제3호에 의하면 도급받은 자, 기타 공사의 설계 또는 감독에 종사하는 자의 공사에 관한 채권은 3년간 행사하지 않으면 소멸한다. "3년의 단기소멸시효에 관하여 민법 제163조 제3호는 '도급을 받은 자의 공사에 관한 채권'이라고 규정하여 도급받은 공사 채권뿐만 아니라 그 공사에 부수되는 채권도 포함하고 있고 원래 도급은 도급계약의 거래관행상 위임적인 요소를 포함시키는 경우가 많음에 비추어 반드시 민법상의 계약유형의 하나인 도급계약만을 뜻하는 것이 아니고 광범위하게 공사의 완성을 맡은 것으로 볼 수 있는 경우까지도 포함되는 것이라고 할 것이므로 계약 중에 택지조성공사 이외에 부수적으로 토지형질변경허가신청과 준공허가 및 환지예정지지정신청 등의 사무가 포함되어 있다고 하여 위 공사완성 후의 계약에 따른 보수청구가 도급받은 자의 공사에 관한 채권이 아니라고 할 수는 없다(대법원 86다카2549 판결)."
15 이 조항은 독일민법의 규정을 본받아 신설한 것이다. 독일은 건물을 토지의 구성부분으로 보기 때문에 건물건축도급의 경우에도 토지에 대해서만 저당권이 설정될 수 있다. 이에 비해 우리는 토지와 건물을 독립된 부동산으로 다루므로 건물에 대해서도 저당권이 설정될 수 있다는 점에 차이가 있다(김준호, 앞의 책 주 39) 1579면).

는 대상은 건물건축의 경우에는 그 건물이고, 그 밖에 토지의 공작물의 경우에는 그 토지가 된다.

3. 건설도급의 특성

도급의 프레임을 '건설'로 좁혀보자. 여기서 건설공사의 도급계약에서는 일반적인 도급계약과 차별화되는 특징을 지니고 있다는 사실을 발견할 수 있다. 건설공사의 계약도 법률적 성질상 도급임은 분명하지만 민법에서 규정한 일반적 도급과는 상이한 점이 있는 것이다. 구체적인 건설도급의 특성은 다음과 같다.

1) 소급효의 불인정

도급계약은 쌍무계약의 일종이므로 계약이 해제되면 그 계약관계는 소멸한다.[16] 이때 기 이행부분이 있을 때는 상호반환의무 내지 원상복구의무가 있다. 하지만 대법원은 1986. 9. 9. 선고 85다카1751 판결 이후 일관되게 건설도급 해제의 소급효를 제한하고 있다.[17] 즉 건설도급에는 민법상 해제[18]에 관한 규정의 적용이 상당부분 제한되고

---

16 대판 2002. 8. 27, 2001다13624 판결
　"도급인이나 위임의 당사자 일방이 파산선고를 받은 경우에는 당사자 쌍방이 이행을 완료하지 아니한 쌍무계약의 해제 또는 이행에 관한 (구)파산법 제50조 제1항에 의하여 수급인 또는 파산관재인이 계약을 해제할 수 있고, 위임의 당사자 일방이 파산선고를 받은 경우에는 민법 제690조에 의하여 위임계약이 당연히 종료된다고 할 것이며, 위와 같은 도급계약의 해제 및 위임계약의 종료는 그 각 조문의 해석상 장래에 향하여 도급 및 위임의 효력을 소멸시키는 것을 의미한다."
17 "건축공사도급계약에 있어서는 공사도중에 계약이 해제되어 미완성부분이 있는 경우라도 그 공사가 상당한 정도로 진척되어 원상복구가 중대한 사회적, 경제적 손실을 초래하게 되고 완성된 부분이 도급인에게 이익이 되는 때에는 도급계약은 미완성부분에 대해서만 실효되어 수급인은 해제된 상태 그대로 그 건물을 도급인에게 인도하고, 도급인은 그 건물의 기성고 등을 참작하여 인도받은 건물에 대하여 상당한 보수를 지급할 의무가 있다(대법원 1986. 9. 9. 선고 85다카1751판결)."
18 '해제'란 일단 유효하게 성립한 계약을 소급하여 소멸시키는 일방적인 의사표시를 말한다. 반면 '해지'란 계속적인 계약을 장래에 한하여 실효시키는 것을 말한다. 예를 들어 일시적인 계약으로 어떤 매매계약이 해제되면 계약이 처음부터 무효가 되고 원상복구의 의무를 부담하게 된다(민법 제548조 제1항). 해제는 계약을 소급적으로 무

있는 것이다.[19] 그 취지는 만약 건설공사에서도 해제의 소급효를 인정한다면 수급인에게 너무 큰 손실을 줄 뿐만 아니라 이미 세워진 건물을 부숴서 원상복구한다는 것이 사회경제적으로 너무 큰 손실을 불러오기 때문이라는 것이다.[20] 그래서 건설도급은 해제 시에 일반적인 해제와 달리 소급효를 인정하지 않는 특성이 있는 것이다.[21]

2) 건설산업기본법

본질적으로 건설도급은 수급인의 종속노동에 가까운 측면이 있다. 시공과정에서 도급인의 계속적인 감리로 제약을 받기 때문이다. 이런 점에 비추어 보면 고용이나 위임과 유사한 계속적 채권관계의 성질을 가진다[22]고 할 수 있다. 이처럼 건설도급관계는 형식적으로는 양 당사자의 평등한 지위라고는 하지만 실질적으로는 불평등한 구도일 때가 있다. 그래서 도급관계나 하도급 거래에서 불합리한 문제가 자주 불거지기도 한다. 흔히 말하는 갑의 횡포가 그것이다.

이런 문제를 해소하기 위하여 만든 특별법이 바로 '건설산업기본법'[23]이다. 이 법을 통해 건설하도급의 경우는 아예 정부가 공정거래를 담보하는 심판자로서 역할을 하고 있다. 일부 공공 발주기관은 하도급 계약금액과 지급방식도 규제하고 있다.[24] 이 같은 특별법규의 발

효로 하는 법률행위이다. 이에 반하여 계속적 계약인 임대차 시 이미 경과한 사실관계를 회복한다는 것은(원상복구) 타당하지 않으므로 이미 경과한 사실관계는 그대로 두고 장래에 한하여 계약을 실효케 하는 것이다(법률용어사전, 현암사, 498면).

19 윤재윤, 앞의 책 주)13, 149면.
20 곽윤직, 앞의 책 주 43), 261면.
21 박종권, 신축공사 도급계약에서 신축공사의 미완성과 하자의 구별기준, 로스쿨 채권법(계약편), 청림출판, 2006, 543면
22 조은래, 건설도급계약의 성립에 관한 연구, 法學硏究 第28輯, 2007.11.25. 109면.
23 특히 도급의 고유한 영역이라고 할 수 있는 '운송'은 상법상의 독립한 계약유형으로 다루어지고, 다수의 특별법에 의한 규율을 받고 있다.
24 예를 들어, 도로공사 등 일부 공공 발주자는 건설공사하도급 계약금액이 해당공사 원도급계약금액의 82% 미만 시에는 하도급 금액의 저가 여부를 심사하여 하도급 계약금액에 대해서 간섭하고 있다. 이와 같이 건설하도급계약에 관한 규정 중 논란이 많은 하도급 저가심사와 하도급대금지급 보증제도의 타당성 및 이와 관련된 문제들이

달로 인해 사인(私人) 간의 계약임에도 불구하고 건설도급계약에 대한 민법규정의 역할은 줄어들고 있다고 할 수 있다.[25]

3) 계약해제 시 보수의 지급

보수의 지급도 민법과 대비되는 건설도급만의 특수성이 있다. 일반적인 도급은 일이 완성되지 않고 중도에서 종료되면 수급인에게 보수청구권이 없지만 건설도급은 미완성 부분에 대해서만 실효된다. 그래서 수급인은 해제한 상태 그대로 그 건물을 도급인에게 이전하고, 도급인은 특별한 사정이 없는 한 인도받은 미완성 건물에 대한 보수를 지급해야 하는 권리의무관계가 성립한다.[26]

만약 계약해제의 책임이 도급인에게 있다면 미완성물은 도급인에게 속하며 미완성물 그 자체도 일정한 가치를 가지게 된다. 여기서 도급인은 그 물건에 특별한 결함이 없는 한, 그 제거를 청구하는 것보다 일정한 보수를 지급하고 인도를 받는 편이 이익이 될 것이다.[27] 도급인이 약정한 공사대금을 지급하지 않는 동안 수급인이 목적물의 인도

발생하고 있다.

이의섭, 「건설하도급계약 관련 제도 개선방안」, 한국건설산업연구원, 2003, 참조.

25 박준서 집필대표(정종휴 집필부분), 『주석 민법-채권각칙 4-』, 한국사법행정학회, 1999, 155면.

26 대법원 1992. 3. 31 선고 91다42630 판결 [판결요지]
1. 건축공사도급계약에 있어서 공사가 완성되지 못한 상태에서 당사자 중 일방이 상대방의 채무불이행을 이유로 계약을 해제한 경우에 공사가 상당한 정도로 진척되어 그 원상복구가 중대한 사회적, 경제적 손실을 초래하게 되고 완성된 부분이 도급인에게 이익이 되는 때에는 도급계약은 미완성부분에 대해서만 실효되고 수급인은 해제된 상태 그대로 그 건물을 도급인에게 인도하고 도급인은 인도받은 건물에 대한 보수를 지급해야 할 의무가 있고, 이와 같은 경우 도급인이 지급해야 할 미완성 건물에 대한 보수는 특별한 사정이 없는 한 당사자 사이에 약정한 총공사비를 기준으로 하여 그 금액에서 수급인이 공사를 중단할 당시의 공사 기성고 비율에 의한 금액이 된다.
2. 위 "1"항의 경우 공사를 중단할 당시 당사자 사이에 미완성 건물에 대한 미시공공사비를 예정하여 정하였다면 도급인이 지급해야 할 미완성 건물(기 성부분)에 대한 보수는 다른 특별한 사정이 없으면 당초의 약정 총공사비에서 예정한 미시공공사비를 공제한 금액이 된다고 봄이 상당하다.

27 조성민, 앞의 논문 주 47), 602면.

를 거부하는 상황이 발생하기도 한다. 공사의 보수는 완성된 목적물의 인도를 요하는 경우에는 그 인도와 동시에 지급함을 요하기 때문이다(대법원 67다639 판결).

이처럼 도급인이 수급인에게 공사의 완성에 대한 약정한 공사대금채권은 공사대금을 지급해야 사실상 종결되는 것이다. 때문에 도급인의 공사대금채무와 수급인이 완성한 공사목적물을 인도할 채무는 동시이행관계에 있다고 할 수 있다.[28]

Ⅱ 발주절차

앞에서 우리는 일반적 의미의 도급과 다른 건설도급만의 특성을 살펴봤다. 하지만 건설현장은 법률책을 펴놓고 공부하는 데가 아니다. 마치 전쟁터처럼 굴러간다. 계약으로 시작해서 분쟁으로 끝난다는 말이 비단 건설 분야에만 해당되는 것은 아니겠지만 그만큼 딱 들어맞는 말도 없다. 그래서 어떤 사건이 터진 후에야 비로소 계약서를 꺼내놓을 때가 많다. 물론 그때도 법적 특성을 잘 이해할 수 없는 건 마찬가지다. 사실 법률적 이야기는 법률가에게 들어야 한다. 그렇지만 사실을 인식하든 하지 못하든 실제 건설공사는 이미 무수한 도급계약으로 얽혀있기 마련이다. 계약에는 건축주나 발주자[29](이하 발주자)가 시공

---

28 "쌍무계약에서 쌍방의 채무가 동시이행관계에 있는 경우 일방의 채무의 이행기가 도래하더라도 상대방 채무의 이행제공이 있을 때까지는 그 채무를 이행하지 않아도 이행지체의 책임을 지지 않는 것인 바, 사실심 변론종결일까지 수급인이 도급인에게 건물의 인도를 위한 이행제공 또는 이행을 하였다고 볼 수 없는 경우 건물의 인도의무와 동시이행관계에 있는 공사대금 지급의무에 관하여 도급인에게 이행지체의 책임이 있다고 할 수 없으므로 위 공사대금에 대한 위 건물 인도일 이후의 지연손해금을 인정함에 있어서는 소송촉진 등에 관한 특례법 제3조 제1항 단서에 의하여 같은 조항 본문에 정한 이율이 적용되지 아니한다(대법원 2002 다43370 판결)."

29 흔히 '건축주'와 '발주자'를 동시에 표기하는 경우가 많다. 이를 잠시 설명하면 다음과 같다. '건축주'는 건축물의 건축·대수선·용도변경, 건축설비의 설치 또는 공작물의 축조에 관한 공사를 발주하거나 현장 관리인을 두어 스스로 그 공사를 하는 자

자와 맺는 계약도 있다. 그리고 시공자가 공사를 수행하기 위하여 공종별로 전문기업들과 맺는 하도급계약도 있다. 설계나 감리와 같은 각종 용역계약도 수반된다.

　범위를 좁혀 발주자와 시공자 간의 계약을 살펴보자. 흔히 공사를 발주하기 위해 입찰로 낙찰자를 결정하고 계약을 한다는 말을 들어보았을 것이다. 건설에서의 발주는 발주자가 설계자나 시공자 또는 건설사업관리자 등 공사참여자들을 조직하는 방법까지 포괄한다. 주로 입찰과 같은 방법으로 계약자를 선정한다. 건설프로젝트에서 시공자를 선정하기 위한 '발주', '입찰' 그리고 선정된 시공자 사이의 '계약' 방식은 너무도 중요하다. 발주절차에서 중대한 하자가 생기면 사업이 무산될 수도 있기 때문이다. 입찰과정에서 참가자격의 적격성 문제에 대해 입찰의 효력 유무를 따지는 소송도 흔하다. 그러므로 발주자나 시공자 모두에게 '발주', '입찰' 그리고 '계약'까지 발주절차와 체계에 대한 이해가 요구되는 것이다.

1. 발주 방식

건설현장의 일반적인 발주 방식은 다음과 같다.

로 건축법에서 정의하고 있다. '발주자'는 건설공사를 건설업자에게 도급하는 자를 말한다. 다만, 수급인으로서 도급받은 건설공사를 하도급하는 자는 제외한다고 건설산업기본법에서 정의하고 있다. '건축주'가 직접 발주하는 경우는 [발주자=건축주]의 관계가 성립하고, '건축주'를 대신하여 발주의 책임을 갖는자가 발주를 하면 [발주자 ≠건축주]의 관계가 된다. 이런 경우에 맞추어 '건축주'나 '발주자'란 표현을 쓰는 것이다.
부연하면 건축법상 '시공자'는 바로 '공사시공자'를 의미하는데 「건설산업기본법」 제2조 제4호에 따른 건설공사를 하는 자를 말한다. '공사감리자'란 자기의 책임(보조자의 도움을 받는 경우를 포함한다)으로 이 법으로 정하는 바에 따라 건축물, 건축설비 또는 공작물이 설계도서의 내용대로 시공되는지를 확인하고, 품질관리 · 공사관리 · 안전관리 등에 대하여 지도 · 감독하는 자를 말한다. '설계자'란 자기의 책임(보조자의 도움을 받는 경우를 포함한다)으로 설계도서를 작성하고 그 설계도서에서 의도하는 바를 해설하며, 지도하고 자문에 응하는 자를 말한다.

1) 설계 · 시공 분리발주 방식

'설계 · 시공 분리발주 방식'이란 설계자와 시공자를 각각 선정하는 방식이다. 가장 오래되고 보편적인 발주 방식이다. 계약관계에서 주요 참여자는 발주자, 설계자, 시공자로서 주된 계약관계가 발주자를 중심으로 이루어지는 특징이 있다. 이 관계에서 설계자와 시공자는 각각 발주자와 계약을 맺지만 그들 상호 간에는 계약관계가 없다. 때문에 서로에 대한 역할과 책임이 없어[30] 설계자와 시공자 간에 문제가 발생하면 발주자가 중심이 되어 해결해야 한다. 시공에 관한 한 모든 책임과 의무가 발주자에게 귀결되는 방식이다.

2) 설계 · 시공 일괄발주 방식

'설계 · 시공 일괄발주 방식'은 설계와 시공활동의 주체를 단일 계약자로 일원화한 것이다. 발주자는 계약상의 책임을 그에게 일임할 수 있다. 이 방식은 설계자 선정시 동시에 시공자를 선정하므로 입찰단계가 줄어들어 공기를 단축시킬 수 있는 장점이 있다. '국가를 당사자로 하는 계약에 관한 법률'과 기타 관련법에서는 설계 · 시공 일괄발주방식을 '일괄입찰'이나 '설계공모 · 기술제안입찰' 등의 방식으로 채택하고 있다.

3) 건설사업관리 방식

'건설사업관리 방식(Construction Management 방식, 이하 CM방식)'은 1996년 '건설산업기본법' 제정과 함께 도입되었다.[31] CM방식은 건설

---

30 예를 들어 설계자가 발주자를 위해 설계도서대로 시공이 진행되는지 점검하는 '감리업무'를 수행할 수 있지만, 시공자에게 지시를 내리는 '감독권한'은 가질 수 없다. 시공에 대한 방법과 절차는 전적으로 시공자의 권한이며 이에 대한 지시나 간섭은 서로 계약관계가 없는 상태에서 월권에 해당하기 때문이다. 또 시공자와 설계자 간에 의견 충돌이 발생하면 이들 간의 중재자 역할은 양자와 각각 계약관계에 있는 발주자의 몫이 된다.
31 동 법은 '건설사업관리'를 건설공사에 관한 기획 · 타당성조사 · 분석 · 설계 · 조달 ·

사업관리자가 용역자의 입장에서 발주자에게 전문적인 서비스를 제공하는 이른바 'CM for Fee' 방식과 시공 이전 단계는 용역에 해당하는 서비스를 제공하고 시공단계는 발주자의 역할을 겸하는 'CM at Risk' 방식으로 구분된다.[32]

4) 민간투자 방식

도로, 학교 등 사회기반시설의 공사는 전통적으로 재정사업에 의해 추진되었다. 그러나 사회적 수요가 증가하고 있음에도 사회기반시설이 적기에 공급되지 못하는 상황이 종종 야기되고 있다. 이런 경우는 대부분 정부재정의 한계로 인해 발생한다. 민간투자 방식은 부족한 재원을 해결하면서도 사회기반시설을 적기에 공급하기 위해 도입되었다. 하지만 행정의 민간 참여, 협력에 의한 것이라 하더라도 여전히 이러한 계약방식은 행정의 범주에 속하는 것이라고 할 수 있다.[33] 민간투자 방식이라 하더라도 민간부문과 공공부문이 상호 협력하여 사회기반시설을 건설해야만 하기 때문이다.

그래서 이 방식은 대부분 운영은 민간부문에서 담당하되, 해당 시설의 운영이나 관리에 대한 감시 감독의 권한은 공공부문에서 행사한다. 사업 수행의 공공성을 담보하기 위함이다. 민영화와의 차이점이라면 민간부문의 목표인 수익성 추구에도 불구하고 해당 사업 수행의 공공성 유지를 위한 공적인 통제권한을 여전히 공공부문이 보유한다는 점이다. 이와 달리 민영화는 해당 사업 수행 시 모든 권한을 민간부

계약·시공관리·감리평가·사후관리 등에 관한 관리업무의 전부 또는 일부를 수행하는 용역업무로 정의하고 있다.
32 여러 사례를 통해 CM 발주 방식의 효용성이 검증된 바 있지만, 이 방식이 모든 유형의 건설공사에 적합한 것은 아니다. 발주 방식의 효용성은 프로젝트의 특성과 발주자의 요구조건에 따라 달라질 수 있다. CM 방식을 적용하기로 결정한 후에도 여러 가지 방식 중 어떤 것이 가장 효과적일지를 판단해야 한다.
33 김광수, "사회기반시설을 위한 민간투자 제도의 법적 문제", 토지공법연구(제43집 제2호), 토지공법학회, 169, 2009.

문에 이전하고 공공부문은 시장 질서 유지를 위한 일반적 감독권만 가진다.[34]

2. 계약자 선정 방식

1) 일반경쟁입찰

시공자 선정을 위한 방법은 거의 '경쟁입찰' 방식으로 진행된다. '일반경쟁입찰'은 공공매체를 통해 입찰에 대한 정보를 공고하여 입찰신청자를 모집하고, 이들 간의 경쟁을 통해 낙찰자를 선정하는 방법이다. 이 방식은 많은 업체에게 기회를 주고 공개적이라는 점에서 공공부문이나 민간부문 모두에 적용되고 있다. 특히 공공부문에서 가장 흔한 입찰 방식이라고 할 수 있다.

구체적으로는 세부적인 내역작성을 생략하고 최종 금액만을 제시하도록 하는 '총액입찰' 방식으로 진행되는 경우가 가장 많다. 최저금액을 제시한 자를 낙찰자로 선정하는 방법이기 때문에 '최저가낙찰제도'라고도 한다. 이 방법은 계약 성과품이나 공사 품질의 저하로 이어질 수 있다는 단점이 있다.

입찰서에 산출내역서를 첨부하여 함께 제출하는 입찰 방식도 있다 (국가를 당사자로 하는 계약에 관한 법률 시행령 제14조 및 시행규칙 제44조의 규정). 이를 '내역입찰'이라고 한다. 구체적으로는 발주기관이 미리 공종별 목적물 수량내역을 표시하여 배부한 내역서에 입찰자가 단가와 금액을 기재한 입찰금액산출내역서를 입찰시 입찰서와 함께 제출하는 방식이다. 이때 제출한 공사비내역서는 추후 계약변경의 기준으로 활용된다.

---

34 최승필, 2008. "민간투자사업에 대한 법 제도적 검토", 외법논집(제34권 제1호), 2010. 2, 299면; 김성수, "민간투자사업의 성격과 사업자 선정의 법적 과제", 공법연구(제36집 제4호), 한국공법학회, 468.

2) 제한경쟁입찰과 지명경쟁입찰

'제한경쟁입찰'은 특수한 성격의 공사나 고도의 품질이 요구되는 공사 발주에 주로 채택한다. 입찰자의 자격을 해당 건설공사의 특성에 적합한 능력을 갖춘 자로 제한하는 방식이다. 아예 발주자가 소수의 업체를 지명해 입찰에 참여시키기도 한다.[35] 이 방식은 '일반경쟁입찰'에 비해 입찰 참여 업체의 범위가 크게 좁혀지기 때문에 특수한 경우가 아니면 잘 채택하지 않는다. 하지만 민간부문은 사정이 다르다. 소수의 적정업체를 경쟁시키면 입찰관련 업무를 크게 줄일 수 있으면서 공사의 품질을 확보할 수 있는 좋은 방법이 되기 때문이다.

3) 기술제안입찰

'기술제안입찰'은 발주기관이 교부한 실시설계도서와 입찰 안내서에 따라 입찰자 스스로 설계도서를 검토한 후 시공 계획, 공사비 절감 방안 및 공기 단축 방안을 제안하는 방식이다. 순수한 가격경쟁은 가격을 낮출 수는 있지만 동시에 공사의 품질을 떨어뜨리는 부작용이 있다. 이런 문제점을 해소하기 위해 입찰자들의 능력과 기술력을 함께 평가하는 방법으로 '기술제안입찰'이 활용된다. 가격보다는 건설을 수행할 기술과 품질을 우선시 한다는 면에서 기존의 입찰 방식과는 차별화된 선진 방식이라고 할 수 있다.[36]

---

35 '일반경쟁입찰 방식'이 '개방적 개념'이라면 '제한' 또는 '지명경쟁입찰' 방식은 모두 입찰자의 자격이나 범위를 사전에 제한하는 '폐쇄적 개념'이라 할 수 있다. '일반경쟁입찰 방식'은 가격이 가장 중요한 평가기준이 되는 반면, '제한' 또는 '지명경쟁입찰'은 공사의 조건에 부합하는 품질확보가 더 큰 목표가 된다.

36 정부는 2007년 9월 국가계약법 시행령을 개정하여 기술제안입찰제도를 도입하였다. 기술제안입찰제도의 시행 사례를 보면, 2008년 세종시 정부 청사를 시작으로 2012년 2월까지 약 16건의 공사가 발주되었으며, 이 중 10건이 실시설계기술제안 방식, 4건이 기본설계기술제안 방식으로 발주되었다(기술제안입찰제도의 운용 실태 및 개선 방안, 월간 국토와 교통, 2013. 2월호).

4) 수의계약

'수의계약'은 발주자가 특정 시공자를 선정 후 협상을 거쳐 계약을 체결하는 것이다. '경쟁입찰'과 반대되는 개념이라고 할 수 있다. 공공부문보다는 민간부문에서 주로 활용된다. '수의계약'은 무엇보다 계약자 간의 신뢰를 확보하는 것이 중요하다. 장점은 계약자 선정에서 번거로운 입찰업무를 배제할 수 있어 발주자가 원하는 대로 공사를 효율적으로 진행할 수 있다는 것이다. 반면 공사비 증가와 공기연장과 같은 클레임이 많아져 발주자의 리스크가 커진다는 단점도 있다.[37]

3. 계약 방식

1) 총액계약

'총액계약'은 수급자가 계약내용에 포함된 모든 업무를 일괄해 총액을 정하고 그에 대한 성과를 제공하는 계약 방식이다. '일의 완성'을 목적으로 하는 도급계약의 정신에 가장 부합한다. 총액계약은 실제 투입된 비용이 계약금액을 초과하더라도 원칙적으로 발주자가 그 추가비용을 지급하지 않는다. 계약금액의 규모가 적정하다면 분쟁의 위험이 줄어든다. 건설공사에서 '총액계약'을 가장 보편적으로 채택하고 있는 것도 이 때문이다. 하지만 반드시 발주자에게 유리한 것만은 아니다. 시공자가 약정금액에서 최대한의 수익을 내기 위해 공사의 품질을 저하시키거나 공사비의 증액을 요구하는 경우가 빈번하기 때문이다.

---

37 공공건설공사는 공공성과 공정성의 문제 때문에 특수한 경우를 제외하곤 수의계약방식을 사용하지 않는 것이 일반적이다. 단, 천재지변이나 긴급을 요하는 공사, 자원이나 기술력을 특정업체에 의존해야 하는 공사 등의 경우에는 공공부문에도 수의계약을 허용하고 있다.

2) 단가계약

'단가계약'이란 '총액'이 아닌 계약 공종의 세부 '단가'만 확정하고 공사를 수행하는 방식이다. 발주자가 대상공사를 세부 공종 또는 요소 작업으로 구분해 각각의 예측수량을 명시한 수량내역서를 배포하고, 시공자는 공종별 공사비 단가와 여기에 예측수량을 곱한 금액을 입찰 금액으로 제출한다. 발주절차가 간단해 단순 공종 위주의 건설공사에 적합하다. 하지만 시공자가 실제 수량이 증가할 우려가 많은 공종의 단가를 의도적으로 높여 계약한 경우에는 공사비가 증가되는 부작용 이 발생한다. 따라서 '단가계약'은 나름대로의 장점을 지닌 계약방식 임에도 불구하고 국내의 건설공사에는 거의 채택하지 않고 있다.

3) 실비정산보수가산식 계약

'실비정산보수가산식'은 실제 투입된 비용을 우선적으로 고려하는 방식이다. 공사에 소요된 실비용을 지불하고, 보수에 해당하는 금액 은 약정한 별도의 방법으로 지급하는 개념이다. 이 방식은 공기의 단 축이 필요한 공사에 효과적이다. 하지만 공사가 완성될 때까지 총공 사비가 불확실하여 공사비 상승에 대한 위험이 높다.[38] 또한 '실공사 비'와 '보수'의 범위가 명확하지 않을 때는 다툼이 자주 발생한다. '보 수'의 지급방법에 따라 '실비정산정율보수가산식', '실비정산정액보 수가산식', '실비정산변동보수가산식', '실비정산장려보수가산식'으 로 구분된다.

---

38 구체적으로 '실비'에 해당하는 공사비는 그대로 시공자에게 지급되기 때문에 시공 자는 되도록 많은 비용항목을 여기에 포함시키려 할 것이고, 반대로 발주자는 되도 록 전체 공사비를 줄일 수 있는 방법으로 항목을 구성하려 한다는 것이다. 이로 인해 갈등이 발생하기도 하며 심한 경우 분쟁으로 전개된다. 사전에 어떤 비용이 어떤 항 목에 속하는가를 계약내용에서 정확히 구분하여 분쟁을 미연에 방지하는 것이 중요 하다.

Ⅲ 보수

공사대금 분쟁은 결국 도급의 보수에 관한 다툼이라고 할 수 있다. 이 절에서는 일반적인 도급계약의 보수에 대한 의미를 들여다보고자 한다. 또한 건설공사에서 지급시기에 따른 보수에 대해서도 살펴보았다.

1. 보수의 개념

도급에 대한 보수(報酬)는 계약의 필수적 요소이다. 도급은 유상계약이기 때문이다. 도급의 보수는 '도급인'과 '원수급인' 그리고 '원수급인'과 '하수급인'으로 흘러간다. 보수의 종류는 제한이 없기 때문에 금전에 국한되지 않지만 대부분 금전을 보수로 지급한다. 원수급인에게서 일의 전부나 일부를 하도급 받은 하수급인의 보수 지급에 대해서는 여러 가지 법률이 규제하고 있다.[39] 일반적인 보수 지급 방식은 다음과 같이 세 가지로 나뉜다.

첫째, '정액도급'이다. '정액도급'은 일의 완성에 필요한 재료·노력 그 외의 견적금액에 일정의 이익을 가하여 산출한 총액을 보수로 정하는 방식이다. 수급인은 추가적으로 비용이 소요되었더라도 증액을 청구할 수 없다. 동시에 그 이하의 비용이라 하더라도 반환할 필요가 없다.[40] 그러므로 수급인은 자신의 신용·자력·기술 등을 이용하

---

39 가장 대표적인 것이 일괄하도급의 금지이다. 건설산업기본법은 '건설업자는 도급받은 건설공사의 전부 또는 대통령령으로 정하는 주요 부분의 대부분을 다른 건설업자에게 하도급 할 수 없다(제29조 제1항)'고 규정하고 있다. 더 강력한 규제는 공사대금의 지급과 관련한 것이다. 수급인은 도급받은 건설공사에 대한 준공금 또는 기성금을 받으면 다음 각 호의 구분에 따라 해당 금액을 그 준공금 또는 기성금을 받은 날(수급인이 발주자로부터 공사대금을 어음으로 받은 경우에는 그 어음만기일을 말한다)부터 15일 이내에 하수급인에게 현금으로 지급하여야 한다(제34조 제1항).

40 廣中俊雄, 債權各論講義, 有斐閣, 1994, 106面; 我妻 榮, 債權總論, 有斐閣, 644面, 1964.

여 될 수 있는 한 적은 비용으로 일을 완성하여 도급대금과의 차액을 얻으려고 노력한다.[41] 이것이 전형적인 도급의 양상이다.

둘째, 도급금액이 개산으로 정해지는 경우이다. 이를 '개산도급'이라고도 한다. 이때 개산액은 계약의 취지에 따라 최고액의 제한, 최저액의 제한 또는 단순한 개산액일 수 있다. 계약 당시 개산액은 단지 실제 지급할 보수에 대한 산정의 기초가 될 뿐이다. 만약 최고액으로 정한 경우 실제의 비용이 그것보다 적을 때는 그에 따라 상당한 감액을 해야 된다. 최저액으로 정한 경우나 단지 개산으로만 정한 경우는 실제의 비용에 따라 증액이나 감액을 하게 된다.[42]

셋째, 보수액을 정하지 않는 도급 방식이다. 도급에서 보수액을 정하지 않은 경우에는 사정에 따라서 상당한 금액을 정할 수밖에 없다. 이런 측면은 고용이나 위임과 가깝다고 할 수 있다. 하지만 당사자의 목적이 일의 완성일 때에는 도급이라고 해야 한다.[43] 보수의 금액을 정하지 않고 후에 지급할 단계에 이르러서 결정하게 되는 경우에는 거래 관행에 따라서는 실제 필요 비용에 상당한 이윤을 포함한 금액을 보수액으로 하여야 한다.[44] 건설도급의 계약도 상기 보수의 개념을 바탕으로 총액계약, 단가계약, 실비정산보수가산식계약 등으로 나눠진다.

2. 지급시기에 따른 보수의 구분

건설도급에서 보수의 지급은 다양한 방식으로 이루어진다. 이때 보수 청구와 지급에 대한 일정, 기한, 절차, 방법, 필요서류, 대금지급 지

---

41 金疇深, 債權各論[民法講義VI, 三英社, 357면, 1997.
42 我妻 榮, 앞의 책 주 76), 645면; 임삼섭, 도급에 관한 연구, 전주대학교 대학원, 10면 (2000)에서 재인용.
43 金疇深, 앞의 책 주 77), 357면; 임삼섭, 위의 논문, 10면에서 재인용.
44 1965.11.16. [65다 1176]; 곽윤직, 앞의 책 주 43), 262면에서 재인용.

연이나 거부에 대한 규정 등이 명확히 정리되어야 원활한 수령이 가능하다. 일의 완성 뒤에 보수를 지불하는 후불 방식은 별로 고민할 필요가 없지만 이런 경우는 흔치 않다. 대부분 공사 착수 시와 중간 공정에 일정 부분 보수를 지급하는 것이 관행이기 때문이다. 여기서 시공자에게 지급되는 보수(이하 공사대금, 결국 건설도급의 보수는 '공사대금'과 동일한 개념이다)는 '계약금' 또는 '선급금'과 '기성금'·'준공금'으로 나뉜다. '계약금'이나 '선급금'은 공사 착수 시 지급하는 금액을 말한다. 공사 도중에 지급하는 보수를 '기성금'이라고 한다. 공사가 완료 후 지급하는 잔여 금액을 '준공금'이라고 한다.

1) 선급금

대부분의 건설도급은 자금의 '선투자'적 특성을 보인다. 공사의 규모가 클수록 초기투자 부담이 크다. 일반적으로 이런 부담을 덜기 위해 민간공사에서는 도급인이 '계약금'을 지급하고, 공공공사에서는 발주자가 일정부분 '선급금'을 지급한다. '선급금'은 시공자의 현장개설과 착공준비에 필요한 비용을 조기에 지급하는 것이다. '선급금'은 아예 제도화 되어 있다. 발주자(도급인)는 계약조건에 지급규정이 있을 경우, 시공자(수급인)가 요청하면 선금을 지급해야 한다. 이에 따라 시공자는 계약금이나 선급금제도[45]를 적극 활용하여 공사이행의 원활한 자금운용을 기대할 수 있게 된다. 공사의 진척에 따라 지급할 '기성금'의 일부를 선불하여 지급하는 것이므로 추후 기성금 지급시 선금부분 만큼 공제한 후 지급한다.[46]

---

45 정부기관의 선급금 지급은 「정부입찰·계약 집행기준」(회계예규 2200.04-159-13, 2010.1.4)에서 선금지급의 범위, 선금지급 시 채권확보, 선금사용 및 정산, 선금의 반환 등을 자세히 규정하고 있다. 지방자치단체의 선금지급은 지방재정법 제73조, 공기업·준정부기관의 선금지급은 공기업·준정부기관 회계사무규칙 제8조에 근거 규정이 있다.

46 계약조건에 선금과 관련된 규정을 둘 때에는 선금의 범위와 지급기한, 기성금과의 관계, 선금지급의 제한 등의 내용을 포함시켜야 한다. 국내 공공부문은 공사계약일반조

2) 기성금

민법은 완성된 목적물의 인도 이전이라도 보수의 지급시기를 약정하였다면 약정시기에 지급하도록 규정하고 있다. 이때 지급하는 비용을 '기성금'이라고 한다. 기성금은 발주자에게는 투입자금이고, 시공자에게는 중요한 공사자금이다. 일반적으로 기성금은 공사가 일정 비율에 도달했을 때 총 공사비를 공사 진척의 비율에 맞추어 지급한다.

따라서 기성금이란 시공자가 공사를 수행하면서 일정 기간 동안 완료한 부분에 대해 지급받는 대금이라고 할 수 있다. 민간부문에서 건축물을 짓기 위한 도급계약 대부분은 공사의 진척도에 맞춰 기성금을 지급하는 것으로 약정한다. 사실 이러한 기성금 지급 방식은 공사의 진척도를 정밀하게 계산하여 지급한다기 보다는 일종의 '관행'에 가깝다고 할 수 있다. 예를 든다면 3층까지 공사를 완료했을 때 2억 원, 5층까지 완료했을 때 1억 5천만 원을 지급한다는 식이다.

대형 건축물을 짓는 건설공사나 공공부문의 기성금 지급 방식은 보다 정밀한 공사의 성과에 근거하고자 한다. 규모가 큰데다 관급공사의 특성상 관리감독이 지속적으로 이루어지기 때문이다. 이런 현장은 대부분 공사의 진척도를 감리자가 평가하여 기성금을 일정 부분 사정한 후 지급한다. 구체적으로 시공자가 발주자에게 계약조건에 명시된 시기에 기성부분에 대한 대금지급청구서를 제출하면 감리자나 발주자가 이 기성수량과 금액을 검사하고 지급하는 방식을 취하고 있다. 관급공사는 수급인이 하수급인에게 대가를 지급하는 것까지 철저히 관리하고 있다. 이런 경우 공사의 진척도를 측정하는 방안에 대해 계약당사자 간 합의가 필요하다.[47] 건설공사는 다양한 종류의 세부 작업

건에 이 내용을 명시하기보다 회계예규 '정부입찰·계약 집행기준'에 명시된 선금 관련 규정을 적용하고 있다.

47 공사대금에 대한 갈등은 바로 이 기성금 지급 시 청구서의 내용과 실제 수량이 일치하지 않거나, 검사 또는 대금지급이 지연되면서 발생한다. 발주자나 감리자는 설계도

이 하나의 공종을 구성하고, 다시 이들이 모여 전체공사가 완성되는 구조여서 이런 기준이 없으면 진척도에 대한 견해가 달라지기 때문이다.

3) 준공금

준공이란 건설의 전공사가 완료되는 것을 말한다. 또한 법적인 절차를 거쳐 합법적으로 건축물로 인정받았다는 의미도 포함한다. 실제 건축물을 완성하여 사용하는데 전혀 문제가 없다 하더라도 '사용승인'[48]을 득하지 못했다면 준공이라고는 할 수 없다. 이는 단순히 건축물의 시공이 완료된 상태일 뿐으로 합법적으로 사용할 수 없기 때문이다. 건물은 공사 완공 후 관청에 준공 관련 서류를 제출하고 '사용승인' 절차를 거쳐야 비로소 활용이 가능하다. 일반적으로 이 과정은 시공자에게 일임된다.[49] 시공자인 수급인은 사용승인을 득하여 건축주인 도급인에게 건물을 인도하면서 비로서 '준공금'을 청구할 수 있다. 그러므로 준공은 건축법상 '사용승인'을 의미한다(건축법 제22조). 건설도급에서는 '일의 완성'이 곧 '준공'인 것이다.

서와 불일치되는 부분에 대하여 시공자에게 시정을 요구한다. 때로는 시정이 이루어질 때까지 대금지급을 유보하기도 한다.

48 건축법 제22조(건축물의 사용승인)는 건축물의 사용승인을 다음과 같이 규정하고 있다. "건축주가 제11조·제14조 또는 제20조 제1항에 따라 허가를 받았거나 신고를 한 건축물의 건축공사를 완료한 후 그 건축물을 사용하려면 제25조 제6항에 따라 공사감리자가 작성한 감리완료보고서와 국토교통부령으로 정하는 공사완료도서를 첨부하여 허가권자에게 사용승인을 신청해야 한다."

49 하지만 사용승인을 득하지 못하였을 때 그 귀책사유에 대한 책임을 둘러싼 다툼도 많다.

제 3 장

공사대금의
특성과 종류

공사대금의 특성과 종류

 대부분 사람들은 물건을 구매할 때 낮은 가격을 선호한다. 신발을
하나 사더라도 할인매장을 찾거나 인터넷을 뒤진다. 모순적이지만 뛰
어난 품질과 동시에 낮은 가격의 상품을 찾는다. 최고의 기능과 최저
의 가격으로 조합된 제품을 원한다. 건설도급을 계약하는 과정도 마찬
가지다. 하지만 건설은 그리 호락호락하지 않다. 인터넷으로 물건을
구매하는 것과는 차원이 다르다. 아무리 뛰어난 열정과 노력으로 임한
다고 해도 문제가 발생하지 않는 경우가 드물다.

 감정을 통하여 접하는 공사대금[1] 분쟁의 전말을 살펴보면 마치. 하
인리히 법칙[2]과 같은 현상을 발견할 수 있다. 분쟁이 발생한 사건의

---

 1 '공사대금'은 법률관계에서 건설도급의 보수에 대해 채권의 의미를 부여하기 위해
  주로 쓰이는 용어이다. 건설현장은 '공사대금'이란 용어는 거의 쓰지 않는다. 대부
  분 '공사비'라는 용어를 쓰고 있다. 그런데 공공공사는 '공사원가'라는 단어를 주로
  쓴다. 기획재정부계약예규에서 정의한 '공사원가'는 공사시공과정에서 발생한 재료
  비, 노무비, 경비의 합계액을 말한다.
   따라서 '공사비'의 내용이 바로 '공사원가' 또는 '공사대금'의 구성요소라고 할 수 있
  다. 결국 공사대금이나 공사비, 공사원가는 일맥상통하는 개념인 것이다. 따라서 정
  부에서 각종 법령으로 규정한 '공사원가'에 대해 정확하게 이해하는 것이 바로 '공사
  대금'을 이해하는 길이다. 다만 우리가 염두에 두어야 할 것은 민간공사에서 통용되
  는 공사비내역서가 정부에서 규정한 공사원가계산의 틀에 강제된다는 것은 아니라는
  것이다. 이는 여전히 도급인과 수급인의 자주적 결정에 맡겨져 있다.
 2 하인리히법칙은 대형사고가 발생하기 전에 그와 관련된 수많은 경미한 사고와 징
  후들이 반드시 존재한다는 것을 밝힌 법칙이다. 1931년 허버트 윌리엄 하인리히
  (Herbert William Heinrich)가 펴낸 『산업재해 예방: 과학적 접근 Industrial Accident
  Prevention: A Scientific Approach』이라는 책에서 소개된 법칙이다. 그것은 바로 산업

원인을 역으로 추적하다 보면(감정을 맡으면 불가피하게 이런 상황이 발생한다) 그동안 내재된 갈등을 발견할 수 있다. 다양한 원인들이 화학적으로 결합하면서 갈등으로 축적되고, 응축된 에너지가 어느 순간 임계치를 넘으면 터져 나오는 것 같다.

갈등의 시작은 대부분 계약상 약정의 해석 차이에서 비롯된다. 공사대금을 지급해야 하는 도급인과 이를 수령하여 공사를 진행해야 하는 수급인의 입장 차이로 인해 빚어지는 것도 있다. 도급인은 자신이 지급한 돈이 공사에 제대로 쓰여지기를 바랄 것이고, 수급인은 그 돈을 최대한 활용하여 회사를 운영하고자 할 것이기 때문이다. 따라서 분쟁의 발생을 이해하기 위해서는 먼저 갈등을 유발시키는 공사대금의 특성과 이로 인한 공사대금 관리의 한계점을 살펴볼 필요가 있다.

Ⅰ 공사대금의 특성

1. 비정형성

건설도급계약의 체결 과정을 들여다보면 입찰금액은 아주 유동적으로 움직이면서 도급계약체결 전까지는 일정한 형태를 갖추지 않는다는 사실을 발견할 수 있다. 이런 특징은 민간공사에서 더욱 확연히 드러난다. 5층 규모의 건축공사 발주 사례를 들어보자. A, B 두 개의 업체에서 견적을 받았다고 하자. 실시설계도면은 완성된 상태다. A업체는 7억 원을 제시하였고 B업체는 6억 원을 제시하였다. 범위를 넓혀 10개 이상의 업체에게서 견적을 받았는데 금액이 5억 원부터 12억 원까지 천차만별이다. 이같이 다양한 입찰금액은 딜레마를 유도한다.

재해가 발생하여 중상자가 1명 나오면 그 전에 같은 원인으로 발생한 경상자가 29명, 같은 원인으로 부상을 당할 뻔한 잠재적 부상자가 300명 있었다는 사실이었다. 하인리히 법칙은 1:29:300법칙이라고도 부른다. 큰 재해와 작은 재해 그리고 사소한 사고의 발생 비율이 1:29:300이라는 것이다(김민주, 하인리히 법칙, 토네이도, 3면, 2008).

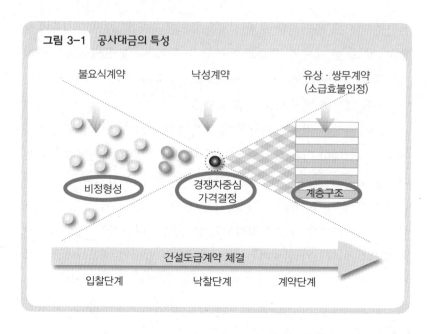

그림 3-1 공사대금의 특성

불요식계약　　　　　낙성계약　　　　유상 · 쌍무계약
　　　　　　　　　　　　　　　　　　(소급효불인정)

비정형성　　　　경쟁자중심　　　　계층구조
　　　　　　　　가격결정

건설도급계약 체결

입찰단계　　　　　낙찰단계　　　　계약단계

　　이 상황을 일정한 틀이 없는 '비정형적' 상황이라고 할 수 있다. 입찰자에 따라 견적금액이 유동적으로 변하는 주된 이유는 설계도면에 근거해 견적을 작성하지만 내역서의 각종 비목과 구성 항목, 단가는 전적으로 견적작성자의 재량에 의하기 때문이다. 즉 견적작성자의 경험칙과 전문성에 의존하는 것이다. 그렇다면 여기서 A, B 두 업체가 제시한 금액 중 어떤 금액이 적정한가? 관급공사의 경우는 기초금액을 제시하기 때문에 얼마가 적정한 지 어느 정도 가늠할 수 있었다. 하지만 민간도급은 이런 기초금액도 없다. 오로지 제시된 입찰금액만 놓여 있을 뿐이다. 이를 어떻게 합리적으로 판단할 수 있는가?

　　이와 같이 입찰자에 따라 제각각으로 제시되는 공사대금의 속성을 '비정형성'이라고 부를 수 있다. 이런 현상은 제조된 매매 상품이 아닌 수주생산, 단품 생산이라는 건설도급의 특징에서 비롯된다. 문제는 이러한 비정형성으로 인해 적정 공사비의 예측이 힘들다는 것이다. 대부분의 수급인은 건설에 관한 전문지식이 미흡하기 때문에 건축의 규모, 품질에 따른 적정한 공사대금의 수준을 제대로 가늠하지 못한다.

흔히 공사비내역서는 '표준품셈'에 기초한 원가계산방식으로 정형화되었다고 생각한다. 하지만 착각일지도 모른다. 공사대금의 비정형성적 성향은 비단 입찰금액이나 내역항목의 구성에만 한정되지 않는다. 내역항목의 개별 '단가'에도 적용된다. '단가'는 공사비의 각 구성단위당 가격을 말한다. 우리는 흔히 이 '단가'를 고정적인 것으로 여기지만, 실제로 동일한 건축물이라 하더라도 견적내용이 상이한 경우가 많다. 동일한 금액을 제시한 업체가 있다고 해도 그 내역항목·단가가 전혀 다른 명세가 흔하다.

이런 현상은 민간공사뿐만 아니라 관급공사에서도 마찬가지다. 일반적으로 관급공사는 설계자가 예정가격 산출을 위해 작성한 '공사비내역서'를 기초자료로 활용한다. 여기서 이 '예정가격'은 단지 참고자료일 뿐이다. 예를 들어 어떤 공사의 예정가격이 6억 원이라 하더라도 낙찰가격이 5억 원이라면 이 5억 원에 맞춰 역으로 내역서를 작성해야 하기 때문이다. 이때 어떤 업체는 공종별 단가를 그대로 두고 간접비나 일반관리비 이윤의 금액을 조절하여 5억 원에 맞추기도 하고, 어떤 업체는 공종별 단가와 간접비 모두를 예정가격과 낙찰가격과의 비율에 맞추어 작성하기도 한다.[3] 때문에 5억 원이라는 도급금액은 동일하지만 낙찰업체의 재량에 따라 공사비내역서의 비목별 단가와 금

---

3 동일한 건축물을 두고 관급공사 형식과 민간공사 형식으로 발주하는 경우를 가정해보자. 관급공사의 낙찰금액 5억 원이고, 민간공사의 도급금액 4억 5천만 원이다. 여기서 공사비내역서를 구성하는 항목이 동일하다고 가정해보자. 간접비를 산정하는 제비율도 동일하다. 그렇다면 낙찰금액의 차이 5천만 원은 어떻게 발생하는가. 결국 이 격차는 공사비내역을 구성하는 세부 단가의 차이가 모여 나타난다. 공사대금을 구성하는 모든 항목, 단가 또는 요율은 도급계약을 체결했을 때 비로소 확정되기 때문이다. 단가 자체가 유동적인 것이다.

액 구성이 서로 다른 상황이 얼마든지 발생할 수 있는 것이다.

이런 모든 상황이 공사대금의 '비정형성'으로 인하여 비롯된다고 할 수 있다. 법리적으로 일정한 방식을 요구하지 않는 불요식계약의 특징과 유사하다.

2. 경쟁자중심 가격결정

또 하나의 특성이 있다. 낙찰가격이 결정되기 전 입찰과정에서 발생하는 속성을 '비정형성'이라고 한다면, 낙찰단계에서 나타나는 낙찰가격의 결정에서 나타나는 속성은 '경쟁자중심'이라는 것이다.[4] 일반적으로 도급인은 다양한 금액으로 제출된 견적(또는 입찰가격) 중 하나를 채택하여 계약을 체결한다. 그런데 이 과정이 바로 '경쟁자중심'이라는 것이다.

예를 들어 실무에서 5억 원의 도급금액이 확정되는 사례를 살펴보

---

4 가격결정방법은 크게 원가중심 가격결정방법, 경쟁자중심 가격결정방법, 소비자중심 가격결정방법으로 나눌 수 있다. 여기서 '경쟁자중심'의 가격결정방법은 일반적으로 가장 많이 활용되는 방식이다.

원가중심 가격결정(cost-based pricing)이란 원가에 마진을 더해 가격을 책정하는 방법을 말한다. 외부적으로 얻어야 하는 경쟁자나 고객에 대한 정보와 달리 원가에 대한 정보는 공급자가 직접 보유하고 있기 때문에 내부적 자료로 이용하기 편하다는 이점으로 대부분 제조업체들이 선호하는 가격결정 방식으로 알려져 있다. 하지만 산업의 변화로 고정비의 대부분이 원가로 책정되거나 경쟁이 심화되는 경우에는 마진에 대한 추정이 어렵기 때문에 원가중심 가격결정은 불안정하다는 한계를 내포하고 있다.

경쟁자중심 가격결정(competition-based pricing)은 시장 가격에 따른 가격결정방법(going-rate pricing)과 경쟁 입찰에 따른 가격결정방법(sealed-bid pricing)으로 구분되며, 출시되는 제품과 경쟁 상태에 놓인 제품의 가격의 상대적 위치를 고려해 가격을 책정하는 방법을 말한다. 제품의 가치가 경쟁사 보다 높다고 판단되면 좀 더 높은 가격을 책정하고, 낮다고 판단되면 좀 더 낮은 수준의 가격을 책정하는 방식이다.

소비자중심 가격결정(consumer-based Pricing)방법은 제품이나 서비스를 생산하는데 드는 원가 비용보다 표적시장에서 소비자가 수용할 의사가 있는 가격을 설정하는 결정방법이다. 전문가에게 시장을 예측하여 가격을 예측하거나 과거의 데이터를 분석하며 소비자에게 직접 묻는 방법을 사용하기도 한다. 소비자중심 가격결정방법은 소비자의 특성과 시장에 대해 소비자가 지불하기 위한 가격을 산출하여 판매가격으로 책정하는 방법이다(박다인, 공연예술상품의 가격 결정 속성 및 수용 가격 범위 도출에 관한 연구, 중앙대학교 대학원, 경영학과 석사논문, 13면, 2013).

자. 관급공사의 경우 발주자가 건축설계도면을 작성하고 예정가격을[5] 먼저 산출한다. 이를 최저가 입찰에 붙여 도급금액(이를 낙찰가격이라고 한다)을 확정한다. 이때 낙찰가격과 예정가격과의 편차는 상당히 큰 폭으로 벌어지기도 한다. 추정가격이 100억 원 이상인 공사의 경우에는 무분별한 저가 입찰을 방지하기 위해 입찰금액의 적정성을 심사하여 낙찰자를 결정하고 있다.[6] 하지만 사실상 저가를 부정하고 차상위자를 낙찰자로 선정하기는 어렵다고 할 수 있다. 공사비의 적정성을 판단하기가 쉽지 않기 때문이다.

민간공사도 마찬가지다. 가상의 건축물에 대한 입찰 결과 최저가 5억 원을 써낸 A업체가 선정된 경우를 가정해 볼 수 있다. 시공자가 적절한 투입원가(각종 제경비와 이윤을 포함한다)를 입찰가격으로 제출한 결과가 5억 원일 수도 있다. 하지만 이윤을 포함한 실제 도급금액은 5억 5천만 원 정도여야 하는데도 불구하고, 발주자와 협의를 통해 최종적으로 금액을 하향조정하여 도급금액을 결정한 것일 수도 있다. 관급공사의 엄격한 절차보다는 민간의 자율성이라는 측면이 강하다 보니 어떤 경우는 낙찰가격에서 일정부분 더 가격을 조정하는 경우도 있다. 건축물이라는 것이 물리적 객체로 구성되기 때문에 자재나 인건비에 대한 실질적 비용은 최소한 담보되어야 할 것이다. 그럼에도 불구하고 이런 현상이 나타나는 이유가 바로 '경쟁자중심의 가격결정' 구조 때문이라고 할 수 있다.

3. 계층구조

도급계약 내역서도 특성이 있다. 앞서 밝혔듯이 건설도급계약은 대부분 '총액'으로 체결된다. 문제는 총액만으로는 공사의 기성금을 지

---

5 민간부문은 발주자가 예정한 공사가격을 말한다. 공공공사는 입찰 시 발주자가 작성한 가격을 의미한다.
6 국가를 당사자로 하는 계약에 관한 법률 시행령 제42조 제4항.

급하거나, 설계변경에 따른 공사비의 조정을 할 수가 없다는 것이다. 구체적으로 공사비를 지급하기 위해서 공사대금 자체를 세분화한 명세가 필요하기 때문이다.

1) 공사원가의 구성

기초적인 질문이지만 건축공사의 도급금액에 대하여 이런 물음을 던질 수 있다. 도급금액은 어떻게 산출하는가? 도급금액을 구성하는 요소는 무엇인가? 도급금액에 부가가치세(이하 부가세)는 포함되어 있는가? 국내에서 부과하는 부가세는 공급가액의 10%이다. 부가세의 포함여부에 따라 도급금액은 10%만큼 변동이 가능하다. 실제로 부가세의 포함여부를 둘러싼 분쟁이 일어난다. 부가세 외 다른 요소는 없는가? 실제 건설도급계약에서 약정한 공사대금은 부가세 이외에도 다양한 요소로 구성된다. 재료비, 노무비, 기계경비 등 공사에 필요한 직접비 외에도 이들 직접비를 기준한 각종 보험료, 퇴직공제부금, 안전관리비, 환경보존비 등 간접비 외 시공자의 영업비에 해당하는 일반관리비 및 이윤과 더불어 부가가치세를 반영하여 공사대금을 산출한다.

관급공사의 경우 국가를 당사자로 하는 계약에 관한 법률에서 정한 기준에 따라 계약을 체결하고자 하는 사항의 가격의 총액에 대해 결정한 예정가격[7]을 기초로 입찰을 통해 도급금액이 결정된다. 여기서 '예정가격'이란 정부가 국고부담으로 공사 등을 발주할 때 기준이 되는 입찰상한가격을 말한다.[8]

---

7 공사의 경우 이미 수행한 공사의 종류별 시장거래가격 등을 토대로 산정한 표준시장단가로서 중앙관서의 장이 인정한 가격을 말한다(국가를 당사자로 하는 계약에 관한 법률 시행령 제9조 1항).
예정가격은 실제거래가격을 원칙으로 하되 적정한 거래실계가 없을 때는 원가계산을 통해 산정해야 한다.
8 이하는 공사입찰을 위해 추정한 공사비의 개념을 '예정가격'이라는 용어로 통일하고자 한다. 사실 실무적으로는 '추정가격', '기초금액' 등 다양한 용어가 쓰이고 있지만

따라서 정부공사 낙찰가격은 '예정가격'보다 낮은 수준에서 결정될 수밖에 없다. 예정가격은 실제거래가격을 원칙으로 하되 적정한 거래 실례가 없을 때는 원가계산을 통해 산정해야 한다.

대부분의 관급공사는 예정가격과 관련된 내역서가 있다. 그리고 이를 기초로 낙찰자가 제시한 '공사비내역서'가 해당 공사의 '도급내역서'가 되며 이를 기준으로 계약을 체결한다. 도급인은 '공사비내역서'가 있어야 이를 근거로 공사대금이 적절하게 집행되었는지 여부를 따질 수 있다. 반면 수급인도 '공사비내역서'에 근거해 적절히 경비를 절감하여 이윤을 최대화하고자 한다. 동시에 이 내역서의 금액을 공사 진척도에 맞춰 취합하여 기성금을 청구한다. 그러므로 도급내역서는 계약서와 더불어 공사대금을 집행하는 중요한 근거가 된다. 공사계약 시 설계도서와 더불어 공사대금 내역서를 구체적으로 작성하여 첨부하고 약정을 체결하는 것이 바로 이 때문이다.[9]

2) 공사원가 계산절차

관급공사를 예로 들어 공사비내역서를 작성하는 과정을 설명하면 다음과 같다. 우선 직접공사비는 설계도면에 근거하여 공종별로 재료비, 노무비, 산출 경비로 집계한다. 그리고 그 합계금액에 간접노무비, 보험료, 일반관리비, 이윤 등의 제경비를 산출하는 요율을 적용한 '원가계산'을 통하여 '예정가격'을 도출한다. 이 과정을 '공사원가계산'이라 한다. 이를 구체적으로 정리한 서식이 바로 '공사원가계산서'[10]

입찰을 위한 추정공사비라는 개념은 '예정가격'으로 사용하여도 큰 무리가 없기 때문이다.

9 하지만 실제 민간공사에서는 별도의 내역서를 첨부하지 않고 도급금액만을 약정하고 계약을 체결하는 사례를 흔히 볼 수 있다.

10 현재 국내 공공 건설공사의 경우 '국가를 당사자로 하는 계약에 관한 법률 시행령'에 의거하여 예정가격을 산정하고 공사비는 '공종별 내역서'로 작성하고 있다. 국내법령 체계에서 공공 건설공사 발주를 위한 내역서상의 공사수량에 공종별 분류의 개념이 명시된 것은 연혁적으로는 1962년 예산회계법 제정 이후 1977년 4월 20일 시행된 대통령령 제8524호 예산회계법 시행령을 들 수 있다. 이 법 시행령 제99조의 2항을 살

이다.

국가를 당사자로 하는 계약에 관한 법률 시행령 제14조에 의하면 각 중앙관서의 장 또는 계약담당공무원은 공사를 입찰에 부치려는 때에는 입찰관련서류를 작성하여야 한다. 이때 입찰과 관련한 가장 대표적인 서류가 바로 '설계서'와 '공종별 목적물 수량내역서(이하 공종별내역서[11])'이다.

구체적인 '예정가격' 산정 과정은 다음과 같다. 먼저 설계도서를 토대로 공법 및 작업방법 등을 고려하여 시공계획을 수립하고 이에 따라 필요한 공사항목(세부공종)을 선정한다. 그리고 세부공종별로 수량

퍼보면 시설공사 입찰을 위한 산출내역서는 공종별 수량에 대한 단가를 기재하도록 정하고 있다.

'공종별내역서'란 공사 전반에 걸쳐 계약시설물(구조물)을 완성하기 위해 공종별로 소요되는 비용의 내역을 기록한 서식을 말한다. 민간공사도 대부분 '공종별내역서'를 계약내역으로 작성하고 있다.

공종별내역서의 구체적인 원가계산방법은 기획재정부령 '회계예규' 3절 '공사원가계산' 제16조에서 아주 상세하게 규정하여 공사원가계산서를 작성하고 비목별 산출근거를 명시한 기초계산서를 첨부하게 하고 있다. 또한 회계예규에 근거하여 조달청에서 작성한 시설공사 산출내역서 작성 매뉴얼에 의하면 더욱 구체적으로 직접공사비와 간접공사비, 일반관리비, 이윤 등을 산출하는 방법을 설명하고 있다. 연혁과 법률, 회계예규, 조달청의 매뉴얼 등을 종합하여 판단하면 현행의 공공공사에서의 공사비 체계는 해방 이후 지금까지 계속 공종별 분류체계 속에 놓여 있다.

11 "공종"이란 공사의 특성에 따라 작업단계(예: 가설공사, 기초공사, 토공, 철근콘크리트, 마감공사 등)별로 구분되는 것을 말한다(회계예규 제20조).

'공종별내역서'란 공사 전반에 걸쳐 계약시설물(구조물)을 완성하기 위해 공종별로 소요되는 비용의 내역을 기록한 서식을 말한다. 민간공사도 대부분 '공종별내역서'를 계약내역으로 작성하고 있다. 공종별내역서는 건설도급계약의 '총액계약'에 가장 적합한 형식이다. 국내의 건설소송에는 관급공사이든 민간공사를 가리지 않고 필연적으로 공종별로 구성된 '공사비내역서'가 등장하는 이유가 이 때문이다. 우리나라는 공공공사의 공사도급계약 시 공종별내역서를 작성하도록 하고 있다. 이런 사항은 국가계약법에서 정확히 규정하고 있다.

국가계약법 시행령 제14조(공사의 입찰) ① 각 중앙관서의 장 또는 계약담당공무원은 공사를 입찰에 부치려는 때에는 다음 각 호의 서류(이하 "입찰관련서류"라 한다)를 작성해야 한다. 공사의 특성을 고려하여 필요하다고 인정하는 경우에는 입찰에 참가하려는 자에게 제2호의 물량내역서를 직접 작성하게 할 수 있다. 〈개정 2010.7.21〉

1. 설계서
2. 공종별 목적물 물량내역서(이하 "물량내역서"라 한다)
3. 제1호 및 제2호의 서류 외에 입찰에 관한 서류로서 기획재정부령으로 정하는 서류(이하 생략)

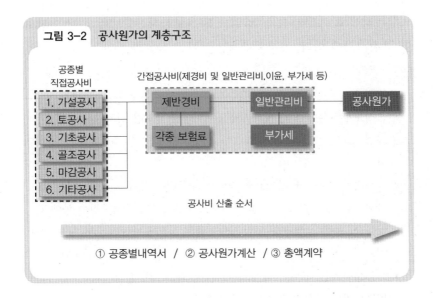

그림 3-2 공사원가의 계층구조

공종별
직접공사비

1. 가설공사
2. 토공사
3. 기초공사
4. 골조공사
5. 마감공사
6. 기타공사

간접공사비(제경비 및 일반관리비,이윤, 부가세 등)

제반경비

각종 보험료

일반관리비

부가세

공사원가

공사비 산출 순서

① 공종별내역서 / ② 공사원가계산 / ③ 총액계약

을 산출하고, 단위수량을 시공하기 위해 필요한 노무·자재·기계의
소요량을 산출한다. 건축물의 시공에 직접적으로 소요되는 수량을 계
산하는 것이다. 그래서 현행의 공사비 산정 방식을 '공종별 공사비'라
고도 한다.[12]

12 우리나라는 공공사의 공사도급계약 시 공종별내역서를 작성하도록 하고 있다. 이는
국가계약법에서 정확히 규정하고 있다.
국가계약법 시행령 제14조(공사의 입찰) ① 각 중앙관서의 장 또는 계약담당공무원
은 공사를 입찰에 부치려는 때에는 다음 각 호의 서류(이하 "입찰관련서류"라 한다)
를 작성하여야 한다. 다만, 공사의 특성을 고려하여 필요하다고 인정하는 경우에는
입찰에 참가하려는 자에게 제2호의 수량내역서를 직접 작성하게 할 수 있다.〈개정
2010.7.21〉
1. 설계서
2. 공종별 목적물 수량내역서(이하 "수량내역서"라 한다)
3. 제1호 및 제2호의 서류 외에 입찰에 관한 서류로서 기획재정부령으로 정하는 서류
(이하 생략)
현재 공공시설 발주를 위한 '공사비내역서'의 구체적 작성 방식은 국가계약법 시행
령 제14조로 규정되어 있다. 세부사항은 회계예규(기획재정부령 2200.04-159-17호,
2010. 11. 30. 개정된 것)의 각 규정에 따라야 한다. 내역서 작성을 위한 제반요율 적
용과 함께 재료비, 노무비, 산출경비 등 공사비 산정방법은 조달청의 '시설공사 산출
내역서 작성 매뉴얼'에 따른다. 이처럼 법령이나 회계예규에서 규정한 공사비내역서
는 공종별 소요 수량에 재료비, 인건비, 경비의 비목별 단가를 합산하여 직접공사비

실무적으로 예정가격은 '조달요청 시설공사산출내역서 작성 매뉴얼'[13]에 따르고 있다. 공사원가계산 절차는 다음과 같다.

- 직접재료비는 공종별 집계표의 재료비 합계금액을 명기
- 직접노무비는 공종별 집계표의 노무비 합계금액을 명기
- 간접노무비는 직접노무비에 조달청에서 발표한 간접노무비율을 곱하여 산정
- 산출경비는 공종별 집계표의 경비 합계금액을 명기
- 산재보험료는 『고용보험 및 산업재해보상보험의 보험료징수 등에 관한 법률』 및 동법 시행령 및 동법 시행규칙의 규정에 따라 노무비(직접노무비와 간접노무비의 합계금액)에 노동부장관이 고시한 요율을 곱하여 산정
- 고용보험료는 노무비(직접노무비와 간접노무비의 합계금액)에 국토교통부장관이 고시한 요율을 곱하여 산정
- 국민건강보험료는 국민건강보험법 시행령에 따라 직접노무비에 국토교통부장관이 고시한) 요율을 곱하여 산정
- 노인장기요양보험료는 노인장기요양보험법에 따라 국민건강보험료)에 동법시행령의 요율을 곱하여 산정
- 국민연금보험료는 국민연금법시행령에 따라 직접노무비에 국토교통부장관이 고시한 요율을 곱하여 산정
- 건설근로자퇴직공제부금은 건설산업기본법 시행령 및 건설근로자의 고용개선 등에 관한 법률에 따라 직접노무비에 국토교통부장관이 고시한 요율을 곱하여 산정
- 산업안전보건관리비는 산업안전보건법 시행령 및 건설업 산업안전보건관리비 계상 및 사용기준에 따라 아래와 같이 노동부장관이 고시한 요율을 적용하여 산정
  - 관급자재가 없는 경우 : (재료비+직접노무비)×적용율

에 대한 내역서를 작성한 후, 제경비 및 보험료, 부가가치세를 계상하여 총 공사원가를 산정하는 방식이다.
13 조달청, 조달요청 시설공사 산출내역서 작성 매뉴얼, 2009.

❖ 표 3-1   2014년 조달청 건축공사 원가계산 제비율 적용기준

공사규모 (재료비+직접노무비+산출경비)의 합계액	공사기간	간접노무비 (직노)×율 건축	간접노무비 산업설비	기타경비 (재+노)×율 건축	기타경비 산업설비	산재, 고용보험료 (노)×율 / (직노)×율	환경보전비 (재+직+산경)×율	퇴직공제부금비 (직노)×율	산업안전보건관리비	일반관리비 (재+노+경)×율 건축, 산업설비	이윤 (노+경+일)×율
50억 미만	6개월 이하(183일)	9.1	10.8	5.1	5.9	[산재보험료] : 3.8	• 0.9 : 도로(교량, 터널, 활주로) • 0.4 : 플랜트(발전소, 쓰레기소각로) • 0.5 : 지하철 • 1.5 : 철도 • 0.5 : 상하수도(폐수, 하수처리장, 정수장) • 1.8 : 항만(오탁, 준설토, 방지막설치 필요 시, 간척, 준설) • 0.8 : 항만(방지막 불필요 시, 간척, 준설) • 1.1 : 댐 • 0.6 : 택지개발 • 0.8 : 기타 토목(하천 등) • 0.7 : 주택(재개발, 재건축) • 0.3 : 주택(신축) • 0.5 : 주택 외 건축 • 0.3 : 조경, 기타 ※ 기타 : 전문, 개보수 공사 ※ 적용제외 : 전기, 정보통신, 소방시설, 문화재수리공사	2.3	(재료비(도급자관급포함) + 직접노무비)의 합계액 5억 미만 · 일반건설 -갑: 2.93 / -을: 3.09 · 중건설: 3.43 · 철도·궤도: 2.45 · 특수 및 기타: 1.85	(추정가격) 기준 50억 미만 : 6.0	(추정가격) 기준 50억 미만 : 15.0
	7-12개월(365일)	8.4	10.2	5.3	6.6	[고용보험료] • 1등급: 1.39 • 2등급: 1.17 • 3등급: 0.97 • 4등급: 0.92 • 5등급: 0.89 • 6등급: 0.88 • 7등급 이하: 0.87 ※등급별 금액(추정금액 기준)은 "조달청 유자격자 명부기준" (공고2013-64호, 2013.12.26.)" 참고			5억~50억 미만 · 일반건설 -갑: 1.86+5,349천원 -을: 1.99+5,499천원 · 중건설 -2.35+5,400천원 · 철도·궤도 -1.57+4,411천원 · 특수 및 기타 -1.20+3,250천원	50~300억 미만 : 5.5	50~300억 미만 : 12.0
	13-36개월(1095일)	7.7	9.6	6.2	6.2					300~1,000억 미만 : 4.8	300~1,000억 미만 : 10.0
50억 이상 ~300억 미만	36개월 초과(1096일)	7.5	9.3	6.5	6.7					1,000억 이상 : 4.3	1,000억 이상 : 9.0
	6개월 이하(183일)	7.9	9.6	6.0	5.9						건강, 연금보험료 (직노)×율
	7-12개월(365일)	7.3	9.1	6.2	6.6						[건강] 1.7 [연금] 2.49
	13-36개월(1095일)	6.6	8.5	7.1	6.2				50억 이상 · 일반건설 -갑: 1.97 / -을: 2.10 · 중건설: 2.44 · 철도·궤도: 1.66 · 특수 및 기타: 1.27	전문·전기·통신·소방·기타 5억 미만 : 6.0	노인장기요양보험료 (건강보험료×율)
	36개월 초과(1096일)	6.4	8.1	7.4	6.7					5~30억 미만 : 5.5	
300억 이상 ~1,000억 미만	6개월 이하(183일)	7.7	9.5	6.0	4.6					30~100억 미만 : 4.8	
	7-12개월(365일)	7.1	9.0	6.2	5.3					100억 이상 : 4.3	6.55
	13-36개월(1095일)	6.4	8.4	7.0	4.4						
	36개월 초과(1096일)	6.1	8.0	7.3	5.4						
1,000억 이상	6개월 이하(183일)	7.7	9.4	5.9	4.1						
	7-12개월(365일)	7.0	8.9	6.1	4.4						
	13-36개월(1095일)	6.3	8.3	7.0	4.4						
	36개월 초과(1096일)	6.1	7.9	7.3	4.9						

‒ 관급자재가 있는 경우 : 아래 "a, b"중 작은 금액 적용

　　a. (재료비+직접노무비)×적용율×1.2 와

　　b. (재료비+직접노무비+관급자재금액)×적용율

- 기타경비는 재료비와 노무비의 합계금액(가+나)에 조달청에서 발표한 요율을 적용

- 공사이행보증서발급수수료는 최저가입찰대상공사(국가계약법 시행령 제52조 제1항 제3호)에 대하여 공사이행보증서 발급기관이 최고 등급업체에 대해 적용하는 보증요율 중 최저요율을 적용하여 산정

- 건설하도급대금지급보증서 발급수수료는 건설산업기본법 제34조 및 하도급거래공정화에 관한 법률에 따라 재료비, 직접노무비, 산출경비 합계금액에 국토해양부장관이 고시한 요율을 곱하여 산정

- 환경보전비는 재료비, 직접노무비, 산출경비의 합계금액에 건설기술관리법시행규칙 환경관리비 산출기준에 따른 요율을 곱하여 산정

- 일반관리비는 순공사원가에 조달청에서 발표한 일반관리비 요율을 곱하여 산정

- 이윤은 노무비, 경비, 일반관리비의 합계금액에 조달청에서 발표한 요율을 적용하여 산정

- 총원가는 순공사원가, 일반관리비, 이윤, 금액의 합계금액 명시

- 공사손해보험료는 회계예규 공사손해보험가입업무집행요령에 규정한 공사에 대하여 국가계약법시행령에 의거 공사손해보험가입비를 순공사원가, 일반관리비, 이윤의 합계금액에 보험회사에서 징구한 요율을 곱하여 산정

- 소계는 총원가, 공사손해보험료 합산금액을 명기

- 부가가치세는 소계에 부가가치세법에 따른 요율을 곱하여 산정

- 총계는 소계와 부가가치세 합산금액을 명기

3) 공사원가의 계층구조

이렇게 산출된 '예정가격'이 공사대금이나 공사원가 · 공사비라고

할 수 있나? 아니다. 예정가격은 원가계산에 의해 산출되지만 도급금액은 '경쟁자중심의 가격결정방법'으로 결정되기 때문이다. '예정가격'과 도급금액은 전혀 다른 과정을 통해 결정된다. 즉 도급금액은 '낙찰가격'인 것이다. 단순히 숫자만 비교한다면 예정가격과 완전히 다른 금액이라고 할 수 있다.

가상의 건축공사를 예로 들어보자. 예정가격이 6억 원인 어떤 입찰에서 한 업체가 5억 원을 제시해 낙찰자로 결정되었다면 이 업체가 도급계약을 체결하기 위해서 5억 원이라는 도급금액에 맞추어 비목별 단가와 금액을 기재한 내역서를 제시할 것이다. 이때 작성하는 공사비내역서는 공종별 직접공사비와 간접공사비, 일반관리비, 이윤 등으로 구성되는 계층화되는 특성을 띠게 된다. 이러한 특성을 '계층구조'라고 부를 수 있다.

계층구조의 최종 목적지는 피라미드의 맨 위 부분으로 공사비의 '총액'이 된다. 때문에 이런 '계층성'은 '총액계약'을 지향하고 있다고 할 수 있다. '예정가격'이 전형적인 상향식 접근방식(bottom-up)으로 작성된다면 반대로 낙찰가격은 낙찰금액을 기준으로 한 하향식 접근방식(Top-down)으로 구성된다.

Ⅱ 공사대금 관리의 한계점

이제 이런 특성들로 인해 빚어지는 공사대금 관리의 한계점을 살펴보자. 역시 예를 들어보자. 지상 5층, 연면적 200평(660㎡)인 건축물을 짓기 위한 도급계약의 사례다. 먼저 시공자를 선정하기 위해 도급인은 5개의 건설회사로부터 입찰가격을 받았다. 5개 업체가 최소 8억 원부터 최저 5억 8천만 원까지 제시하였다. 도급인은 최저가로 공사비를 제시한 업체와 협상을 통해 5억 8천만 원의 입찰가를 5천만 원 낮취 총 5억 3천만 원으로 도급계약을 체결하였다. 약정한 내용은 다음과 같다. 먼저 계약금으로 5천만 원을 지급하기로 하였다. 공사가 일정 부분 진행되어 3층 완료 시 2억 원을 지급하고, 5층 완료 시는 1억 5천만 원을 기성금으로 추가로 지급하기로 하였다. 준공 이후 지급하기로 한 잔금은 1억 3천만 원을 남겨두었다. 전체 공사기간은 5개월이다.

도급인의 입장에서 문제점을 살펴보자. 당초 도급인은 건축비가 평당 350만 원 정도는 소요된다고 추정하고 건물 연면적이 200평(660㎡)인 점을 감안하여 약 7억 원 정도의 공사비를 예상하였다. 그런데 막상 뚜껑을 열어보니 업체들이 제시한 가격은 큰 편차를 보였다. 입찰가가 8억 원부터 5억 8천만 원까지 무려 2억 2천만 원 차이가 난 것이다. 게다가 최저가인 5억 8천만 원에서 5천만 원을 더 깎아 5억3천만 원으로 계약을 했기 때문에 최종 확정된 금액은 약 10% 정도 더 내려간 셈이다. 저가라서 좋긴 하지만 과연 이 공사비가 적정한 것인지 5억 3천만 원에 공사를 제대로 마칠 수 있는건지? 아니면 공사비의 예상을 잘못한 것인지? 자꾸 의문이 든다.

이번에는 공사진행과정에서 발생하는 의문이다. 약정에 따라 수급인에게 계약금 5천만 원을 지급하고 공사에 착수했다. 얼마 후 3층 골조공사를 완료하여 2억 원을 더 지급했다. 하지만 공사비내역서를 보니 층별로 공사비가 분할되어 있지 않다. 시공자에게 층별공사비를 산정해달라고 하니 그렇게 공사비를 분할할 수가 없다고 한다. 사정이 이렇다보니 층별 진척도에 따라 공사대금을 지급하기로 했지만 정작 내가 지급한 돈이 이 공사에 제대로 쓰였는지 확인할 수가 없다.

또 실제 건축이 진행되면서 보니 2층 방의 모양이 이상하다. 마루도 더 좋은 자재로 바꾸고 싶다. 시공자는 원한다면 설계를 변경해야 하고 얼마인지는 바로 말할 수 없지만 비용도 추가된다고 한다. 그런데

1층 상가의 바닥이 석재인데 일반 타일로 시공되었고, 설계도면대로 시공이 되지 않은 부분도 있었다. 그 부분에 대해 어떻게 할 것인지 물어보니 바로 공사비를 산출하기가 곤란하다며 추후 정산을 할 것이라고 한다. 지금 당장은 계산이 어렵다는 것이다.[14] 왜 공사도중에 변경된 부분의 공사비는 즉시 파악할 수 없는지 의문이 든다.

마지막 문제점이다. 이번에는 시공자의 입장이다. 막상 공사에 착수하니 3층 골조공사를 완료하는데만 3억 원이 넘게 들어간 것 같다. 3, 4층 공사를 위해 반입한 철근 값도 예상보다 5백만 원이 더 들어갔다. 이미 총공사비의 50%가 넘게 들어간 것이다. 하지만 실제 눈으로 확인되는 공정은 3층 골조공사 뿐이고 약정대로라면 2억 5천만 원밖에 받을 수 없으니 답답한 상황이다. 도급인에게 사정을 얘기하니 자기가 이해할 수 있도록 설명해주면 자금을 일부 더 지급할 용의가 있다고 한다. 공사의 진척도를 객관적이고 합리적으로 측정하여 비전문가도 직관적으로 확인할 수 있는 방법은 없는가?

1. 공사비의 적정성 파악

첫 번째 문제는 예상공사비(이하 추정공사비)의 적정성에 관한 것이다. 단적으로 공사비의 적정성을 평가하는 것은 쉽지 않다. 도급인과 수급인 모두에게 공사비에 대한 예측가능성과 안정성은 중요한 명제임에도 불구하고 말이다. 개산견적[15]이 비교적 정확해야 함에도 불구하고 예상을 크게 빗겨나 낭패를 보는 경우는 흔하다. 도급계약 시 도급인이 약정한 금액보다 최종적으로 실제 공사비가 더 투입되어 손실을 입는 사례도 많다.

그렇다면 여기서 '실제투입공사비'란 도대체 무엇인가라는 문제와

---

14 시공자가 추가공사를 제안하는 반대의 경우도 가능하다.
15 공사비용 등을 개략적으로 나타낸 견적서로서 통계자료나 물가변동자료 등을 기준으로 한 개략 평균적인 수치를 나타낸다(AURIC용어사전, www.auric.or.kr).

직면하게 된다. 관급공사는 '표준품셈'[16]에 의한 기초금액을 제시하기 때문에 '적격심사낙찰'[17]인 경우 낙찰금액이 얼마가 적정한지 어느 정도 가늠할 수 있다. 문제는 '표준품셈'이 실제 건설 실무에서의 투입원가보다 높게 책정된다는 것이다.[18] 그래서 이런 단점을 보완하기 위해 '실적공사비제도'[19]가 도입되었지만 오히려 업체들의 반발을 불러오는 실정이다.[20] 실적공사비가 실정을 제대로 반영하지 못하고 있다는 것이다. 최저가낙찰방식의 경우는 기초가격에 의한 추정마저도 쉽지 않다. 동일한 규모의 공사라도 최저 낙찰가에 따라 상당한 차이가 날 수 있기 때문이다. 민간공사의 경우는 비교 자체도 어렵다. 실제 투입금액은 산정할 수 있지만 그 적정성은 공사를 직접 수행하지 않고서는 제대로 판단할 수 없기 때문이다. 또한 추정공사비를 적정하게 산출했다 하더라도 계약으로 연결되지 못하는 경우가 많다. 그 이유는 두 가지다.

---

16 건설공사 중 대표적이며 일반화된 공종, 공법을 기준으로 공사에 소요되는 자재(物) 및 공량(工量, 勞務)을 정하여 국가기관(정부) 및 지방자치단체, 정부투자기관이 공사의 예정가격을 산정하기 위한 기준으로 건설공사(토목, 건축, 기계설비공사)는 건설교통부장관의 위임을 받은 건설산업기본법에 의해 설립된 대한건설협회가 전기공사의 경우는 산업자원부(대한전기협회)가 통신공사는 정보통신부(정보통신공사협회)가 관장하여 표준화에 기여하고 있다(AURIC용어사전, www.auric.or.kr).

17 적격심사제란 공공공사의 입찰 비리를 막고 투명성을 높이기 위해 입찰 참가업체의 시공능력 기술력 재무구조를 심사한 후 낙찰자를 결정하는 제도이다. 입찰에 응모한 건설업체를 상대로 재무구조, 부채비율, 유동비율, 시공능력 등을 면밀히 평가해 기준에 미달할 경우 낙찰업체에서 제외하고, 우수한 점수를 받은 업체들 중 가장 낮은 공사가격을 제시한 업체를 최종 낙찰자로 한다. 세계무역기구(WTO)는 이 제도 도입을 의무화하고 있다(AURIC용어사전, www.auric.or.kr).

18 도급금액은 낙찰가격으로 결정되므로 적어도 기초금액과 낙찰가격의 차이만큼은 괴리가 있다고 할 수 있다.

19 공사의 예정가격을 이미 수행된 유사한 공사의 표준공종별 계약단가에다 각 공사의 특성을 감안해 조정한 뒤 산정하는 제도로, 선진국에는 이미 일반화되어 있다. 해방 전부터 지금까지 공공공사 예정가 산정방식에는 품셈에 따른 원가계산 방식이 적용되었는데, 그것은 단위공사 시공에 필요한 노무량, 재료량, 장비소요시간 등을 일일이 계산하는 방식이었기 때문에 신기술·신공법의 반영에 어려움이 있어 민간의 창의성을 떨어뜨린다는 단점이 있다.

20 정희훈, 〈긴급진단〉실적공사비, 최저가 등 제도적 모순이 근본 원인, 건설경제, 2014. 04. 28.

첫째, 공사대금의 '비정형성' 때문이다. 입찰가격은 견적 작성자의 유사사례 분석 능력과 경험칙, 자질, 역량에 좌우되는 것이다. 하지만 건설에 관한 전문지식이 미흡한 경우 그 적정성 여부를 제대로 판단하기 어렵다. 이는 도급인뿐만 아니라 수급인도 마찬가지다.

둘째, '경쟁자중심 가격결정'방법 때문이다. 건설공사는 서비스 산업의 한 분야임에는 틀림없지만 각종 자재나 인력이 물리적이고 객관적으로 투입되어야 하는 제조업의 특성도 있다. 때문에 공사비 산출의 근거는 실제 투입원가가 되어야 한다. 하지만 거의 모든 건설도급이 입찰을 통해 가격을 결정하고 시공자를 선정하다보니 '투입원가'는 제약조건일 뿐이다. 계약의 중요한 결정기준이 '경쟁사들의 가격'이기 때문이다. 실무적으로는 입찰 시 손익분기점 이하인 금액이 제시되기도 한다.

결론적으로 국내의 건설산업은 아직 적정 공사비를 추정하는 시스템을 제대로 갖추지 못했다고 할 수 있다. 다만 추정가격이 100억 원이상인 공사입찰의 경우에는 무분별한 저가 입찰을 방지하기 위해 입찰금액의 적정성을 심사하고 있을 뿐이다(국가를 당사자로 하는 계약에 관한 법률 시행령 제42조 제4항). 이러한 문제를 개선하기 위하여 건설업체들이 갖은 노력을 다하고 있지만 아직 큰 진전이 없다. 분명한 것은 결국 이 같은 구조가 시공자의 무리한 설계변경이나 추가적 공사비 요구로 이어지는 고질적 요인이 된다는 것이다.

2. 설계변경으로 인한 추가공사비 산정

두 번째 문제는 공사 진행 중 다양한 이유로 '설계변경'[21]이 불가피

---

21 설계변경이란 이미 계획된 설계에 대한 부분적인 변경을 위해 설계서를 변경한다는 뜻이다. 구체적으로 공사시공 도중 예기치 못한 사태의 발생, 공사물량의 증감, 계획의 변경 등으로 당초의 설계 내용을 변경하는 것으로 발주자 또는 도급인이 제시하며, 발주자가 합의한 도급 계약 내용과 다른 공사 내용, 공사 착수의 시기 및 공사 완

하게 발생함에도 불구하고 변경 부분의 공사비를 즉시 파악할 수 없다는 점이다.[22]

건축·토목을 가리지 않고 모든 시설물의 '공사비내역서'는 통일된 속성을 지니고 있다. 바로 공종별내역서와 원가계산서이다.[23] 공종별로 잘 분개되고 원가계산이 완료된 공사비내역서는 신속한 발주에는 적합하다. 그러나 공사비를 건축공간이나 부위별로 구분하지 못한다는 단점이 있다. 하지만 설계변경 부분에 대한 공사비는 공종별이 아닌 건축공간이나 부위별로 구분해야만 산출이 가능하다. 그래서 대부분의 건설현장에서는 설계변경으로 인해 추가공사 비용이 발생할 경우 추후에 정산하기로 하고 공사를 계속 진행하고 있다. 원칙적으로 추가공사에 대한 계약을 체결하고 공사를 진행해야 하지만 이 추가공사비 산정에 과다한 시간이 소요되기 때문이다.

또한 추가공사비에 대한 내용을 건축주나 감리자의 작업지시서와 같은 문서로 명확히 해 두어야 함에도 불구하고 구두상으로만 합의하고 공사를 진행하는 경우도 많다. 문제는 내용이 문서화되어 있지 않은 상태에서 공사 완료 시점에 추가공사비 지급에 대한 약속이 제대로 지켜지지 않을 때 발생한다. 분쟁은 결국 도급인과 수급인 사이에

성의 시기 등이 필요한 경우에 이루어지는 계약의 변경을 뜻한다. 공공공사는 설계변경 근거는 국가를 당사자로 하는 계약에 관한 법률 시행령 제65조 규정에 명확하게 그 근거를 규정하고 있다. 구체적으로 공사계약 일반조건 제19조, 제20조 및 제21조에 따른다.

22 일반적으로 소규모 건축물의 설계도서의 경우 이마저도 미흡한 경우가 많다. 동일한 규모의 건축물이라도 설계도면이 30~40장 정도에 불과한 경우가 있고 70~80장에 걸쳐 자세하게 건축물의 요소를 도면으로 작성하는 경우도 있다.

23 구체적인 원가계산방법은 기획재정부령 '회계예규' 3절 '공사원가계산' 제16조에서 아주 상세하게 규정하여 공사원가계산서를 작성하고 비목별 산출근거를 명시한 기초계산서를 첨부하게 하고 있다. 또한 회계예규에 근거하여 조달청에서 작성한 시설공사 산출내역서 작성 매뉴얼에 의하면 더욱 구체적으로 직접공사비와 간접공사비, 일반관리비, 이윤 등을 산출하는 방법을 설명하고 있다. 연혁과 법률, 회계예규, 조달청의 매뉴얼 등을 종합하여 판단하면 현행의 공공공사에서의 공사비 체계는 해방 이후 지금까지 계속 공종별 분류체계 속에 놓여 있다.

벌어진 불신의 간극을 메우기 힘들 때 발생한다고 할 수 있다.

단적으로 공사비내역서 없이 총액으로 체결된 도급계약을 가정해 보자. 이런 케이스는 아예 공사비의 분할 자체가 불가능하다.[24] 그렇다면 도급계약의 진행에는 문제가 있는가. 사실 전혀 문제가 없다. 약정의 이행과 공사비의 분할은 상관관계가 없고 공사비내역서가 없더라도 공사비 지급 내용을 상세하게 규정할 수 있기 때문이다. 만약 5천만 원의 계약금을 지급하고, 3층 완료 시 2억 원, 5층 완료 시는 1억 5천만 원을 기성금으로 지급하고, 준공 이후 잔금으로 1억 3천만 원을 지급하기로 약정하였다면 그에 맞춰 지급하면 된다.

문제는 이런 계약이 마치 분쟁을 잉태한 것과 마찬가지라는 것이다. 시공자가 자신에게 유리한 대로 시공하도록 방치하는 것과 같기 때문이다. 반대로 건축주가 공사 현장에서 돌발적으로 변경을 지시하고 추후 추가공사비를 인정하지 않는 계약과도 같다고도 할 수 있다. 어떤 변경이 발생하였을 때 상호 합의하지 않으면 분쟁이 발생할 수밖에 없다.

이번에는 상세한 공사비내역서가 첨부된 경우를 살펴보자. 사실 건축주는 기성금을 지급하면서 자신이 지급한 돈이 어떻게 건축물을 구성하는지 궁금할 것이다. 할 수만 있다면 돈에 꼬리표를 달고 싶을 것이다. 계약금으로 5천만 원을 지급했다면 그 돈으로 장비를 불러와서 땅을 파고, 철근을 구매하고, 콘크리트를 타설하기를 원한다. 3층 완료 후 지급한 2억 원이라는 돈이 5층짜리 건축물의 어떤 부분에 들어가 있을까? 1층까지 일까. 2층까지 일까. 아니면 3층까지 일까. 또 그층의 어떤 공종까지 지을 수 있는 정도인가. 파악해보고 싶을 것이다.

---

24 총액계약의 경우 공사 도중에 이와 같은 변경사항을 일일이 정산한다거나 변경계약을 체결한 이후 공사를 진행하는 것이 사실상 어렵기 때문에 '시공자'와 '건축주'는 변경사항에 관하여 '추후 정산'하기로 한 채 공사를 진행하는 경우가 대부분이다. 대개의 경우 공사완료 시점에서 변경사항에 대한 '시공자'와 '건축주'의 이견 때문에 분쟁이 발생한다.

계약서에 붙어있는 공사비내역서를 처음부터 차근차근 훑어보자. 우선 공사비는 기초공사 000원, 토공사 000원, 철근콘크리트공사 000원, 마감공사는 세부공종별로 각각 000원으로 기재되어 있다. 그리고 이들의 합계금액에 간접공사비 000원, 안전관리비 000원, 일반관리비 000원, 보험료 000원, 이윤 000원, 부가세를 더한 공사비 총액이 적혀있다. 하지만 이런 공사비내역서로 기껏 구분이 가능한 것은 직접공사비 중 철근콘크리트공사, 미장공사, 도장공사와 같은 공종별 공사비 정도이다. 건축주가 지급한 돈이 실제로 건물의 어떤 부분을 구성하는지는 전혀 알 수가 없다. 공사도중에 변경된 부분의 공사비를 즉시 파악할 수 없는 이유도 마찬가지다.

공사 도중 설계변경은 비일비재하게 일어난다. 설계의 완성도, 또는 시공자의 기술력, 공사 당시의 현황 등 다양한 요인이 설계변경의 주요 원인이다. 공사대금을 다투는 사안의 대부분이 바로 이러한 설계변경으로 말미암아 발생한 추가공사비에 관한 것이다.

예를 들어 어떤 건물 '1층 현관'의 '화강석' 바닥을 공사하는 도중 그 바닥재가 '대리석'으로 변경되었고, 이에 대한 추가공사비 발생 여부를 다투는 사례를 가정해 보자. 공사비내역서로는 '화강석공사'에 대한 전체 공사비만 파악이 가능하기 때문에 '1층 현관' 바닥부분의 공사비를 따로 특정할 수가 없다. 그래서 현행의 공사비내역서로는 이런 '설계변경'에 대응하여 변경금액을 즉시 제시하지 못하는 것이다.

정리하면 실무에서 다루는 공종별 공사비내역서로는 건축물의 공간이나 부위, 층별로 구분이 불가능하다. 바로 공사대금의 특성인 공종별 계층구조 때문이다.

3. 공사의 진척도 측정

세 번째 문제는 공사의 진척도를 객관적이고 합리적으로 측정하여 도급인에게 보여줄 수 있는 방법이 없다는 것이다. 공사현장의 진행을 관리하는 것을 '진도관리' 또는 흔히 '공정관리'[25]라고 한다. '진척도'란 공사 진행정도를 어떤 수치, 대개는 백분율로 표시하는 것을 말한다. 예를 들어 전체공사를 100%라고 한다면 현재 진행된 상태는 75%라는 식이다. 진척도는 진도율, 공정률로도 표현할 수 있다. 단적으로 공종별공사비는 건축물의 진척도에 따른 비용을 구분하지 못한다.

사실 분쟁으로 전개되지만 않는다면 민간부문의 건설공사에서 공사의 진척도는 그렇게 중요하지 않다. 공사계약을 진행하는데 장애가 되지 않으며, 약정대로 공사대금을 지급하면 되기 때문이다. 굳이 기성금을 공사의 진척도와 일치시킬 필요가 없다.

하지만 관급공사는 다르다. 진척도를 근거로 기성금을 지급해야 한다.[26] 건설공사에 대하여 이론적으로 공사의 진척도를 측정하는 방법은 '보할'에 의한 방법과 '기성'에 의한 측정방법 두 가지가 있다.[27] '보할'에 의한 방법은 보할공정표에 의한 개략적 진도율을 산정

---

25 공정관리는 계획공정표와 공사의 수행 실적이 반영된 실행공정표를 비교하여 전체 공기를 준수하기 위해 공정을 관리하는 것을 말한다. 공정관리는 공사의 진행 속도 및 상태를 검토하고 일정과 자원투입계획을 수립하는 데에 필수적이다.

26 국가를 당사자로 하는 계약에 관한 법률 시행령 제58조(대가의 지급) ③ 법 제15조의 규정에 의하여 기성부분 또는 기납부분에 대한 대가를 지급하는 경우에는 제1항의 규정에 불구하고 계약수량, 이행의 전망, 이행기간 등을 참작하여 적어도 30일마다 지급해야 한다.

27 진척도 측정방법
① 보할 진도율: 국내의 경우 진도율을 측정하기 위해 보할(가중치)공정표를 주로 사용하고 있다. 여기서 보할 진도율은 특정 작업이 전체 프로젝트에서 차지하는 비중을 백분율로 나타낸 것이다. 보할 진도율은 개개의 작업이 전체 프로젝트에서 차지하는 비율을 백분율로 표시하여 입력하면 전체 예산에서 해당 작업의 예산 비율에 의해 자동으로 진도율을 산출하게 된다. 이때 작업의 진도율을 보할에 반영하여 진도율을 산출할 수도 있다. 보할 진도율의 경우 보할공정표를 대공종 수준으로 작성하기 때문에

하는 방식을 말한다. '기성'에 의한 진도 측정방법은 기성 처리에 의한 기성율을 산정하는 방식이다. 분쟁이 발생하면 공사의 진척도를 객관적이고 합리적으로 측정해야 하는데 정확한 진도율 산정과 공사현황 파악에는 한계가 있다. 결국 공종별공사비는 건축물을 공간별로 분할하지 못할 뿐만 아니라 시간단위로도 구분하지 못한다고 할 수 있다. 신속한 발주에는 적합하나 공사의 진행과정에서 시간단위, 공정단위의 분할에는 적절하지 않은 것이다.

관급공사 현장도 정밀한 진척도 측정이 어렵다 보니 외주업체의 작업량과 현장 반입 자재 등을 종합하여 기성금청구내역서를 작성하고 있는 실정이다. 이처럼 공사비를 건축공정 단위로 구분하지 못하는 것도 공종별 공사비의 '계층구조'에 그 근본적 원인이 있기 때문이다. 건축공정 계획은 프로젝트의 진도측정에 적합한 작업 또는 작업군으로 관리해야 하는 반면, 공사비는 견적과 원가회계를 위한 비용항목으로 분류하여 관리하기 때문이다. 근본적으로 일치시키기 어렵다. 건설소송 감정 시 기성고 비율을 파악할 때 기존 기성금 청구 현황을 참조하지 않는 것도 이 때문이다. 그래서 소송에서는 기성고공사대금의 감정은 실제 소요된 기시공부분의 공사비와 미시공부분 공사비를 재산정하여 기성고 비율을 산정하는 방식으로 진행된다.

세부 작업에 대한 공정이 아닌 대공종 수준에서의 진도율을 표현하게 된다. 그러나 관리 수준이 높게 책정되어 세부적인 진도관리가 어렵다는 특성이 있다.
② 기성에 의한 진도율: 공공공사의 경우, 매월 완료된 작업에 대하여 기성을 신청하게 되며 기성검사 결과에 따라 발주처는 대가를 지불하게 된다. 총 공사금액 대비 기성으로 인정받아 지불된 공사금액의 비율을 기성율이라고 하며 이런 기성율을 진도율로 사용하기도 한다. 이것은 발주처에서 공식적으로 작업의 완성을 인정한 부분이므로, 공식적인 진도율로 인정되며 보할에 의한 진도율에 비해 내역 수준의 자료를 통해 기성을 인정받으므로 상세도가 매우 높은 편이다(신윤경외 2, 건설공사 진도관리의 현황분석에 대한 연구, 춘계학술발표대회 논문집, 208면, 2010).

Ⅲ 공사대금 채권의 유형

살펴본 바와 같이 공사대금은 몇 가지 특성과 한계를 지니고 있다. 이처럼 공종별로 작성된 내역서로 정리된 공사대금은 투명하고 직관적으로 이해하기 어렵다. 때문에 복잡한 이해관계가 얽혀있는 경우 다툼이 자주 발생한다. 하지만 재판을 진행하더라도 시시비비를 제대로 가리지 못하는 경우가 있다. 그 바탕에 공사대금의 '비정형성', '경쟁자중심 가격결정' 그리고 '계층구조'라는 특성이 깔려있다.

대부분의 공사대금소송에서 증거조사방법으로 '감정'을 채택하는 이유가 바로 여기에 있다. 결국 이런 사안은 건축분야의 '감정인'이 하나하나 분석하고 재구성하여 사실관계를 판단해야 하기 때문이다. 사건의 본질적 내용이 공사대금채권에서 비롯된 것이라 하더라도 소송의 취지별로 다양한 유형의 '공사비감정'이 요구될 수 있다. 따라서 감정인의 입장에서 청구 원인과 취지[28]에 따른 공사대금채권의 유형을 자세히 살펴볼 필요가 있다. 이런 부분을 소홀히 하면 감정의 취지를 제대로 이해하지 못해 감정결과가 부실해질 우려가 있기 때문이다.

1. 기성고 공사대금채권

가장 대표적인 공사대금채권은 건설도급계약의 해제 시 발생하는 '기성고 공사대금'이다. 전게하였듯이 대법원은 건설도급의 해제에 대해 일반적인 계약해제와 달리 소급효를 인정하지 않고 있다.[29]

---

28 소장(訴狀)에는 청구의 취지와 청구의 원인을 반드시 기재해야 하는 바(민사소송법 제249조 제1항), 소장 가운데에「…판결(判決)을 구한다」라고 기재되는 부분이 청구의 취지에 해당한다. 청구의 취지는 원고가 어떠한 내용의 판결을 구하는가, 어떠한 권리·의무관계에 관하여 심판을 구하는가를 명시한 것이다. 소장 중의 청구의 취지를 통해 심판의 대상이 무엇인지를 판명할 수 있고, 법원의 판결은 이 청구를 인정한다거나 또는 인정하지 않는다는 형태로서 내려진다(법률용어사전, 앞의 책 주 53), 966면).

29 "건축공사도급계약에 있어서 수급인이 공사를 완성하지 못한 상태로 계약이 해제되

그러므로 공사가 중도에 중단된 경우에는 이미 시공된 부분에 투입된 공사비에 관한 채권이 발생하게 된다. 이것이 바로 '기성고 공사대금' 이다.

2. 추가공사대금채권

단가계약이나 실비정산보수가산식의 경우에는 실제로 추가공사가 있다면 증가된 수량만큼 당연히 추가공사대금을 지급해야 한다. 하지만 정액도급계약은 원칙적으로 추가공사대금을 청구할 수 없다.[30] 문제는 대부분의 공사도급계약이 정액도급계약인 총액계약의 형태라는 것이다. 그럼에도 불구하고 공사 도중에 당초의 계약상 공사범위를 넘어서 공사를 추가로 시행하는 경우는 허다하다.

이런 추가공사의 유형은 당초 공사와 동일성을 유지하면서 양적으로 공사범위를 넓히는 경우(동종 공정상 시공면적을 원계약보다 늘리는 경우)와 당초 공사의 동일성을 넘어서 다른 공정의 공사까지 시공하는 경우(건물의 골조공사만 계약했다가 외벽공사까지 계약하는 경우)로 나눌 수 있다. 이밖에 공사의 범위는 변화가 없으나 자재의 질을 고급화하는 등 질적으로 공사가액을 높이는 경우도 있다.

3. 부당이득금 반환청구

'부당이득'이란 법률상의 원인 없이 타인의 재산이나 노무 등의 손

어 도급인이 그 기성고에 따라 수급인에게 공사대금을 지급해야 할 경우, 그 공사비 액수는 공사비 지급방법에 관하여 달리 정한 경우 등 다른 특별한 사정이 없는 한 당사자 사이에 약정된 총 공사비에 공사를 중단할 당시의 공사 기성고 비율을 적용한 금액이고, 기성고 비율은 공사비 지급의무가 발생한 시점을 기준으로 하여 이미 완성된 부분에 소요된 공사비에다 미시공부분을 완성하는데 소요될 공사비를 합친 전체 공사비 가운데 완성된 부분에 소요된 비용이 차지하는 비율"
대법원 1992. 3. 31. 선고 91다42630 판결; 대법원 1993. 11. 23. 선고 93다25080 판결; 대법원 1996. 1. 23. 선고 94다31631, 31648 판결 등 다수
30 길기관, 건설 분쟁의 쟁점과 해법, 진원사, 138면, 2013.

실에 의하여 이익을 얻는 것이다.[31] '부당이득금 반환청구'란 법률 상 '부당이득'을 얻은 자에게 권리자가 반환을 청구하는 것을 말한다. 대표적인 사례로 공공임대아파트 분양 전환 시 분양가를 과다 산정해 취한 부당이득을 돌려달라는 소송을 들 수 있다. 재건축사업에서 분양가 산정 시 실건축비에 비해 높게 책정된 분양대금에 대한 부당이득금 반환을 청구하는 소송도 빈번하다.[32]

건설공사에서 '부당이득'과 관련한 또 다른 사례로 공사기성금의 과지급을 들 수 있다. 예컨대 공정률이 30%에 불과한데, 수급인이 50%의 기성금을 청구하여 공사비를 지급받았다면, 실제 공정률에 비해서 과기성이 발생한 것이다. 이처럼 공정률에 비해 과다한 공사비를 수령한 이후, 수급인의 사정에 의하여 공사가 중단되거나 해지가 될 경우 도급인은 많은 손해를 볼 수밖에 없다. 따라서 이런 경우 실제 공사의 진척 비율보다 과다하게 지급한 공사비에 대해 반환을 요구하는 소송이 제기되기도 한다.

4. 채무부존재 확인

채무부존재 확인소송[33]은 권리 또는 법률관계에서 범위의 다툼이

---

31 법률용어사전, 앞의 책 주 53), 513면.
32 정상섭 기자, 경남도, 임대아파트 분양가 부당이득 반환에 적극 개입하기로, 부산일보, 2013년 8월 22일; 한갑수 기자, 영종하늘도시 입주자 분양금 반환소송 또 일부승소, 파이낸설뉴스, 2013년 8월 18일; 이상환 기자, 순천 선평배들 입주민 "과다 분양전환가 돌려달라" 집단소송, 전남CBS, 2011년 10월 14일; 서상준 기자, LH공사, 최근 3년간 소송금액만 2조원에 달해, 뉴시스, 2011년 9월 20일.
33 확인의 소는 당사자 간 법률적 불안정을 방지하기 위해서 실체법상의 권리 또는 법률관계의 존부를 확인할 목적으로 하는 소송을 말한다(민사소송법 제250조). 예를 들면 「○○번지 소재의 토지 100평은 원고의 소유라는 사실의 확인을 구한다」와 같은 소이다. 이 예에서 만일 피고가 원고의 토지에 불법 침입하여 건물을 건축하고 있으면「피고는 원고에 대하여 ××건물을 수거하여 ××를 인도하라」와 같이 이행의 소를 제기해야 효과적이다. 그와 같은 침해행위가 아직 발생하지 않은 경우에는 확인의 소로서 족하다. 다만 아직 침해는 없으나 이제 곧 침해할 우려가 있는 경우에는 상대방의 부작위를 청구하는 내용의 이행의 소를 제기할 필요가 있다(법률용어사전, 앞의 책 주 53), 925면).

있는 경우 존부확인에 관한 판단을 청구하는 것을 말한다(대법원 1983. 6. 14. 선고 83다카37 판결). 이 같은 채무부존재 확인의 소는 공사대금 청구의 소와 반대되는 개념이다. 수급인이 공사대금을 청구하는데 반해 도급인으로서 지급할 채무가 없다는 것을 확인하기 위한 것이다. 유치권의 부인 시에도 이와 같은 채무부존재의 확인이 필요하다. 유치권이 있다고 주장하는 자에게 채권의 전부나 일부가 존재하지 않거나 소멸했다면 유치권을 행사할 수 없기 때문이다.

5. 유치권존부 확인

유치권이란 타인의 물건 또는 유가증권을 점유한 자가 그 물건이나 유가증권에 관하여 생긴 채권이 변제기에 있는 경우에는 변제를 받을 때까지 그 물건 또는 유가증권을 유치할 권리를 말한다(민법 제320조 1항). 건설현장에서 유치권은 공사대금을 받지 못한 수급인이 도급인에 대한 대응 수단으로서 공사대금을 전액 변제받을 때까지 부동산을 유치하는 것을 말한다. 수급인이 건물을 축조한 경우에 공사대금채권의 변제를 받을 때까지 그 건축물의 인도를 거절하고 이를 유치할 수 있다.[34]

이처럼 유치권은 수급인의 공사대금채권을 보장하는 직접적 기능을 한다. 법률상 당연히 성립하는 법정담보물권으로서 당사자 사이에 합의나 등기가 필요없다. 유치권이 성립하기 위해서는 받을 채무가 있어야 하고 변제기가 도래해야 하며, 점유가 있어야 한다. 또 점유한 물건과의 견련성과 같은 성립요건을 갖추어야 한다. 추가공사비나 기성고 비율만큼의 공사비를 받지 못한 사실을 입증해야 한다.

---

34 윤재윤, 앞의 책 주 12) 198면.

6. 증거보전 절차

증거보전 절차란 소송계속 전 또는 소송계속 중에 특정의 증거를 미리 조사해 두었다가 본안소송 시 사실을 인정하는데 활용하기 위한 증거조사방법을 말한다.[35] 법원은 미리 증거조사를 하지 아니하면 그 증거를 사용하기 곤란할 사정이 있다고 인정한 때에는 당사자의 신청에 따라 증거조사를 할 수 있다(민사소송법 제375조).[36] 당사자는 공사가 중단되거나 끝난 경우 건축물의 상태에 관하여 가급적 많은 자료를 확보해야 객관적인 증거로 활용이 가능하다. 건설소송은 공사의 진행상황을 확인할 수 있는 자료를 확보하는 것이 상당히 중요하다.

현장의 공정을 확인하는 보편적인 방법은 사진과 동영상 촬영이다. 건설공정은 계속적으로 후속 공정의 공사가 이어지므로 사실상 공사참여자나 전문가가 아니면 정확하게 파악하기 어렵다. 따라서 어떤 현황에 대해서는 감리자에 현장 확인서를 받아 놓는 것도 좋은 방법이다. 하지만 이런 조치가 여의치 않는 경우에는 증거보전 절차를 진행하기도 한다. 공사 중단 상태에서 공사를 재개하기 위하여 증거보전 절차를 통해 기성고를 확정하도록 한다. 판결절차에서 정식 증거조사 시기까지 기다려서는 증거의 이용이 불가능하거나 곤란하게 될 염려가 있는 경우, 증거보전의 방법으로 감정을 신청하는 경우도 있다.

---

35 법원실무제요 민사소송[3], 법원행정처, 34면, 2005.
36 증거보전의 관할법원은 소제기 전이나 급박한 사정이 있는 경우에는 증거방법의 소재지를 관할하는 지방법원이고, 소제기 후에는 그 증거를 사용할 심급의 법원이다(민사소송법 제376조).

제 4 장

쟁점별 공사비
산정방법

제4장 쟁점별 공사비 산정방법

효율적 공사관리를 위한 선진 기법이 도입되고 있다. 공정관리(EVMS)와 가치분석(VE), BIM 등이 그것이다. 하지만 이런 기법 역시 공사비를 정확하게 예측하지 못하는 것은 마찬가지다. 공사비를 부분별로 나누지 못하고, 진척도를 제대로 관리하지 못하는 공종별 내역 한계를 벗어나지 못한다. 관급공사와 같이 정교한 공사비내역서를 첨부한 경우도 공사대금의 '비정형성', '경쟁자중심 가격결정', '계층성'이라는 특성은 동일하게 나타나기 때문이다.

I. 패러다임의 변화

1. EVMS

일반적으로 비용은 원가회계를 위한 비용항목으로 관리한다. 일정계획은 프로젝트의 진도측정에 적합한 작업 또는 작업군으로 관리한다. EVMS는 이 둘을 통합하여 관리하는 방식이다. EVMS(Earned Value Management System)는 건설기술관리법에 근거하고 있다.[1] EVMS의 원

---

1 EVMS(Earned Value Management System)가 그것이다. EVMS는 건설기술관리법을 법적근거로 하고 있다. 건설기술관리법 제66조(공사의 관리) ②에 의하면 총공사비가 500억 원 이상인 관급 건설공사에서 발주청 및 책임감리원은 시공자로 하여금 세부 공종이 완료될 때마다 투입된 비용과 기간 등에 관한 실적을 계획과 비교하여 관리하

리는 건설 프로젝트의 공정과 원가는 상호 연관되어 있으므로 동시에 관리할 수 있다는 것이다. 공사의 진척도가 공정·원가의 통합관리로 객관적 공사수행 성과로 측정될 수 있다는 것이다. 공정과 원가는 자료의 많은 부분을 공유하고 있어 통합관리의 기대효과가 크다는 장점도 있다.

EVMS가 제대로 활성화되기 위해서는 무엇보다 공정단위에 맞는 원가정보처리방법이 요구된다. 문제는 원가정보를 공정 정보와 연계하여 분할하여 분배해야 하는데 이 과정이 녹록치 않다는 것이다. 공정표 간의 연계작업과 표준화의 한계로 인해 원가정보를 작업단위로 재분배하는 것 자체가 쉽지 않다.

그래서 대형 건설현장을 중심으로 EVMS 방식이 일부 적용되기는 하나 제대로 정착되지 못하고 있는 실정이다.[2] 게다가 정확도 및 신뢰도에 문제가 있다는 점이 지적되고 있다.[3]

공사대금의 특성이라는 관점에서 보면 EVMS 적용 시 이러한 문제가 발생하는 것은 너무도 당연하다. 그 문제의 원인이 EVMS 관리기법의 한계가 아니기 때문이다. 결국 공사비를 공정과 작업위주로 나누지 못하는 공종 위주의 '계층성'이라는 한계에 근본적인 원인이 있기 때문이다.

실상이 이런데도 불구하고 이 문제를 제대로 인식하는 사람은 별로 없다. 외국산 공정관리 프로그램과 국내의 공종체계의 상이성만 탓할

도록 하고 있다.
　• 건설기술관리법 시행령 제66조(공사의 관리)
　② 발주청 및 책임감리원은 총공사비가 500억 원 이상인 건설공사의 시공자로 하여금 국토교통부장관이 정하여 고시하는 기준에 따른 세부 공종이 완료될 때마다 투입비용과 기간 등에 관한 실적을 계획과 비교하여 관리하게 할 수 있다.
2 대개 현장에서 직접 관리하는 공정표의 종류는 바챠트방식의 월간 공정표와 주간 공정표가 거의 대부분이다. PERT형식의 마스터 공정표의 경우는 외주방식으로 제작하고 있어 형식적인 경우가 많다(신윤경 외 2, 앞의 논문 주 115), 210면).
3 김한샘, 개방형 BIM기반의 공정·원가 통합관리를 통한 EVM시스템개발에 관한 연구, 경희대학교 2013.

뿐이다. 발상의 전환이 필요하다. 선진화된 EVMS로 가는 길에는 프로그램의 보급뿐만 아니라 공간별 또는 시간별(이를 합치면 공정이 된다)로 공사비를 분할하고자 하는 개념이 전제적으로 정립되어야 한다.

2. BIM

이제 국내 건설산업도 VE, LCC, EVMS, BIM 등이 활성화되면서 명실상부하게 선진화 단계로 진입하고 있다. 이 중 BIM(Building Infomation Modeling)[4]은 최근 가장 뜨거운 화두다. 2010년 4월 조달청은 토탈서비스 건축공사에 BIM을 적용하고 장기적으로 전 분야로 확산할 계획이라고 밝혔다. BIM의 등장으로 3D 건축물 설계 뿐만 아니라 공정 및 원가의 통합까지 연계하려는 노력이 전개되고 있다.

모두가 BIM 시대가 가져올 광명을 이야기한다. 우리는 BIM으로 3D 객체정보의 다양한 정보를 체계화하여 관리에 소요되는 시간, 인력, 비용을 줄일 수 있고, 프로젝트 수행 시 이전 단계에 사용된 정보가 다음 단계의 업무수행에 효과적으로 활용될 수 있다고 믿고 있다. BIM이 정착되면 그동안 쌓였던 각종 문제, 예를 들면 일정, 비용, 품질, 안전에 관한 거의 모든 것이 일거에 해결될 것이다.

BIM에 관한 연구는 다방면에 진행되고 있다. 최근에는 BIM에서도 전산 프로그래밍 방법을 이용하여 공정 원가 통합개념을 구현하려는 시도를 하고 있다. 전산기술과 BIM 설계도구의 발달에 힘입어 공정·원가 통합관리를 위한 데이터 처리에 대한 문제들은 점차 해결될 것으로 전망된다.[5]

---

4 BIM이라 함은 건축, 토목, 플랜트를 포함한 건설 전 분야에서 시설물 객체의 물리적 혹은 기능적 특성에 의하여 시설물 수명주기 동안 의사결정을 하는데 신뢰할 수 있는 근거를 제공하는 디지털 모델과 그의 작성을 위한 업무절차를 포함하여 지칭한다(건축분야 BIM적용가이드(2010.1) 국토해양부).

5 안승준 외 3, 공정원가통합관리를 위한 BIM기반 객체지향형 공정 모델링, 대한건축학회논문집, 167면, 2009.

BIM 데이터는 각각의 부재 하나하나에 파라메터 속성 정보를 지녀야 한다. 공사비라는 관점에서 BIM을 들여다보면 3차원 공간상에서 부재에 매핑되는 정보로 모델링된 객체를 통해서 수량정보를 생성한다.[6] 문제는 기존의 2D 설계 방식에서 생성되는 견적업무와 시공단계에서 공사관리(공정·공사비)에 활용되는 정보들을 연계시킬 수 있는 부분이 극히 미미하다는 것이다. 견적 및 공사 관리에서 요구되는 Product 또는 Activity정보는 포함하고 있지 않다. 그래서 견적단계에서 BIM의 활용성이 저하될 수밖에 없다. 현재 적산분야의 관점에서 BIM방식으로 가능한 것은 건축에 소요될 자재량의 산출 정도이다.

또한 자재의 라이브러리 구축이나 할증율 반영, 자재수량에 대응하는 정보 연계는 아직 갈 길이 멀다. 이 견적 단계의 정보는 인건비와 각종경비 등이 포함된 Product기반(예: 일위대가)의 정보를 가져야 하기 때문이다.[7] 국내의 공사비체계인 '공종별공사비'의 구성과 맞아떨어져야 한다. 특히 관급공사는 공종별내역서가 아니면 발주 자체가 불가능하다. 국가계약법령에서 예정가격 산정은 '공종별수량내역서'를 작성하도록 규정하고 있기 때문이다. 단적으로 '공종별공사비 체계'는 결국 '법률'이라는 벽에 기대고 있는 것이다. 바로 이것이 BIM에서 풀어야 할 숙제이다.

BIM을 더 살펴보자. BIM이란 간단히 말해 일종의 레고블럭과 같은 가상 건축이라고 할 수 있다. 즉 BIM에서는 건축의 정보를 하나하나의 블럭과 같은 조각으로 나눌 수 있다. 물론 이 블럭(BIM에서는 부위객체[8]와 공간객체[9]라고 한다)은 자재 수량이나 공종정보같은 속성과 함

---

6 이민철 외, 공공건축물 공사비 산정 특성을 반영한 BIM 속성정보모델링 구축에 관한 기초적 연구, 한국건설관리학회 논문집, 2009.
7 안재홍, BIM기반의 공정공사비 통합관리에 관한 연구, 한양대학교, 40면, 2012.
8 건물을 구성하는 물리적인 요소를 표현하는데 사용하는 BIM객체를 말한다(건축분야 BIM적용가이드, 앞의 책 주 129), 5면, 2010.
9 시설물의 층, 구역 및 실 등 공간의 범위를 정의하는데 사용하는 BIM 객체를 말한다

께 공사대금정보까지 포함할 수 있다.

여기서 질문을 하나 해보자. 우리는 부위객체나 공간객체별로 비용을 산출할 수 있는가? 이게 무슨 소리냐 당연히 산정할 수 있는 것 아닌가하고 생각할 수도 있다. 하지만 아쉽게도 국내의 공사비체계로는 부위객체나 공간객체별로 비용을 산출할 수 없다. 이것이 가능하기 위해선 공종별체계를 넘어서는 공간적 내역서 정보로의 전환이 필요하다.

질문을 바꿔보자. 당신이 청와대를 새로 짓는다고 하자. 열심히 공사를 하고 있는데 갑자기 대통령이 방문해 1층 로비에 공사비가 얼마나 드느냐고 묻는다면 답을 할 수 있는가. 아마 이렇게 대답할 수밖에 없을 것이다. "아 철근레미콘공사는 000원입니다." "철근레미콘 아니 지금 여기 보이는 로비 공간 전부요." "아 예 그건 계산을 다시 좀 해봐야 합니다. 지금 즉시 파악이 어렵습니다. 공종별로는 바로 파악이 가능한데 이 로비 공간만 따로 구분할 수는 없습니다. 아 그런데 물어보신 공사비가 직접공사비를 말하시는 겁니까? 아니면 총공사비를 말씀하시는 겁니까? 공사비란게 원체 복잡해서요." 이게 우리의 현실이다.

이처럼 현재의 공종별 내역으로는 부위나 공간별로 비용을 구분할 수 없다. 불가능하다. 그러면 BIM은 가능한가? 역시 불가능하다. "무슨 소리냐 BIM인데 왜 안돼?"라고 반문하는 사람들이 있을 것이다. 우선 알아야 할 것이 있다. BIM은 전지전능의 솔루션이 아니다. 자동으로 디자인이 되는 것도 아니고 공사정보가 저절로 생성되는 것도 아니다. 아래한글프로그램이 소설을 자동으로 써주지 않는 것과 같다. BIM은 어떤 정보를 3차원 공간정보로 제공해주는 도구일 뿐이다.[10]

(앞의 책, 5면).

10 대표적인 BIM솔루션으로 오토데스크사의 'Revit'과 그래피소프트의 'ArchiCAD'를 들 수 있다.

때문에 BIM을 운용하기 위해서도 어떤 정보를 집어넣어야 한다.

여전히 공사비를 산출하는 과정은 공종별내역과 원가계산방식이 지배하고 있다. 공사비 쪽에서 BIM을 보면 일부 부위객체에 대한 물량을 산출할 수 있는 것 외에는 아직 별다른 진전이 없다. 그것도 오차가 심하다고 한다. 아무리 혁신적인 변화라 할지라도 묵은 질서나 관행이라는 거대한 벽을 단박에 뛰어넘기는 힘들다. 숱한 시행착오를 겪어야만 비로소 넘을 수 있을 것이다. BIM도 마찬가지다. 가장 먼저 공사대금의 속성을 벗어나야 한다. 낙찰금액에 맞춰 내역서를 재구성해야 하는 '비정형성'과 공종 외의 단위로 구분하지 못하는 '계층성'을 극복해야만 한다. 그래야 진짜 BIM이 돌아갈 것이다.

Ⅱ 공간별 공사비 산정방법

그렇다면 과연 공사대금의 본질적 특성인 '비정형성', '경쟁자중심 가격결정' 그리고 '계층성'을 뛰어넘는 내역방식은 가능한가? 공사대금 분쟁의 본질은 투입된 공사대금의 직관적 확인 여부에 달려있다고 해도 과언이 아닐 것이다. 이렇게 직관적으로 공사대금을 파악하기 위해서는 지금까지의 방식보다 진일보한 새로운 뭔가를 모색해야만 한다. 이를 위해선 뭔가 새로운 틀이 요구된다.

새로운 방식의 공사비 산정 방식이라면 결국 기존의 본질적 속성을 일부라도 극복할 수 있어야 할 것이다. 발주자나 감리자 혹은 시공자든 자신의 눈으로 확인한 건물의 부위나 공간 형상별로 비용을 바로 인식할 수 있다면 비용의 과다 여부에 대한 분쟁이 생길 수가 있을까? 이 책을 통해 제안하는 방식은 다음과 같다. 기존의 내역체계가 '공종별'정보에 국한된 것이라면 이제 정보의 체계를 공간으로 넓혀야 한다는 것이다. 공사대금의 내역정보를 공사의 설계도서에 나타난 공간적 시각정보와 일치시키는 개념이 되어야 한다.

1. 비정형성의 극복

일반적으로 개산견적은 과거 유사 건물의 실적자료에 통계자료, 물가변동자료를 반영하여 산출한다. 구체적인 과정을 살펴보면 다음과 같다. 우선 제한된 정보이지만 개략적인 건축규모를 추정한다. 그리고 이 규모와 용도가 유사한 사례의 발주금액이나 설계서 등을 수집하여 ㎡당 소요비용을 분석한다. 이때 ㎡당 소요비용은 전체 공사비를 연면적으로 나누어 산출하는 방식이다. 산출된 ㎡당 비용은 현재 시점이 아닌 과거시점인 경우가 많으므로 해당 시점에 맞춰 물가변동에 따른 상승요인을 반영해야 한다.

현재 KDI에서 수행하는 예비타당성조사는 공사비 추정 시 '건설업 GDP Deflator 보정지수'를 적용하고 있다. 최종적으로 단위면적당 공사비 단가가 산출되면 이 단가에 건축물의 연면적을 곱하여 개산견적을 산출한다. 개산견적은 과거 발주사례의 공사대금 총액을 참고하기 때문에 결국 '경쟁자중심의 가격결정방법'에 의해 결정된 공사대금에 종속되어 있다고 할 수 있다. 또한 개산견적은 '비정형성'적 특성도 같이 띠고 있다. 주로 개산견적 자체가 작성하는 사람의 경험칙과 유사사례의 ㎡당 소요비용에 종속되기 때문이다.

사실 '비정형성'은 별 문제가 되지 않는다. 이 속성은 도급계약을 체결하는 순간 대부분 사라지기 때문이다. 도급계약 이후 이런 비정형성으로 인해 발생하는 문제는 거의 없다. 다만 보수금액을 확정하지 않은 공사의 경우는 공사비 자체를 결정해야 하므로 '비정형성'으로 인한 갈등이나 분쟁이 계속될 수밖에 없다. 하지만 이 문제는 사실 새로운 내역서 작성방법의 탐구 취지와는 비껴서 있는 문제라고 할

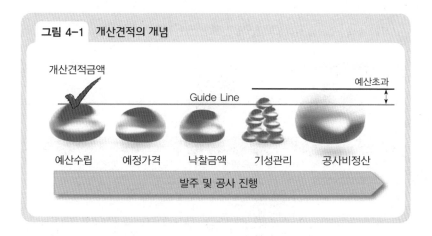

그림 4-1 개산견적의 개념

개산견적금액

예산초과

Guide Line

예산수립 예정가격 낙찰금액 기성관리 공사비정산

발주 및 공사 진행

04

수 있다. 그럼에도 불구하고 공사비를 예측해야 하는 '개산견적'[11]의 정확성을 기하기 위해서는 '비정형성'을 최소화할 필요가 있다.

자, 그럼 여기서 한번 상상해보자. 다른 방식은 없는가. 이상일지도 모르겠지만 〈그림 4-2〉처럼 거대한 공사원가 DB가 있고(유사사례의 데이터를 활용하는 방법은 피할 수 없다), 이 DB에는 유사사례의 공사비 내역서가 건축물을 구성하는 부위별로 구분되어 저장되어 있어 이 정보를 바로 추출할 수 있다. 그렇다면 지금처럼 ㎡당 소요비용이 아닌 어떤 특정 부위에 대한 단위 면적당 비용을 산정할 수 있게 된다. 이때 발주시점의 단가까지 자동으로 반영된다면 굳이 물가를 보정할 필요도 없다. 만약 이러한 시스템에 현재 짓고자 하는 건물의 부위별 단위 수량과 동시에 단가정보를 넣고 조작하여 해당 건축물의 공사비를 추정할 수 있다면 지금까지와는 차원이 다른 구체적 개념으로 개산견적을 구할 수 있을 것이다. 이러한 체계가 정착되고 보급된다면 건설프로젝트에 대한 공사비의 예측가능성이 훨씬 정확해질 것이다. 공사대

---

11 설계도서가 없거나 미비한 경우, 공사에 필요한 수량이나 노무량을 구체적으로 산출할 수 없으므로 우선 개략적으로 공사비용을 추정할 수밖에 없다. 이를 '개산견적'이라고 한다.

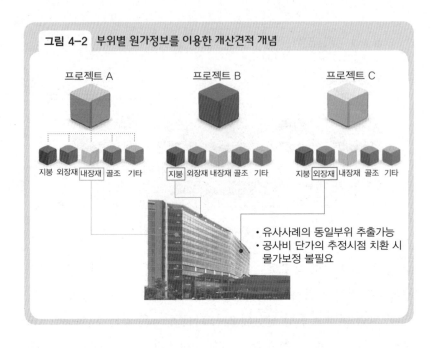

그림 4-2 부위별 원가정보를 이용한 개산견적 개념

프로젝트 A   프로젝트 B   프로젝트 C

지붕 외장재 내장재 골조 기타   지붕 외장재 내장재 골조 기타   지붕 외장재 내장재 골조 기타

- 유사사례의 동일부위 추출가능
- 공사비 단가의 추정시점 치환 시 물가보정 불필요

금의 비정형성도 상당부분 적정 범위 내로 들어올 것이다.

이런 방법의 가능성 여부는 논외로 하자. 중요한 포인트는 이 같은 DB를 구축하기 위해서는 무엇을 해야 하는가이다. 우선 유사사례의 공사비가 건축 부위별로 정리되어야 할 것이므로 '부위'에 대한 정보가 필요하다. 그리고 이 부위에 해당하는 공종정보도 필요하다. '부위'에 대한 수량 정보도 요구된다. 또 하나 공종정보에 대응하는 단가정보도 있어야 한다. 원가계산에 적용된 제경비의 '요율정보'도 당연히 있어야 한다. 마지막으로 이 모든 단가와 요율정보를 현재시점으로 치환하기 위해서는 유사사례의 발주시점부터 연도별로 자재비나 노무비가 망라된 단가정보 DB가 필요하다. 그 DB는 상당히 방대해야 할 것이다.

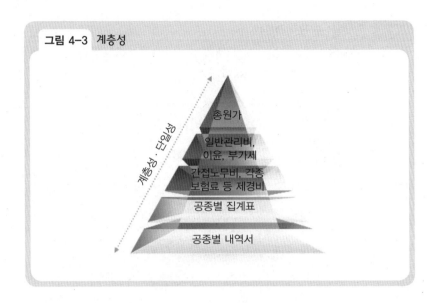

그림 4-3 계층성

총원가

일반관리비,
이윤, 부가세

간접노무비, 각종
보험료 등 제경비

공종별 집계표

공종별 내역서

계층성·단일성

2. 계층성의 극복

　경쟁자중심 가격결정은 공사대금의 가장 큰 특성이다. 경쟁자중심 가격결정 방식으로 대부분의 도급공사가 '총액계약'으로 체결한다는 것은 이미 밝혔다. 아무리 큰 공사라 할지라도 결국 돈으로 표현되기 때문에 하나의 금액으로 귀결된다. 마치 한 덩어리처럼 뭉쳐지는 것이다. '계층성'은 외형적으로는 단일한 '공사대금'이지만 내부적으로는 공종별 직접공사비와 간접공사비, 일반관리비, 이윤 등의 계층구조로 구성되어 있다는 것이다. 비유하면 전형적인 피라미드 형태라고 할 수 있다.

　〈표 4-1〉은 전장부터 사례로 들고 있는 도급금액 5억 3천만 원, 지상 5층의 가상 건축물에 대한 공사원가계산서이다. 표를 보면 이미 결정된 총금액을 기준으로 공사비를 구성하는 모든 요소가 계층적으로 나누어져 있다. 이와 연동되는 직접공사비의 집계표로 공종별 공사비를 파악할 수 있다.

비목			금액	구성비	
순 공 사 원 가	재 료 비	직접재료비	195,566,460		
		간접재료비			
		작업부산물			
		[소계]	195,566,460		
	노 무 비	직접노무비	145,348,863	직접노무비*	8.90%
		간접노무비	12,936,049		
		[소계]	158,284,912		
	경 비	운반비			
		산출경비	16,981,468		
		산재보험료	5,856,542	노무비*	3.70%
		안전관리비	9,988,819	(재+직노+관.자)*	2.93%
		고용보험료	2,200,160	노무비*	1.39%
		국민건강보험료	2,470,931	직접노무비*	1.70%
		국민연금보험료	3,619,187	직접노무비*	2.49%
		노인장기요양보험료	161,846	건강보험료 *	6.55%
		퇴직공제부금비	3,343,024	직접노무비*	2.30%
		기타경비	19,107,974	(재료비+노무비)*	5.40%
		환경보전비	1,789,484	(재료비+직 · 노+산출경비)*	0.50%
		[소계]	65,519,434		
계			419,370,807	재료비+노무비+경비	
일반관리비			25,162,248	계*	6.00%
이윤			37,344,989	(노무비+경비+일반관리비)*	15%
공급가액			481,818,182		
부가가치세			48,181,818	공급가액*	10%
도급액			530,000,000		
총공사비			530,000,000		

하지만 이 원가계산서와 내역서를 보고 건축물의 형태를 떠올릴 수는 없다. 파악할 수 있는 것은 고작 총공사비와 제경비는 얼마인지 그리고 직접공사비가 얼마인지(공종별 구분은 가능하다)와 같이 돈으로밖에 인식할 수 없다. 이처럼 공종별 내역정보는 건축물의 실제 현황과 일치시킬 수 없다.

그렇다면 건축물의 실제 현황과 일치하는 내역정보는 가능한가? 이제 〈표 4-2〉를 한 번 보자. 이 표는 앞서 예로 든 가상 건축물의 공사비를 층이라는 공간으로 나눈 것이다. 건축물의 형태정보와 비용을 유추할 수 있는 부분이 있는가(공사비를 인식하는 관점에서 위의 '공사원가계산서'가 편한가? 아래의 '공사원가 층별 분석표'가 편한가? 어떤 것이 건축물의 형상과 근접한가? 더 직관적인가?).

❖ 표 4-2   공사원가 층별분석표

층별	직접공사비				간접비 소계	합계	부가 가치세	공사 원가
	재료비	노무비	경비	직접비 소계				
	금액	금액	금액	금액				
공통가설	3,465,486	9,865,997	9,821,672	23,153,155	11,813,027	31,787,438	3,178,744	34,966,182
토공사	2,780,267	1,317,658	2,350,817	6,448,742	2,620,907	8,245,135	824,514	9,069,649
지상1층	30,234,980	29,040,957	1,179,334	60,455,271	31,028,734	83,167,277	8,316,728	91,484,005
지상2층	24,769,995	12,848,341	712,334	38,330,671	17,147,112	50,434,348	5,043,435	55,477,783
지상3층	22,769,995	12,648,341	612,334	36,030,671	16,374,163	47,640,758	4,764,076	52,404,834
지상4층	22,396,370	12,368,418	509,514	35,274,302	16,019,101	46,630,366	4,663,037	51,293,403
지상5층	16,799,352	12,820,300	220,051	29,839,703	14,609,247	40,408,137	4,040,814	44,448,951
옥탑층	8,298,200	6,155,732	143,257	14,597,189	7,096,024	19,721,103	1,972,110	21,693,213
지붕	6,948,080	5,758,677	125,062	12,831,819	6,395,387	17,479,279	1,747,928	19,227,207
외장	57,103,734	42,524,442	1,307,092	100,935,268	48,999,506	136,304,340	13,630,434	149,934,774
소계	195,566,460	145,348,863	16,981,468	357,896,792	172,103,208	481,818,182	48,181,818	530,000,000

바로 이러한 방식으로 공사비를 분할한다면 계층성을 극복할 수 있다. 나아가 마치 건축물을 레고블럭화 한다면, 그리고 그 블럭에 '비용'이라는 꼬리표를 단다면 부위나 공간별로 구분이 가능할 것이다. 블록을 쌓는 만큼 돈도 바로 계산할 수 있을 것이다. 즉 내역정보를 시각적 공간 정보로 분할하여야 한다. 공종별로 계층화되어 일체화된 공사비정보를 건축물의 형태정보와 맞물리는 형태로 전환해야 한다. 이는 마치 한데 뭉쳐 그냥 버리던 쓰레기를 플라스틱, 종이, 유리, 금속 등으로 재활용이 가능한 것들끼리 분류하는 것과 같다. 나누어야 한다. 바로 이것이 '경쟁자중심 가격결정', '계층성'을 뛰어넘고자 하는 새로운 패러다임이 되어야 할 것이다.

3. 직접공사비와 동시에 간접비 계산이 필요한 이유

1) 간접공사비의 정률계산 시 문제점

어찌 보면 공사비를 건축물의 형상과 동일한 공간의 개념으로 분할하는 것은 BIM의 정신과도 맞다. 레고블럭이나 큐브같은 입체적이며 다세포적 형태가 바로 BIM의 속성 아닌가. 여기까지는 동의할 수 있어도 간접공사비를 동시에 계산하는 것은 이해하기 힘들 수도 있다. 어차피 직접공사비와 간접공사비는 엄연히 분리되어 있고, 기준에 따라 자동적으로 산출이 가능한 것 아닌가하는 의견도 있을 수 있다. 실무에서는 직접공사비 산출 후 원가계산서의 간접비 비율을 정률화하여 반영하고 있다. 예를 들면 전체 간접공사비의 비율이 30%이면 무조건 이번 달 기성금에도 30% 정도 간접공사비를 반영하는 식이다.

이제 구체적인 계산을 한번 해보자. VE(Value Engineering)란 것이 있다.[12] VE의 기본은 기능이나 성능은 변화 없이 가치를 향상시키는

---

12 건축물의 설계내용에 대한 경제성을 가치적으로 분석해서 가장 최적화된 대안을 찾는 과정이 바로 VE 활동이다. 정부는 2005년 이후 국내의 공공건설공사 중 공사비

방안을 모색하는 것이다. 무조건 싼 자재만을 찾는 것이 아니라 건물의 수명주기에 걸친 내구성을 동시에 감안해야 한다. 이것을 LCC(Life Cycle Cost)라고 한다. LCC가 동일하다면 당연히 비용이 저렴한 자재나 공법을 채택해야 한다.

구체적인 가치향상 사례를 들어보겠다. 어떤 건물 VE제안에서 지하주차장의 무근콘크리트 타설 시 보강재로 넣는 와이어메쉬를 섬유보강재로 변경하자는 제안이 채택되었다. 절감비용을 산출한 결과, 와이어메쉬의 직접공사비는 29,929,719원이다. 이를 섬유보강재로 변경하면 11,879,700원으로 18,050,019원의 직접공사비가 절감된다. 여기에 간접공사비를 일괄로 30%를 적용하여 총 23,465,024원이 전체 절감 금액으로 산출되었다. 상세한 내용은 〈표 4-3〉과 같다.

이번에는 이 직접공사비를 각 항목별로 '원가계산 제비율 적용기준'에 따라 산출해보자. 〈표 4-4〉를 보자. 역시 절감되는 직접공사비는 18,050,019원으로 동일하다. 문제는 지금부터이다. '와이어메쉬깔기' 항목과 '섬유보강재' 항목에 대하여 따로따로 '원가계산 제비율

❖ 표 4-3 간접비 30% 정률(와이어메쉬→섬유보강재 변경)

구분	항목	직접공사비				간접공사비	합계	간접공사비 비율
		재료비	노무비	경비	소계			
개선전	와이어메쉬깔기	-23,770,940	-6,158,779	-	-29,929,719	-8,978,916	-38,908,634	30%
개선후	섬유보강재	11,879,700	-	-	11,879,700	3,563,910	15,443,610	30%
절감액		-11,891,240	-6,158,779	-	-18,050,019		-23,465,024	

주: 간접공사비 제경비 율 30% 일괄 적용

100억 이상의 건설프로젝트에 설계의 경제성 검토(설계VE)를 실시하고 있다.

개별 원가계산(와이어메쉬→섬유보강재 변경)

구분	항목	직접공사비				간접공사비	합계	간접공사비비율
		재료비	노무비	경비	소계			
개선전	와이어메쉬깔기	-23,770,940	-6,158,779	-	-29,929,719	-10,970,793	-40,900,511	36.7%
개선후	섬유보강재	11,879,700	-	-	11,879,700	3,270,686	15,150,386	27.5%
절감액		-11,891,240	-6,158,779	-	-18,050,019		-25,750,125	

주: 2014년 3월, 30억 이상, 13개월 이상 기준 제경비율 적용

적용기준'을 적용한 결과, '와이어메쉬깔기' 항목은 (-)40,900,511원으로 산출되었고, '섬유보강재' 항목은 15,150,386원으로 산출되었다. 이 두 금액의 차액은 25,750,125원으로 나타났다. 간접공사비를 정률로 적용하여 산출한 금액인 총 23,465,024원과 2,285,101원의 차이가 난다. 거의 10% 정도 더 절감된 것이다. 이것이 간접공사비의 실체이다.

2) 직접공사비 비목별 간접공사비 비교

이처럼 산출금액에서 간접공사비를 정률로 적용할 때와 개별항목별로 반영할 때 차이가 벌어지는 이유는 제경비의 산출요율이 개별항목별로 적용되기 때문이다. 어떤 경우는 노무비에만 요율을 곱하고, 어떤 경우는 재료비와 노무비의 합계에 요율을 곱해야 한다. 일정조건에 따라 이합 집산하여 요율을 적용하는 것이다. 그러므로 동일한 직접공사비라 하더라도 재료비와 노무비의 구성비율에 따라 원가계산 금액은 차이가 날 수밖에 없다.

직접공사비 비목별 간접공사비 비교표

비목	직접공사비				간접 공사비	공사원가	비율
	재료비	노무비	경비	소계			
① 재료비	100,000			100,000	29,558	129,558	130%
② 재료비 +노무비	50,000	50,000		100,000	48,324	148,324	148%
③ 노무비		100,000		100,000	67,089	167,089	167%
④ 경비			100,000	100,000	30,709	130,709	130%

주: 2014년 1월, 50억 이상~300억 미만 13개월~36개월 기준 제경비율 적용

그렇다면 그 편차는 얼마나 벌어지는가 계산해보자. 〈표 4-5〉는 직접공사비를 비목별로 간접공사비를 원가계산하여 공사원가를 산출한 것이다.

①은 직접재료비만 10만 원으로 하고 원가계산 했을 경우이다. 그렇게 산정된 총 공사원가는 12만 9천 5백 5십 8원, 직접공사비 대비 간접비의 비율은 30%가 된다.

②는 재료비와 노무비가 각각 50% 비율로 혼합된 경우 공사원가를 산정한 경우이다. 재료비가 5만 원, 노무비가 5만 원이다. 이때 산출된 총 공사원가는 14만 8천 3백 2십 4원으로 직접공사비 대비 간접비가 차지하는 비율이 48%에 이른다.

③은 직접노무비만 10만 원으로 정하고 원가계산한 경우이다. 이때 총 공사원가는 16만 7천 8십 9원으로 직접공사비 대비 간접비의 비율은 무려 67%이다.

④는 경비만을 10만 원으로 정하고 원가계산한 경우이다. 산정된 총 공사원가는 13만 7백 9원이다. 간접비의 비율은 30%이다.

가장 큰 차이가 나는 것은 ①과 ③으로 무려 37% 격차가 벌어진

다. 동일한 직접공사비라 할지라도 재료비냐 노무비냐에 따라 원가 계산금액이 큰 차이가 나는 것이다. 단지 재료비와 노무비의 구성 차이만으로도 간접공사비의 금액은 간과할 수 없을 만큼 큰 변동을 보인다.

3) 공사원가의 역전현상

각 부위별 또는 공간별로 공사비를 산정하면서 간접공사비를 반드시 동시에 수행해야 하는 이유는 또 있다. 이 이유를 원가의 '역전현상'이라고 부르겠다. '역전현상'이란 개별 공종의 직접공사비가 원가계산 후에는 대소가 뒤바뀌는 현상을 말한다.

예를 들어 보겠다. VE 제안으로 ① 어떤 건물의 필로티 SMC 판넬 천정재를 값이 싼 텍스 천정으로 바꾼 경우를 가정해보자. VE 활동에서는 이런 변경을 통한 원가절감이 중요하다. 이 사례에서는 직접공사비를 따져보니 단위면적당 약 3,211원이 절감된다. 그런데 이 변경 항목별로 원가계산을 하여 간접비를 반영하니 공사비가 줄어들지 않고 오히려 1,525원이 증가한다. ②번 경우도 마찬가지다. 바닥재를 마루재에서 비닐타일로 변경하였는데, 직접공사비는 단위면적당 1,450원 줄지만 간접공사비까지 계산하니 반대로 단위면적당 1,590원이 늘어난다. ③번 역시 똑같은 '역전현상' 사례이다. SGP칸막이를 경량벽체로 변경하였지만 실제는 공사비가 줄지 않고 오히려 4,593원이 증가해 버린다. 세 가지 사례 모두 직접비는 줄어들지만 공사비용은 늘어나는 역설적 상황이다.

이 같은 '역전현상'은 ①, ②, ③ 사례 말고도 흔히 발생하지만 실무에서는 제대로 찾아내지 못하고 있다. 대부분 간접공사비를 항목별로 산정하지 않고 일괄하여 정률로만 계산하기 때문이다. 결론적으로 부분이나 공간 부위의 개별 단위에 대한 공사원가를 정확하게 도출하기

부위	항목	위	수량	직접공사비	간접공사비	총원가
① 천정재	(전)SMC판넬(시공도)	M2	1.00	45,000	13,301	58,301
				∨	∧	∧
	(후)텍스+경량철골틀	M2	1.00	41,789	18,037	59,826
				3,211	-4,736	-1,525
② 바닥재	(전)목재마루판(시공도)	M2	1.00	42,000	12,414	54,414
				∨	∧	∧
	(후)비닐타일 (전도성타일)	M2	1.00	40,550	15,455	56,005
				1,450	-3,040	-1,590
③ 벽체	(전)SGP칸막이(시공도)	M2	1.00	58,000	17,144	75,144
				∨	∧	∧
	(후)경량칸막이벽체 (일위대가)	M2	1.00	52,238	27,499	79,737
				5,762	-10,355	-4,593

❖ 표 4-6　직접공사비와 간접공사비의 역전현상

주: 2014년 1월, 50억 이상~300억 미만 13개월~36개월 기준 제경비율 적용

04

위해서는 직접공사비의 산정과 동시에 간접공사비를 산정해야만 한다. 이는 VE에만 한정되는 것은 아니다. 모든 원가산정에서도 마찬가지로 적용되어야 한다.

4. 공간별 부위별 공사원가 산정 원리

1) 공간데이터의 구성

정리하면 이렇다. 기존의 공사비의 속성이자 문제점인 '비정형

성', '경쟁자중심 가격결정', '계층성'을 극복하기 위해서는 공종별이 아닌 공간별로 공사비를 계산하여야 한다는 것이다. 건축물의 공간별 부위별 위치에 대응하도록 공간정보를 구성해야 한다. 공간정보를 구성하는 방식은 적산 과정에 공간정보를 동시에 입력해서 생성해야 한다.

공간구성정보를 생성할 수 있는 집계 정보가 추가적으로 더 포함되어 있는 경우, '부위 : 공종 : 임의 단위의 공간'에 대한 대응정보를 생성할 수 있다. 이런 세부 공간별 위치 정보 데이터를 통하여 각 세부공간은 각 층별, 각 건물별로의 분류정보가 더 입력되어 세부공간 데이터를 구성하게 된다. 공간데이터는 단순히 공간의 정보뿐만이 아니라 공사에 관한 모든 정보를 담을 수 있을 것이다. 그 정보는 시간이나 영상 등을 포함한 모든 기록정보일 수도 있다. 또한 해당 부위의 공종에 소요되는 수량을 대입시킬 수 있다. 이 수량정보는 개별로 적산행위를 통해 산정하거나 BIM을 통해 입수할 수도 있을 것이다.

2) 확장단가

공간데이터가 완성되면 공사비를 산출해야 한다. 이때 중요한 것은 공사비 정보에 직접공사비 뿐만 아니라 간접공사비까지 포함해야 한다는 것이다. 이런 방식을 '확장단가'라고 부르겠다. 공간별 공사원가 정보의 형성을 위한 핵심적 기술 사항은 직접 공사비 정보 및 제경비 등의 간접 공사비 정보를 동시에 생성하는 '확장단가정보'를 구현하는 것이다. 간단히 말하면 공종별 단가정보 및 원가요율정보를 참조하여 공종별 간접 공사비 구성 항목별로 간접 공사비 정보를 생성하는 방식이라고 할 수 있다. 이어 생성된 공종별 직접 공사비 구성정보와 간접 공사비 구성정보로 세부공종별로 종합적인 '확장단가정보'를 생성하고, 생성된 '확장단가정보'를 사용하여 공사비의 기초적 원가를 생성하는 방식이다.

'확장단가정보'가 완성되면 공간데이터에 입수된 수량데이터와의 대응관계를 통해 규칙적으로 각 세부공간에 대응하는 공사비 원가계산정보를 생성할 수 있다. 이를 공간데이터에 부여하면 비로소 공간 단위별 공사원가정보가 완성된다. 바로 이런 과정을 거쳐 공사비를 구성하는 모든 공간 단위에서, 모든 공종, 공종을 구성하는 모든 자재, 노무 및 모든 비용 항목에 대한 정밀하고도 다차원적인 파악이 가능해진다. 하나의 큰 단세포 같은 공사대금을 독자적 DNA를 가진 다세포성 구조로 진화시키는 것이다. 그 시발점이 공간단위의 '확장단가 방식'인 것이다. 모든 내역을 하나의 금액으로 표시하는 총 가격 형태(통합가격)가 아니라 2개 이상의 부분으로 분리하여 표시하는 '분할가

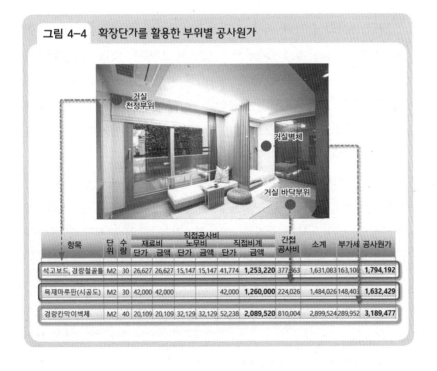

그림 4-4 확장단가를 활용한 부위별 공사원가

항목	단위	수량	직접공사비							간접공사비	소계	부가세	공사원가
			재료비		노무비		직접비계						
			단가	금액	단가	금액	단가	금액					
석고보드, 경량철골틀	M2	30	26,627	26,627	15,147	15,147	41,774	**1,253,220**	377,863	1,631,083	163,108	**1,794,192**
목재마루판(시공도)	M2	30	42,000	42,000			42,000	**1,260,000**	224,026	1,484,026	148,403	**1,632,429**
경량칸막이벽체	M2	40	20,109	20,109	32,129	32,129	52,238	**2,089,520**	810,004	2,899,524	289,952	**3,189,477**

04

격'[13]과 유사한 개념이라고 할 수 있다.

5. 코스트 네비게이션(Cost Navigation)

변화라는 관점에서 보면 결국 건설산업은 BIM 시스템으로 전환할 것이다. BIM은 바로 입체적 공간정보라는 직관적 속성에 기반을 두고 있다. 직관적 속성은 결국 비전문가를 전문 영역 안으로 끌어들이는 것을 가능하게 해준다. 이를 여실히 증명한 것이 '네비게이션'이다. 네비게이션은 차량의 현재 위치와 목적지까지의 경로를 알려주는 시스템이다. GPS 위성에서 수신 받은 위치데이터(위도, 경도)를 이용하여 지도상에 그래픽 표시를 제공하고 음성으로 안내해 준다. 그래서 길눈이 어두운 사람도 네비게이션만 있으면 초행길도 쉽게 찾아갈 수 있다.

결국 BIM의 발전과 더불어 건설정보시스템은 교통정보네비게이션과 같은 코스트 네비게이션으로 발전할 것이다. 쉽게 공사비를 추정할 수 있고, 설계변경 부위의 공사비를 변경 전후로 바로 비교할 수 있고, 공사의 진척도를 한눈에 파악할 수 있게 될 것이다. 건설기술에 문외한인 건축주라도 코스트 네비게이션을 통해 손쉽게 건물을 지을 수 있을 것이다.

이러한 코스트 네비게이션의 공사비 정보 기반은 공간단위의 공사비 원가정보가 기초가 될 수밖에 없다. 뿐만 아니라 이런 공간단위 공사비 정보는 VE, EVMS(진척도 관리, 기성관리) 등의 선진관리 기법에 아주 유용하게 활용될 수 있다. 물론 이런 세세한 부분의 정산이 '총

---

13 분할가격(arttonedprce)이란 제품이나 서비스에 대한 가격을 표시할 때, 구매에 포함된 모든 내역을 하나의 총 가격 형태(통합가격)로 표시하는 것이 아니라 2개 이상의 부분으로 분리하여 표시하는 가격 전략의 일환이다(Mowiz, Greenleaf and Johnson, 1998; 서병권, 분할가격이 회상가격과 가격 공정성의 지각에 미치는 영향, 인하대학교 대학원, 석사학위논문, 1면, 2003에서 재인용).

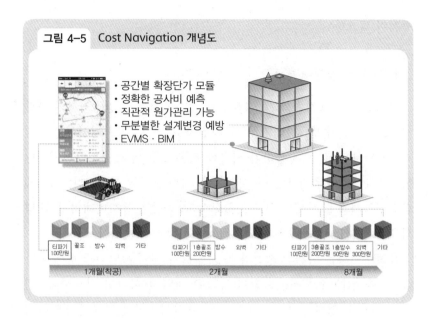

그림 4-5 Cost Navigation 개념도

- 공간별 확장단가 모듈
- 정확한 공사비 예측
- 직관적 원가관리 가능
- 무분별한 설계변경 예방
- EVMS · BIM

터파기 100만원 / 골조 / 방수 / 외벽 / 기타

터파기 100만원 / 1층골조 200만원 / 방수 / 외벽 / 기타

터파기 100만원 / 3층골조 200만원 / 1층방수 50만원 / 외벽 300만원 / 기타

1개월(착공) / 2개월 / 8개월

액도급'의 성격과는 맞지 않는 측면이 있을 수도 있다. 어떤 면에서는 실비정산보수가산식과 호흡이 맞을 수도 있다. 기존의 내역서가 두툼해져 다루어야 할 정보가 많아지는 단점도 있다. 하지만 이런 것들은 차근차근 딛고 올라가야 할 계단일 뿐이다. 발상의 전환이 필요하다.

Ⅲ 감정내역서 작성방법

자 이제 초점을 좁혀서 '건설감정'만 생각해보자. 분쟁은 공종이 아닌 공간이나 부위에서 비롯된다. 미시공이나 변경시공 공사 또한 마찬가지다. 기성고 비율을 산정 시에도 공간단위의 모든 공사비 현황을 시공, 미시공, 추가, 변경시공, 미완성부분까지 조회해야 한다. 각종 하자 감정도 각 항목별로 공사원가를 산출하지 않고서는 감정내역서의 작성이 불가능하다. 때문에 공간이나 부위단위의 공사비 산정

방식이 필요하다.

1. 표준형 감정내역서

2014년 법원행정처의 '건설감정매뉴얼'에서는 감정내역서의 표준서식으로 '원가일체형내역서'를 지정하고 있다. 법원에서 이런 '원가일체형내역서'를 사용하기 시작한 것은 2011년 서울중앙지방법원이 '건설감정실무'에서 표준서식으로 지정한 이후부터이다. 이렇게 감정내역서식을 지정한 것은 건설현장의 '공종별 공사비내역서'의 형식은 특정 쟁점의 공사원가를 표현하지 못하기 때문이다.

감정내역서는 사건의 쟁점과 특성에 따라 내역을 달리 구성해야 한다. 이를 위해서는 건설소송에 특화된 내역서 서식이 필요하다. 이런 특성을 반영한 것이 '원가일체형' 내역서식이다.[14] 감정내역서의 가로방향으로 감정항목의 규격 · 수량 · 단가 · 금액 등 '직접공사비'와 '간접공사비' 등 제경비를 표기하고, 세로방향으로 하자담보기간별 공사항목을 전개하는 방식으로 작성해야 한다. 이 서식은 직접비의 계산과 간접공사비를 동시에 계산하여 한 행에 표기하므로 각 항목에 관한 내역정보를 직관적으로 파악할 수 있다. 뿐만 아니라 각종 '추가공사비'와 같은 개별 항목의 공사비를 산정하는 데에도 활용이 가능하다.

이 서식은 앞에서 말한 '확장단가형 내역서'와 일맥상통하는 개념이라고 할 수 있다. 하지만 공간데이터와 같은 복잡한 개념까지는 필요하지 않다. 공간정보만 있으면 된다. 만약 하자가 쟁점이라고 한다면 하자발생 부위가, 추가공사비가 쟁점이라면 추가공사 부위가 바로 공간정보가 된다.

---

14 건설감정매뉴얼, 앞의 책 주 1) 200면.

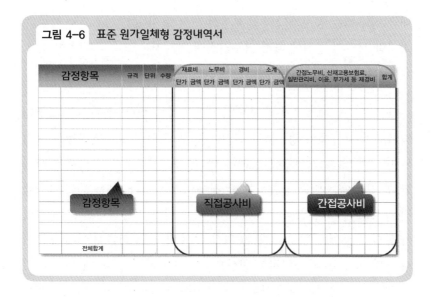

그림 4-6 표준 원가일체형 감정내역서

감정항목	규격	단위	수량	재료비		노무비		경비		소계		간접노무비, 산재고용보험료, 일반관리비, 이윤, 부가세 등 제경비	합계
				단가	금액	단가	금액	단가	금액	단가	금액		

감정항목   직접공사비   간접공사비

전체합계

2. 감정내역서와 공종별내역서의 차이점

감정내역서와 공종별내역서의 차이점을 살펴보면 다음과 같다.

1) 공사비 기준 시점 상이

공사대금 채권은 지급시기와 별도로 공사도급계약의 체결 시에 성립한다.[15] 공사대금의 지급시기는 일반적으로 관습에 의하여 정하고, 관습이 없으면 완성된 목적물의 인도와 동시에 공사대금을 지급해야 한다. 반면 건설현장의 공사비내역서는 발주시점을 기준으로 산출한다. 그러므로 공사대금 소송의 감정내역서는 법원이 지시하는 시점을 기준으로 작성해야 한다. 구체적으로는 다음과 같다. ① 공사잔대금 또는는 추가공사대금 청구의 경우에 공사의 완공 및 인도 시(공사잔대금 청구)나 추가공사의 완료시점(추가공사비 청구), ② 기성고에 따른 공사

---

15 대법원 1989. 6. 27. 선고 88다카10579 판결.

대금 청구에는 공사계약의 해제시점 또는 공사 중단시점으로 한다.[16] 이처럼 채권의 성격에 따라 기준시점이 달라지므로 유의해야 한다.

2) 단가산정 시 표준품셈과의 차이

관급공사의 예정가격 내역서는 표준품셈에 따라 작성한다. 감정내역서도 하자소송의 경우 대부분 표준품셈에 근거하지만 판례상 정립된 법리에 의해 단가를 산정해야 한다. 또한 '표준품셈'으로는 산정할 수 없는 공사비를 산출해야 할 경우도 발생한다. 예를 들어 불법행위 등으로 인하여 건물이 훼손된 경우, 수리가 가능하다면 그 수리비가 통상의 손해가 될 것이다. 하지만 훼손 당시 그 건물이 이미 내용연수가 다 된 낡은 건물이어서 원상으로 회복시키는데 소요되는 수리비가 건물의 교환가치를 초과하는 경우에는 형평의 원칙상 그 손해액은 그 건물의 교환가치 범위 내로 제한되어야 한다. 즉 수리로 인하여 훼손 전보다 건물의 교환가치가 증가하는 경우에는 수리비에서 교환가치 증가분을 공제한 금액이 손해액이 될 것이다.[17]

이처럼 감정내역은 사건의 특성에 따라 일반 건설공사비 산정 방식으로는 풀 수 없는 다양한 사례가 발생하므로 감정사항을 면밀히 검토하고 접근해야 한다.

3) 원가계산 방식 상이

감정내역은 쟁점별이나 감정사항별로 분할이 가능하게 작성해야 한다. 이때 간접비와 부가세까지 모두 포함한 일부분(주장을 받아들이

---

16 김홍준, 건설소송의 법률적 쟁점과 소송실무, 유로, 96면, 2013.
17 불법행위 등으로 인하여 건물이 훼손된 경우, 수리가 가능하다면 그 수리비가 통상의 손해이며, 훼손 당시 그 건물이 이미 내용연수가 다 된 낡은 건물이어서 원상으로 회복시키는데 소요되는 수리비가 건물의 교환가치를 초과하는 경우에는 형평의 원칙상 그 손해액은 그 건물의 교환가치 범위 내로 제한되어야 할 것이고, 또한 수리로 인하여 훼손 전보다 건물의 교환가치가 증가하는 경우에는 그 수리비에서 교환가치 증가분을 공제한 금액이 그 손해이다(대법원 2004. 2. 27. 선고 2002다39456 판결).

는 부분)의 공사대금을 직관적으로 파악되도록 쟁점별, 감정사항별로 분할해야 한다. 바로 이 부분이 건설현장에서 사용하고 있는 공사비 내역서와 가장 큰 차이점이다. 공사비감정이나 하자 감정 모두 변론이 진행되는 도중 수많은 논쟁을 거친다. 때에 따라서는 일부 항목에 대한 주장은 받아들이면서도 나머지 항목에 대한 주장을 배척해야 하기 때문이다. 만약 쟁점별로 금액의 분할이 불가능하다면 그 업무는 다시 감정인에게 돌아올 것이다. 결국 누군가가 분할해야만 한다.

4) 분류 체계 상이

대부분 건설도급계약은 총액계약이다. 이 총액을 명세화한 것이 바로 공종별내역서이다. 이 점은 공공기관도 다르지 않다. 재료비와 노무비, 경비로 구성된 개별 단가의 생성방법이나 제반 원가비율의 적용은 '표준품셈'에 근거하고 있다. 이처럼 건설 현장의 공사비체계는 공종별 분류체계로 단일화되어 있다. 반면 법원감정에서 다루는 공사비는 공종별외에도 쟁점별이나 공간별, 부위별로 구분되어야 한

그림 4-7 공종별 내역서와 법원의 감정내역서의 차이점

	공종별공사비	법원의 감정내역
① 산출시점	설계시점(현재)	재판부 제시시점(과거)
② 일위대가	표준품셈	표준품셈 + 공사비차액, 손해배상액
③ 원가계산	직접공사비 산출 후 1회 (통합가격)	각 쟁점별로 원가계산 (분할가격)
④ 분류체계	공종별, 재료비, 노무비, 경비 (공간별 구분 불가)	쟁점별, 공간별, 부위별, 구분소유자별, 담보책임기간별

다. 특히 공동주택 하자 감정내역은 집합건물법이나 주택법의 담보책임기간에 따른 구분이나 사용검사 전·후의 구분과 같은 시간별 분류 및 구분 세대와 같은 공간별 분류도 요구된다.

제 5 장

기성고 공사대금 감정

제 5 장 기성고 공사대금 감정

공사대금 감정을 정확히 하기 위해서는 먼저 감정유형에 대한 이해가 필요하다. 공사대금소송에는 소송의 청구 원인과 취지에 따라 다양한 유형의 '공사비감정'[1]이 요구되기 때문이다. 가장 대표적인 공사비감정은 건설도급계약의 해제 시 건설공사가 중단되었을 때 발생하는 '기성고 공사대금'에 대한 감정이다. 여기에는 공사 타절 후 다른 업체가 공사를 완료한 경우도 포함된다.

I 기성고 공사대금 감정 개요

1. 기성고 공사대금

2장에서 전개하였듯이 건설도급의 해제는 일반적 도급의 계약해제와 달리 소급효를 인정하지 않는 특성이 있다.[2] 판례도 "건축공사 도급계약에 있어서는 공사 도중에 계약이 해제되어 미완성 부분이 있는 경우라도 공사가 상당한 정도로 진척되어 원상회복이 중대한 사회

---

1 '공사대금'은 법률관계에서 건설도급의 보수에 대해 채권의 의미를 부여하기 위해 주로 쓰이는 용어이다. 건설현장은 '공사대금'이란 용어는 거의 쓰지 않고, 대부분 '공사비'라는 용어를 쓴다. 그런데 공공공사는 '공사원가'라는 단어를 주로 쓴다. 기획재정부계약예규에서 정의하는 '공사원가'는 공사시공과정에서 발생한 재료비, 노무비, 경비의 합계액을 말한다. 공사대금이나 공사비, 공사원가는 동일한 개념이다.
2 윤재윤, 앞의 책 주 12), 150면.

적·경제적인 손실을 초래하게 되고 완성된 부분이 도급인에게 이익이 되는 때는, 도급계약은 미완성 부분에 대해서만 실효되어, 수급인은 해제된 상태 그대로 건물을 도급인에게 인도하고, 도급인은 건물의 기성고 등을 참작하여 인도받은 건물에 대하여 상당한 보수를 지급해야 할 의무가 있다(대법원 1986. 9. 9. 선고 85다카1751 판결)"고 판시하고 있다. 이처럼 '기성고 공사대금'은 건설공사에서 도급약정이 해제되었거나 어떤 사유로 인해 건설공사가 중단되었을 때, 기시공부분에 대한 확인과 공사비를 확인하는 작업이다.

구체적인 기성고 산정방법으로는 다음 세 가지 방법이 가능하다. ① 이미 시공한 부분에 실제로 소요된 비용, ② 약정 총공사비에서 미시공한 부분의 완성에 실제로 소요될 공사비를 공제한 금액, ③ 약정 총공사비에 기성고 비율을 적용한 금액이 그것이다. 그런데 ①의 방법으로 한다면 수급인이 필요 이상의 비용을 지출한 경우에도 도급인이 그 전액을 지급하여야 하는 결과를 초래하고, ②의 방법으로 한다면 계약 해제 이후 물가가 상승하거나, 도급인이 미시공부분의 공사에 필요 이상의 비용을 지출하여 그 비용이 증가된 경우에 수급인이 불이익을 입게 되는 결과가 되어 불합리하다. 따라서 ③의 방법에 의하는 것이 가장 합리적이라고 볼 것이다.[3]

대법원도 이러한 취지로 일관되게 "건축공사도급계약에 있어서 수급인이 공사를 완성하지 못한 상태로 계약이 해제되어 도급인이 그 기성고에 따라 수급인에게 공사대금을 지급하여야 할 경우, 그 공사비 액수는 공사비 지급방법에 관하여 달리 정한 경우 등 다른 특별한 사정이 없는 한 당사자 사이에 약정된 총공사비에 공사를 중단할 당시의 공사기성고 비율을 적용한 금액이고, 기성고 비율은 공사비지급

---

3 김숙, "공사도급계약이 중도해제된 경우에도급인이 지급하여야 할 보수의 산정방법", 『대법원 판례 l 해설』 제17호(1992년 상반기), 237면(윤재윤, 앞의 책 주 13), 180면 재인용).

의무가 발생한 시점을 기준으로 하여 이미 완성된 부분에 소요된 공사비에다 미시공부분을 완성하는 데 소요될 공사비를 합친 전체 공사비 가운데 완성된 부분에 소요된 비용이 차지하는 비율"이라고 판시하고 있다.[4]

그러므로 기성고 공사대금은 전게한 ③의 방법으로 기시공부분과 미시공부분을 구분하여 공사비를 계산해야만 한다. 그래야 비로소 '기성고 비율'의 산정이 가능하다.

2. '기성고 비율'과 '기성율'의 차이

법원에서 실시하는 '기성고 감정'에서 '기성고 비율'의 개념은 건설현장의 '기성율'과는 완전히 다른 개념이다. 문제는 이 '기성고 감정'의 개념을 건설현장에서 통용하는 '기성율'과 혼돈하기 쉽다는 것이다. 건설현장의 '기성율'은 기투입된 비용만을 산정하여 산출한 기성금과 약정금액의 비율을 말한다. 반면 '기성고 공사대금' 감정의 '기성고'란 '기성고 비율'을 먼저 산정한 후 그 비율에 약정금액을 곱한 금액을 말한다. 이때 '기성고 비율'은 기시공부분과 미시공부분 공사비를 산정하여 그 중 기시공부분이 차지하는 비율을 말한다. 즉 '일의 완성'이라는 도급의 특성이 반영된 것이라고 할 수 있다.

기성고 공사대금 감정에서 발생하는 가장 흔한 오류가 바로 이 특성을 간과하고 건설현장의 기성율처럼 공사비를 산정하고 미시공부분에 소요될 공사비를 따로 계산하지 않는다는 것이다. 단지 기시공부분의 공사비만 산정하고 이를 약정금액에서 공제하는 방식으로 미

---

4 대법원 2005. 6. 24. 선고 2003다65391, 2003다65407 판결; 대법원 1997. 2. 25. 선고 96다43454 판결; 대법원 1992. 3. 31. 선고 91다42630 판결; 대법원 1993. 11. 23. 선고 93다25080 판결; 대법원 1996. 1. 23. 선고 94다31631, 31648 판결 등 다수
다만 이러한 법리는 강행법적 성질을 갖는 것은 아니고 당사자 사이에 기성고 산정에 관한 특약이 있거나, 직접적으로 수급인의 지출비용을 기성고로 정할만한 특별한 사정이 있으면 이에 따른다(건설재판실무편람, 법원행정처, 73면, 2014).

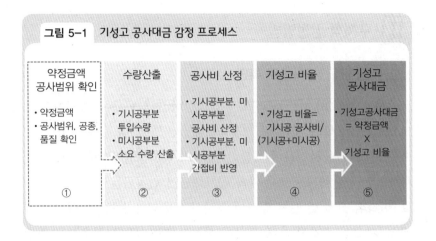

그림 5-1 기성고 공사대금 감정 프로세스

약정금액 공사범위 확인	수량산출	공사비 산정	기성고 비율	기성고 공사대금
• 약정금액 • 공사범위, 공종, 품질 확인	• 기시공부분 투입수량 • 미시공부분 소요 수량 산출	• 기시공부분, 미시공부분 공사비 산정 • 기시공부분, 미시공부분 간접비 반영	• 기성고 비율= 기시공 공사비/ (기시공+미시공)	• 기성고공사대금 = 약정금액 X 기성고 비율
①	②	③	④	⑤

시공부분의 공사비를 산정하는 것이다. 이렇게 된다면 산출된 기성고 비율에 약정금액을 곱하더라도 다시 기성고부분 공사비가 산출되는 도돌이가 돼버린다. 그렇다면 왜 기성고 비율을 산출하겠는가 기성고 감정 수행에서는 이 점을 가장 유의해야 한다.

3. 기성고 산정 기준 시점

기성고 감정의 시점은 공사대금 지급의무 발생 시기가 되어야 한다.[5] 일반적으로 공사대금의 약정지급일 또는 계약해제 시 등, 대금지급의무 발생 시의 공사단가(자재비, 노임 등)를 기준으로 하고 있다.[6] 공사대금을 분할하여 지급하기로 한 경우에는 약정지급일, 계약해제의 경우에는 계약해제 시점이 기준이 된다. 이 시점 단가를 적용하여 기시공부분의 공사비와 미시공부분의 공사비로 기성고 비율을 산정하여야 한다. 감정기일 재판부를 통해 기준 시점을 확인하는 것이 좋은 방법이다.

---

5 이범상, 건설관련소송, 법률문화원, 141면, 2010.
6 윤재윤, 앞의 책 주 13), 182면.

Ⅱ 구체적 감정방법

1. 약정금액 · 공사범위 확인

기성고 감정 시 기준 시점 외에 감정인이 또 확인해야 할 사항은 바로 '약정금액'이다. 추후 이 약정금액에 '기성고 비율'을 곱하여 '기성고 공사대금'을 산정하기 때문이다. 만약 공사도급계약에서 설계 및 사양의 변경이 있고, 그에 따라 공사대금이 변경되는 것으로 특약하고, 변경된 설계 및 사양에 따라 공사가 진행되다가 중단되었다면 설계 및 사양의 변경에 따른 공사대금에 기성고 비율을 적용하는 방법으로 기성고에 따른 공사비를 산정하여야 한다.[7]

정확한 기성고 감정을 위해서는 약정금액과 동시에 명확한 '계약범위'도 확인하는 것이 바람직하다. 이 부분을 명확하게 정리해 놓지 않으면 추후 수량의 검토나 공사비 산정 시 혼돈을 일으키거나 감정결과에 오류가 빚어지는 경우가 많으므로 유의해야 한다.

2. 수량 산출

건축수량이란 건축물을 구성하는 각 부분에 대응하는 단위를 붙여 정량적으로 나타낸 것을 말한다. 건축수량을 건축의 진행 단계별로 산출방법이 다음과 같이 몇 가지로 나뉜다.

1) 설계수량

'설계수량(設計數量)'은 설계도서에 표시된 치수로 계산한 수량을 말한다. 이 설계수량은 노무비 단가를 적용할 때 사용된다. 일반적으

---

7 대법원 2003. 1. 26. 선고 2000다40995 판결
　감정을 진행하다 보면 설계나 사양의 변경이 도급계약으로 확정되지 아니하고 추가 공사 여부를 다투는 경우를 흔히 볼 수 있다. 이런 경우는 기성고 감정이 아닌 추가공사비로 구분하여 감정해야 한다.

로 건축공사의 적산은 설계수량을 계상하는 것을 원칙으로 한다. '정미량(正味量)', '정미수량(正味數量)', '실수량(實數量)'이라고도 하며 단위에 따라 '정미면적', '정미길이', '정미개수' 및 '정미매수'라고 표현하기도 한다.

2) 계획수량

설계도서에 표시되어 있지는 않으나 공사를 진행하는데 반드시 소요되는 비용을 계산하기 위해 시공계획에 따라 산출하는 수량을 '계획수량'이라고 한다. '가설재'나 '거푸집', '타워크레인'과 같은 운반장비, 토목공사의 터파기 등이 여기에 해당한다.

3) 시공수량

'시공수량(施工數量)'이란 실제 시공 시에 필요로 하는 자재, 노무 등의 수량을 말한다. 구체적으로는 설계도서에 표시된 치수를 계산한 수량(설계수량, 정미량)에 시공현장에서 시공상의 소모, 절단 및 가공 등 손실에 대한 할증을 포함시킨 수량이다. '소요수량'이라고도 한다. 시공수량의 단위에 따라 소요면적, 소요길이, 소요개수 및 소요매수라고도 한다.

기성고 감정에서는 이 세 가지 수량을 모두 산정해야 한다. 특히 양 당사자 사이에 특정부분의 시공 여부를 두고 다툼이 있는 경우 감정인은 시공관련 서류까지 함께 분석하여 투입된 시공수량을 산출해야 한다. 건물의 규모가 커서 실측이 어려운 경우는 '설계수량'으로 산출하기도 하고 각종 가설재를 공사비에 반영하기 위해 '계획수량'을 반영해야 하는 경우도 있다.

4) 수량 산출 시 주의 사항

건축기술과 공사비내역서 작성과정과 같은 전문 분야를 잘 모르는 사람은 기시공부분과 미시공부분을 칼로 무를 자르듯이 쉽게 잘라낼 수 있을 것이라고 생각하기 쉽다. 하지만 건축물을 짓는 과정은 그리 만만치 않다. 그냥 레고블럭을 쌓듯이 지을 수 없다. 뿐만 아니라 공사비는 이해하기 어렵다. 하물며 공사가 중단된 상태는 더 복잡해진다.

감정인은 감정서에 건축물 공사 중 어떤 부분이 완성되었고, 어떤 부분이 미완성된 것인지 명백하게 밝혀야 한다. 반복되는 이야기지만 기성고 감정은 완성된 부분과 미완성된 부분을 확정하고, 이미 완성된 부분에 소요된 공사비, 미시공부분을 완성하는데 소요될 공사비, 전체 공사비 가운데 이미 완성된 부분에 소요된 비용이 차지하는 비율을 파악하는 것이다. 그러므로 중단된 공사현장의 평가를 통해 이미 완성된 기시공부분과 미완성된 미시공부분을 구분하여 수량을 산출해야 한다.

여기서 '미완성'이란 공사가 도중에 중단되어 예정된 최후의 공정이 종료되지 못한 경우를 말한다. '미완성'은 '하자'와 구별된다. '하자'는 공사가 당초 예정된 최후의 공정까지 일응 종료되었으나 시공상태가 불완전하여 보수를 하여야 할 경우를 말한다.[8] 판례는 다음과 같이 '미완성'과 '하자'를 구분하고 있다. ① 예정된 최후의 공정을 종료하지 못한 경우는 미완성이고, ② 당초 예정된 최후의 공정까지 일응 종료하고 불완전하지만 그 주요 구조부분이 시공되어 사회통념상 건물로서 완성된 경우는 하자로 구분한다. 다만 ③ 개별적 사건에 있어서 예정된 최후의 공정이 종료하였는지 여부는 당해 건물신축도급계약의 구체적 내용과 신의성실의 원칙에 비추어 객관적으로 판단할 수밖에 없다는 입장이다.[9] 이 판례의 취지를 기성고 감정에 투영하여

---

8 윤재윤, 앞의 책 주 13), 276면.
9 "건물신축공사의 미완성과 하자를 구별하는 기준은 공사가 도중에 중단되어 예정된 최후의 공정을 종료하지 못한 경우에는 공사가 미완성된 것으로 볼 것이지만, 그것이 당초 예정된 최후의 공정까지 일응 종료하고 그 주요 구조부분이 약정된 대로 시공되어 사회통념상 건물로서 완성되고 다만 그것이 불완전하여 보수를 하여야 할 경우에

도급계약의 구체적 내용이 공사 중단 시 예정된 공정이 종료하였는지 여부를 판단하여야 한다.

질문을 하겠다. 가령 벽체를 백색 페인트 도장공사로 마감을 해야 하는 어떤 방에 들어갔더니 바탕면 처리와 퍼티를 시공한 후 초벌 도장만을 하고 중단된 상태였다. 잔여 공정으로 재벌 도장이 남아있다. 이때 이 공정은 완성된 것인가? 미완성된 것인가? 일부 최종공정이 미시공된 하자인가?

질문을 하나 더 하겠다. 〈그림 5-2〉를 보면 지하 1층은 골조가 완성되었고 지상 1층은 외벽 철근 일부만 시공된 상태이다. 이때 완성된 공정은 어디까지인가? 지상 1층은 미완성된 것인가? 완성은 되었지만 일부 철근과 거푸집, 콘크리트 타설이 미시공된 상태인가? 〈그림 5-3〉을 보면 지상 1층과 2층은 골조가 완료되었다. 지상 3층은 거푸집까지 거의 완성되었으나 슬라브 철근 배근과 콘크리트 타설은 미

그림 5-2 콘크리트 타설 후 중단

그림 5-3 형틀일부 시공 후 중단

는 공사가 완성되었으나 목적물에 하자가 있는 것에 지나지 않는다고 해석함이 상당하고, 개별적 사건에 있어서 예정된 최후의 공정이 일응 종료하였는지 여부는 수급인의 주장에 구애됨이 없이 당해 건물신축도급계약의 구체적 내용과 신의성실의 원칙에 비추어 객관적으로 판단할 수밖에 없고, 이와 같은 기준은 건물신축도급계약의 수급인이 건물의 준공이라는 일의 완성을 지체한 데 대한 손해배상액의 예정으로서의 성질을 가지는 지체상금에 관한 약정에 있어서도 그대로 적용된다(대법원 94다32986 판결)."

시공된 상태이다. 그렇다면 이때 완성된 공정은 어디까지인가? 지상 3층은 미완성된 것인가? 완성은 되었지만 일부 철근과 거푸집, 콘크리트 타설이 미시공된 상태인가?

다른 한편으로는 아예 상황이 종결된 사례도 많다. 이미 완성된 건축물을 두고 공사 중단 당시의 사진 몇 장만 들고 감정을 해야 하는 경우가 그것이다. 이럴 때는 공사 중단 시까지 시공을 한 업체가 있고 공사 중단 이후 인수를 받아 마무리를 한 업체 간 시공범위까지 확인해야 한다. 당초 업체를 A라고 하고 후속 업체를 B라고 했을 때 기시공부분과 미시공부분은 어떻게 나누어야 하는가. 그냥 기시공부분의 공사비를 A업체의 투입비용으로 하고 미시공부분의 공사비는 B업체가 투입한 비용으로 할 것인가?

이처럼 기성고 감정 실무에서는 공종의 경계점에서 판단이 곤란한 상황이 종종 발생한다. 또는 공정의 완성 여부를 고민해야 하는 경우도 있다. 감정인 스스로가 객관적 기준을 수립하고 기시공부분과 미시공부분을 나누는 수밖에 없다. 법원에서 이런 세세한 부분까지 구체적인 감정기준을 수립하고 있지 않기 때문이다. 하지만 판례를 통해 어느 정도 법리적 접근을 할 수도 있다.

기본적으로 기성고 감정의 근거는 건설공사가 도급계약임에도 불구하고 민법상 해제에 관한 규정이 상당 부분 제한된다는데서 출발하고 있다. 건축물을 짓다가 다시 원상태로 원상복구하는 것은 중대한 사회적·경제적 손실을 초래하므로 완성된 부분이 도급인에게 이익이 되는 때에는 그 소급효를 제한하고 있다. 이 같은 대법원의 입장은 1986. 9. 9. 선고 85다카1751 판결 이래로 일관적이다.

하지만 소급효 제한론이 항상 타당한 것은 아니라는 입장의 판례도 있다. 만약 도급인이 완성된 부분을 바탕으로 하여 다른 제3자에게 공사를 속행시킬 수 없는 상황이라면 완성부분이 도급인에게 이익이 된다고 볼 수 없을 것이므로, 무조건 소급효를 제한할 수 없다는 것이다.[10] 이때는 해제의 효과가 전체 계약에 미치는 것이다. 이 경우는 소급효가 가능해진다. 얼핏 보면 앞의 85다카1751 판례와 충돌하고 있는 것 같지만 소급효의 인정 여부를 기시공 공사부분의 성격이 도급인에게 이익이 되느냐, 되지 않느냐에 따라 가를 수 있다는 점에서 명확하게 구분된다. 그 부분을 원상복구하는데 중대한 사회적 경제적 비용이 소요되는가도 중요한 판단기준이 되고 있다.

〈그림 5-2〉사례를 다시 살펴보자. 기시공 된 지상 1층의 외벽 철근 시공공정을 기시공 공사부분에 포함시킬 것이냐 아니냐가 쟁점이 될 수 있다. 이때 판단기준을 현재 상태에서 그대로 후속공정을 시공할 수 있느냐 없느냐에 둘 수 있다는 것이다. 만약 공사중단 후 오랜 기간 동안 방치되어 철근이 부식된 상태라면 그대로 시공할 수 없다. 보완 조치가 필요하다. 하지만 공사 중단시기가 오래되지 않았고 철근의 상태도 양호한 경우는 바로 후속시공이 가능할 것이다. 이런 경우는 〈그림 5-3〉의 거푸집 공사도 마찬가지로 적용된다. 동일한 공종의 중단상태이지만 현재 상태의 연속성 측면에서 보면 분명 구분할

---

10 ... 도급인이 완성된 부분을 바탕으로 하여 다른 제3자에게 공사를 속행시킬 수 없는 상황이라면 완성부분이 도급인에게 이익이 된다고 볼 수 없을 것이므로, 건물외벽의 수선을 내용으로 하는 이 사건 공사계약에 무조건 소급효를 제한하는 위의 견해의 결론만을 적용할 수는 없다 한다. … 기성공정 30% 정도는 원고에게 하등의 경제적 이익이 없고 오히려 추락할 위험이 있어 이를 철거해야 한다고 증언한 바, 이런 부실한 기성공사부분을 원고가 인수할 수 없는 상황이라면 이는 원고에게 이익이 된다고 할 수 없으며, 원고가 공사중단 이후 사업계획을 변경하여 기존건물을 헐어내고 새로운 건물을 지으려고 한다면 기성공사부분은 원고에게 무익한 것이 될 것이다. 또한 이 사건 건물외벽치장공사의 개요는 철골구조 바탕에 알루미늄 판넬로서 마무리하는 것이고, 공사진행 현황은 건물전면과 좌측면의 각층 창문 상하벽체는 철골바탕에 알루미늄 판넬이 치장되어 있고, 나머지 부분은 바탕철골만이 부분적으로 부착되어 있는 상태라는 것이어서(감정서, 현장사진), 원상복구를 위하여 부착된 알루미늄 판넬 또는 바탕철골을 철거하더라도 기존건물 자체에는 어떠한 구조적 변화나 가치의 저하를 가져온다고 볼 수 없으므로, 이로 인하여 중대한 사회적, 경제적 손실을 초래하게 된다고 보기도 어렵다(건물의 완성부분이 도급인에게 이익이 되지 아니하고 원상복구가 중대한 사회적, 경제적 손실을 초래하지 않는다고 보아 계약해제의 소급효를 인정한 사례, 대법원 1992. 12. 22. 선고 92다30160 판결).

수 있는 것이다. 사실 이미 시공이 완료되어 이런 판단이 불가능할 수도 있다. 그럴 경우 사진이나 동영상 자료, 원·피고의 시공관련 자료 등을 근거로 감정할 수밖에 없다.

3. 공사비 산정

1) 단가의 결정

기성고 감정 시 완성된 부분의 공사비와 미시공부분의 공사비 적용 단가는 반드시 동일한 시점을 기준으로 해야 한다.[11] 여기서 주의할 점은 이미 완성한 부분의 공사비를 실제 들어간 비용으로 계산하는 것이 아니라는 것이다. 기준 시점의 단가를 기준으로 공사비를 계산 해야 한다. 앞으로 공사하여야 할 부분도 장래에 들어갈 비용으로 계산하는 것이 아니라, 기준 시점의 단가를 적용하여 공사대금으로 산정하여야 한다.[12] 이런 전제 하에 단가결정의 구체적 방법은 두 가지로 나뉜다. 공사대금을 산정한 내역서가 있는 경우와 내역서가 없이 단순히 총액으로만 약정된 경우가 그것이다. 각각의 경우에 따라 단가의 결정방법이 다르다.

가. 공사비내역서가 있는 경우

기성고 감정 시 적용해야 할 세부공종별 단가는 공사대금의 약정지급일 또는 계약해제 시, 대금지급의무 발생 시의 공사단가(자재비, 노임 등)를 기준으로 하여 산정해야 한다. 이때 반드시 기완성 부분의 공사비와 미시공부분의 공사비는 동일한 시점을 기준으로 하여야 한다.[13] 일반적으로 도급계약은 공사비내역서를 근거로 기성금을 청구하고 지급하기 때문에 이 내역서의 단가가 바로 공사대금의 약정지급일 또는

---

11 이범상, 건설관련소송, 법률문화원, 143면, 2010.
12 이범상, 위의 책, 143면
13 윤재윤, 앞의 책 주 12), 182면.

계약해제 시, 대금지급의무 발생 시의 공사단가라고 할 수 있다.[14]

비록 계약서에 첨부된 내역서는 아니지만 수급인이 계약을 위해 제출한 견적서가 감정의 참고자료로 제출되는 경우도 있다. 앞서 말했듯이 공사대금은 도급계약으로 확정되기 전에는 '비정형성'과 '경쟁자중심의 가격결정'의 특성을 보이므로 최종 도급금액과는 차이가 날 수도 있다. 하지만 그 금액의 차이가 크지 않고 도급금액과 연관성이 있다면 이 견적의 단가를 참고할 수도 있다. 이처럼 개별 단가 약정(공사업자가 제출하는 견적서 또는 내역서로 확인 가능)이 있는 경우에 그 단가의 기재가 형식적인 것이어서 이를 근거로 할 수 없는 경우를 제외하고는 통상 약정된 단가에 따라야 한다. 중고자재나 저품질 자재 사용 약정이 있는 경우에도 마찬가지다.

계약내역서에 기재되어 있지 않은 신규품목이나 공종에 대한 공사비를 산정해야 할 때도 있다. 이때는 표준품셈이나 물가조사 공인기관에서 조사한 물가가격을 참고하여 반영하기도 한다.[15] 가격의 산정이 기존 약정된 내역서 상의 품목과 유사한데도 불구하고 현저한 격차가 있을 때에는 시중 통례의 거래가격을 조사하여 적용하기도 한다.[16]

---

14 민간 건설공사 표준도급계약서 일반조건 제22조 제1항도 "계약서에 기성부분금에 관하여 명시한 때에는 을(수급인)은 이에 따라 기성부분에 대한 검사를 요청할 수 있으며, 이때 갑(도급인)은 지체 없이 검사를 하고 그 결과를 을에게 통지하여야 하며, 14일 이내에 통지가 없는 경우에는 검사에 합격한 것으로 본다." 같은 조 제2항은 "기성부분은 제2조 제8호의 산출내역서의 단가에 의하여 산정한다. 다만, 산출내역서가 없는 경우에는 공사진척률에 따라 갑과 을이 합의하여 산정한다." 같은 조 제3항은 갑은 검사완료일로부터 14일 이내에 검사된 내용에 따라 기성부분금을 을에게 지급하여야 한다"고 규정하고 있다.

15 관급공사의 경우 발주처가 설계변경을 요구한 경우 증가된 물량 또는 신규비목의 단가는 회계예규『공사계약 일반조건』제20조 제2항에 따라 설계변경 당시 단가(A)와 동 단가에 낙찰률을 곱한 금액(B)의 범위 안에서 협의하여 결정하되, 협의 불성립 시에는 중간금액[(A+B)/2]으로 하고 있다. 이 경우 설계변경 당시 단가라 함은 설계변경 시점의 거래실례가격, 시중노임을 적용하여 산정한 단가를 말한다.

16 건설감정매뉴얼, 앞의 책 주 1), 118면.

나. 공사비 내역서가 없는 경우

계약내역서가 없는 도급공사의 '기성고 공사대금'을 감정해야 할 때도 있다. 공사비가 3~5억 원에 달하는 건축공사를 내역명세서 없이 계약서 몇 장만으로 도급계약을 진행하는 경우도 허다하다. 혹은 실제 현황과 계약내역이 현저히 달라 공사비를 확인하는데 무용지물인 내역서도 많다. 심지어는 계약서마저 없는 것도 있다. 이런 공사는 세부공종별 단가의 확인이 불가능하다. 뿐만 아니라 각 공종별 금액의 구성도 확인할 수 없다. 단지 총액만 확인이 가능하다.

판례가 제시하는 기성고 감정의 방식에 따르면 먼저 '기성고 비율'을 산출해야 한다. 이 비율만 나오면 총액으로 결정된 약정금액에 반영하여 '기성고 공사대금'을 산정할 수 있다. 그렇다면 과연 어떻게 기시공부분과 미시공부분의 수량을 산출하고 기성고 비율을 산정할 것인가?

우선 실제 공사 현황을 조사해야 한다. 설계도면이 있다면 그 내용을 설계도면에 기시공부분과 미시공부분으로 나누어 표기하고 수량을 산출해야 한다. 만약 기존 내역서가 있다면 세부공종 항목을 참고할 수 있겠지만 그럴 수 없다면 설계도면을 보고 적산하는 수밖에 없다. 소규모 건축물이거나 인테리어 공사인 경우는 설계도면이 없는 경우도 종종 있다. 감정인의 입장에서는 총금액과 사건 현장만 있다. 이때는 건축물을 실측하여 현황도면을 작성하고 수량도 산출할 수밖에 없다. 그리고 내역서 작성 시 적용단가는 '표준품셈'으로 산출할 수밖에 없다. 달리 근거할 기준이 없기 때문이다. 문제는 '표준품셈'을 적용하여 산출한 공사금액이 약정금액을 초과하는 경우, 감정이 잘못되었다고 다투는 사례가 있다는 것이다. 과소하게 산정되는 경우도 마찬가지다. 하지만 이 금액은 어차피 '기성고 비율'을 찾아내기 위한 단계에서 불가피하게 나올 수밖에 없는 것이므로 문제될 게 없다. 결국은 이 비율에 '약정금액'을 곱하여 '기성고 공사대금'을 산출하기 때문이다.

이런 방식은 표준품셈으로 산정하기 때문에 오히려 더욱 정밀한 기성고 비율을 산정할 수도 있다. 다만 일반적인 기성고 감정에 비해 작업이 까다로워 감정료가 높아지는 단점이 있다.

2) 직접공사비 산정

직접공사비란 목적물의 시공에 직접적으로 투입되는 비용을 말한다. 기성고 감정에서는 수량 산출이 완료되면 이 자료를 세부공종별로 구분하여 공종별 단가를 곱하여 산정한다. 그런데 그 내역서는 일반 공사비내역서와 다르게 작성하여야 한다. '기시공부분에 소요된 공사비'와 '미시공부분에 소요될 공사비'를 구분하여 작성해야 한다. 그래야만 간편하고 쉽게 기성고 비율을 산정할 수 있기 때문이다.

가. 기성고 감정내역서 표준서식

기성고 감정의 가장 큰 오류는 건설현장에서 일반적으로 기성금을 산정하듯이 투입비용만을 산출하는 것이다. 감정인들이 이런 오류에 쉽게 빠지는 이유는 판례에서 규정한 기성고 감정 방식을 제대로 이해하지 못하기 때문이다. 법원은 이런 문제점을 개선하기 위해 표준형 기성고 공사감정내역서 서식을 제시하고 있다.[17] 표준감정내역서 양식을 사용하면 그에 맞추어 기시공에 소요된 부분과 미시공에 소요될 부분의 공사비를 산정할 수밖에 없기 때문에 오류가 발생할 가능성을 상당히 줄일 수 있다.

---

17 건설감정매뉴얼, 앞의 책 주 1), 205~208면.

❖ 표 5-1 기성고 감정내역서 서식

품명	규격	단위	수량	기시공부분에 소요된 공사비								수량	미시공부분에 소요될 공사비								비고
				재료비		노무비		경비		합계			재료비		노무비		경비		합계		
				단가	금액	단가	금액	단가	금액	단가	금액		단가	금액	단가	금액	단가	금액	단가	금액	

3) 간접비 계산(원가계산)

전체 공사원가는 직접공사비만으로는 부족하다. 직접공사비 비목별로 일정요율을 곱하여 간접공사비까지 계산해야 한다. 이런 구조적 특성을 '계층구조'라고 하였다. 기성고 비율도 결국은 기성고 공사대금을 산정하기 위한 전제조건이므로 간접공사비를 반영해야만 한다.

간접공사비란 공사의 시공을 위해 공통적으로 소요되는 법정경비 및 기타 부수적인 비용을 말한다. 간접공사비는 간접노무비, 산재·고용 등 보험료 및 안전관리비, 환경보전비 이외에도 기타 관련법령에 규정되어 있거나 의무적인 경비로서 공사원가계산에 반영토록 명시된 법정경비, 기타 간접공사경비(수도광열비, 복리후생비, 소모품비, 여비, 교통비, 통신비, 세금과공과, 도서인쇄비 및 지급수수료를 말한다), 일반관리비를 포함한다. 이윤은 영업이익을 말한다. 직접공사비, 간접공사비 및 일반관리비의 합계액에 이윤율을 곱하여 계산한다. 관급공사의 경우 간접공사비 계산을 위한 일정요율은 조달청에서 분기별로 발표하는 '원가계산 제비율 적용기준'에 따라야 하지만 낙찰가격 조정시 원가계산 제비율을 조정하였다면 그에 맞추어야 한다. 민간공사의 경우는 개별 약정에 따라야 한다.

4. 기성고 비율

위 작업이 모두 완료되면 비로소 '기성고 비율'을 산정할 수 있다. 기성고 비율은 기시공부분에 소요된 공사비와 미시공부분을 완성하는데 소요될 공사비를 계산한 후 이 금액의 합계를 분모로 하고, 기시공부분의 소요비용을 분자로 하여 산정한다. '기성고 비율' 수식은 다음과 같다.

수식 1 기성고 비율

$$기성고\ 비율(\%) = \frac{기시공부분에\ 소요된\ 공사비}{기시공부분에\ 소요된\ 공사비 + 미시공부분에\ 소요될\ 공사비}$$

---

5. 기성고 공사대금

'기성고 공사대금'은 이 비율에 약정금액을 곱하여 산출한다. 사실 이 과정은 너무 단순하여 '기성고 비율'까지만 감정하도록 하는 재판부도 있다.

수식 2 기성고 공사대금

$$기성고\ 공사대금 = 약정금액 \times 기성고\ 비율$$

Ⅲ 기성고 공사대금 감정 사례

이해를 돕기 위해 사례를 들어 구체적인 감정방법을 설명하고자 한다. 사례는 다세대주택의 건축 시 발생한 기성고 감정 사건이다.

1. 사실관계

1) 도급계약 체결

원고와 피고는 2012. 1. 20. 원고 소유 대지상에 다세대 주택(이하 '이 사건 건물'이라 한다)을 신축(이하 '이 사건 공사'라 한다)하는 내용의 공사도급계약을 체결하였다.

2) 건축 개요

구분	내용	비고
용도	다세대 주택	
건축규모	지상 5층	
대지면적	273.00㎡	
연면적	528.00㎡	
건폐율	59.00%	
용적률	194.00%	
건물구조형식	철근콘크리트조	

3) 도급계약의 내용

가. 공사장소: 서울특별시 00구 00동 00번지 지상

나. 착공년월일: 2012. 3. 2.

다. 준공예정년월일: 2012. 6. 31.

라. 계약금액: 일금 육억삼천만원 (부가가치세 포함)

마. 계약금: 일금 오천만(50,000,000)원 정

바. 기성부분금: 공사비 지급은 계약 시 8%(오천만원), 1층 콘크리트 타
   설 후 16%(일억 원), 3층 콘크리트 타설 후 16%(일억 원), 계단타일
   시공 완료 후 28%(일억 팔천만 원), 옥탑 콘크리트 타설 후 16%(일
   억 원), 준공 후 16%(일억 원)의 비율로 각 지급하기로 하였다.
사. 공사연면적은 건축허가를 득한 면적으로 물가변동이나 설계변경
   으로 인해 연면적이 변경되더라도 공사비 증감은 없다.

❖ 표 5-2   기성금 지급약정

구분	비율	지급금액	누계
계약 시	8%	₩50,000,000	₩50,000,000
1층 콘크리트 타설 후	16%	₩100,000,000	₩150,000,000
3층 콘크리트 타설 후	16%	₩100,000000	₩250,000,000
계단타일 시공 완료 후	28%	₩180,000,000	₩430,000,000
옥탑콘크리트 타설 후	16%	₩100,000,000	₩530,000,000
준공 후	16%	₩100,000,000	₩630,000,000
소계		₩630,000,000	

2. 당사자들의 주장

1) 원고의 주장

가. 원고는 2012년 3월 착공 시 계약금 5,000만 원을 선지급하였
   다. 착공 후 일정 공사가 진행된 시점에서 피고가 기성율이 약
   68%(계약 8%+1층 16%+3층 16%+계단 파일 28%)에 도달하였다고 기
   성금을 신청하였다. 그래서 약정대로 지급한 결과 총 4억 3,000
   만 원을 지급하였다. 이후 피고는 16%(전체 기성율 84%)의 공사가
   더 진척되었다고 주장하며 1억 원의 기성금을 요구하였다. 약정
   대로라면 이 16%는 계약 시 약정한 옥탑 콘크리트 타설을 전제

로 한 것이었다. 하지만 현장에서 확인한 결과 이 부분은 미시공 상태였다. 좀 더 조사해 보니 기성율 자체가 84%에 훨씬 미치지 못하였다. 그래서 일단 더 이상 추가적인 기성금을 지급하지 않았다.

그런데도 피고는 약정한대로 공사가 완료되었다고 일방적으로 주장하며 기성금을 계속 요구하였다. 원고는 마지못해 옥탑 콘크리트 타설 후의 비율(16%)에 해당하는 1억 원 중 일부인 5,000만 원을 추가로 지급하고 공사를 마무리 해줄 것을 요청하였다. 하지만 피고는 약정된 날에 공사를 완공하지 않고 계속 기성금의 지급만을 요청하며 아예 2012년 5월부터는 공사를 중단하고 유치권을 행사 중이다.

나. 현재 피고가 약정대로 시공하지 않은 부분은 육안으로도 바로 확인할 수 있다. 주요 미시공 된 공종은 석재공사, 내부 현관문, 목공사, 지붕공사, 부대설비 공사, 정화조 등 너무나 많다. 그럼에도 불구하고 84%의 기성율을 주장하며 공사비를 청구하고 있다.

다. 대출을 받아 부족한 건축대금을 지급하며 공사를 진행한 원고의 입장에서는 손해가 막대한 실정이다. 원고의 입장에서는 현재의 기성율은 84%에 훨씬 미치지 못하는 70% 대로 판단된다. 그러므로 피고의 기성율에 근거하여 건축대금을 추가로 지급할 의무가 없다. 오히려 과다하게 지급되었다. 과다 지급된 금원에 대한 반환이 필요하다.

2) 피고의 주장

가. 원고의 주장은 전혀 사실이 아니다. 기성율은 84%가 맞다. 그래서 5억 3천만 원을 기성금으로 지급받아야 한다. 원고가 제출한 '기성확인서'는 마치 감정을 거친 것인 양 주장하나 이 또

한 사실이 아니다. '기성확인서'는 감정을 거치지 않고 원고가 임의로 작성한 것에 불과하다. 피고는 원고의 소장을 받고서야 '기성확인서'의 존재를 처음 알게 되었다. 이 기성확인서는 계약내역서와 전혀 다른 것이다. 일방적인 주장이다.

나. 원고가 미시공을 주장하는 사항도 건축주의 희망사항인 바 약정의 범위가 아니다.

다. 원고가 이 사건 공사를 완료하기 위해 소요될 공사기간에 대한 감정도 신청하였다. 현재 이 사건 공사는 바닥장판, 도배, 실내 화장실 타일공사 등 일부 마감공사만 남겨 둔 상태이다. 원고가 마감재를 신속하게 결정해 준다면 약 20여일 이내에 공사를 완료할 수 있다.

3. 감정신청 사항

1. 이 도급계약 공사와 관련하여, 현재 피고 측에서 중단한 공사가 전체 공사비용을 기준으로 몇 %의 기성고 비율인지 확인하여 주시기 바랍니다.

2. '특약사항'을 보면, 원고와 피고가 합의하여 항목별로 시공하기로 한 제품이 구체적으로 기재되어 있습니다. 각각의 공종에 대하여 공종별집계표에 나와 있는 규격의 제품을 사용하였는지 확인하여 주시기 바랍니다. 그리고 이런 제품을 사용하지 않았을 경우에는 실제로 약정된 공사가 진행되지 않은 경우에 해당하므로 약정된 제품이 사용되지 않았을 경우에 이를 시공하지 않은 것으로 간주할 경우 기성고 비율에 어떤 차이가 있는지 여부도 알려주시기 바랍니다.

이 사건 감정의 주요 취지는 다음과 같이 정리할 수 있다. 첫째, 현재 중단된 공사가 전체 공사비용 중 몇 %나 되는지를 묻고 있다. 기성고 비율을 산출하여 기성고 공사대금을 확정하기 위한 것이다. 둘째, '특약사항'에 명시된 자재의 시공여부를 확인하고 실제로 약정된 공사가 진행되지 않았다면 이를 기성고 비율에 반영해 달라는 것이다. 감정신청 사항만 보면 사안이 매우 복잡해 보이지만 곰곰이 살펴보면 내용이 의외로 단순하다. 원고 입장에서는 특약사항이 설계도면에 구체적으로 표기되어 있지 않아 이 점을 정확히 산정해야 한다는 취지를 말한 것이다. 특약사항을 포함한 전체 도급계약내용을 기준으로 기성고 비율 산정을 해 달라는 것이다. 전형적인 기성고 감정 유형이다.

4. 감정의 전제조건

1) 감정시점

대상 건축물의 감정시점은 재판부가 지정한 2012. 6. 10.이다(공사중단).

2) 조사방법

시공 현황은 육안조사와 사진을 통해 확인하였다. 사진은 감정기일에 재판부를 통해 피고가 제출한 것이다. 이 사진에 대하여 원고의 확인을 거친 후 육안조사가 불가능한 부분(기시공부분 중 매립부위)을 판단하는데 참고하였다.

3) 감정자료

감정자료는 원·피고가 각각 제출하였다. 이들 자료 중 중복된 것을 제외하고 상호 확인을 거쳐 감정의 기초자료로 삼았다.

번호	제출일자	제출자	제출자료	자료형태	제출자료 보관			비고
					감정인 보관	감정서 첨부	반환	

❖ 표 5-3 감정자료 목록표

번호	제출일자	제출자	제출자료	자료형태	감정인 보관	감정서 첨부	반환	비고
1	2013.03.20	원고	계약서, 내역서	서류		●		갑 1, 2호증
2	2013.03.20	원고	설계도면	서류		●		갑 3호증
3	2013.03.20	원고	현장 사진	서류		●		갑 4호증
4	2013.03.20	원고	사감정보고서	서류		●		갑 8호증
5	2013.03.25	피고	계약서, 내역서	서류	●			을 6, 7호증
6	2013.03.25	피고	기성내역서	서류	●			을 9호증
7	2013.03.25	피고	공사 사진	서류	●			을 3호증
8	2013.03.25	피고	자재성적서 등	서류	●			을 4호증

5. 현장 조사

1) 외관공사 현황

이 건물의 외관을 구성하는 외벽 석재공사와 창호공사는 시공이 완료된 상태이다. 외벽 석재는 사양이 T30mm의 포천석 물갈기 마감이다. 외벽공사는 대부분 완료되었지만 1층 주차장 부분은 미시공된 상

그림 5-4 외관

그림 5-5 외관 현장조사서

태였다. 창호공사는 하이샷시 창호에 T16mm컬러 복층유리 시공이 완료되었다. 다만 특약사항에서 명시한 차면시설과 화분대는 미시공된 상태였다.

2) 1층 공사 현황

1층을 자세히 둘러본 결과, 주차장 바닥은 아직 마감재가 미시공된 상태였다. 천정부분도 마감공사가 진행되지 않아 골조가 그대로 노출되어 있었다. 보 하부의 단열재도 부착되지 않았다. 조경공사도 미시공되었다. 그 자리에는 건축자재가 쌓여있다. 1층 주출입구 부위는 대부분 마감공사가 완료된 상태였다. 1층 주출입구의 자동문은 설치되어 있었고, 바닥 석재와 벽체의 타일도 시공이 완료되었다.

그림 5-6 1층 주출입구 사진

그림 5-7 1층 현장조사서

3) 내부 및 계단실 현황

5층 건축물 전체 골조공사는 완료된 상태이나 내부 마감공사는 원활하게 진행되지 않은 상태였다. 일부 층은 다세대가구 내부마감공사가 완료되었고, 일부 세대는 방문 설치를 위한 문틀만 설치되어 있었

그림 5-8 3층 계단실 사진

그림 5-9 3층 내부 사진

다. 한창 도배, 타일, 창호공사 등의 마감공사를 진행해야 할 시점에 공사가 중단된 것으로 보인다.

기성금 지급 시점의 하나로 계단실의 타일공사 완료를 특정하고 있기 때문에 계단실은 면밀히 둘러보았다. 계단실 타일벽체, 석재바닥, 무늬코트 천정재는 완료되어 있었다. 다만 조명기구는 아직 부착되지 않았다.

4) 옥탑층 공사 현황

옥탑층 공사는 외부 석재마감과 난간대 및 우레탄 방수까지 마무리

그림 5-10 옥탑 사진

그림 5-11 옥탑 현장조사서

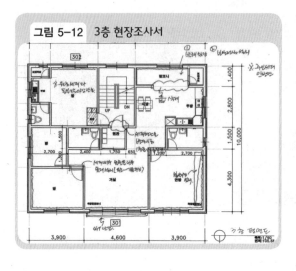

그림 5-12   3층 현장조사서

되어 있었다. 옥탑 상부도 확인해보니 두겁대가 돌려졌고 우레탄 방수가 완료되었다. 하지만 옥탑 계단실의 천정은 아직 설치되지 않았고, 처마의 도장도 미시공된 상태였다.

6. 구체적 감정결과

1) 약정금액과 계약범위 확인

이 사건의 약정금액은 부가세를 포함하여 630,000,000원이다. 이 사건의 경우는 계약범위를 계약서와 특약사항 그리고 설계도면으로 정하고 있다. 특약으로 자재의 규격을 규정하고 있다.

❖ 표 5-4   특약사항

항목	세부사항	비고
1. 외장재료	화강석 물갈기(문경석 및 포천석, 마천석) 4면(수입석)	
2. 창호	LG하이샷시 이중창호	
	16mm/m 페어그라스로 할 것	
3. 1층 주차장	CCTV설치	
4. 옥상	우레탄방수(초도, 중도, 상도)	
	최고급 방부목 바닥 설치	
5. 계단	벽-폴리싱 타일(300×600), 대동(도기질타일)	홍대원룸과 동일 타일시공

2) 수량 산출

계약의 내용과 범위를 확인하였다면 이제 현장 조사 결과를 근거로 공사에 투입된 자재와 노무량을 기시공부분과 미시공부분으로 구분하여 산출해야 한다. 〈표 5-5〉와 〈표 5-6〉은 설계도면과 현장조사서를 바탕으로 '기시공부분에 소요된 수량'과 '미시공부분에 소요될 수량'을 구분하여 산출한 수량산출서식이다. 특약사항의 이행여부도 점검하여 수량산출에 반영하였다.

❖ 표 5-5 특약사항 이행여부

항목	세부사항	기시공	미시공	비고
1. 외장재료	화강석 물갈기(문경석 및 포천석, 마천석) 4면(수입석)	●		
2. 창호	LG하이샷시 이중창호	●		
	16mm/m 페어그라스로 할 것	●		
3. 1층 주차장	CCTV설치		●	
4. 옥상	우레탄방수(초도, 중도, 상도)	●		육안조사
	최고급 방부목 바닥 설치		●	
5. 계단	벽-폴리싱 타일(300×600)	●		홍대원룸타일시공 대동(도기질타일)

❖ 표 5-6 기시공부분과 미시공부분의 수량산출서

품명	규격	단위	기시공부분에 소요된 수량		미시공된 부분에 소요될 수량		소계
			산출 서식	계	산출 서식	계	
타일 붙이기 (바닥)	몰탈24+ 압5	m²	=ⓐ욕실(1.5*1.6)+ⓐ보일러(1.5*0.8)+ⓑ욕실(1.5*1.6)+ⓑ보일러(1.6*0.8)+ⓒ욕실(1.5*1.8)+ⓒ보일러(1.5*0.8)+ⓓ욕실(1.5*1.6)+ⓓ보일러(1.6*0.8)+ⓔ욕실(1.5*1.6)+ⓔ보일러(1.5*0.8)+ⓖ욕실(1.5*1.6)+ⓖ보일러(1.5*0.8)+원룸세대(0.6*1.2)*6	26.4	=삼층{(2.7*1.5)+(2.4*1.5)+(1.4*0.8)}+사층{(1.5*2.1)+(1.5*1.4)+(2.7*10)+(4.9*1.3)}+오층{(1.5*2.1)+(2.3*2.4+1.5*0.8)+(1.5*2.0)+(4.9*1.2)+(1.0*1.8)+(0.7*8.8)}	74.1	100.5

타일붙이기(벽)	몰탈24+압6	m²	=보일러[(1.5+0.8)*2*0.2*4+((1.6+0.8)*2*0.2)*2]+욕실[(길이(1.5+1.6)*2*높이2.35-문(0.7*2.1))*5+길이(1.5+1.8)*2*높이2.35-문(0.7*2.1)]	85.1	=세부산출근거참조170.2	170.2	255.3
타일붙이기(벽)	300*600,몰탈18+압6	m²	=(2.6+4.2+4.2)*2.6+(2.6+5.3)*2*2.45+(2.6+4.6)*2*2.45+(2.6+4.2)*2*2.45+(2.6+3.3)*2*2.4+(2.6+4.5)*2*2.4-창(1.5*1.2)*4-문(1.0*2.1)*10	170.1			170.1
화강석물갈기(바닥)	포천T=30몰탈40	m²	=계단실바닥((2.6*4.2)+(2.6*5.5)+(2.6*4.2)+(2.6*4.2)+(3.8*2.6)+(2.6*4.5))+계단챌판((1.2*0.2)*14+(1.2*0.2)*13*2+(1.2*0.2)*12+(1.2*0.2)*11)	83.8			83.8
화강석붙임(벽,건식)	수마30mm마천석	m²	=벽:(12.4+10)*2*0.6+계단실(2.6*2.6)*2-문(2.2-2.1)+기둥(0.3*2.6)*2+기둥(1.2*2.2)	44.5	=주차장:계단실(2.6+4.2)*2.6*2.2+기둥(0.3+1.0+0.3)*2.6*2+기둥(0.3+1.0)*2*2.6*2+기둥(0.3+1.5)*2*2.6*3+기둥(0.4+1.2)*2*2.6	97.1	141.6
화강석(걸레받이)	H=100	m		-	=(1.5+1.5+1.0)+(1.0+1.0+1.0)+(1.2+1.2+1)	10.4	10.4
화강석창대석	수마200*30mm포천석,몰탈30mm	m	=HW①(3.6*2*2)+HW②(2.7*2*1)+HW③(2.4*2*3)+HW⑤(1.8*2*2)+HW⑦(1.8*2*10)+HW⑧(1.5*2*7)+HW⑨(1.5*2*3)+HW⑩(1.1*2*6)+HW⑪(0.6*2*16)	139.8			139.8
화강석창대석	마천석-통석	m	=(12.4+10)*2	44.8			44.8
화강석두겁돌	300*30T,포천,연마,몰탈30mm	m	=④층자연발코니난간(2.7+10+2.7)+⑤층(자연발코니난간(4.9+1.0)+자연발코니난간(1.8+9.8+0.7))+옥상(난간(4.9+8.9+9+8.9+1.0)+옥탑(2.6+4.5)*2)	80.5			80.5
마천석(걸레받이)	250*20mm,몰탈18mm	m	=주출입구(1.5+2.8)+계단실(2*20)+(1.2*2+2.2)*5+(1.2+1.2)*4+옥탑층(2+1+2.2)	82.1			82.1

7. 감정내역서

1) 단가의 결정

수량산출이 완료되고 내역서식이 결정되었다면 이제 세부공종별 '단가'를 결정해야 한다. 직접공사비는 세부공종별 수량에 공종

❖ 표 5-7 단가조사서

목록	품목	규격	단위	단가조사 시점 (2012.10)				적용단가	비고
				물가자료	물가정보	거래가격	기타		
1	마천석	T30물갈기	1	492P	185P	447P		원/m²	
			m²	70,000	81,900	72,000		70,000	
2	강화마루판	소폭	1	Z:IN포르테S	Z:IN포르테S	Z:IN포르테S		원/m²	시공비 포함
			m²	42,000	33,500	35,000		35,000	
3	벽지바름	합지	3.3	LG49	DID	개나리39		원/m²	물가자료 692P
			m²	3,200	4,000	3,800		3,200	
4	벽지바름	실크벽지	3.3	LG85	아트북	우리5000		원/m²	
			m²	9,500	6,000	7,000		7,000	
5	열경화성수지천정재	SMC, 1.2*300*300	1	대경				원/m²	물가자료 691P 1.5t준불연
			m²	48,000				48,000	
6	FSD-1	(F:1.6T/ D:0.8T))	1	분체	칼라강판	함마톤		원/조	물가자료 594P
			조	250,000	320,000	400,000		250,000	
7	FU-신발장	원룸	1	H=1800			H=1800	1/식	-
			식	134,500			134,500	134,500	
8	장식장	화장실	1	네이버레드	P형아모르	네띠앙400		원/EA	-
			EA	48,000	54,000	70,000		48,000	

05

별 단가를 곱하여 산정해야 한다. 이 단가는 재료비,[18] 노무비(직접노무비),[19] 경비(직접공사경비)[20]로 나눠진다. 이 사건의 경우 공사대금을

18 재료비는 계약목적물의 실체를 형성하거나 보조적으로 소비되는 물품의 가치를 말한다.
19 공사현장에서 계약목적물을 완성하기 위하여 직접작업에 종사하는 종업원과 노무자의 기본급과 제수당, 상여금 및 퇴직급여충당금의 합계액으로 한다.
20 공사의 시공을 위하여 소요되는 기계경비, 운반비, 전력비, 가설비, 지급임차료, 보관

산정한 계약내역서가 첨부되어 있어 계약내역서에 기재된 공종항목별 단가를 근거로 기성고 감정을 실시하였다. 하지만 일부 품목의 경우 공사도중에 변경되었기에 물가자료지를 통해 단가를 확인하였다.

2) 기성고 감정내역서

이제 산출수량에 공종별 단가를 곱하면 직접공사비 감정내역서가 작성된다. 〈표 5-8〉은 기성고 감정내역서의 예시이다. 〈표 5-9〉는 직접공사비 집계표, 〈표 5-10〉은 원가계산서이다. 모든 내역서식이 '기시공부분에 소요된 공사비'와 '미시공부분에 소요될 공사비' 두 부분으로 나누어져 있다.

❖ 표 5-8 기성고 감정내역서(목공사 예시)

품명	규격	단위	기시공부분에 소요된 공사비								미시공부분에 소요될 공사비				
			수량	재료비		노무비		경비	합계		수량	재료비	노무비	경비	합계
				단가	금액	단가	금액	금액	단가	금액		금액	금액	금액	금액
목재천정틀설치	달대유	m²		3,000		3,000			6,000		374.6	1,123,680	1,123,680		2,247,360
경량철골천정틀	M-BAR	m²		3,000		3,000			6,000		113.1	339,240	339,240		678,480
몰딩설치	MDF	m		500		1,000	-		1,500		425.8	212,875	425,750		638,625
커텐박스설치	MDF120*120*9	m		5,000		6,000			11,000	-	42.3	211,500	253,800		465,300
걸레받이설치(MDF)	(MDF,H100*9)mm	m		500		1,000			1,500	-	289.1	144,525	289,050		433,575
석고판붙임(천정)	일반 12.5mm1겹	m²		4,500		3,000			7,500	-	319.6	1,438,155	958,770		2,396,925
단열재(발포폴리렌)	벽,비중 0.03,85mm	m²	564.1	7,000	3,948,840	2,500	1,410,300		9,500	5,359,140					
단열재(비드법)	SLAB,비중 0.03,160	m²	185.9	13,000	2,416,700	2,500	464,750		15,500	2,881,450					
몰딩설치(AL)	L형,15*15*1.0mm	m		1,200		250			1,450		49.0	58,800	12,250		71,050
합계					6,365,540		1,875,050			8,240,590		3,528,775	3,402,540		6,931,315

비, 외주가공비, 특허권 사용료, 기술료, 보상비, 연구개발비, 품질관리비, 폐기물처리비 및 안전점검비를 말한다.

❖ 표 5-9 직접공사비 집계표

품명		기시공부분에 소요된 공사비				미시공부분에 소요될 공사비			
		재료비	노무비	경비	계	재료비	노무비	경비	계
01	가설공사	3,216,680	7,432,360	-	10,649,040	44,190	6,285,300		6,329,490
02	지정 및 기초	1,873,060	1,208,970	4,002,440	7,084,470				
03	철근 콘크리트	83,389,191	45,812,789	7,637,302	136,839,281				
04	방수 및 미장	7,060,280	17,331,850		24,392,130	472,236	4,106,120	415,520	4,993,876
05	석재 및 타일	37,586,923	34,418,860	2,323,260	74,329,043	9,255,983	6,921,040	437,112	16,614,135
06	도장공사	71,508	387,335		458,843	792,896	1,761,800		2,554,696
07	목공사	6,365,540	1,875,050		8,240,590	3,528,775	3,402,540		6,931,315
08	수장공사					19,828,774	3,476,013		23,304,786
09	금속 및 지붕	3,996,000	1,069,000		3,460,000	3,872,000	1,122,000		3,389,000
10	창호 및 유리	28,789,500	5,202,315		11,547,750	12,214,700	1,887,355		8,701,233
11	부대설비 공사	7,495,000	565,000	84,000	4,105,000	47,422,700	4,630,000		52,981,500
12	기계전기 설비	30,690,000	13,503,600		31,589,585	31,340,000	13,503,600		13,254,015
13	철거공사	12,000,000			12,000,000				
	합계	222,533,682	128,807,129	14,047,002	324,695,733	128,772,254	47,095,768	852,632	139,054,046

3) 원가계산서

❖ 표 5-10 기시공공사비와 미시공공사비의 원가계산서

구분		비목	적용요율	기시공부분에 소요된 공사비	미시공부분에 소요될 공사비	비고
1	재료비	직접재료비	-	222,533,682	128,772,254	
		소계		222,533,682	128,772,254	
2	노무비	직접노무비	-	128,807,129	47,095,768	
		간접노무비	직노×11%	14,168,784	5,180,534	
		소계		142,975,913	52,276,302	

3	경비	산재보험료	노무비×3.6%	5,147,133	1,881,947
		고용보험료	노무비×1.23%	1,758,604	642,999
		건강보험료	-		
		연금보험료	-		
		환경보전비	-		
		산업안전보건관리비	-		
		기타경비	-	14,047,002	852,632
		소계		20,952,738	3,377,577
4	일반관리비	(재료비+직노+경비)×4.8%		17,870,090	8,603,789
5	이윤	(노무비+경비+일반관리비)×10%		18,179,874	6,425,767
		합계		422,512,298	199,455,689
6	부가가치세		10%	42,251,230	19,945,569
		총공사비		464,763,528	219,401,258

4) 기성고 비율, 기성고 공사대금 산정

이제 '기성고 비율 산정 공식'에 의해 '기성고 비율'을 산출하면 된다. 이 사건의 경우 분모(기시공부분에 소요된 공사비 + 미시공부분에 소요될 공사비)는 6억 8,416만 원이다. 분자는 4억 6,476만 원이다. 이렇게 산출된 '기성고 비율'은 67.93%이다. 이 '기성고 비율'을 약정금액인 6억 3,000만 원에 곱하면 4억 2,800만 원의 '기성고 공사대금'이 산출된다. 수급인이 주장하는 기성고 공사대금 5억 3,000만 원(84%의 기성고 비율)과는 약 1억 원 상당의 차이가 있다. 실제 법원감정을 통해 산출된 기성고 공사대금과 지급조건으로 명시한 기성금이 괴리를 보이는 경우는 흔하다. 이 괴리는 건설현장에서 다루는 '기성율'과 법원에서 다루는 '기성고 비율'의 개념 차이에서 비롯되기 때문이다.

❖ 표 5-11 기성고 공사대금 산정

$$\text{기성고 비율} = \frac{W\ 464,763,528}{W\ (464,763,528+219,401,258=684,164,786)}$$
67.93 (%)

$$\text{기성고공사대금} = \begin{array}{l} W\ 630,000,000(약정금액) \times 67.93\% \\ = \underline{W\ 428,000,000}원(기성고\ 공사대금) \end{array}$$

그림 5-13 기성고 공사대금 산정 개념도

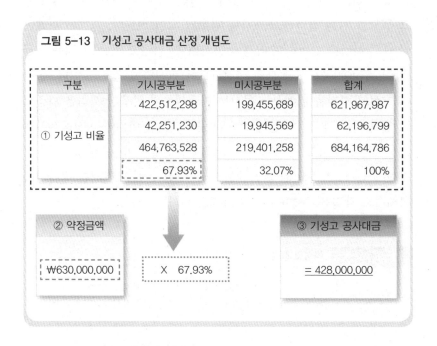

구분	기시공부분	미시공부분	합계
	422,512,298	199,455,689	621,967,987
① 기성고 비율	42,251,230	19,945,569	62,196,799
	464,763,528	219,401,258	684,164,786
	67.93%	32.07%	100%

② 약정금액
₩630,000,000

X   67.93%

③ 기성고 공사대금
= 428,000,000

　주의해야 할 사항이 있다. 앞서 기성고 감정의 가장 큰 오류는 건설 현장에서 일반적으로 기성금을 산정하듯이 투입비용만을 산출하는 경우라고 했다. 이를 좀 더 보완해서 설명하고자 한다.

　흔히 기성고 감정의 판례를 제대로 이해하지 못하는 감정인은 약정 금액과 부속된 계약내역서를 일체로 생각하여 각 항목별로 기시공부분의 공사비를 먼저 산정하고 원 계약내역과의 차액을 미시공 공사비로 치부해버리는 사례가 있다. 이렇게 되면 분모가 '약정금액'이 되어 버린다. 이 금액에 '기성고 비율'을 곱하면 〈표 5-12〉에서 보듯이 '기성고 공사대금'이 '기시공부분의 공사비'와 동일해지는 오류에 빠져 버린다.

즉 수급인의 투입비용을 그대로 인정하는 것과 유사한 상황이라고 할 수 있다. 수급인이 필요 이상의 비용을 지출할 경우에도 도급인이 그 부담을 지는 결과를 초래하는 경우가 되어 버린다. 그래서 판례는 이 모든 사정을 감안하여 약정 총공사비에 '기성고 비율'을 적용한 금액을 '기성고 공사대금'으로 산정하도록 명시하고 있는 것이다. 올바른 기성고 감정을 위해서는 공사비 지급의무가 발생한 시점을 기준으로 하여 이미 완성된 부분에 소요된 공사비뿐만 아니라 미시공부분을 완성하는데 소요될 공사비까지 정확하게 산출하여 '기성고 비율' 산정해야 한다. 기성고 감정 시에는 바로 이런 판례의 취지를 정확하게 이해하고 감정을 수행하는 자세가 요구된다.

❖ 표 5-12 기성고 감정 오류 사례

$$\text{기성고 비율} = \frac{\text{₩ 464,763,528(기시공부분 공사금액)}}{\text{₩ 630,000,000(기시공+(약정금액-기시공)=약정금액)}}$$
73.77 (%)

$$\text{기성고공사대금} = \text{₩ 630,000,000(약정금액)} \times 73.77\%$$
$$= \text{₩ 464,763,528 원(위 기시공부분 공사금액과 동일)}$$

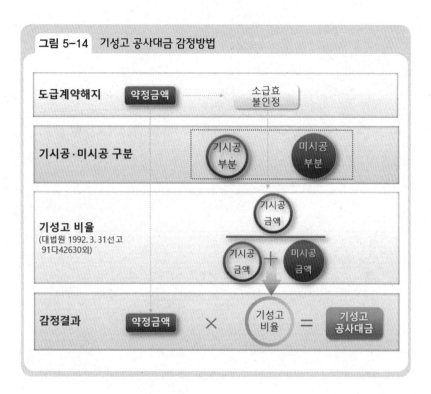

그림 5-14 기성고 공사대금 감정방법

제 6 장

추가공사대금
감정

추가공사대금 감정

제 6 장

총액계약에서 추가공사대금의 인정이 가능한가? 많은 도급계약이 정확한 설계도면으로 산출한 적정한 견적을 근거로 수행되고 있다. 하지만 세부적인 내역만 없이 설계도면 몇 장으로 평당 ○○만 원, 또는 총액 ○억 원으로 계약을 체결하는 사례도 많다. 이런 경우 어떻게 추가공사를 판단할 수 있는가라는 반문이 가능하다.

계약 후 도급인과 수급인이 원만하게 공사를 완료하고 건물을 제대로 인도받았다면 다툼은 발생하지 않을 것이다. 하지만 건설소송에서는 정액도급, 총액계약이라는 취지가 무색할 만큼 추가공사대금 분쟁이 큰 비중을 차지하고 있다. 시공 도중 당초 계약의 약정범위를 초과하는 공사를 주장하며 비용을 청구하는 경우가 비일비재하다.

추가공사대금에 관한 분쟁은 소규모 건축공사에서 빈번하다. 대부분 설계도서가 상세하지 못한데다 공사 도중 도급인이 수시로 변경을 요구하는 경우가 많기 때문이다. 계약을 변경하지도 않고 말이다. 반대로 수급인인 시공자가 변경을 제안하거나 요청하는 사례도 흔하다. 더 큰 문제는 이런 추가공사가 서면으로 체결되지 않고 구두에 의한 지시로 이루어질 때가 많다는 데 있다. 추후 이 구두 지시에 대해 건축주와 시공자 간 주장이 엇갈리고 이견을 봉합하기 힘들 때는 결국 소송으로 전개되기도 한다. 소송에서 만난 도급인과 수급인은 비용에 관한 부분에 대해서는 마치 만날 수 없는 기차 레일 같다.

$\boxed{\text{I}}$ 추가공사대금 개요

1. 추가공사대금의 전제조건

대법원은 정액도급계약 시 추가공사에 대해 "총공사대금을 정하여
한 공사도급계약의 경우 도급인은 특별한 사정이 없는 한 수급인에게
당초의 공사대금을 초과하는 금원을 공사대금으로 지급할 의무는 없
다. 재료비 등으로 당초 예상보다 많은 공사비용을 들였다고 하여도
특별한 사정이 없는 한 도급인으로서는 수급인에게 계약상의 공사대
금을 초과하는 금원을 공사대금으로 지급할 의무는 없다. (중략) 추가
공사에 관하여 원·피고 사이의 사전합의가 없었던 이상 일부 변경시
공으로 공사비가 증가되었다고 하더라도 그 증가분을 당연히 공사대
금으로 청구할 수 있는 것은 아니라 할 것 (중략) 원고가 실제로 추가
공사를 한 사실이 있는지 여부, 추가공사를 한 것이 사실이라면 추가
공사비를 지급하기로 원·피고 사이에 합의가 이루어진 것인지 여부
에 관하여 추가로 심리·확정한 후 피고에게 추가공사비 지급의무가
있는지 여부를 판단하여야 한다(대법원2006.4.27.선고. 2005다63870 판
결)"고 판시하고 있다.

정액도급계약에서는 예상치 못한 사정으로 공사 물량이 증가하였
다 하더라도 추가공사대금을 요구할 수는 없다는 것이다. 하지만 ①
도급인과 수급인 사이에 추가공사의 시행 및 ② 추가공사대금 지급
에 대한 별도의 약정이 있다면[1] 추가공사대금을 청구할 수 있다는 것
이다.

---

1 김홍준, 앞의 책 주 141), 111면.

2. 추가공사의 판단

대부분의 수급인은 도급인이 갑작스런 요구를 하더라도 어느 정도 수용하는 편이다. 공사를 원만하게 잘 마무리하기 위해서다. 하지만 여러 가지 사정으로 공사비가 당초 예상을 초과하는 상황에 봉착하면 문제는 달라진다. 수급인은 조금이나마 이윤을 남기고자 하기 때문에 적자가 예상되는 요구에 대해서는 추가적인 대금을 청구할 수밖에 없다. 이때 서로 추가공사의 내역과 공사대금에 관한 명시적인 합의를 한다면 별 탈이 없겠지만 현실은 그렇지 않다. 대부분 비용문제에 있어서는 도급인과 수급인의 소통이 원활하지 않다. 그러므로 추가공사 대금 분쟁은 기본적으로 추가공사약정의 존부에 관한 다툼을 내포하고 있다.

흔히 추가공사대금 감정을 신청하면서 약정 공사범위나 물량 등을 계약도면으로 확정한 후, 실제의 시공 상태와 최초의 계약도면을 비교하여 추가적으로 투입된 비용을 산정해 달라고 한다.

대표적인 사례로 건설공사 시 지하조건에 따른 공법이나 구조물의 설계변경 사례를 들 수 있다. 관급계약에서는 이 부분을 비교적 명확히 다루고 있는 데[2] 반하여 민간도급계약은 그렇지 못하다. 소규모의 건축공사의 경우에는 거의 총액만을 정하고 공사를 한다. 때문에 대지의 지질이나 지하용수 등의 상태가 설계서와 달라 공법을 변경할 수밖에 없는 상황이 생기더라도 곤란한 경우가 많다.

이런 사건에 대한 추가공사대금에 대한 판단은 순전히 법원의 몫이

---

2 「공사계약일반조건」(계약예규 2200.04-104-24, 2011. 05. 13.) 제19조의3(현장상태와 설계서의 상이로 인한 설계변경) ① 계약상대자는 공사의 이행 중 지질, 용수, 지하매설물 등 공사현장의 상태가 설계서와 다른 사실을 발견하였을 때에는 지체 없이 설계서에 명시된 현장상태와 상이하게 나타난 현장상태를 기재한 서류를 작성하여 계약담당공무원과 공사감독관에게 동시에 이를 통지하여야 한다.
② 계약담당공무원은 제1항의 통지를 받은 즉시 현장을 확인하고 현장상태에 따라 설계서를 변경하여야 한다.

다. 법원은 수급인이 추가·변경공사를 하게 된 경위가 무엇인지, 추가·변경공사가 통상적인 범위를 넘는지, 도급인이 공사현장에 상주하며 도급인의 지시나 묵시적인 합의가 있었는지, 추가공사에 소요된 비용이 전체 공사대금에서 차지하는 비율이 얼마나 되는지 등 제반사정을 종합하여 추가공사약정의 인정 여부를 판단하여야 한다.[3]

하지만 약정 여부를 판단함에 도움이 될 수 있는 자료의 정리는 감정인의 몫이다. 예를 들어 ① 도급계약내용에서 정하는 구체적 공사의 범위에 대한 판단, ② 당해 공사부분이 계약서나 설계도면에 속한 것인지 여부, ③ 추가적인 작업을 지시한 '작업지시서'나 이와 유사한 서류 등의 확인과 같은 업무가 그것이다. 이런 기본적인 자료를 정확하게 파악하고 수집하고 감정서에 기재하여야 추후 법원의 판단에 도움이 될 것이다.

3. 추가공사의 유형

건설도급은 정해진 '금액'에 정해진 '규격(설계서)'에 맞춰 정해진 '시간' 안에 완성하여 인도하는 일관된 흐름으로 진행된다. 따라서 '금액', '규격', '시간'은 건설도급의 주된 구성요소라고 할 수 있다. 추가공사대금 감정의 대부분이 바로 이런 도급의 구성요소 중 '규격'의 변경으로 인한 '금액'의 증가를 확인하기 위한 것이다.

구체적으로 다음과 같은 유형이 있다. 첫째, 당초 공사와 동일성을 유지하면서 공간적으로 공사범위를 넓히는 경우, 둘째, 공간적 범위는 변화가 없으나 자재의 사양을 고급화하는 등 질적으로 공사가액을 높이는 경우, 셋째, 당초 공사의 동일성을 넘어서 다른 공종까지 시공하는 경우가 있다. 최근에는 수급인의 귀책에 의한 '공사기간' 연장으

---

3 윤재윤, 앞의 책 주 13), 183면.

로 인한 추가적 지출비용(간접비)⁴⁾을 청구하는 사례도 늘고 있다. 그래서 공사대금의 구성요소 중 '시간'의 변경에 의한 '금액'의 증가에 관한 다툼도 추가공사의 한 부류로 잡을 수 있다.

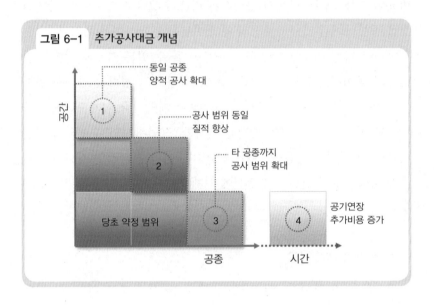

그림 6-1 추가공사대금 개념

1) 공간적 공사범위 확대

높이 2미터, 길이 10미터의 붉은 벽돌 담장을 쌓아야 하는 공사를 가정해보자. 이때 약정된 수량은 20제곱미터(2×10)이다. 만약 담장의 구간을 30미터로 확장해야 한다면 공사수량은 60제곱미터(2×30)가 된다. 동일한 공종이지만 공간적으로 공사가 확대된 것이다.

공간 확대에 따른 양적 증가만큼 감소되는 공종도 생긴다. 정확히 반을 나눠 좌측 구간은 콘크리트벽 위에 붉은 벽돌마감이고, 우측 구

---

4 「공사계약일반조건」(계약예규 제493호, 2020. 04. 20. 개정) 제23조(기타 계약내용의 변경으로 인한 계약금액의 조정) ① 계약담당공무원은 공사계약에 있어서 제20조 및 제22조에 의한 경우 외에 공사기간·운반거리의 변경 등 계약내용의 변경으로 계약금액을 조정하여야 할 필요가 있는 경우에는 그 변경된 내용에 따라 실비를 초과하지 아니하는 범위 안에서 이를 조정(하도급업체가 지출한 비용을 포함한다)하며, 계약예규 「정부입찰·계약집행기준」 제16장(실비의 산정)을 적용한다.

간은 그냥 페인트로 마감해야 하는 3미터 높이, 10미터 길이의 벽체 마감을 생각해보자. 이때 설계를 변경하여 좌측 벽돌마감을 전체 벽으로 확장한다면 조적공사(벽돌벽)는 양적 확대지만 도장공사(페인트)는 시공수량의 감소가 일어난다.

2) 질적 공사금액 증액

양적인 증가 없이 공사 내용을 질적으로 향상 시키는 것은 건축물의 어떤 부위에 대하여 설계도서에 명기된 규격·성능 및 재질보다 훨씬 뛰어난 규격의 자재나 공법을 적용하는 것을 말한다. 위 1)항에서 예를 든 페인트 마감을 벽돌마감으로 바꾸는 것이 바로 그런 사례이다. 기존의 벽돌마감을 확대하지 않고 아예 이 부분을 대리석 마감으로 바꿀 수도 있다. 그러면 이제 좌측 5미터 구간에는 붉은 벽돌마감이고, 우측 5미터 구간은 대리석벽이 될 것이다. 우측 5미터 구간이 단순한 페인트 마감에서 우아한 대리석 벽으로 자재의 질이 고급화 된 것이다. 바로 이런 경우가 질적인 변화에 따른 공사금액증가의 사례라고 할 수 있다. 당연히 공사대금이 증가할 수밖에 없다.

3) 타 공종·공간으로의 공사범위 확대

앞에서 언급한 1), 2)항이 동일 공종이든 동일 공간이든 공사행위 자체가 약정된 계약의 범위 내에 있는 것이라면 당초 약정된 계약의 범위를 넘어 공종을 확대하는 경우도 가능하다. 건물의 방수공사만 시공하기로 했는데 미장공사와 조적공사까지 공사가 확대된 경우를 예로 들 수 있다.

이러한 증가는 물량내역서식의 구성요소로도 확인할 수 있다. 추가공사는 〈그림 6-2〉에서 보듯이 내역항목의 '품명', '규격', '단위', '수량'의 변화를 필연적으로 동반하게 된다. 공간의 확대는 '수량'의 증가로 나타난다. 자재나 공법의 질적 변화는 품명이나 규격의 변화를 가

그림 6-2 물량내역서상 추가공사의 개념

품명	규격	단위	수량	재료비		노무비		경비		합계	
				단가	금액	단가	금액	단가	금액	단가	금액
① 동일 공종 양적 공사 확대											
② 공사 범위 동일 질적 향상											
③ 타 공종까지 공사 범위 확대											
소계											

져온다. 이처럼 타 공종까지 공사 범위가 확대되는 것은 품명, 규격, 단위, 수량의 추가가 발생한다. 하지만 동일자재의 단가 변화는 추가 공사대금으로 청구할 수 없다. 일반적으로 단가의 변화 자체를 추가 공사비로 인정받기 어렵기 때문이다.[5]

4) 공사기간의 연장으로 인한 추가적 지출비용(간접비)

공사기간의 연장으로 인한 추가적 지출비용이란 간접공사비 외 각 종 제경비와 일반관리비 등의 '실비'를 말한다. 공기연장에 따른 추가 비용의 문제는 대부분 국가 또는 지방자치단체(이하 "국가 등")가 발주 자인 관급공사에서 발생한다.

공공계약에서 갑자기 발주자가 공사 중단을 지시하면 그 기간에 따라 대소는 있겠지만 시공자에게 공사기간 연장에 따른 추가비용이 발생한다. 공사기간 연장의 원인이 시공자 책임인 경우에는 시공자가 지체상금을 부담해야 한다. 반대로 시공자 책임이 아닌 경우는 발주

---

5 다만 관급공사는 공사계약일반조건에서 물가변동으로 인한 단가의 변화에 대해서 별 도의 조항으로 규정하고 있어 일부 보전이 가능하다.
(계약예규) 공사계약일반조건 [기획재정부계약예규 제174호, 2014]

자가 그 손해를 배상해야 한다.[6] 천재지변이나 불가항력으로 인한 경우도 마찬가지다.

물론 이런 간접비 청구가 현실적으로 쉽지는 않으나[7] 최근에는 공사 중단 기간 동안 발생한 추가비용 상당의 손해에 대한 보상을 요구하는 소송이 늘고 있다. 공기연장 기간의 간접비 등 추가비용뿐만 아니라 잔여 계약금액에 대하여 공사대금 지급이 지체되는데 대한 손해배상액인 지연보상금 청구도 자주 발생한다.[8]

4. 설계변경의 의의와 감정의 기준

1) 설계변경

대부분 '설계변경'을 설계도면을 변경하는 것으로만 여기는 데 이

06

제22조(물가변동으로 인한 계약금액의 조정) ① 물가변동으로 인한 계약금액의 조정은 시행령 제64조 및 시행규칙 제74조에 정한 바에 의한다.

② 계약담당공무원이 동일한 계약에 대한 계약금액을 조정할 때에는 품목조정율 및 지수조정률을 동시에 적용하여서는 아니되며, 계약을 체결할 때에 계약상대자가 지수조정률 방법을 원하는 경우외에는 품목조정률 방법으로 계약금액을 조정하도록 계약서에 명시하여여야 한다.

6 계약상대자에게 귀책사유가 없는 공사기간 연장 등이 발생한 경우 계약상대자는 발주기관에게 공사기간 연장을 신청하고 발주기관은 이를 조사. 확인한 후, 타당하다고 인정되는 경우 공사기간의 연장 등 계약내용의 변경을 승인하여야 하며, 이런 경우 계약상대자는 변경된 계약내용에 따라 실비를 초과하지 아니하는 범위 내에서 계약금액의 조정을 신청할 수 있고, 발주기관은 그 변경된 계약내용에 따라 실비를 초과하지 아니하는 범위 안에서 계약금액을 조정할 의무가 있다(인천지방법원 2011. 7. 22. 선고 2010가합6280 판결).

7 건설사를 대상으로 한 설문조사 결과 공공공사 현장 3곳 중 1곳 이상에서 공기연장이 발생하고, 공기연장에 따라 시공자 측으로부터 계약금액 조정청구가 있었음에도 발주기관에서 이를 승인한 현장은 전체 공기 연장 현장 대비 29.9%에 불과하다고 한다(이영환 · 김원태, 공공공사 공기연장 실태조사와 개선방안, CERIK 건설이슈포커스 (2013, 5), 508~510; 성기강, 公共工事契約에서 間接費 등 請求 事件의 法的 爭點에 관한 研究, 광운대학교, 45면, 2014 재인용).

8 '지연보상금'제도는 공사기간 연장으로 인한 공사목적물의 완성 및 준공의 지연이 계약상대자(시공자)의 책임없는 사유로 준공대가의 지급이 지연되는 경우에 문제되는 점에서, 공사기간의 연장이 계약상대자(시공자)의 책임 없는 사유로 인한 경우 계약상대자(시공자)를 보호하는 제도로서 간접비 등 추가비용청구권 내지 계약금액조정 제도와 유사하다(성기강, 公共工事契約에서 間接費 등 請求 事件의 法的 爭點에 관한 研究, 광운대학교, 27면, 2014).

는 정확한 의미가 아니다. '설계변경'은 설계서의 내용이 불분명하거나 누락·오류 또는 상호 모순되는 점이 있을 경우, 지질, 용수 등 공사 현장의 상태가 설계서와 다를 경우, 새로운 기술·공법사용으로 공사비의 절감 및 시공기간의 단축 등의 효과가 현저할 경우, 기타 발주기관이 설계서를 변경할 필요가 있다고 인정할 경우나 설계서 내용이 불분명하거나 설계서 누락·오류 및 설계서간 상호모순 등이 있을때 설계서를 변경하는 것을 말한다.

즉 설계변경이란 이미 계획된 설계에 대한 부분적인 변경을 위해 설계서를 변경하는 모든 행위를 포함하여 지칭하는 것이다. 구체적으로 공사 도중 예기치 못한 사태의 발생, 공사물량의 증감, 계획 변경 등으로 당초 설계 내용을 변경하는 것으로 발주자 또는 도급인이 제시하며, 발주자가 합의한 도급 계약 내용과 다른 공사 내용, 공사 착수 시기 및 공사 완성 시기 등의 변경이 필요한 경우 이루어지는 계약의 변경을 뜻한다. 그러므로 설계변경은 추가공사대금의 전제요건인 추가공사대금 지급에 대한 별도의 약정이 이루어진 것이라고도 할 수 있다. 공공공사는 이런 '설계변경'의 근거를 국가를 당사자로 하는 계약에 관한 법률 시행령 제65조 규정에 명확하게 규정하고 있다. 구체적으로는 공사계약 일반조건에 명시하고 있다.[9]

---

9 설계변경은 구체적으로 공사계약 일반조건 제19조, 제19조의2-7, 제20조, 제21조에 따른다. 이에 따라 설계변경 조건이 되는 경우는 다음과 같다.
  • 설계서 하자의 경우
   1. 설계서의 불분명·오류·누락된 사항이 있을 경우
   2. 설계서 간에 상호 모순되는 점이 있을 경우
   3. 지질, 용수 등 공사 현장의 상태가 설계서와 다른 경우
  • 신기술·신공법(기술개발보상)의 경우
   1. 계약상대자의 새로운 신기술·신공법 제안
  • 발주기관의 필요에 의한 경우
   1. 당해 공사의 일부 변경이 수반되는 추가공사의 발생
   2. 특정공종 삭제, 공정계획의 변경, 시공방법의 변경
   3. 기타 공사의 적정한 이행을 위한 설계변경이 필요가 있는 경우

2) 감정의 기준

설계서의 불분명, 오류, 누락, 상호모순 등 설계서 하자로 인해 추가 공사를 했다고 주장하는 경우, 감정 기준은 무엇인가. 전항에서 인용한 공사계약 일반조건(제19조2)에는 설계서 하자에 대해 상세하게 기술하고 있다. 그 내용을 간단히 살펴보면 '설계도면과 공사시방서는 서로 일치하나 물량내역서와 상이하는 경우에는 설계도면 및 공사시방서에 물량내역서를 일치'시키고, '설계도면과 공사시방서가 상이한 경우로서 물량내역서가 설계도면과 공사시방서 중 최선의 공사시공을 위하여 우선되어야 할 내용으로 설계도면 또는 공사시방서를 확정한 후 그 확정된 내용에 따라 물량내역서를 일치'시킨다는 것이다. 즉 물량내역서보다 설계도면과 공사시방서를 기준으로 하는 것이다.

이 조건의 취지는 감정에도 인용이 가능하다. 흔히 감정실무에서 추가공사 물량산출 시 그 기준을 어디에 둘 것인가가 문제되는 경우가 많다. 가장 흔한 것이 계약내역서의 물량과 실제 시공물량의 증감을 주장하는 사례를 들 수 있다. 반면 계약내역서상의 물량보다 계약도면이 우선이라는 주장도 많다.

대부분 도급계약이 총액으로 이루어지는 점을 감안하면 이 문제는 명확하게 정리하고 감정에 들어가야 한다. 어떤 것을 기준으로 하느냐에 따라 결과는 달라질 수 있기 때문이다.

결론부터 말한다면 약정에서 정한 설계도면과 시방서 또는 계약서에 첨부한 특수조건을 기준으로 해야 한다. 계약내역서는 계약도면과 약정조건을 근거로 제시된 도급금액 명세이지만 총액계약의 의미를 감안한다면 계약내역서의 물량누락·오류와 같은 차이는 사실상 수급인이 감수해야 할 부분이라고 할 수 있기 때문이다. 정리하면 추가공사 부분의 공사비산출에서 물량의 산출은 계약도면과 최종준공도면의 차이로 나타나야 할 것이다. 다만 계약도면과 시방서에서 확인할 수 있는 계약내역서의 품목별 규격은 약정의 범위로 참고가 가능할 것이다. 이런 점에 유의하여 감정한다면 큰 무리없이 합리적으로 추가공사비를 산출할 수 있을 것이다.

Ⅱ 구체적 감정방법(감정 사례)

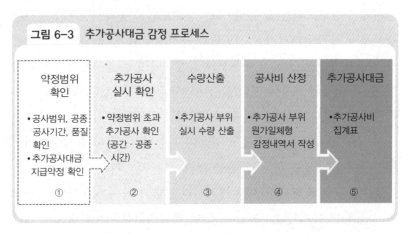

그림 6-3 추가공사대금 감정 프로세스

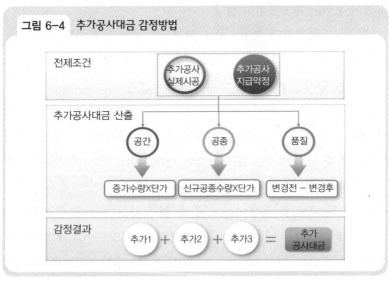

그림 6-4 추가공사대금 감정방법

구체적인 감정방법에 대해 사례를 들어 살펴보자. 사건은 경기도
○○산업단지의 공장 신축공사에서 벌어진 추가공사대금 청구에 관
한 것이다. 총액계약이지만 도급계약서와 공사비내역서 외에 세부적
인 조건으로 일부 공사를 변경하고 그 비용을 지급하기로 추가적 협
정까지 맺은 계약이다.

1. 사실관계

1) 도급계약 체결

원고와 피고는 2012. 1. 17. 피고 소유 대지상에 공장(이하 '이 사건
건물'이라 한다)을 신축(이하 '이 사건 공사'라 한다)하기로 하는 내용의
공사도급계약을 체결하였다.

2) 건축 개요

구분	내용	비고
주소	○○시 산업단지 내	
용도	공장(사무실, 기숙사)	
건축규모	지상 2층	
대지면적	4,764.00㎡	
건축면적	1,660.66㎡	
연면적	1,860.32㎡	
건폐율	34.86%	
용적률	39.05%	
건물구조형식	철골조	

3) 도급계약의 내용

가. 공사장소: 경기도 ○○시 ○○지구 일반산업단지
나. 착공년월일: 2012. 2. 25.

다. 준공예정년월일: 2012. 6. 30.

라. 1차 계약금액: 일금 일십일억원 (부가가치세 포함)

마. 2차 계약금액: 일금 일십이억원 (부가가치세 포함) (2013. 05. 29.)

바. 계약금: 일금 일억일천만(₩110,000,000)원 정(부가가치세 포함)

사. 기성부분금: 계약금 10% 지급, 계약금 지급 후 감리자의 기성 확인에 따라 지급하기로 한다.

아. 당초 약정 내용

① '을(시공자)'은 토지공사에서 인계받은 현 토지에서 토목, 건축에 대한 모든 공사를 책임지고 수행한다(평탄, 옹벽필요 시 옹벽).

② 유리는 한국유리회사의 KS파스텔제품(단열, 방수)을 사용하여야 한다.

③ 파일은 PHC @400mm×8m를 박는데 파일이 **GL이 8m 보다 더 깊이 들어가 추가비용이 들어갈 경우 추가비용은 '갑'이 부담한다.**

④ 공장마당은 잡석 200mm에 레미콘 150mm, 아스콘 50mm로 하나, **레미콘을 더 두껍게 할 경우, 추가비용은 '갑'이 부담한다.**

⑤ '을'은 본 공사에 대해서 설계도면을 기준으로 견적서대로 책임시공토록 하고, 설계도 및 견적서에 표시되지 않은 기타부속품은 공사금액에 포함된다.

⑥ 본 공사와 관련된 모든 자재는 KS등급 이상제품을 사용토록 한다.

⑦ 경비실 위치는 변경될 수 있으며, 도급인은 공사 준공 전에 위치를 '을'에게 지정하여 공사를 완료토록 해야 한다.

⑧ '을'은 '갑'이 사무실에서 공장전체를 관리할 수 있도록 감시카메라 배관 및 방송시설 배선을 해주어야 한다.

⑨ '을'은 자동차 정기, 정밀검사기기(소형/대형) 설치 토목공사 및 건물3의 도장부스 내 바닥 토목공사를 하여야 하며, 공사비용은 도급금액에 포함한다.

⑩ 준공검사 후 건물1(사무동)과 건물2(공장동)의 연결공사를 해야 한다(지붕, 썬라이트 및 호이스트레일 연결).

⑪ 건물2의 현관, 방풍실 길이는 조정될 수 있다(4.3m를 3m로 변경).

⑫ 도급인 2)건물의 사무실, 접견실, 연구실 등의 칸막이는 변경될 수 있다.

⑬ 펜스담장의 높이는 1.8m로 한다.

⑭ 공장출입구 좌·우에는 차단기 및 접이식 문을 설치하여야 한다(**비용별도정산**).

자. 추가 협약서 (2012. 5. 29.)

① 공장건물 내에서 호이스트레일 설치는 '을'이 시공하고(견적금액에 포함) 호이스트레일 전기 설치비용은 **'갑'과 '을'이 반반씩 부담한다.**

② 각 건물에 에어 배관설치를 하기로 한다(견적금액에 포함).

③ 공장건물 1층 마당쪽 창호, 1층 도로 쪽 창호 변경(가로로 길게 폭 1m 밀폐형으로 창호변경)건, 창호를 변경하는데 금액차이가 별로 없으므로 별도 비용청구 없이 변경하기로 한다(견적금액에 포함).

④ 기숙사 건물 2층 방 바닥난방 및 샤워시설, 설치, 기숙사 바닥 전기 판넬은 전기보일러와 온수배관을 깔아서 온수물로 난방토록 변경하고 샤워 물을 쓸 수 있도록 변경한다(전기보일러용량 및 설치 공간 확인 건).

⑤ 기타 추가적인 변경은 갑과 을이 협의하여 수행한다.

2. 당사자들의 주장

1) 원고(수급인)의 주장

2012. 1. 17. 이 사건 공사에 관한 계약(갑제1호증의1, 2, 을제3, 9호증)이 체결된 후 피고는 원고에게 처음 제시했던 설계도(갑제7호증)가 아닌 일부 공사가 추가된 변경된 설계도(갑제9호증)를 제시하며 공사를 진행할 것을 요구하였다. 원고는 할 수 없이 변경된 설계도에 따라 2012. 2.경부터 공사를 진행하였다.

그런데 공사를 시작할 때 및 공사 도중 계속해서 피고가 설계도나

견적서에 없는 공사를 추가로 요구하였다. 피고는 이를 수용하여 추가공사를 수행하였다. 이 사건 공사 도중 이루어진 이런 추가공사에 관한 지시는 대부분 구두로 이루어졌다. 2012. 5. 29. 일부공사에 대해서는 추가협정서를 체결하였다.

원고는 이 사건 공사를 2012년 2월 말경 시작하여 6월 말경 완료할 예정이었으나, 피고의 요구로 인해 처음 공사 계획과는 다르게 공사를 하거나 추가로 공사를 진행할 수밖에 없어 2012년 9월 말경에야 공사를 완료하였다. 또한 처음 공사계획에 없는 공사를 추가로 하는 바람에 공사비용도 대폭 증가하였다. 그러나 피고는 추가공사를 한 사실은 일정 부분 인정하면서도 이런저런 핑계를 대며 추가공사로 인한 비용을 지급하지 않고 있다.

원고는 피고로부터 약정했던 공사대금은 수령하였으나, 추가공사로 인하여 비용이 대폭 증가하여 공사비용을 감당하지 못하는 지경이 되었다. 수차례에 걸쳐 추가공사비를 요구하였으나 피고는 전혀 지급에 응하지 않고 있다. 이에 할 수 없이 추가공사로 인한 비용을 청구하는 것이다.

2) 피고(도급인)의 주장

피고는 약정한 공사대금을 전부 지급하였다. 원고가 일부 추가공사비를 요구하고 있으나 피고는 추가공사를 지시한 바가 없다. 원고가 주장하는 모든 내용은 원고가 공사 도중 임의로 일부 공사를 수정하여 진행한 것 뿐이다. 이에 대해서 피고는 구두에 의한 지시도 사전 서면에 의한 협의한 바 없다. 일부 공종이 추가된 부분이 있을지 몰라도 지시한 바가 없다.

예를 들어 냉방기 설치에 관한 것도 피고는 실평수보다 3배로 강하게 냉난방기를 설치해 달라고 요청한 적이 없고 서면으로 합의한 적도 없다. 난방기를 최대로 가동시켜도 발이 시리고 추우며 15도 이상 온도가 상승하지도 않아 원고가 실제로 주장하는 용량의 난방을 설치했는지 조차도 의문스럽다.

3. 감정신청 사항

1) 공장 마당 콘크리트 추가물량 비용

원래 공장 마당의 바닥 두께를 15cm로 하기로 되어 있으나, 공사 도중 피고의 요구로 공장 마당 바닥 두께를 5cm 더 두꺼운 20cm로 시공함에 따른 추가 콘크리트 비용(첨부서류 1. 건물배치도 참조)

2) 호이스트 크레인 레일 설치 및 기숙사동 캐노피 설치비용

공사 도중 피고의 요구로 수행한 호이스트 크레인 레일 설치(첨부서류: 1층 평면도 참조) 및 기숙사동 캐노피 설치비용(첨부서류 2. 1동 1층 평면도 참조)

3) 외벽 판넬, 우레탄 판넬의 교체, 방화문 설치비용

공장과 기숙사동에 캐노피를 설치함에 따라 벽체 판넬을 캐노피 부분까지 내려오게 공사할 수밖에 없어 원래 계획보다 벽체 판넬의 양이 증가함에 따라 소요된 추가비용(첨부서류 2. 1동 1층 평면도 참조), 피고의 요구에 따라 공장(시험실벽체 판넬을 우레탄 판넬로의 교체에 따른 추가비용(첨부서류 6. 3동 1층 평면도 참조)), 피고의 요구에 따라 2개동에 추가로 방화문을 설치한 비용(첨부서류)

4) 콘크리트 가격인상으로 인한 추가비용

콘크리트 가격인상에 따른 추가비용(첨부서류 1. 건물배치도 참조)

5) 옹벽설치공사 비용

설계도면상 신축공장의 바닥이 도로와 같은 높이가 되어야 하는데, 이렇게 공사를 하기 위해서는 흙을 파내야 하고, 그 비용이 약 4,000만 원 내지 5,000만 원이 소요될 것으로 예상됨. 이에 원고가 그 사실을 피고에게 보고하였으나, 피고가 굴토 비용을 부담할 수 없다고 하여, 불가피하게 추가로 옹벽설치공사를 하게 되었는 바 그 옹벽설치비용 (첨부서류 1. 건물배치도 참조)

6) 타일 및 위생기 제품교체에 따른 추가비용

공사 도중 피고들이 요구한 제품으로 타일 및 위생기(변기, 세면대) 의 규격을 상향함에 따른 추가비용(첨부서류 1. 건물배치도 참조)

7) 아스콘포장 추가 투입물량 비용

아스콘 투입물량이 견적서상으로는 480톤이었으나, 신축공장의 바닥이 균일하지 않은 관계로 아스콘 물량이 추가로 투입되었는 지에 따른 비용(첨부서류 1. 건물배치도 참조)

8) 270평형 에어컨 설치비용

1동 2층 및 2동 2층에 270평형 에어컨 설치비용(첨부서류 3. 1동 2층 평면도, 첨부서류 5.)

9) 에어라인 배관공사

공사 도중 피고의 요구로 에어라인 배관공사를 시행하였는 바, 추가로 에어라인 배관공사를 함으로 소요된 추가비용(첨부서류 2. 1동 1층 평면도, 첨부서류 4. 2동 1층 평면도 참조)

10) 접이식문 설치공사 비용

피고의 요구로 추가로 접이식문 설치공사를 하였는 바, 접이식문(자

바라문) 설치공사 추가비용(첨부서류 4. 2동 1층 평면도, 첨부서류 6. 3동 1
층 평면도 참조)

4. 감정의 전제조건

1) 감정시점

대상 건축물의 감정시점은 2012. 9. 30.(공사종료시점)이다. 이 시점
은 감정기일에 재판부가 지정하였다.

2) 추가공사 시행

상기 추가공사 해당항목에 대하여 다음 〈표 6-1〉의 자료를 근거로
당초 계약항목의 시공 수량이 증가하였거나, 당초 계약항목의 품질(자
재 및 기능)이 향상되는 경우, 또는 신규 항목이 추가되었는지 여부를
판단하였다.

3) 추가공사대금 지급에 대한 약정

추가공사대금 지급의 약정 여부는 다음 〈표 6-1〉의 자료에 근거하
여 판단하였다. 다만 구두로 지시하였다는 부분에 대해서는 원·피고
가 모두 인정하는 건에 관해서만 감정하였다.

❖ 표 6-1 계약서 및 첨부서류

번호	구분	관련근거	비고
1	계약서	갑제1호증1호	
2	도급계약첨부조건	갑제4호증2호	
3	민간건설공사 약정서	갑제4호증1호	
4	협약서	갑제2호증, 갑제4호증3호	
5	계약내역서	갑제8호증	
6	계약도면	갑제5호증	
7	작업지시서	갑제7호증	

4) 수량산출 기준

이 사건에서는 원고가 신청한 총 13개 추가공사 주장항목에 대하여 항목별로 시공현황을 조사하고 수량을 산출하였다. 추가시공 부분을 설계도면으로 산출해야 할 부분은 준공도면을 기준으로 '정미량'을 산출하였다. 준공도면에 추가시공 현황이 기재되지 않은 부분은 설계도면에 해당 부위를 표기하고 수량을 산출하였다.

5) 단가산출 기준

추가공사 항목 중 단가가 계약내역서에 기재되어 있는 항목은 그 단가를 그대로 적용하였다. 원고와 피고가 제시한 자료(견적서 등) 중 동일한 항목에 대해서는 해당 단가를 반영하였다. 내역서에 없는 추가공사항목의 단가는 속성이 계약내역서의 특정항목과 유사한 경우 그 단가를 적용하였다. 추가공사항목 자체가 원계약내역과 상이한 공종은 표준품셈을 근거로 단가를 산출하였다.

자재비는 정부에서 공인한 물가조사기관의 (2012년 9월) 단가를 조사하여 적용하였다. 물가자료지에서 확인할 수 없는 제품의 단가는 시중 거래가격을 적용하였다. 신규 비목에 대한 노무비는 통계법 제17조 규정에 의한 통계작성(승인번호 제36504호) 승인기관인 대한건설협회가 공표한(승인번호 제36504호) 시중노임단가를 적용하였다.[10]

---

10 다만 공사도급계약상 공사단가의 약정이 있다 하더라도 그것이 공사대금의 산정과는 전혀 관련이 없는 형식적인 것에 불과함이 명백하다는 등의 특별한 사정이 판명된 경우에는 공사단가에 따른 공사대금을 지급하기로 약정한 것으로 보기 어려우므로, 이러한 경우에는 추가공사 완료 시 시중에 통용되고 있는 일반적인 공사단가를 기준으로 하여야 할 것이다.
예를 들어 총공사대금을 먼저 확정한 후 그에 따라 형식적으로 공사단가를 계산하여 이를 계약상 단가를 계산하였다는 점에 대해 당사자 사이 다툼이 없거나 시중에서 통용되는 일반적인 공사단가와 현저한 차이가 있어 이를 그대로 적용하는 것이 일방 당사자에게 지나치게 불리하다고 보이는 경우를 들 수 있다. 주로 공사단가에 대한 엄밀한 검토 없이 도급인이 요구하는 대략의 총액에 따라 계약을 체결하는 소규모 공사도급계약에서 이와 같은 예가 많다(건설재판실무편람(법원행정처), 앞의 책 주 151), 75면).

6) 공사원가계산 제비율 적용기준

공사비 원가계산기준은 해당 공사계약서에 첨부된 공사비 내역서의 '공사내역원가 제비율'을 적용하였다.

❖ 표 6-2 계약내역서의 원가계산 제비율

구분	비목	요율	비고
재료비	직접재료비		
노무비			
경비	산출 경비		
	산재 · 고용보험료	(노무비) × 4.95%	
	건강보험료		
	연금보험료		
	환경보전비	(재료비) × 0.2%	
	안전관리비	(직접재료비+직접노무비) × 1.81%	
	기타 경비	(직접재료비+직접노무비+경비) × 4.8%	현장관리비
	소계		
일반관리비		(재료비+노무비+경비) × 3%	
이윤		(노무비+경비+일반관리비) × 10%	공과잡비
부가가치세		10%	

5. 현장 조사

해당 시설은 경기도 ○○시 ○○지구 ○○번지에 위치한 3개동의 공장(사무실, 기숙사 포함) 건축물이다. 감정의 목적은 대상 시설 신축공사 중 당초 계약과 비교하여 추가로 시공한 부분과 비용을 확인하는 것이다. 현장조사는 2013. 12. 18.에 실시하였다. 추가공사 부분은 육안조사와 계측을 통해 확인하였다. 은폐 또는 매몰되어 있거나 조사시점에 철거되어 확인할 수 없는 부분은 시공 사진과 제출된 자료를 통해 확인하였고 그래도 파악이 어려운 부분은 감정에서 제외하였다.

6. 구체적 감정결과

1) 공장 마당 콘크리트 추가물량 비용

공장 마당의 아스콘 포장 하부의 바닥 콘크리트가 실제 도면상 규격보다 5cm정도 더 두껍게 시공된 사실과 추가공사비 지급여부에 대해서는 도급계약서 4항에 "공장마당은 잡석 200mm에 레미콘 150mm, 아스콘 50mm로 하나, 레미콘을 더 두껍게 할 경우, 추가비용은 '갑'이 부담한다"고 명시하고 있음을 확인하였다. 이 부분에 소요된 공사비를 산출하였다.

2) 호이스트 크레인 레일 설치

호이스트레일은 설계도면과 최초 견적서에도 포함되어 있지 않았지만 현장에는 설치되어 있다. 하지만 이 부분은 2012. 5. 29. 최종금액 1억 원을 증액하는 추가협정서에는 "공장건물 내에서 호이스트레

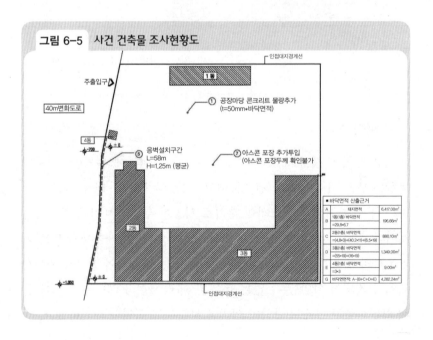

그림 6-5 사건 건축물 조사현황도

그림 6-6 ① 공장마당 시공현황

그림 6-7 ②-1 호이스트 크레인 레일설치

그림 6-8 ②-2 기숙사동 케노피 설치

그림 6-9 ③-1 기숙사동 판넬 증가

그림 6-10 ③-2 우레탄판넬 교체

그림 6-11 ③-3 방화문 추가설치

06

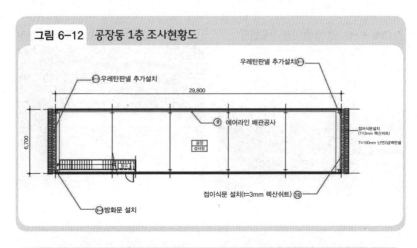

그림 6-12 공장동 1층 조사현황도

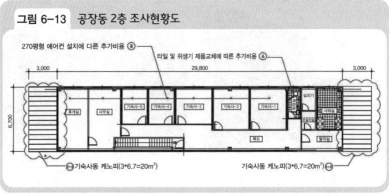

그림 6-13 공장동 2층 조사현황도

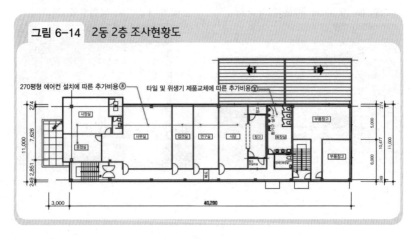

그림 6-14 2동 2층 조사현황도

그림 6-15 옹벽설치 공사비용

그림 6-16 타일 및 위생기기 교체

그림 6-17 아스콘포장 추가투입

그림 6-18 270평형 에어컨 설치

그림 6-19 에어라인 배관공사

그림 6-20 접이식문 설치

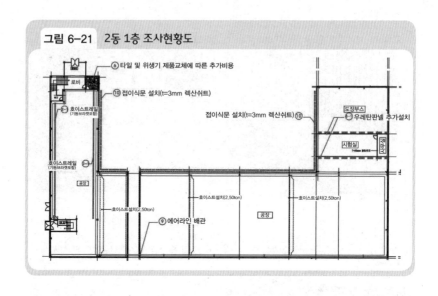

그림 6-21 2동 1층 조사현황도

일 설치는 '을'이 시공하고(견적금액에 포함) 호이스트레일 전기 설치 비용은 '갑'과 '을'이 반반씩 부담한다"라고 명시되어 있었다. 이를 미루어보면 계약의 약정 범위에 포함되어 있는 것으로 보인다. 그래서 이 항목은 추가공사비 산출에서 제외하였다.

3) 기숙사동 캐노피 설치비용

기숙사동 캐노피 시공내용도 설계도면에는 없다. 최초 견적서에도 포함되어 있지 않았으나 건물에는 실제 설치되어 있었다. 이 캐노피의 시공을 지시한 사실은 피고 측에서 인정하였다. 그러나 이 부분은 당초 계약서 10항에 근거하므로 추가공사가 아니라고 주장한다. 내용은 다음과 같다. "10. 준공검사 후 건물1(사무동)과 건물2(공장동)의 연결공사를 해야 한다(지붕, 썬라이트 및 호이스트레일 연결)" 하지만 이 조항은 지붕과 썬라이트, 호이스트레일 연결이라고 구체적으로 대상을 특정하고 있어 캐노피(처마)를 지칭하는 것은 아닌 것으로 보인다. 그래서 이 부분 시공내용을 산정하였다.

4) 외벽 판넬

공장 1동의 외벽판넬 증가는 설계변경에 의한 것으로 보인다. 약정서에는 이에 관한 구체적인 내용은 없으나 실제 이 부분 변경에 대한 작업지시가 있었던 것으로 확인된다. 지시는 구두로 이루어졌는데, 피고 측도 이 부분의 추가공사 지시는 인정하고 있다. 그래서 시공비용을 산출하였다.

5) 우레탄 판넬의 교체

이 항목은 공장(3동)의 당초 외벽 자재인 샌드위치 패널의 우레탄 판넬 교체에 관한 것이다. 일종의 설계변경으로 보인다. 우레탄 판넬의 교체 지시는 구두로 이루어졌다. 피고 측은 이 부분의 추가공사 지시를 인정하였으므로 이 부분의 시공비용을 반영하였다.

6) 방화문 설치비용

원고는 총 5개의 방화문을 추가시공하였다고 주장한다. 이 중 3개는 일반방화문이며, 1동에 설치되었던 방화문 2개소는(2층 복도출입구, 1층 공장 내 계단실 출입구) 당초 방화문으로 설치하여 준공승인을 받은 후 철거하고 현재의 강화유리문으로 재설치하였다는 것이다.

하지만 원고 주장과 관련하여 당초 해당 위치에 방화문이 설치되었음을 확인할 수 있는 근거자료(사진 작업시시서, 설계도면 등)는 없다. 그리고 피고는 추가작업지시를 인정하지 않고 있다. 이에 해당 항목을 추가공사에서 제외하였다.

7) 콘크리트 가격인상으로 인한 추가비용

피고 측은 도급약정에는 포함되어 있지 않지만 공사기간 중에 레미콘의 가격이 급격히 상승하여 상당한 타격을 입었다고 한다. 그래서 이 가격 상승분도 추가공사비로 인정받아야 한다고 주장했다. 하지만 이 부분은 실제 추가공사가 이루어진 부분이 아닌데다 계약으로 공사 도중의 자재비의 물가상승에 따른 계약 내용의 변경을 약정하고 있지도 않다.[11] 이에 해당 항목을 추가공사에서 제외하였다.

8) 옹벽설치공사 비용

원고는 옹벽설치공사에 대해 당초 계약내역서에 옹벽에 대한 금액이 없고, 계약도면에도 옹벽에 대한 설계가 없어 명백한 추가공사라고 주장하였다. 이 공장의 부지는 설계도면에는 표기되어 있지 않지만 대지와 도로의 단차가 1m 이상 차이가 나기 때문에 불가피하게 1.25m 높이의 옹벽을 58m 설치하였다는 것이다. 현장조사 결과 계약도면과 상이한 옹벽이 시공된 것을 확인할 수 있었다.

문제는 계약서에 첨부된 '민간건설공사 약정서 1항'에 "을(시공자)은 토지공사에서 인계받은 현 토지에서 토목, 건축에 대한 모든 공사를 책임지고 수행한다(평탄, 옹벽필요 시 옹벽)"라고 명확하게 명시하고 있다는 것이다. 이 내용으로 보면 이 항목은 계약 범위에 포함되는 것으로 보인다.

계약에 기술되어 있다면 '미지조건'으로 볼 수 없다.[12] 사실 정액도급에서는 '미지조건'이나 '현장여건의 상이'[13]와 같은 사정으로 당초 약정보다 추가적인 공사를 시행했다고 하더라고 이 모두를 추가공사

---

11 관급공사의 경우 공사계약 체결 후 90일이 넘은 현장의 경우 물가 상승분만큼 계약금액을 재조정하는 '에스컬레이션' 조항이 있다(공사계약일반조건(제22조 물가변동으로 인한 계약금액의 조정)).

12 '미지조건'이란 시공자가 실시한 계약문서 검토나 현장조사가 일반적인 시공자의 경험이나 지식으로부터 합리적으로 기대될 수 없었던 어떤 상황을 의미한다(조영준, 건설계약관리, 한올출판사, 71면, 2010).

13 미국의 연방조달규정 조항은 '현장여건의 상이'를 두 가지 유형으로 구분하고 있다. 첫째, 계약에서 정해진 것과 달리 현장의 지하조건(Subsurface) 또는 잠재적(Latent), 물리적 조건(Physical Conditions)이 발생(통상 Type I이라 칭한다) 둘째, 일반적으로 인정되면서 통상적으로 직면하게 되는 것과는 실질적으로 상이하고 알려지지 않은 물리적 조건(Unknown Physical Conditions)이 발생(통상 Type II라 칭한다)(조영준, 위의 책, 58면).

대금으로 인정받기는 어렵다. 추가공사대금 지급에 대한 별도의 약정
이라는 전제적 요건을 갖추어야 하기 때문이다. 이 부분의 시공범위
나 물량은 계약 체결 당시 충분히 검토했어야 할 사항으로 보인다. 그
래서 이 항목은 추가공사비 산출에서 제외하였다.

9) 타일 및 위생기기 제품교체에 따른 추가비용

원고는 피고의 요청에 따라 화장실 타일과 위생기기를 당초 계약내
역서 단가의 제품에 비해 고가의 제품으로 상향시공했다고 주장하였
다. 이 부분에 대한 변경요청은 피고도 인정하였다.

현장조사를 통해 확인한 제품의 규격과 수량은 〈표 6-3〉과 같다.
이 조사결과를 토대로 계약내역서의 품목을 계약도면과 비교한 결과
정확한 규격이 표기되지 않아 확인할 수 없었다. 당초 계약내역서에
제품 규격이 명시된 항목(소변기, 소변기 센서)에 대해서는 시공 제품의
단가와 수량을 비교하여 추가공사비를 산출하였다. 제품 규격을 확인
할 수 없는 변기에 대해서는 추가 시공수량(1개)에 대해서만 계약단가
를 기준으로 공사비를 산출하였다.

문제는 양변기와 타일(바닥, 벽)의 경우 당초 계약서에서 단가 외에
는 정확한 품명이나 규격을 확인할 수 없다는 것이다. 이 경우는 공사

❖ 표 6-3 타일 및 위생기

구분	계약내역서		시공현황		비고
	규격	수량	규격	수량	
양변기	VC-1210CR	7EA	-	8EA	확인불가
트랩형소변기	VU-320	6EA	solim	7EA	추가시공
소변기센서	건전지식	6EA	Dobidos FU-710	7EA	추가시공
타일(바닥)	-	73㎡	-	73㎡	확인불가
타일(벽)	-	240㎡	-	240㎡	확인불가

의 범위의 확대가 아닌 자재의 질적 변화에 따른 공사대금의 증가를 불러오는 추가공사라고 할 수 있다. 하지만 상향시공인지 판단하기 위해서는 현재 시공된 제품과 계약된 제품의 단가 및 성능을 확인해야 하는데, 이를 확인할 수 있는 자료나 근거가 없어 확인이 불가능한 항목으로 보고 감정에서 제외하였다.

아이러니컬하게도 질적인 변경은 분명 인식하지만 당초의 자재에 대한 규격이나 품명을 확정하지 못하여 자재의 변경으로 인한 추가공사액을 입증할 수 없는 상황은 사실 흔하게 발생한다. 건설도급계약에서 구체성과 명료성이 요구되는 이유가 바로 여기 있다.

10) 아스콘포장 추가투입물량 비용

원고는 콘크리트 타설량의 증가와 마찬가지로 아스콘포장 바탕면의 고름불량으로 인해 아스콘 시공물량이 증가되었다고 주장한다. 일반적으로 아스콘은 포장면 두께에 따라 투입물량이 상당한 차이를 보일 수도 있다. 그리고 이 두께는 아스콘포장 하부의 바닥면 평활도에 구속된다. 평활도가 뛰어나면 아스콘을 고르게 시공할 수 있고 투입물량도 적정해질 것이다. 평활도가 불량해 울퉁불퉁하면 그 요철부위에 아스콘을 다 채워야 하므로 투입 물량이 증가할 수밖에 없다. 실제 이 부분에 대해 계약도면을 분석하여 물량을 산출한 결과 실제 물량이 128ton정도 더 투입된 것으로 파악되었다.

문제는 추가공사대금 지급에 대한 약정 여부가 명확하지 않다는 것이다. 도급계약서 4항에는 "공장마당은 잡석 200mm에 레미콘 150mm, 아스콘 50mm로 하나, 레미콘을 더 두껍게 할 경우 추가비용은 '갑'이 부담한다"고 명시되어 있다. 레미콘 추가비용은 '갑'이 부담해야 한다고 명시되어 있지만 정작 잡석이나 아스콘은 두께만 규정되어 있고 추가비용 부담에 대한 언급이 없다. 이 경우 여러 가지 해석이 가능하겠지만 약정서의 문헌으로만 본다면 바닥 터파기 후 잡석 200mm를 시공하고 일정 부분 바닥의 평활도가 문제되는 부분은 콘크리트 두께로 조정한다는 의미로 해석할 수 있다. 즉 바닥 콘크리트로 평활도를 잡는다면 아스콘은 정상적으로 시공할 수 있음을 전제하고 있다는 해석이 가능하다.

현장조사 결과, 현재의 상태는 바닥콘크리트가 제대로 시공되지 못해 평활도가 불량해졌고 이에 따라 아스팔트 시공면의 두께가 50mm를 초과한 것으로 보인다. 결국 이 부분은 시공자의 부주의한 시공에 따라 투입물량이 예상보다 증가한 것으로 여겨져 추가공사비 산정에서 제외하였다.

11) 에어컨 설치에 따른 추가투입물량 비용

이 항목은 당초 계약내역서와 설계도에 표기되어 있지 않다. 공사 도중 설계변경이 된 것으로 보인다. 실제 에어컨 설비가 설치되어 있고 피고 측은 이 부분에 대해 추가공사 지시를 인정하였다. 그래서 이 항목은 추가공사비를 산정하였다.

12) 에어라인 배관공사

원고는 이 항목이 계약조건에는 맞지만 당초 예상했던 공사비와 비교하여 과다한 공사비가 투입되었다고 주장한다. 에어라인 배관은 현재 건물 1, 2, 3동 공장 내부에 시공되어 있다.

2012. 5. 29. 체결한 협약서(갑제4호증3호) 제2항에는 "각 건물에 에어배관설치를 하기로 한다(견적금액에 포함)"라고 명시되어 있어 이 항목은 분명히 계약 범위에 포함되는 것으로 여겨진다. 문제는 이 조항에 별도의 구체적 수량을 표기하지 않아, 원고의 주장대로 추가적인 과다한 비용이 소요되었다는 것을 입증할 수 없다는 것이다. 그래서 이 부분은 약정에 포함된 내용으로 보고 추가공사비 산정에서 제외하였다.

13) 접이식문 설치 공사비용

현장조사 결과 접이식문은 설치되어 있었다. 도급계약 약정조건 제 14항에는 이 항목에 대해 "공장출입구 좌·우에는 차단기 및 접이식 문을 설치하여야 한다(비용별도정산)"라고 명확하게 명시하고 있다. 즉 계약으로 추가공사가 약정되어 있고 그 비용도 별도로 정산한다고 되어 있는 것이다. 그래서 이 항목도 추가공사비로 산정하였다.

❖ 표 6-4 감정신청 사항 정리표

구분	원고 감정신청 항목 (추가공사)	계약 여부		실제 추가공사	추가지급여부		추가공사여부
		당초약정	추가협약		약정서기재	작업지시서	
1	공장마당 콘크리트 추가물량 비용	●		●	●		●
2 ①	호이스트 크레인 레일 설치		●				×
2 ②	기숙사동 캐노피 설치비용			●		●	●
3 ①	기숙사동 판넬 증가비용			●			●
3 ②	우레탄판넬 교체에 따른 추가비용					●	●
3 ③	방화문 5개 추가 설치비용			●			×
4	콘크리트 가격인상으로 인한 추가비용	●					×
5	옹벽설치 공사비용	●					×
6	타일, 위생기기 제품교체 비용			●			●
7	아스콘포장 추가투입물량 비용	●					×
8	270평형 에어컨 설치에 따른 추가비용			●		●	●
9	에어라인 배관공사비용		●	●			×
10	접이식문 설치공사비용	●		●	●		●

7. 감정내역서

1) 추가공사비 감정내역서

추가공사비 감정결과는 추가공사비 감정내역서 표준서식[14]을 활용하여 쟁점별로 구분하여 〈표 6-5〉와 같이 산출하였다.

2) 집계표

이상과 같이 감정신청사항의 실제 공사현황과 계약서, 내역서 외 각종 자료를 종합한 감정금액의 집계표는 〈표 6-6〉과 같다.

추가공사로 확인되는 항목은 ①, ②-2, ③-1, ③-2, ⑥, ⑧, ⑩ 등 7개이다. ④, ⑤, ⑦항목은 기본 약정에 포함되어 있고, ②-1, ⑨ 항목은 추가협약 조건의 약정에 포함되어 있는 것들이다. ③-3은 설계변경은 인정되나 추가공사대의 지급 약정 근거를 확인할 수 없었다. 감정결과를 종합하여 산정한 원고의 추가공사비는 ₩63,428,644원이다.

Ⅲ 공기연장으로 인한 추가비용

발주처의 사정으로 인한 공기연장에 따른 추가비용은 비록 공사물량의 증가를 불러오진 않지만 그 손실 규모는 예상외로 클 수 있다. 한국건설산업연구원에 따르면 최근 3년간 수행된 총 821개 공공공사 가

---

14 2014년 법원행정처는 '건설감정매뉴얼'을 통해 감정내역정보를 직관적으로 파악할 수 있는 '원가일체형내역서'를 표준서식으로 지정하였다.
원가일체형내역서는 내역서의 가로방향으로 감정항목의 규격 · 수량 · 단가 · 금액 등 '직접공사비'와 '간접공사비' 등 제 경비를 표기하고, 세로방향으로 쟁점별 공사항목을 전개하고 있다(건설감정매뉴얼, 앞의 책 주 1), 198면).
이 서식은 직접비와 간접공사비를 동시에 계산하여 한 행에 표기하므로 특정 공간이나 부위 단위의 공사원가를 표현할 수 있다. '추가공사비'의 쟁점별 공사비 산정에 적합하다. 뿐만 아니라 '하자' 등 제반 감정내역 작성에도 활용이 가능하다. 이런 형태의 공사비 정보는 직관적 개념을 넘어서 최근 활성화되고 있는 BIM(Building Infomation Modeling) 시스템의 부위객체나 공간객체와 상통할 수 있어 3차원 모델링의 '시각화'된 비용정보로도 발전할 수 있을 것이다.

❖ 표 6-5 항목별 추가공사대금 감정내역서(원가일체형)

구분	항목	단위	수량	직접공사비								제경비								부가가치세	합계
				재료비		노무비		경비		직접비소계		산재고용	안전관리	환경보전	현장관리비	제경비소계	일반관리비	공과잡비이윤	공사비계		
				단가	금액	단가	금액	단가	금액	단가	금액										
항목01	포장마당 콘크리트 추가물량 비용	M3	213.96	53,000	11,339,986	9,000	1,925,658			62,000	13,265,644	95,320	240,108	22,680	636,751	994,859	397,969	1,326,564	15,985,037	1,598,504	17,583,541
항목02-2	포장(1동) 기숙사동 케노피 설치비용	식	1.00	2,746,880	2,746,880	1,606,800	1,606,800			4,353,680	4,353,680	79,537	78,802	5,494	208,977	372,809	130,610	435,368	5,292,467	529,247	5,821,714
항목03-1	포장(1동) 기숙사동 판넬 증가비용	M2	47.05	18,000	846,900	6,200	291,710			24,200	a1,138,610	14,440	20,609	1,694	54,653	91,396	34,158	113,861	1,378,025	137,802	1,515,827
항목03-2	포장(3동) 우레탄판넬 교체에 따른 추가비용	M2	313.60	20,100	6,303,360					20,100	6,303,360	114,091		12,607	302,561	429,259	189,101	630,336	7,552,056	755,206	8,307,261
항목06	타일 및 위생기기 제품교체에 따른 추가비용	식	1.00	719,200	719,200					719,200	719,200	13,018	1,438		34,522	48,978	21,576	71,920	861,674	86,167	947,841
항목08	270평형 예어컨 설치에 따른 추가비용	식	1.00	22,850,000	22,850,000					22,850,000	22,850,000								22,850,000	2,285,000	25,135,000
항목10	참이식문 설치공사 비용-1동 참이문 (H=5m*6곳)	식	1.00	1,847,459	1,847,459	1,170,768	1,170,768	60,608	60,608	3,078,835	3,078,835	57,953	54,630	3,695	147,784	264,062	92,365	307,884	3,743,145	374,315	4,117,460
[합계]					46,653,785		4,994,936		60,608		51,709,329	247,249	521,257	47,508	1,385,248	2,201,362	865,780	2,885,933	57,662,403	5,766,240	63,428,644

182 건설감정 – 공사비편

❖ 표 6-6	감정결과(추가공사대금 집계표)		
	감정목록	합계	비고
항목01	공장마당 콘크리트 추가물량 비용	17,583,541	
항목02-1	호이스트 크레인 레일 설치		제외
항목02-2	공장(1동) 기숙사동 캐노피 설치비용	5,821,714	
항목03-1	공장(1동) 기숙사동 판넬 증가비용	1,515,827	
항목03-2	공장(3동) 우레탄판넬 교체 추가비용	8,307,261	
항목03-3	방화문 5개 추가 설치비용		제외
항목04	콘크리트 가격인상으로 인한 추가비용		제외
항목05	옹벽설치 공사비용		제외
항목06	타일 및 위생기기 제품교체 추가비용	947,841	
항목07	아스콘포장 추가투입물량 비용		제외
항목08	270평형 에어컨 설치에 따른 추가비용	25,135,000	
항목09	에어라인 배관공사비용		제외
항목10	접이식문 설치(H=5m*6짝)	4,117,460	
소계		63,428,644	

06

운데 발주기관의 귀책사유로 공사기간(이하 공기)이 연장된 사업장은 254곳에 달한다. 3곳 중 1곳 꼴로 시공업체가 아닌 발주처의 문제로 공기가 늘어났다고 한다.[15] 대한건설협회는 건설기업들이 부담하는 공기연장에 따른 간접비 손실을 연간 약 1조 5,000억 원으로 추정하고 있다.

국가계약법령은 계약상대자의 책임 없는 사유로 공사기간이 연장되어 발생하는 추가비용은 실비를 초과하지 아니하는 범위에서 조정토록 하고 있다. 그럼에도 불구하고 발주자의 책임소재와 같은 문제가 발생될 것을 우려하여 연장비용을 인정하지 않는 관행이 있었다. 하지만 최근에는 국가 또는 지방자치단체, 공공단체가 발주자인 공공

---

15 건설업계, 연 1.5조 '간접공사비' 보상길 열리나? 머니투데이뉴스, 민동훈기자, 2013. 08. 08.

계약에서 발주자 지시에 따른 공사 중단으로 인한 공사기간 연장 및 그에 따른 추가비용을 청구하는 소송이 자주 발생하고 있다.[16] 건설불황의 그림자가 짙음을 보여주는 단면이라고 할 수 있다.

이에 대한 감정 신청도 같이 늘고 있다. 이에 '간접공사비' 감정 시 유의해야 할 사항을 몇 가지 짚어보고자 한다. 먼저 공사원가의 구성을 살펴보자.

1. 공사원가의 구성

1) 재료비

- 직접재료비는 공사목적물의 기본적 구성형태인 주요 재료비와 주요 재료의 조성부분이 되는 매입부품 및 경비로 계상되지 않는 외주품 등의 부분품비로 구성
- 간접재료비는 공사의 실체를 형성하지 않으나 보조적으로 소비되는 물품인 소모재료비와 감가상각 대상에서 제외되는 소모성 공구, 기구, 비품 및 공사목적물의 시공을 위하여 필요한 가설재료인 비계, 거푸집, 동바리 등으로 구성
- 재료의 구입과정에서 발생하는 운임, 보험료, 보관비는 재료비로 계산하되 재료 구입 후 발생하는 부대비용은 경비로 계산
- 시공 중에 발생하는 작업설, 부산물 등은 재료비에서 공제

---

16 가장 대표적인 소송으로 서울도시철도 7호선 사건 판결을 들 수 있다. 서울중앙지법 민사27부(재판장 강인철 부장판사)는 12개 건설사가 "추가 공사비를 달라"며 서울시를 상대로 낸 공사대금 청구소송(2012가합22179)에서 "141억여 원을 지급하라"며 원고승소 판결했다. 재판부는 "공사계약 일반조건에 의해 건설사의 귀책사유 없이 공사기간이 연장되는 경우 건설사는 발주기관에 실비를 초과하지 않는 범위 안에서 계약금액의 조정을 신청할 수 있다"며 "서울시가 예산을 충분히 확보하지 못해 완공 시기가 늦어졌으므로 추가금을 지급해야 한다"고 밝혔다. 서울시, 지하철 7호선 추가공사비 141억 원 물어야, 홍세미기자 법률신문 2013. 08. 28.

2) 노무비

- 직접노무비는 계약목적물을 완성하기 위하여 직접작업에 종사하는 노무자에 의하여 제공되는 노동의 대가로서 기본급, 제수당, 상여금, 퇴직급여충당금을 포함
- 간접노무비는 작업현장에서 보조 작업에 종사하는 노무자, 종업원, 감독자 등에 지급되는 비용으로서 발주 목적물에 대하여 표준품셈이나 실적공사비에 따라 계상된 직접노무비에 일정비율을 곱한 비율분석방법을 적용

3) 경비

- 공사의 시공을 위하여 소요되는 공사원가 중 재료비, 노무비를 제외한 원가
- 기업의 유지를 위한 관리활동부문에서 발생하는 일반관리비와 구분
- 해당 계약목적물 시공기간의 소요(소비)량을 측정하거나 원가계산 자료, 계약서, 영수증 등을 근거로 산정

경비의 구체적인 의의는 기획재정부의 계약예규에서 규정하고 있다. 구체적인 내용은 다음과 같다. '간접공사비'의 의의도 마찬가지로 여기서 정하고 있다.[17]

---

17 ① 간접공사비란 공사의 시공을 위하여 공통적으로 소요되는 법정경비 및 기타 부수적인 비용을 말하며, 직접공사비 총액에 비용별로 일정요율을 곱하여 산정한다.
② 간접공사비는 다음 각호의 비용을 포함하며, 비용에 대한 구체적인 정의는 제10조 제2항 및 제19조를 준용한다.
1. 간접노무비
2. 산재보험료
3. 고용보험료
4. 국민건강보험료
5. 국민연금보험료
6. 건설근로자퇴직공제부금비

(계약예규) 예정가격작성기준 [시행 2014.1.10.] 제19조(경비)

1. 전력비, 수도광열비는 계약목적물을 시공하는데 소요되는 해당 비용을 말한다.

2. 운반비는 재료비에 포함되지 않은 운반비로서 원재료, 반재료 또는 기계기구의 운송비, 하역비, 상하차비, 조작비 등을 말한다.

3. 기계경비는 각 중앙관서의 장 또는 그가 지정하는 단체에서 제정한 표준품셈상의 건설기계의 경비산정기준에 의한 비용을 말한다.

4. 특허권사용료는 타인 소유의 특허권을 사용한 경우에 지급되는 사용료로서 그 사용비례에 따라 계산한다.

5. 기술료는 해당 계약목적물을 시공하는데 직접 필요한 노하우(Know-how) 및 동 부대비용으로서 외부에 지급되는 비용을 말하며 「법인세법」상의 시험연구비 등에서 정한 바에 따라 계상하여 사업초년도부터 이연상각하되 그 사용비례를 기준으로 배분 계산한다.

6. 연구개발비는 해당 계약목적물을 시공하는데 직접 필요한 기술개발 및 연구비로서 시험 및 시범제작에 소요된 비용 또는 연구기관에 의뢰한 기술개발 용역비와 법령에 의한 기술개발촉진비 및 직업훈련비를 말하며 「법인세법」상의 시험연구비 등에서 정한 바에 따라 이연상각하되 그 사용비례를 기준하여 배분계산한다. 다만, 연구개발비 중 장래 계속시공으로서의 연결이 불확실하여 미래 수익의 증가와 관련이 없는 비용은 특별상각할 수 있다.

---

7. 산업안전보건관리비

8. 환경보전비

9. 기타 관련법령에 규정되어 있거나 의무지워진 경비로서 공사원가계산에 반영토록 명시된 법정경비

10. 기타간접공사경비(수도광열비, 복리후생비, 소모품비, 여비, 교통비, 통신비, 세금과 공과, 도서인쇄비 및 지급수수료를 말한다.)

③ 제1항의 일정요율이란 관련법령에 의해 각 중앙관서의 장이 정하는 법정요율을 말한다. 다만 법정요율이 없는 경우에는 다수기업의 평균치를 나타내는 공신력이 있는 기관의 통계자료를 토대로 각 중앙관서의 장 또는 계약담당공무원이 정한다.

④ 제38조에 따라 산정되지 아니한 공종에 대하여도 간접공사비 산정은 제1항 내지 제3항을 적용한다.

7. 품질관리비는 해당 계약목적물의 품질관리를 위하여 관련법령 및 계약 조건에 의하여 요구되는 비용(품질시험 인건비를 포함한다)을 말하며, 간접노무비에 계상(시험관리인)되는 것은 제외한다.

8. 가설비는 공사목적물의 실체를 형성하는 것은 아니나 현장사무소, 창고, 식당, 숙사, 화장실 등 동 시공을 위하여 필요한 가설물의 설치에 소요되는 비용(노무비, 재료비를 포함한다)을 말한다.

9. 지급임차료는 계약목적물을 시공하는데 직접 사용되거나 제공되는 토지, 건물, 기계기구(건설기계를 제외한다)의 사용료를 말한다.

10. 보험료는 산업재해보험, 고용보험, 국민건강보험 및 국민연금보험 등 법령이나 계약조건에 의하여 의무적으로 가입이 요구되는 보험의 보험료를 말하고, 동 보험료는「건설산업기본법」제22조 제5항 등 관련법령에 정한 바에 따라 계상하며, 재료비에 계상되는 보험료는 제외한다. 다만, 공사손해보험료는 제22조에서 정한 바에 따라 별도로 계상된다.

11. 복리후생비는 계약목적물을 시공하는데 종사하는 노무자 · 종업원 · 현장사무소직원 등의 의료위생약품대, 공상치료비, 지급피복비, 건강진단비, 급식비 등 작업조건 유지에 직접 관련되는 복리후생비를 말한다.

12. 보관비는 계약목적물의 시공에 소요되는 재료, 기자재 등의 창고사용료로서 외부에 지급되는 비용만을 계상하여야 하며 이중에서 재료비에 계상되는 것은 제외한다.

13. 외주가공비는 재료를 외부에 가공시키는 실가공비용을 말하며 외주가공품의 가치로서 재료비에 계상되는 것은 제외한다.

14. 산업안전보건관리비는 작업현장에서 산업재해 및 건강장해예방을 위하여 법령에 따라 요구되는 비용을 말한다.

15. 소모품비는 작업현장에서 발생되는 문방구, 장부대 등 소모용품 구입비용을 말하며, 보조재료로서 재료비에 계상되는 것은 제외한다.

16. 여비 · 교통비 · 통신비는 시공현장에서 직접 소요되는 여비 및 차량유지비와 전신전화사용료, 우편료를 말한다.

17. 세금과 공과는 시공현장에서 해당공사와 직접 관련되어 부담하여야 할 재산세, 차량세, 사업소세 등의 세금 및 공공단체에 납부하는 공과금을 말한다.

18. 폐기물처리비는 계약목적물의 시공과 관련하여 발생되는 오물, 잔재물, 폐유, 폐알칼리, 폐고무, 폐합성수지 등 공해유발물질을 법령에 의거 처리하기 위하여 소요되는 비용을 말한다.

19. 도서인쇄비는 계약목적물의 시공을 위한 참고서적구입비, 각종 인쇄비, 사진제작비(VTR제작비를 포함한다) 및 공사시공기록책자 제작비 등을 말한다.

20. 지급수수료는 시행령 제52조 제1항 단서에 의한 공사이행보증서발급수수료, 「건설산업기본법」 제34조 및 「하도급 거래공정화에 관한 법률」 제13조의2의 규정에 의한 건설하도급대금 지급보증서 발급수수료, 「건설산업기본법」 제68조의3에 의한 건설기계 대여대금 지급보증 수수료 등 법령으로서 지급이 의무화된 수수료를 말한다. 이 경우 보증서 발급수수료는 보증서 발급기관이 최고 등급업체에 대해 적용하는 보증요율 중 최저요율을 적용하여 계상한다.

21. 환경보전비는 계약목적물의 시공을 위한 제반환경오염 방지시설을 위한 것으로서, 관련법령에 의하여 규정되어 있거나 의무 지워진 비용을 말한다.

22. 보상비는 해당 공사로 인해 공사현장에 인접한 도로 하천 · 기타 재산에 훼손을 가하거나 지장물을 철거함에 따라 발생하는 보상 · 보수비를 말한다. 다만, 해당공사를 위한 용지보상비는 제외한다.

23. 안전관리비는 건설공사의 안전관리를 위하여 관계법령에 의하여 요구되는 비용을 말한다.

24. 건설근로자퇴직공제부금비는 「건설근로자의 고용개선 등에 관한 법률」에 의하여 건설근로자퇴직공제에 가입하는데 소요되는 비용을 말한다. 다만, 제10조 제1항 제4호 및 제18조에 의하여 퇴직급여충당금을 산정하여 계상한 경우에는 동 금액을 제외한다.

25. 기타 법정경비는 위에서 열거한 이외의 것으로서 법령에 규정되어 있거나 의무 지워진 경비를 말한다.

4) 일반관리비

일반관리비는 기업의 유지를 위한 관리활동부문에서 발생하는 제비용으로서 공사원가에 속하지 아니하는 영업비용 중 판매비를 제외한 임원급료, 사무실직원의 급료, 제수당, 퇴직급여충당금, 복리후생비, 여비, 교통·통신비, 수도광열비, 세금과공과, 지급임차료, 감가상각비, 운반비, 차량비, 경상시험연구개발비, 보험료 등을 말하며 기업손익계산서를 기준하여 산정한다.

5) 이윤

이윤은 영업이익을 말하며 공사원가 중 노무비, 경비와 일반관리비의 합계액(이 경우 기술료 및 외주가공비는 제외한다)에 이윤율 15%를 초과하여 계상할 수 없다.

6) 공사손해보험료

공사손해보험료는 회계예규 「공사계약일반조건」 제10조의 규정에 의하여 공사손해보험에 가입 시 보험료를 말한다. 보험가입대상 공사부분의 총공사원가(재료비, 노무비, 경비, 일반관리비 및 이윤의 합계액을 말한다. 이하 같다)에 공사손해보험료율을 곱하여 계상한다.

2. 공기연장의 발생사유

일반적인 공사기간의 연장 사유는 ① 시공자 책임, ② 발주자 책임, ③ 불가항력 또는 계약당사자 누구의 책임에도 속하지 아니하는 사유로 구분할 수 있다.

1) 시공자 책임

공기 연장의 시공자 책임은 대개 자금 · 자재 · 노무 등의 부적절한 배분, 부실한 노무관리, 하도급자의 잘못 등 시공자의 경영상 또는 현장관리 부재로 인해 발생한다. 국가계약법은 계약기간 내에 공사를 완성하지 못하였을 경우 시공자에게 지체일수마다 계약서에 정한 지체상금률을 계약금액에 곱하여 산출한 지체상금을 발주자에게 납부하도록 규정되어 있다.[18]

2) 발주자 책임

공기연장의 발주자 책임은 발주기관의 사유로 착공이 지연되거나 시공이 중단되었을 경우 또는 예산의 미확보 및 사업계획의 변경 등 발주기관의 필요에 의한 경우에 주로 발생한다. 관급자재 등의 공급이 지연되거나, 설계변경으로 인하여 준공기한 내에 계약을 이행할 수 없는 경우도 있다. 이런 때에는 그 변경된 내용에 따라 실비를 초과하지 아니하는 범위 안에서 계약금액을 조정하도록 규정되어 있다.[19]

3) 불가항력 또는 계약당사자 누구의 책임이 아닌 사유

'불가항력'이라 함은 태풍 · 홍수, 기타 악천후, 전쟁 또는 사변, 지진, 화재, 전염병, 폭동 기타 계약당사자의 통제범위를 초월하는 사태의 발생 등의 사유로 인하여 계약당사자 누구의 책임에도 속하지 아니하는 경우를 말한다.[20] 공사계약 일반조건은 불가항력의 사유에 의한 경우와 기타 계약상대자의 책임에 속하지 아니하는 사유로 인하여 지체된 경우에도 그 변경된 내용에 따라 실비를 초과하지 아니하는 범위 안에서 계약금액을 조정하도록 규정하고 있다.[21]

---

18 국가계약법 시행령 제74조(지체상금률).
19 국가계약법 시행령 제66조(기타 계약내용의 변경으로 인한 계약금액의 조정).
20 「공사계약일반조건」 제32조(불가항력).
21 「공사계약일반조건」 제26조(계약기간의 연장) 제4항.

3. 공기연장비용과 지체상금의 구분

대부분 관급공사의 계약은 공사기간이 연장되거나 지체되는 사유 중 시공자 책임의 경우에는 지체상금을 부담하고, 발주자 책임의 경우에는 공기연장비용을 지급하도록 정하고 있다. 현행규정에 의하면 불가항력의 사유 또는 계약당사자 누구의 책임에도 속하지 아니하는 사유로 연장된 경우에도 공기연장비용을 지급하여야 한다. 이 같은 공기연장 시 추가비용을 청구할 수 있는 근거는 기타계약내용 변경으로 인한 계약금액 조정을 규정한 국가계약법 제19조 및 동법 시행령 제66조 제1항이다. 지방계약법은 제22조 및 동법 시행령 제75조 제1항에 근거한다. 계약상의 근거는 공사계약일반조건 제23조, 제26조, 제47조를 들 수 있다.[22]

시공자가 공사를 지체하여 계약에서 정한 준공기한을 넘기는 경우 발주자에게 지급하여야 할 손해비용이 '지체상금'이라면, 시공자의 책임 없는 사유로 인하여 당초 계약에서 정한 공사기간이 연장됨에 따라 시공자에게 추가로 발생하는 비용이 '공기연장비용'인 셈이다.

4. 공기연장으로 인한 추가비용 감정 시 유의사항

당초 약정된 간접비는 공사내역서 갑지인 '공사원가계산서'에서 확인할 수 있다. 문제는 공기연장으로 인해 증가하는 간접공사비는 원가계산서로 산정할 수가 없다는 것이다. 직접공사비의 품명, 규격, 수량 변화를 동반하지 않기 때문이다. 이런 경우는 간접비를 별도로 산정할

---

22 기타 계약금액의 조정제도는 이처럼 공사기간연장이나 운반거리 변경 등 계약내용의 변경으로 인하여 계약금액을 조정하여야 할 필요가 있는 경우에 그 변경된 내용에 따라 실비를 초과하지 않는 범위에서 계약금액을 조정하는 제도를 말한다. 계약금액의 조정이 일어난다는 점에서는 설계변경으로 인한 계약금액조정과 유사하나, 설계변경으로 인한 계약금액조정의 경우 공사물량의 증감이 발생하는 반면, 기타 계약내용의 변경으로 인한 계약금액조정의 경우는 그 요인이 '공사기간', '운반거리의 변경'으로 공사물량의 증감은 발생하지 않는다는 차이점이 있다.

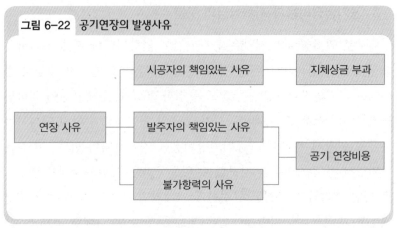

그림 6-22 공기연장의 발생사유

연장 사유 → 시공자의 책임있는 사유 → 지체상금 부과

연장 사유 → 발주자의 책임있는 사유

연장 사유 → 불가항력의 사유 → 공기 연장비용

주: 공사기간연장에 따른 간접비 지급방안, 기획재정부국고국 회계제도과, 2010, 9면

수밖에 없다. 공사연장기간과 공기와 연동되는 비목, 그리고 투입비용에 대한 감정이 요구된다.

1) 공기지연의 원인

시공자의 책임이 아닌 발주자책임의 공기연장 사유에는 어떤 것이 있나? 먼저 사업계획의 변경을 들 수 있다. 공사 도중 어떤 사유로 인해 건축물의 규모나 용도, 기능을 변경하는 것이다. 가령 '도서관'을 짓다가 갑자기 건물의 용도를 '아동복지시설'로 변경하는 예를 들 수 있다. '도서관' 기능을 확장하여 '공연시설'을 추가할 수도 있다. 이런 사업변경을 위해서는 먼저 설계도서를 변경해야 한다. 무엇보다 이런 일은 공사를 진행하면서 동시에 진행할 수 없기 때문이다. 특히 변경은 '시공자'가 독자적으로 진행할 수 없다. 발주자가 공사를 중단할 것을 지시하고 설계 변경을 완료하고 그에 따른 예산확보나 절차를 완료한 후 비로소 공사를 진행할 수 있다.

예산의 미확보도 원인이 될 수 있다. 대부분 지방자치단체나 공기업은 전체 예산이 아닌 당해 연도 예산만을 확보한 채 공사를 개시하

는 경우가 많다. 대개 건축예산은 소유 공유재산을 매각하거나 지방
채를 발행하는 방법 등을 통해서 확보한다. 그런데 차기년도의 재정
문제로 예산을 제때 확보하지 못하면 불가피하게 공사를 중단할 수밖
에 없다.[23] 드물게는 관급자재 등의 공급이 지연되어 준공기한 내에
계약을 이행할 수 없는 사례도 있다.

2) 공사중단기간의 확정

'공기연장'이란 단어에서 알 수 있듯이 공기연장으로 인해 증가하
는 간접비용의 감정에서 가장 중요한 축은 바로 '시간'의 축이다. 바로
이 '시간', 즉 '공기연장기간'이 먼저 확인되어야 한다. 일반적으로 공
공시설물의 경우는 '공문'으로 공사 중단이나 재개를 지시하므로 공
사 중단과 재개의 시점에 대한 확인은 별 어려움이 없다. 하지만 이런
내용을 확인하기 곤란한 경우도 많다. 예를 들어 관급자재의 공급지
연은 자칫 시공사의 일방적인 주장뿐일 수도 있다. 이런 사건은 관급
자재의 발주시점과 현장 반입시점의 시차를 확인하는 것도 좋은 방법
이 된다.

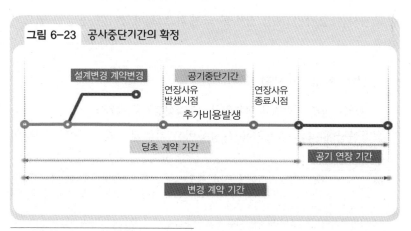

그림 6-23 공사중단기간의 확정

---

23 임병안 기자, "대전 동구 신청사 예산부족 공사 중단 11개월만인 5월 재개… 80억 지
방채 논란", 중도일보, 2011. 04. 13.

3) 공기와 연동되는 비목의 구분

'시간'의 축이 확인되면 이제 그 축에 따라 증감하는 경비의 비목을 추출하여야 한다. 예를 든다면 현장사무소, 창고, 식당, 숙사, 화장실, 가설자재, 가설펜스 임료 또는 손료가 그것이다. 이런 비목은 공기연장으로 인해 직접공사비가 연동되므로 공사비가 변경될 수밖에 없다. 이 같은 항목은 설계변경으로 인한 계약금액 조정(규격의 변경) 요건을 충족한다. 그래서 설계변경에 의한 계약금액 조정으로 처리되는 것이 맞다. 하지만 공기연장 기간을 제대로 반영해 주지 않는 경우도 많다.

한편 공기연장으로 인해 직접공사비의 변화 없이 증가할 수 있는 간접공사비로는 간접노무비,[24] 수도광열비, 복리후생비, 소모품비, 사무용품비, 세금과공과 등 기타경비와 일반관리비,[25] 공사손해보험료[26] 연장비용 등을 들 수 있다. 이런 비목들은 공사가 중단되었음에도 불구하고 현장에서 직원들을 철수시키지 못하고 사무실을 유지해야 하기 때문에 발생한다. 문제는 직접 계상 비목이나 요율 계상 경비로는 이를 다 반영하지 못할 때도 많다는 것이다. 여기에는 현장 사무실 운영을 위한 전기료나 직원들의 식대도 포함될 수 있다. 그러므로 실제 감정에서는 증가된 제반 경비를 구체적으로 파악하여 반영할 필요가 있다.

4) 실제 투입비용 산정

가. 기획재정부 계약예규 정부입찰 · 계약집행기준 제73조

공기연장에 따른 추가비용 산정방법은 기획재정부 계약예규 정부입

---

24 간접노무비는 직접 공사현장에 종사하지 않으나, 공사현장에서 보조작업에 종사하는 노무자, 종업원과 현장감독자 등의 비용(기본급, 제수당, 상여금, 퇴직급여충당금의 합계액)을 말한다.
25 일반관리비는 기업의 유지를 위한 관리활동 부분에서 발생하는 제비용을 말한다.
26 공사손해보험료는 공사계약일반조건 제10조, 공사 손해보험가입 업무집행요령 등의 규정에 따라 공사손해보험에 가입할 때 지급하는 보험료를 말한다.

그림 6-24 공기연장 추가비용의 구분

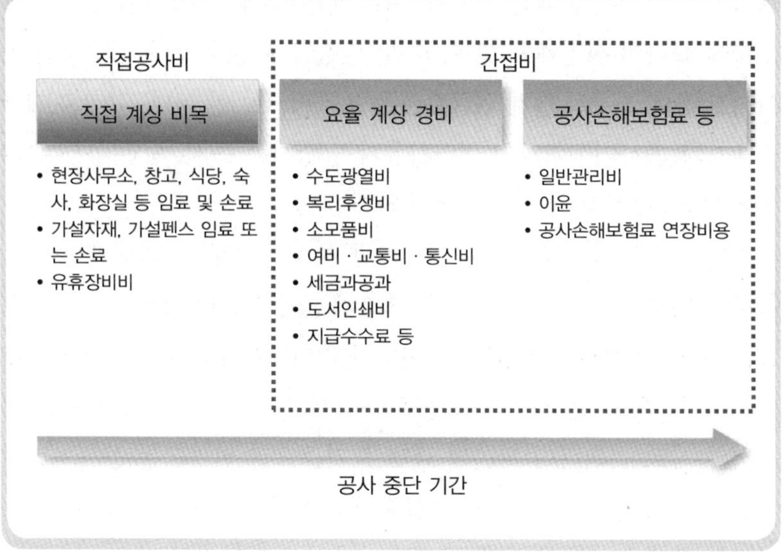

직접공사비	간접비	
직접 계상 비목	**요율 계상 경비**	**공사손해보험료 등**
• 현장사무소, 창고, 식당, 숙사, 화장실 등 임료 및 손료 • 가설자재, 가설펜스 임료 또는 손료 • 유휴장비비	• 수도광열비 • 복리후생비 • 소모품비 • 여비·교통비·통신비 • 세금과공과 • 도서인쇄비 • 지급수수료 등	• 일반관리비 • 이윤 • 공사손해보험료 연장비용

공사 중단 기간

찰·계약집행기준 제73조[27]에 정하고 있다. 구체적으로 다음과 같다.

---

27 기획재정부 계약예규 156호(시행 2014. 1. 10.) 정부 입찰·계약 집행기준
제73조(공사이행기간의 변경에 따른 실비산정) ① 간접노무비는 연장 또는 단축된 기간 중 해당현장에서 계약예규「예정가격 작성기준」제10조 제2항 및 제18조에 해당하는 자가 수행하여야 할 노무량을 산출하고, 동 노무량에 급여 연말정산서, 임금지급대장 및 공사감독의 현장확인복명서 등 객관적인 자료에 의하여 지급이 확인된 임금을 곱하여 산정하되, 정상적인 공사기간 중에 실제 지급된 임금수준을 초과할 수 없다.
② 제1항에 따라 노무량을 산출하는 경우 계약담당공무원은 계약상대자로 하여금 공사이행기간의 변경사유가 발생하는 즉시 현장유지·관리에 소요되는 인력투입계획을 제출하도록 하고, 공사의 규모, 내용, 기간 등을 고려하여 해당 인력투입계획을 조정할 필요가 있다고 인정되는 경우에는 계약상대자에게 이의 조정을 요구하여야 한다.
③ 경비 중 지급임차료, 보관비, 가설비, 유휴장비비 등 직접계상이 가능한 비목의 실비는 계약상대자로부터 제출받은 경비지출관련 계약서, 요금고지서, 영수증 등 객관적인 자료에 의하여 확인된 금액을 기준으로 변경되는 공사기간에 상당하는 금액을 산출하며, 수도광열비, 복리후생비, 소모품비, 여비·교통비·통신비, 세금과공과, 도서인쇄비, 지급수수료(7개 항목을 "기타경비"라 한다)와 산재보험료, 고용보험료 등은 그 기준이 되는 비목의 합계액에 계약상대자의 산출내역서상 해당비목의 비율을 곱하여 산출된 금액과 당초 산출내역서상의 금액과의 차액으로 한다.
④ 계약상대자의 책임 없는 사유로 공사기간이 연장되어 당초 제출한 계약보증서·공사이행보증서·하도급대금지급보증서 및 공사손해보험 등의 보증기간을 연장함

우선 간접노무비는 급여 연말정산서, 임금지급대장 및 공사감독의 현장확인복명서 등 객관적인 자료에 의하여 지급이 확인된 임금을 노무량에 곱하여 산정해야 한다. 다만, 연장사유 발생 전에 정상적인 공사기간 중에 지급된 실제 임금수준을 초과해서는 안 된다. 그리고 계약상대자가 공사이행기간의 변경사유가 발생하는 즉시 현장유지·관리에 소요되는 인력투입 계획을 제출하여야 한다.

경비항목은 직접계상이 가능한 비목과 요율계상 및 차액계상이 가능한 경비로 구분하여 산정한다. 직접계상이 가능한 경비로 지급임차료, 보관비 외에 가설비, 유휴장비비가 있다. 이에 대해서는 계약상대자로부터 제출받은 경비지출 관련 계약서, 요금고지서, 영수증 등 객관적인 자료에 의하여 확인된 금액을 기준으로 변경되는 공사기간에 상당하는 금액을 산출한다. 건설장비의 유휴가 발생하게 되는 경우 장비의 유휴가 계약의 이행 여건상 타당하다고 인정될 경우에는 임대장비는 유휴 기간 중 실제로 부담한 장비임대료를 산정하고, 보유 장비는 정비가격과 시간당 장비손료를 기준으로 하여 해당 손료의 50%에 해당하는 금액으로 유휴 장비비를 보상하도록 하고 있다.

요율계상 및 차액계상이 가능한 경비인 수도광열비, 복리후생비, 소모품비, 여비·교통·통신비, 세금과공과, 도서인쇄비, 지급수수료, 산재보험료, 고용보험료 등은 그 기준이 되는 비목의 합계액에 계약상대자의 산출내역서상 해당비목의 비율을 곱하여 산출된 금액과 당

에 따라 소요되는 추가비용은 계약상대자로부터 제출받은 보증수수료의 영수증 등 객관적인 자료에 의하여 확인된 금액을 기준으로 금액을 산출한다.
⑤ 계약상대자는 건설장비의 유휴가 발생하게 되는 경우 즉시 발생사유 등 사실관계를 계약담당공무원과 공사감독관에게 통지하여야 하며, 계약담당공무원은 장비의 유휴가 계약의 이행 여건상 타당하다고 인정될 경우에는 유휴비용을 다음 각 호의 기준에 따라 계산한다.
1. 임대장비: 유휴 기간 중 실제로 부담한 장비임대료
2. 보유장비: (장비가격×시간당 장비손료계수)×(연간표준가동기간÷365일)×(유휴일수)×1/2

초 산출내역서상의 금액과의 차액으로 한다.

계약보증서·공사이행보증서·하도급대금지급보증서 및 공사손해보험 등의 보증기간을 연장함에 따라 소요되는 추가비용은 계약상대자로부터 제출받은 보증수수료의 영수증 등 객관적인 자료에 의하여 금액을 산출한다.

나. 구체적 감정방법

위와 같이 관련 기준에서 정한 간접공사비 산정방식에 따르면 직접계상 비목인 각종 가설재의 임료나 손료, '간접노무비' 정도만 구체적으로 파악하면 공기연장으로 인한 추가비용의 산정이 가능하다. 그렇다면 이런 기준을 그대로 감정에 반영할 수 있는가?

이 기준에 따르면 기타경비로서 요율계상 및 차액계상이 가능한 경비라 할지라도 실제 공사중단 기간에 지출한 수도광열비, 복리후생비, 소모품비, 여비·교통·통신비, 세금과공과, 도서인쇄비, 지급수수료와 차이가 있다. 또한 기타경비와 임대장비비의 경우도 원고들이 연장된 공사기간에 실제로 지출한 비용은 적용할 수 없게 된다.

대부분의 분쟁은 연장된 공사기간에 대한 계약금액 조정 합의가 이루어지지 않기 때문에 발생하는 것이다. 대부분 실제로 지출한 추가비용을 간접공사비로 청구하고 있다. 이에 대해 서울중앙지방법원은 실제 지출한 공사비용이 공사기간의 연장과 객관적으로 관련성이 있다면 상당한 범위 안에서 간접공사비를 인정하여야 한다는 입장이다.[28] 이런 점에 비추어보면 법리적 판단이나 각종 규정들은 공사기간

---

28 ... 관련 규정에서 정한 간접공사비 산정방식은 계약상대자의 계약금액 조정에 따라 당사자들 사이에 계약금액 조정이 이루어질 경우 계약담당공무원이 그 연장된 공사기간에 예상되는 간접공사비를 산정하는 기준을 제시한 것이므로, 이 사건과 같이 계약금액 조정에 대한 합의가 이루어지지 않고, 원고들이 연장된 공사기간에 실제로 지출한 간접공사비를 청구하는 경우에는 적용되지 아니 한다. 이 경우 실제 지출한 공사비용을 공사기간의 연장과 객관적으로 관련성이 있고 상당한 범위 안에서 간접공사비를 인정하여야 한다(서울중앙지법 2013. 8. 23., 2012가합22179).

❖ 표 6-7   공기연장 추가비용 산정방법(공공계약 집행기준)

구분	비목	세부비목	직접공사비 시공연동	직접공사비 공기연동	간접비 시공연동	간접비 공기연동	정부 입찰 · 계약 집행기준 제73조 기획재정부 계약예규 156호
직접공사비	재료비	가설비 (손료)		●			객관적인 자료에 의하여 확인된 금액을 기준으로 변경되는 공사기간에 상당하는 금액을 산출
	노무비						
	산출경비	지급임차료		●			
		운반비					실제로 부담한 장비임대료, 보유 장비는 정비가격과 시간당 손료 기준 50% 산정
		시험비					
		중기경비		●			
간접비	간접노무비					●	지급이 확인된 임금을 노무량에 곱하여 산정
	산재보험료					●	산출내역서상 해당비목의 비율을 곱하여 산출된 금액과 당초 산출내역서상의 금액과의 차액
	고용보험료					●	
	국민건강 보험료						
	국민연금 보험료						
	퇴직공제 부금비						
	노인장기요양						
	산업안전보건						
	환경보전비						
	기타경비	수도광열비				●	
		복리후생비				●	
		소모 · 사무용품비				●	
		여비교통 · 통신비				●	
		세금과공과				●	
		도서인쇄비				●	
		지급수수료				●	
	[경비소계]						
	일반관리비					●	
	이윤					●	
공사손해보험료						●	보증기간을 연장함에 따라 소요되는 추가비용

연장에 따라 추가비용을 계약금액을 조정할 때 기본적으로 '실비'를 산정해야 한다는 입장이라고 할 수 있다. 감정에서는 실제 공사 중단 기간에 발생한 비용에 대한 근거자료를 파악하여 반영하는 것이 합리적인 방안이 될 것으로 보인다.

5. 공기연장으로 인한 추가비용 감정 사례

1) 사실관계

가. 도급계약 체결

원고 ○○건설사와 피고 ○○시는 ○○번지 일대에 '문화 및 집회시설(전시장)(이하 '이 사건 공사'라 한다)'의 도급공사에 대하여 2010. 5. 13. 지방자치단체를 당사자로 하는 계약에 관한 법률 및 지방자치단체 공사계약 일반조건(안전행정부예규 제253호), 공사계약특수조건 등에 의거하여 총 공사금액 8,550,000,000원, 공사기간 2010. 10. 04.부터 2011. 11. 30.까지로 하는 공사계약을 체결하였다.

나. 건축 개요

지하 1층/지상 3층, 건축연면적 5,355㎡, 기타 부대공사1식

구분	내용	비고
주소	경기도 ○○시 ○○번지 외	
용도	문화 및 집회시설(전시장)	
건축규모	지하 1층, 지상 3층	
대지면적	43,314㎡	
연면적	5,355㎡	
건폐율	8.22%	
용적률	11.27%	
구조물의 구조형식	철근콘크리트조	
준공일자	2012. 5. 29	

다. 도급계약의 변경

원고와 피고는 도급계약 체결 이후 피고의 사정으로 공사기간을 연장하는 변경계약을 체결하였다. 당초 준공기한이 2011. 11. 30.이었지만 최종적으로 2012. 5. 29.로 변경되어 180일 연장되었다. 원고는 피고에게 공사기간 변경에 따른 간접비를 포함하여 이 사건 공사의 계약금액 조정을 신청하였으나 피고는 이를 거부하였다.

2) 당사자들의 주장

가. 원고의 주장

지방자치단체 공사계약 일반조건은 '계약담당자는 공사기간, 운반거리의 변경 등 계약내용의 변경으로 계약금액을 조정하여야 할 필요가 있는 경우에는 그 변경된 내용에 따라 실비를 초과하지 아니하는 범위 안에서 이를 조정한다'라고 명시하고 있는 바, 별지1 공사계약변경내역서 기재와 같이 이 사건 공사계약 내용이 변경된 것은 지방자치단체 공사계약 일반조건의 '계약내용의 변경'에 해당하므로, 피고는 위와 같은 계약내용의 변경에 따라 원고가 추가로 지출하게 된 공사관리비를 이 사건 총 공사대금에 포함시키는 것으로 계약금액을 조정하고, 이를 원고에게 지급할 의무가 있다.

나. 피고의 주장

지방자치단체를 당사자로 하는 계약에 관한 법률 시행규칙 제74조 제1항에 따르면 계약내용의 변경은 계약의 이행에 착수하기 전에 완료하여야 한다. 그러나 원고는 이 사건 공사계약을 18차례에 걸쳐 변경하면서 2012. 5. 29.에 이르기까지 단 한 차례도 계약금을 조정신청하지 않았는데, 이는 원고와 피고 사이에 계약금액에 관하여 상호 이견이 없었던 것으로 볼 수 있으므로, 원고의 피고에 대한 추가공사대금 지급 청구는 이유 없다.

3) 감정신청 사항

이 사건의 최초 공사도급 계약상 당초 준공기한은 2011. 11. 30.이었지만 최종적으로 2012. 5. 29.로 변경되어 180일이 연장되었다. 공사기간이 180일간 연장되므로 인하여 원고가 지출한 것으로 인정되는 추가비용은 얼마가 되는지.

4) 감정의 전제조건

가. 감정자료

감정자료는 재판부에서 받은 감정신청서와 원고 측에서 제출한 계약서, 현장설명자료, 공사일보, 감리보고서, 회의록으로 하였다. 그 외에 구조 변경도면과 원고 측 상주인원의 급여내역, 도급내역서도 제출받아 감정에 반영하였다. 자세한 감정자료 목록과 자료 입수 일자는 〈표 6-8〉과 같다.

❖ 표 6-8   감정자료

번호	제출일자	제출자	제출자료	자료형태	비고
1	-	-	원고 감정신청서 감정할 사항 첨부자료	file	재판부
2	2014. 6.25	원고	계약서, 현장설명자료, 공사일보, 감리보고서, 회의록	서류	
3	2014. 6.27	원고	PHC-PILE 관련 실정보고서	A4서류	
4	2014. 7. 4	원고	구조도면 외(변경전, 변경후, 준공도면)	file	
5	2014. 7.17	원고	급여내역(원천징수영수증)	file	
6	2014. 7.19	원고	도급내역서	file	

나. 공사원가계산 제비율 적용기준

공기연장으로 인한 추가비용 산정시 공사비 원가계산기준은 해당 공사계약서에 첨부된 "공사비 내역서"의 '공사내역원가 제비율'을 적

구분	비목	요율	비고
(1) 재료비	직접재료비		
	계		
(2) 노무비	직접노무비		
	간접노무비	(직접노무비) × 11.5%	
	계		
(3) 경비	기계경비		
	계		
(4) 제경비	운반비		
	산출경비		
	산재보험료	(노무비) × 3.7%	
	산업안전보건관리비	(재료비+직접노무비) × 0.181% × 1.2	
	고용보험료	(노무비) × 0.69%	
	건강보험료	(직접노무비) × 1.59%	
	노인장기요양보험료	(건강보험료) × 6.55%	
	연금보험료	(직접노무비) × 2.48%	
	퇴직공제부금비	(직접노무비) × 2.30%	
	기타경비	(재료비+노무비) × 5.7%	
	환경보전비	(재료비+직노비+산출경비) × 0.05%	
	지급보증서발급수수료	(재료비+직노비+산출경비) × 0.049%	
	공상·행보증수수료		
	계		
소계		(1+2+3+4)	
일반관리비		(재료비+노무비+경비) × 2.94 %	
이윤		(노무비+경비+일반관리비) × 3.85 %	
총공사비			
부가가치세		(총공사비+견적) × 10%	
합계			

❖ 표 6-9 도급계약서의 원가계산 비율

용하였다.

다. 경비항목의 감정

경비항목은 직접 계상이 가능한 비목과 요율계상 및 차액계상이 가능한 경비로 구분하여 산정하였다. 직접 계상이 가능한 경비로 지급임차료, 보관비 외에 가설비, 유휴장비비가 있다. 이에 대해서는 계약상대자로부터 제출받은 경비지출 관련 계약서, 요금고지서, 영수증 등 객관적인 자료에 의하여 확인된 금액을 기준으로 변경되는 공사기간에 상당하는 금액을 산출하였다. 건설장비의 유휴가 발생한 경우 장비의 유휴가 계약의 이행 여건상 타당하다고 인정될 경우에는 임대장비에 대해서는 유휴 기간 중 실제로 부담한 장비임대료를 산정하고, 보유장비에 대해서는 정비가격과 시간당 장비손료를 기준으로 하여 해당 손료의 50%에 해당하는 금액을 유휴장비비로 산정하였다.

요율계상 및 차액계상이 가능한 경비는 수도광열비, 복리후생비, 소모품비, 여비·교통·통신비, 세금과공과, 도서인쇄비, 지급수수료, 산재보험료, 고용보험료 등 비목의 합계액에 산출내역서상 해당비목의 비율을 곱하여 산출된 금액과 당초 산출내역서상의 금액과의 차액으로 하였다. 다만 이 요율계상비용이 실제 공사중단 기간에 지출한 수도광열비, 복리후생비, 소모품비, 여비·교통·통신비, 세금과공과, 도서인쇄비, 지급수수료와 현저한 차이를 보이는 경우 공사기간의 연장과 객관적으로 관련성을 판단하여 실제 지출한 공사비용을 추가비용으로 인정하였다.

5) 구체적 감정결과

가. 공기연장 기간

감정결과, 해당 공사는 2010년 10월 4일 도급계약 후 2차례에 걸쳐 계약이 변경되었고, 그 중 2차계약에서 공사기간이 변경되었음을 확인하였다. 감정인은 공사기간 연장으로 인해 발생한 원고의 추가비용을 산정하기 위해 원고가 제출한 각종 자료[29]를 면밀히 검토·확인하였다. 최종 확인된 공기연장기간은 2011. 11. 30.에서 2012. 05. 29.로 180일이다.

❖ 표 6-10   변경계약서 기준 공기연장기간 산정근거

구분	일자	공사기간	비고
도급계약	2010. 10. 4	2010. 10. 4 ~ 2011. 11. 30	
1차계약변경	2011. 3. 31	2010. 10. 4 ~ 2011. 11. 30	설계변경
2차 계약변경	2011. 11. 30	2010. 10. 4 ~ 2012. 5. 29	기간변경
공기연장 주장기간	2011. 11. 30 ~ 2012. 5. 29		180일 연장

나. 간접노무비 산정

감정결과 산정된 감정노무비는 〈표 6-11〉과 같다.

❖ 표 6-11   간접노무비 산정표

구분		기준금액 2012.05 내역 30일	적용단가 30일/월 기준	추가금액 11.11.30~'12.05.29 180일	비고
간접 노무비	현장대리인	3,230,000	107,667	19,380,000	직원1
	안전관리자	3,000,000	100,000	18,000,000	직원2
	공사부차장	3,200,000	106,667	19,200,000	직원3
	공무부차장	3,250,000	108,333	19,500,000	직원4
	공사부차장	3,850,000	128,333	23,100,000	직원5
	공사부주임	1,666,600	55,553	9,999,600	직원6
	경리부사원	1,000,000	33,333	6,000,000	직원7
	소계			115,179,600	

---

29 도급계약내역서, 토지임대계약서, 현장직원 임금 원천징수 영수증, 식대 및 사무용품비 영수증.

다. 직접비 계상금액

감정결과 산정된 직접비 계상금액은 다음과 같다.

① 지급임차료

구분		기준금액	적용단가	추가금액	비고
		12개월	30일/1월 기준(임차료)	11.11.30~'12.05.29 6개월	
임차료	조립식 가설사무소	4,771,802	13,255	2,385,901	
	조립식 가설창고	3,967,730	11,021	1,983,865	
	조립식 가설울타리	13,679,400	37,998	6,839,700	
	사무실임대	-		-	
	소계	22,418,932		11,209,466	

② 기계경비

구분			기준금액	적용단가	추가금액
			12개월	1월 기준 (임차료)	11.11.30~'12.05.29 6개월
기계경비	장비료	집크레인	72,000,000	6,000,000	36,000,000

라. 간접비 계상금액(기타 경비)

감정결과 산정된 간접비계상금액은 다음과 같다.

구분		기준금액	적용단가	추가금액	비고
		월간	식대 – 실비	11.11.30~ '12.05.29	
		11.11.30~'12.05.29	운영비-월간	180	
식대	식당1		9,252,000	9,252,000	식당A
	식당2		1,968,000	1,968,000	식당B
	식당3		780,000	780,000	식당C
	소계	-		12,000,000	
운영비	O.A 기기	638,000	638,000	3,828,000	
	생수	225,500	225,500	1,353,000	
	소계			5,181,000	
계				17,181,000	

마. 원가계산

기타 경비외 산재, 고용보험료, 일반관리비, 이윤 등은 계약내역서
의 비율을 인용하여 원가계산하여 산정하였다.

바. 집계표

❖ 표 6-12 감정금액 집계표

구분		금액	구성비	비고	요율
재료비	직접재료비	-			
	간접재료비	-			
	작업부산물등	-			
	소계(1)	-			
노무비	직접노무비	-			
	간접노무비	115,179,600	실비 정산 금액		
	소계(2)	115,179,600			
순공사비	경비	지급임차료	11,209,466	실비 정산 금액		
		운반비				
		시험비	-			
		중기경비	36,000,000	실비 정산 금액		
		소계(3)	47,209,466			
	제경비	산재보험료	4,261,645	(노무비)*3.7%		3.70%
		고용보험료	794,739	(노무비)*0.69%		0.69%
		건강보험료	-			
		노인장기요양보험	-			
		연금보험료	-			
		퇴직공제부금비	-			
		기타경비	17,181,000	실비 정산 금액		5.70%
		환경보전비				
		지급보증서발급료	-			
		공상·행보증수수료	-			
		소계(4)	22,237,384			
합계		184,626,450	(1+2+3+4)		
일반관리비		4,040,059	(재료비+노무비+경비)*2.94%		2.94%
이윤		5,446,096	(노무비+경비+일반관리비)*3.85%		3.85%
총공사비		194,112,606			
부가가치세		19,411,261	(총공사비+견적)*10%		10.00%
합계		213,523,867			

제 7 장

공사대금 정산

공사대금 정산

제 7 장

I 공사대금 정산 개요

공사대금 정산은 추가공사대금과 정확히 반대되는 개념이다. 추가공사대금이 수급인이 추가공사에 대한 공사대금 증액을 요구하는 경우라면 공사대금 정산은 당초 약정보다 일부를 미시공하였거나 자재나 공법의 성능 또는 규격을 변경하여 시공한 부분에 대해서 도급인이 수급인에게 감액을 요구하거나, 약정한 내용과 달리 공사비를 청구하는 것에 대해 감액을 요구하는 것이다. 도급인의 입장에서 수급인이 도급계약에서 정한 채무의 일부를 이행하지 않은 것에 대해 공사대금의 일부

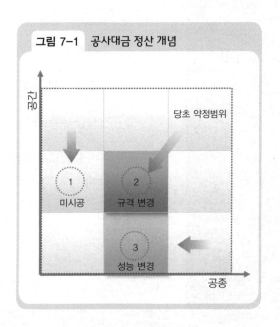

그림 7-1 공사대금 정산 개념

공기 / 당초 약정범위 / 1 미시공 / 2 규격 변경 / 3 성능 변경 / 공종

를 정산하기 위한 것이다.

1. 채무불이행에 의한 공사비 정산

채무불이행에 따른 공사비 정산의 가장 대표적인 유형으로 바로 재개발·재건축사업[1]의 공사비 정산을 들 수 있다. 지역주택조합사업[2]도 마찬가지다. 재개발·재건축사업은 주거환경을 개선하기 위해 노후화된 주택의 개선과 토지의 효율적 이용을 위한 사업이다. 도시는 이 같은 도시환경 정비를 통해 잃어버렸던 기능을 회복하면서 새로이 탈바꿈 한다. 따라서 재개발·재건축사업은 해당 지역 거주민뿐만 아니라 전체 도시민의 입장에서 매우 중요한 사업이다. 그렇지만 사업진행 중 문제가 발생하였을 때는 '조합'이 시행자로서 모든 책임과 의무를 져야 한다.

시공사 선정이나 공사비 지급도 마찬가지다. 모두 '조합'이 그 중심에 있다. 도시정비사업에서 시공자선정은 매우 중요하다. 시공사의 능력에 따라 정비사업의 성공 여부가 좌우되기 때문이다. 조합이 시공사를 선정하고 계약하는 방법은 두 가지로 나눠진다. 바로 '도급제'와 '지분제'다. 도급제는 건설연면적에 따른 총공사비를 건설도급금액으로 확정하고 계약을 체결하는 방법이고, 지분제는 시공자(사)가 조합원에게 일정한 지분율에 따른 시설물(또는 면적)을 제공하는 방식

---

1 그래서 근래의 재개발·재건축 사업은 공공성을 강조한다. 아예 2010년 7월부터 공공관리제도를 도입하여 그에 맞춰 수행하고 있다. 공공관리제도란 재개발·재건축 사업의 투명성과 효율성을 높이기 위해 사업추진지역의 해당 지방자치단체가 설계자 및 시공자 선정, 관리처분 계획 수립 등 전반적인 사업시행 과정을 직접 관리하고 지원하도록 하는 제도이다.

2 같은 특별시·광역시·특별자치도·시 또는 군(광역시의 관할 구역에 있는 군은 제외한다)에 거주하는 주민이 주택을 마련하기 위하여 설립한 조합을 말한다. 지역주택조합의 설립을 위해서는 해당 주택건설대지의 80/100 이상의 토지에 대한 토지사용승낙서, 창립총회의 회의록, 조합장선출동의서, 조합원명부, 사업계획서 등을 첨부하여 주택조합의 주택건설 대지를 관할하는 시장·군수·구청장에게 제출해야 한다(부동산용어사전, 2011. 5. 24, 부동산 전문출판 부연사).

으로 계약을 체결하는 방법이다.[3]

문제는 성공적 사업수행을 위해서는 시공사의 능력이나 브랜드가 매우 중요한데 조합원 간 서로 이견이 갈리는 경우가 많다는 것이다. 계약방식이 복잡하고 대부분 경쟁입찰방식이다 보니 시공자 선정 시 조합원들 사이에 의견이 충돌하는 사례가 자주 발생한다. 문제는 또 있다. 지분제든 도급제든 공사 자체는 당초 약정된 계약내용과 동일하게 진행되어야 하는데 당초 약정과는 달리 설계변경도 자주 발생한다는 것이다. 공사기간이 길고, 다수의 복합적인 공정을 통해 건축물을 시공하기 때문에 어떤 면에서는 설계변경이 생기는 것이 필연적이고 관행적이라고 할 수도 있다.

그러나 최근에는 이런 관행에 대해 도급계약의 약정을 근거로 소송을 제기하는 사례가 많다. 사정변경의 귀책사유에 따라 해당 변경이 계약금액의 조정대상인지, 조정된다면 그 금액은 얼마인지 따져 보자는 것이다. 그리고 그 결과에 따라 증액할 부분은 인정하더라도 감액할 부분은 공사비를 감액해야 한다는 것이다. 예로서 인도받은 건축물이 당초 약정한 설계도서와 상이한 사례나, 당초 계약 시 기준으로 한 분양카탈로그 또는 견본주택과 달리 시공하였으므로 정산을 주장하는 사례도 있다. 이 밖에 조합원 총회나 입찰제안서에서 제시하였던 공사의 내용이나 범위와 달리 품질을 하향 시공 하였거나 변경 또는 누락하였다고 주장하는 사례도 있다.

---

3 '도급제'는 일반적인 건축공사의 발주 방식으로서 건축물의 평당공사비를 정하여 공사계약을 체결하는 방식이다. 건축공사의 진행속도가 빠르고, 시공사는 공사비만 받게 되므로 개발이익이 조합원에게 환원된다. 반면 사업이 진행되는 도중 물가상승이나 설계변경 등 공사비 증가요인이 발생하면 조합원의 추가부담이 필요하다.
'지분제'는 조합원이 소유토지를 출자하고 이에 따라 시공사는 일정비율(지분)의 아파트면적을 조합원에게 제공하고 잔여주택과 상가 복리시설 등은 매각하여 공사비에 충당하는 방식이다. 조합원 부담금을 계약 당시로 고정시켜 주민들에게 확실한 개발이익을 보장하는 대신 사업결과에 따른 추가이익 또는 손실은 시공사에게 돌아가기 때문에 '대물보상제도'라고도 한다.

정리하면 공사대금 정산이란 도급계약 상의 약정을 제대로 수행하지 않아 발생한 채무불이행에 대한 손해배상을 요구하는 것이라고 할 수 있다. 그렇다면 당초 약정한 내용과 상이하게 시공하여 발생한 손해액을 어떻게 감정할 것인가.

하자에서도 이와 유사한 개념으로 손해의 배상액을 감정해야 하는 경우가 있다. 하자보수가 불가능하거나 허용되지 않는 경우에는 현실적으로 하자보수비용을 산정할 수 없으므로 하자로 인한 건물가치의 감소액, 완전한 건물과 하자있는 건물과의 경제적 가치의 손해액으로 감정하고 있다.[4]

대법원은 이에 대해 "하자가 중요하지 아니하면서 그 보수에 과다한 비용을 요하는 경우, 그 하자로 인한 손해인 교환가치의 평가는 재조달원가에 감가수정을 하는 복성식평가법[5]에 의하는 것이 합리적이고(감정평가에 관한 규칙 제4조, 제18조 등 참조), 감가수정을 하는 것이 적당하지 않은 경우에는 건물 완공 시의 재조달원가를 산정하여 이를 비교하는 방법으로 평가하는 것이 합리적이다."[6]라고 판시하고 있다. 또한 "교환가치의 차액을 산출하기가 현실적으로 불가능한 경우의 통상의 손해는 하자 없이 시공하였을 경우의 시공비용과 하자 있는 상태대로의 시공비용의 차액이라고 봄이 상당하다"고 판시하고 있다.[7]

그러므로 하자 감정에서는 동일 부위의 상태 평가를 통해 손해액을 감정하는 방법은 "하자 없이 시공하였을 경우의 시공비용과 하자 있는 상태대로의 시공비용의 차액"이라고 할 수 있다. 공동주택의 하자

---

4 윤재윤, 앞의 책 주13), 292면.
5 부동산가격을 평가하는 하나의 방법이다. 가격시점 현재 대상물건을 재생산 또는 재취득하는 데 소요되는 재조달원가에 감가수정을 가하여 대상물건의 현재의 가격을 산정하는 방법을 말한다(방경식, 부동산용어사전, 부연사, 230면, 2011).
6 대법원 1998. 3. 13. 선고 95다30345 판결【공사대금】
7 대법원, 97다54376, 1998. 3. 13.

소송에서 미시공·변경시공 하자를 주장하는 내용은 바로 이런 맥락에서 이해해야 한다.[8]

공사대금 정산에서도 바로 이런 개념을 손해액 산정 방식으로 적용할 수 있다. 이에 따라 약정대로 시공하였을 경우와 약정대로 시공하지 않은 현재 상태를 비교하여 손해액을 산정한다면 그 손해액을 건물 완공 시의 재조달원가를 산정하여 비교하는 방법으로 평가할 수 있을 것이다. 구체적으로는 "약정대로 시공하였을 경우의 시공비용과 약정대로 시공하지 않은 현재 상태대로의 시공비용의 차액"을 산정하여 손해액을 확인하면 될 것이다.

2. 기시공부분 공사비 정산

공사가 중단된 경우는 '기성고 비율'에 의한 '기성고공사대금'을 산정해야 한다. 하지만 때로는 중단된 공사부분에 대해서만 공사비를 정산해야 하는 경우가 있다. 두 가지 유형이 있다.

첫째, 기시공부분에 대한 객관적 공사비의 산정이다. 이런 유형은

---

8 다만 하자소송에서는 구체적인 하자현상이 사용검사 이후에 발생하는 미시공이나 변경시공 하자는 이를 담보책임의 보증대상하자로 보고 있다.

"결국 보증대상이 되는 하자는 미시공, 변경시공 그 자체가 아니라, '공사상의 잘못으로 인하여 건축물 또는 시설물 등의 기능상·미관상 또는 안전상 지장을 초래할 수 있는 균열·처짐 등의 현상이 발생한 것'을 의미한다고 보아야 할 것이고, 그 공사상의 잘못이 미시공이나 변경시공이라 할지라도 달리 볼 것은 아니라 할 것이어서, 하자가 비록 미시공이나 변경시공으로 인하여 건축물 자체에 위와 같은 균열 등이 발생할 가능성이 내재되어 있었다고 할지라도 그 자체만으로 보증대상이 되는 하자가 사용검사 이전에 발생한 것이라고 볼 것은 아니라 할 것이며, 그와 같은 균열 등이 실제로 나타나서 기능상·미관상 또는 안전상 지장을 초래하게 되었을 때 하자가 발생하였다고 보아야 할 것이고, 그 보증대상이 되는 하자가 되기 위해서는 보증계약에서 정한 보증기간 동안에 발생한 하자로서 사용검사일 이후에 발생한 하자이어야 하므로, 공사상의 잘못으로 주택의 기능상·미관상 또는 안전상 지장을 초래하는 균열 등이 사용검사 후에 비로소 나타나야만 한다 할 것이고, 사용검사 이전에 나타난 균열 등은 그 상태가 사용검사 이후까지 지속되어 주택의 기능상·미관상 또는 안전상 지장을 초래한다 할지라도 이는 위 의무하자보수보증계약의 보증대상이 되지 못한다 한다(대법원 2006. 5. 25. 선고 2005다 77848 판결)".

대부분 '이면계약'에서 발생한다. '총액계약' 방식의 도급계약이 중단되었을 때 '기성고공사대금'은 기성고 비율 방식에 의할 수밖에 없다. 이때 '기성고공사대금'은 근원적으로 '약정금액'에 연동될 수밖에 없다. '약정금액'에 기성고 비율을 곱하여 '기성고공사대금'을 산출하기 때문이다.[9] 그런데 당초부터 도급금액 자체가 과다했다는 문제인식이 사건의 쟁점이라면 이런 '기성고 비율' 방식을 적용하기 어렵다. 이를테면 대출을 위해 금융기관에 제출하는 도급계약서를 약정한 공사대금보다 상회하는 금액으로 작성하는 사례를 들 수 있다. 공식적인 계약문서 상의 금액과 실제 약정 금액이 차이가 나는 이면계약이 실무에는 간혹 있다. 이때는 기시공부분에 투입된 공사대금이 도급계약의 금액과 괴리가 있을 수밖에 없다. 바로 이런 사례는 기시공부분에 대한 전면적인 재검토를 통한 객관적 공사비의 정산이 필요하게 된다.

둘째, 실제투입물량의 적정성에 대한 감정이 필요한 경우다. 극단적이지만 시공자가 레미콘을 빼돌려 바로 옆 현장(시공자가 관리하는 다른 현장)에 타설하였다거나 철근을 설계수량대로 시공하지 않고 빼먹었다고 주장하는 사례가 있다. 단순한 자재 변경이 아니라 아예 자

---

9 2장에서 말했듯이 '경쟁자중심의 가격결정'의 특성으로 체결한 도급계약은 동일한 건축물을 두고서도 전혀 다른 도급계약을 체결할 수 있다. 어떤 시공자를 어떤 가격으로 어떤 방식으로 입찰에 붙이느냐에 따라 공사비의 변동폭은 상당히 커질 수 있다. 그러므로 실제 약정금액의 수준이 비교적 높은 편이라면 실제 투입공사비 보다 높은 금액이 산출될 수 있다. 반대로 실제 약정금액이 아주 낮은 편이라면 실제 투입공사비 보다 낮은 기성고공사대금이 산출될 것이다.
가상의 사례로서 추가 발주가 20억 원 정도 확정된 공사에 대한 선행공사의 입찰가가 10억 원이라고 가정해보자. 10억 원짜리 선행 공사를 수주하면 20억 원짜리 공사가 자동으로 따라오는 조건이다. 실제로는 30억 원 짜리 공사인 셈이다. 그렇다면 입찰에 참가하는 누구라도 먼저 10억 원짜리 공사를 무리를 해서라도 따내려고 할 것이다. 이 공사가 그래서 누군가 5억 원에 수주를 해서 공사를 시작했다. 그런데 공사가 갑자기 중단된 사례를 가정해보자. 만약 감정으로 산출한 기성고 비율이 50%라면 이 공사의 기성고공사대금은 도급금액 5억 원에 기성고 비율을 적용한 금액인 2억 5천만 원이 된다. 물론 극단적인 사례이지만 반대의 상황도 얼마든지 가능하다.

재 투입 자체가 이루어지지 않았다는 것이다. 사실 이런 상황은 도급인이 건축의 모든 단계에 상주하면서 관리할 수 없기 때문에 얼마든지 발생할 수 있다. 건물을 짓는 공법을 잘 이해하지 못하는 비전문가의 입장에서는 당초의 계약 내용과 달리 공사가 흘러갈 경우, 단순한 시공방법 내지 설계의 변경인지, 추가적인 공사대금채무가 발생하는 것인지를 구분할 수가 없다. 이런 경우는 재판부가 설계도서를 기준으로 투입물량을 감정하여 적정 공사비를 산출하도록 명할 수가 있다.

흔치 않지만 총액을 결정하지 않고 추후 공사비를 정산하기로만 약정하고 공사를 진행하는 경우도 일어난다. 기성고 감정에서도 공사 착수 후 얼마 지나지 않았거나, 중단된 현황이 너무 단순해서 육안으로 바로 파악할 수 있는 경우는 실제 투입 물량을 중심으로 공사비를 산정하고 그 금액을 기시공 공사대금으로 확정하는 것이 효율적일 수 있다. 뿐만 아니라 감정업무도 축소되므로 감정료가 낮아지는 효과도 있다. 물론 이런 부분은 재판부가 전제사실로 제시해 주어야 가능하다.

문제는 도급금액의 적정성을 판단하기가 어렵다는 것이다. 공사대금의 '비정형성'과 '경쟁자중심 가격결정' 방식의 특성 때문이다. 관급공사는 '표준품셈'에 의한 기초금액을 제시하기 때문에 낙찰금액의 적정성을 어느 정도 가늠할 수 있다. 하지만 '표준품셈'도 실제 건설공사의 투입원가보다 높게 반영된다는 한계가 있다. 특히 인테리어의 경우 공사의 난이도가 천차만별이라 공사대금의 적정성이나 객관적 비용을 파악하기가 난감할 때가 많다. 그러므로 공사대금의 적정이나 객관성을 확인하기 위해서는 조심스런 접근이 요구된다. 약정금액, 공사의 성격, 수준, 공기, 공사의 진행 정도, 마감 상태 등을 종합적으로 감안하여 감정을 수행하여야 한다.

3. '실비정산보수가산식' 계약의 '실비'정산

'실비정산 보수가산식' 계약이란 글자 그대로 공사에 대한 '실비'를 정산하고 그 '실비'에 맞추어 약정된 '보수'를 가산하여 지급하는 방식이다. 문제는 이 '실비'의 객관성이다. '실비'란 결국 현장에 투입된 모든 자재나 인력의 과다를 따지지 않고 그대로 인정한다는 것을 내포하고 있다. 하지만 도급인의 입장에서 수급인이 현장관리를 소홀히 하여 비용이 과다하게 발생되었다는 생각이 들 수도 있다. 이때 투입된 '실비'의 실체가 쟁점이 될 수 있다. 또 하나의 문제는 바로 '실비'와 '보수'의 구분이다. 예를 들면 도급인의 입장에서 보면 '보수'로 구분되어야 하는 비목인데도 불구하고 '실비'로 청구하고 이에 대해 다시 '보수'를 주장한다면 이중으로 비용을 지급하는 것이 된다. 이런 경우는 '실비'와 '보수'의 구분에 대한 감정이 필요하다.

4. 과거 시점의 공사비 추정

최근 15~20년 이상 경과된 임대 주택 단지의 건축 당시 실제 건축비에 대한 감정이 요구되는 사례가 실제로 발생하고 있다. 공공임대 아파트 분양 전환 시 분양가를 과다 산정해 취한 부당이득을 돌려달라는 것이다. 과거시점에 이미 집행된 공사비의 실체를 파악하는 것은 쉽지 않다. 이런 경우 대부분 감정자료는 아파트 단지에서 보관하고 있는 준공도면 정도 밖에 없기 때문이다.

하지만 당시의 시공 현황을 확인할 수 있는 설계도면이 있다면 실제 건축 당시의 공사비에 대한 객관적 추론은 가능할 것으로 보인다. 물론 추정을 통해 나온 감정결과에 대해 이견이 있을 수 있다. 하지만 불가피하게 감정으로 사실관계를 파악해야 한다면 추론방식으로 추정할 수밖에 없을 것이다. 이에 대한 구체적인 감정 수행 방법은 다음과 같다.

1) 설계도면 검토

먼저 전제적으로 지금까지 남아있는 설계도면의 검토가 실시되어야 한다. 미비한 부분이 있는지 누락된 부분은 없는지 충분히 파악되어야 한다. 공사비를 산출하는데 문제가 없다고 판단되어야만 비로소 감정이 가능할 것이다.

2) 공사비 적산

과거에 발주한 공사비 도급금액이 근거가 될 수 있다는 의견도 있다. 시행사의 경우 아파트 신축공사를 일괄하여 도급을 줄 수 있으므로 이러한 추정도 가능하다. 하지만 건설도급계약의 체결과정을 자세히 들여다보면 공사대금은 아주 유동적이며 실행가격이 조금씩 차이가 날 수밖에 없다는 사실을 알 수 있다. 특히 입찰의 경우 가격이 아주 다양하게 제시될 수 있다. 그 이유는 도급금액의 결정과정이 바로 입찰참가자들의 경쟁에 의해 결정되기 때문이다. 즉 공사대금에 '경쟁자중심의 가격결정 방법'의 속성이 녹아있기 때문이다. 이러한 방식에서 가격을 결정하는 중요한 기준은 바로 '경쟁사들의 가격'이다. 공사를 낙찰받기 위해서는 경쟁사들보다 1원이라도 낮은 가격을 제시한다. 실제 입찰에서 손익분기점 이하 금액이 제시되는 것이 바로 이 때문이다.

그러므로 과거 시점의 입찰 가격을 과거의 실제 건축비로 추정하는 것은 무리가 있다. 건설공사는 각종 자재나 인력이 물리적으로 투입되어야 하는 실체적 행위이기 때문이다. 공사비 산출에서 그 기반은 실제 투입원가가 되어야 한다. 그래야만 설계도서에 근거한 일정한 물리적 형상을 완성할 수 있다. 어떤 건설사가 도급공사를 아주 저가로 낙찰되었다고 하더라고 결국은 설계도서에 규정한 모든 시설을 완성해야 하기 때문이다. 어떤 공사비를 산정하기 위해서는 설계도면을 근거로 실제 소요 수량을 산정하고 단가를 적용하여 공사원가를 산출해야 할 수밖에 없다.

3) 공사비 산정 시점

설계도면을 검토한 결과 큰 문제가 없다면 그 설계도면을 근거로 공사물량을 산출하고 내역서를 작성하여야 한다. 이제 문제는 공사비 산정 시점이다. 흔히 과거의 일정 시점에 대해 실제 공사비를 집행한 구체적 증빙자료가 있다면, 이중 자재나 노임을 통해 단가를 적용하거나 과거 시점의 물가정보지를 확인하여 과거 시점의 단가를 쉽게 찾을 수 있을 것으로 생각하기 쉽다.

하지만 전문적으로 공사비를 산출하는 감정인의 입장에서 보면 과거 시점의 단가를 확인하는 것은 쉽지 않다. 우선 과거 공사비의 집행 자료는 자재 구매 내역이나 임금지급 현황 정도만 파악이 가능할 뿐 총괄적인 공사비 집행 내역을 전부 확인하기가 어렵다. 사실 그것이 모두 입증된다면 감정 자체가 필요하지 않을 것이다. 마찬가지로 10여년 전의 시중 물가정보지를 확보하여 단가를 확인하는 것도 쉽지 않다. 대부분의 적산회사들이 보유한 물가정보지는 4~5년 정도 분량밖에 없다. 과년도 정보지는 해가 지나면 대부분 폐기해 버리기 때문이다. 설사 일부 공종의 자재나 노임의 단가는 확인할 수 있다 하더라도 다른 일부 공종을 확인하지 못한다면 공사비내역서는 불완전하며, 이에 따라 산출된 공사비 또한 불완전할 수밖에 없다.

때문에 이런 경우는 먼저 현재시점의 단가를 적용하여 공사비를 산출해 거슬러 올라가야 한다. 현재시점의 단가를 적용할 때 공정성과 객관성을 기하기 위해 물가정보지 등을 3개사 이상 참고하여 낮은 가격을 적용하는 것이 좋다. 각종 품셈도 현재시점의 표준품셈을 근거로 산출하는 것이 작업에 도움이 될 것이다. 우선은 현재시점에서 공사를 수행한다고 가정하고 완벽한 공사비를 산출한다는 개념으로 접근해야 한다.

4) 공사비의 보정

문제는 이렇게 산출한 공사비가 현재시점의 산출 원가라서 그대로 활용할 수 없다는 것이다. 게다가 상기의 과정을 통해 산출한 공사비는 물가정보지의 단가와 표준품셈을 근거로 했기 때문에 실제 건설사업의 건축비와는 일정 부분 괴리가 있다. 대부분 건설 현장의 공사계약 방식이 입찰방식이기 때문에 입찰을 통해 결정된 도급금액과 건축물의 적정원가와의 격차가 있음을 부정할 수 없다. 어떤 금액이든 약정에 의해 결정된 것은 그 자체로 의미가 있기 때문이다.

현재시점의 실제 공사비를 추정하기 위해서는 입찰 방식에 의한 낙찰률을 일정 부분 반영해야만 한다. 하지만 민간 건설 부문 도급계약의 낙찰률에 대해 실증적으로 확인한다는 것은 여전히 풀기 어려운 문제다. 그렇다고 공공공사의 무제한적 최저가 방식의 낙찰률을 적용하는 것도 곤란하다. 앞서 언급했듯이 최저가 도급금액은 실제 건축공사의 원가와 상당한 간극이 있을 수 있기 때문이다. 아직 정립된 낙찰률은 없지만 개인적 의견을 낸다면 현행 관급공사에서 결정되는 여러 가지 입찰방식 중 제한적 최저가 낙찰률은 85%가 가장 적정한 수준이라고 할 수 있다. 정리하면 표준품셈으로 산정한 공사원가를 관급공사의 적정한 제한적 최저가 낙찰률 85%가 선에서 보정하자는 것이다. 이런 방식으로 현재시점의 실제 공사비가 산출할 수 있다. 물론 감정인의 전문적 지식과 경험칙으로 더욱 정교한 최저가 낙찰률을 찾아내어 적용할 수 있음을 밝혀둔다.

5) 신축 당시로의 물가 보정

현재시점에서 실제 공사비를 산출했다면 이제 과거로 돌아가야 한다. 우리가 산정하고자 하는 것은 현재의 시점이 아닌 이미 십수년 전에 시행된 건축공사이기 때문이다. 과거 시점에 대한 물가 변동이 고려되어야 한다. 그렇다면 현재의 가치를 과거 일정 시점의 가치로 어떻게 환산할 것인가?

혹자는 해당 시점기준 유사규모 타 아파트 공사비와 비교하자는 방안을 제시한다. 내구연한을 적용하여 감가상각을 하자는 의견을 제시하기도 한다. 하지만 손모나 노후화를 따져 현존하는 가치를 따지는 것이 아니기 때문에 이러한 방법은 적절하지 않을 수 있다. 여기서 제안하는 방식은 물가보정을 위한 'GDP 디플레이터'[10]를 활용하자는 것이다. 'GDP 디플레이터'는 KDI에서 국책사업의 예비타당성조사에서 활용하는 물가보정지수이다. 즉 GDP 디플레이터를 적용하여 과거의 물가를 현재시점에서 보정하는 방법으로 거슬러 올라가자는 것이다.

구체적인 방법은 다음과 같다. 현재시점 건축물에 대한 실제 건축비를 산정한 후 과거 신축 시점까지의 시차에 대한 'GDP 디플레이터'를 역으로 적용하는 것이다. 예를 들어 〈표 7-1〉에서 2005년 건설업 GDP 디플레이터가 '100'이었다면 2014년은 '140.1'가 된다. 이를 역으로 환산하면 7년 동안 물가가 40% 상승하였다는 것이다. 이를 반대로 적용하여 2014년이 '100%'라고 한다면 2003년에는 '71.3%'라는 뜻이 된다. 이 방식을 통하면 비록 과거 실제 건축비에 지출한 증빙자료가

---

10 국내에서 생산되는 모든 재화와 서비스 가격을 반영하는 물가지수이다. GDP란 국내총생산(Gross Domestic Product)이라는 말의 영문 약자이고, 디플레이터(deflator)란 가격변동지수를 뜻한다. GDP 디플레이터는 명목 GDP를 실질 GDP로 나누고 100을 곱한 값(GDP 디플레이터=명목 GDP/실질 GDP)×100)이다. 이때 명목 GDP란 당해연도의 총생산물을 당해연도의 가격(경상가격)으로 계산한 GDP이고, 실질 GDP란 당해연도의 총생산물을 기준연도의 가격(불변가격)으로 계산한 GDP를 말한다.

건설업 GDP디플레이터 지수

연도	건설투자 GDP Deflator									
2000	100.0									
2001	104.4	100.0								
2002	109.4	104.7	100.0							
2003	117.1	112.1	107.1	100.0						
2004	125.3	120.0	114.6	107.0	100.0					
2005	129.3	123.8	118.2	110.4	103.1	100.0				
2006	133.2	127.6	121.8	113.8	106.3	103.0	100.0			
2007	139.6	133.7	127.7	119.2	111.4	107.9	104.8	100.0		
2008	155.4	148.8	142.1	132.7	124.0	120.2	116.7	111.4		
2009	158.1	151.3	144.5	135.0	126.1	122.3	118.6	113.3	100.0	
2010	164.5	157.5	150.4	140.4	131.2	127.4	123.5	118.1	104.1	100.0
2011	174.5	167.1	159.5	149.0	139.2	135.2	131.0	125.3	110.4	106.1
2012	178.3	170.7	163.0	152.2	142.3	138.1	133.8	128.0	112.8	108.4
2013	178.6	171.0	163.3	152.5	142.5	138.4	134.1	128.3	113.0	108.6
2014	180.9	173.2	165.4	154.5	144.4	140.1	135.8	129.9	114.5	110.0

주: 1) 각 부문별 지수는 2010년도 단가로 환산을 위한 상대지수
　　2) 건설업 GDP Deflator지수는 한국은행 경제통계시스템(http://ecos.bok.or.kr/)
　　　의 국내총생산에 대한 지출항목 중 건설투자 항목 인용

부족하더라도 실제 투입된 공사원가를 추정할 수 있다.

무엇보다 이러한 추정 방식은 국가의 통계지수를 기초로 하기 때문에 공신력도 확보할 수 있다. 이렇게 산출된 공사비에 토지구입비, 영업비용 등 각종 비용을 합산하면 당시의 실제 건축비를 어느 정도 객관성 있게 산출할 수 있을 것이다.

Ⅱ 채무불이행 공사비 정산 사례

1. 사실관계

1) 도급계약 체결

원고(○○동 지역주택조합 조합장 ○○○ 이하 "갑"이라 한다)와 피고
(○○건설 주식회사 대표이사 ○○○ 이하 "을"이라 한다)는 2010. 4. 13.
○○ 재건축아파트 건설사업에 대하여 공사도급계약을 체결하였다.

2) 건축 개요

구분	내용			비고
단지명	○○동 ○○아파트			
용도	공동주택(아파트)			
주소	○○시 ○구 ○○동 ○○외 5필지			
건축규모	지하2층, 지상15~33층 아파트 4개동, 부대시설			
세대수	426세대			
대지면적	17,012.00m²			
연면적	59,822.785 m2	공용면적(전체)	16,400.496m²	
		전유면적(전체)	43,422.289m²	
건폐율	13.39%			
용적률	254.92%			
건물구조형식	철근콘크리트 구조			
사용검사일자	2013. 9. 13.			

3) 도급계약의 내용

가. 공사명: ○○동 ○○아파트 신축공사
나. 공사장소: ○○시 ○구 ○○동 ○○외 5필지 대지면적 18,029.000㎡
 (5,453.77평)

다. 공사규모: 건축면적 2,258.064㎡(683.064평), 연면적 59,758.828㎡
(18,077.05평), 세대수 426세대

라. 공사기간: 착공계 제출일로부터 33개월

마. 공사계약금액: 평방미터당 922,625원(평당 약 3,050,000원) - 부가가
치세 별도(도급제)

바. 공사의 범위

① "을"이 시공할 공사의 범위는 "갑"이 확보하여 제공한 사업부지상
에 관할 지방자치단체장이 최종 승인한 주택건설사업계획(변경 승
인을 포함한다. 이하 같다)에 따른 아파트 건설공사 등을 공사범위
로 한다.

② 아파트의 마감재는 ○○동 ○○○아파트(2010. 4. 30. 개관) 견본
주택 마감재와 동등 이상의 자재를 사용한다.

사. 공사지체상금: 매 지체일수마다 공사계약금액의 1,000분의 1을 곱하
여 산출한 금액으로 한다.

아. 공사비지급 지연이자율: 공사계약 일반조건에 따른다.

자. 공사도급금액

① 공사도급금액은 건축물의 연면적에 대한 평방미터당 단가 계약방
식(공사도급단가)으로 하며, 그 단가는 평방미터당 922,625원(평
당 약 3,050,000원)으로 한다. 단, 부가가치세 부과대상 건축물(상가
등)의 공사비에 대한 부가가치세는 별도로 한다.

② 공사도급금액은 최종 확정된 설계도서의 건축연면적에 의거하여
제1항에 규정한 공사도급단가에 최종 확정된 건축연면적을 곱하여
확정한다.

③ 제1항에 규정한 공사도급금액은 제3조 제2항의 마감자재를 기준한
것으로 "갑"이 그 마감자재를 상회하는 품질을 요구할 경우에 "갑"
은 상회하는 품질에 해당되는 공사를 "을"에게 요구할 수 있으며 해
당되는 공사의 공사비를 추가로 "을"에게 지급하여야 한다. 단, 공
사비의 확보가 어렵다고 "을"이 판단하는 경우 "갑"의 요구를 거절
할 수 있다.

④ 제1항의 공사도급금액은 암반절취, 연약지반 보강공사 및 사업구역 내 옹벽공사 금액이 포함된 것이며, 이로 인한 추가비용은 없는 것으로 한다.

차. 계약내용의 변동으로 인한 계약금액의 조정

① 공사의 변경·중단 및 공사기간의 연장에 해당되는 사유로 공사량의 증감이 발생한 경우에는 다음 각호의 기준에 의하여 공사도급금액을 조정하되 "을"은 공사도급금액의 변동에 대한 객관적이고 명확한 근거를 제시하여야 한다.

ⓐ 건축면적의 증감으로 공사비를 변경시킬 필요가 있는 경우 제4조 제1항에 규정한 공사도급단가를 기준으로 "갑"과 "을"이 상호 협의하여 결정한다.

ⓑ 산출내역서에 포함되어 있지 아니한 신규 비목의 단가는 설계변경 당시를 기준으로 산정한 단가로 한다.

ⓑ 산출내역서에 포함되어 있지 아니한 신규 비목의 단가는 설계변경 당시를 기준으로 산정한 단가로 한다.

② 제1항에 규정된 사유를 제외한 계약내용의 변경이 있는 경우에는 "을"은 그 변경된 내용을 "갑"에게 서면통지하고 "갑"과 "을"은 구입원가를 기준으로 실비를 초과하지 않는 범위에서 상호 합의하여 계약금액을 조정할 수 있다.

카. 제26조 (공사의 변경 및 중단)

① "을"은 계약체결 후 다음 각호의 1에 해당하는 상태를 발견했을 경우 "을"은 지체없이 "갑"에게 서면 통지하고 "갑"은 즉시 그 내용을 확인하고 상호 협의하여 결정한다.

ⓐ 감정체결 이전의 설계도서와 착공용설계도서 및 현장조건(지반조건, Pile의 길이, 폐기물의 수량)이 현격하게 일치하지 않아 설계변경이 필요한 경우

ⓑ 주위의 민원제기 등 인위적인 장애와 시공상 예기치 못한 돌발사태가 발생한 경우

ⓒ 관할관청으로부터 인가받은 사업계획이 관계법규에 저촉되어 수정이 요청될 경우

ⓓ "을"의 귀책사유와 관계없는 불가피한 사유로 공기연장이나 공사중단이 있는 경우

ⓔ "갑"의 요구에 의하여 공사내용이 변경, 추가 또는 감소되는 경우

② "을"은 제1항에 규정된 사항이 발생한 경우 공사규모, 공사기간, 공사금액 등의 변경을 요구할 수 있으며 "갑"과 "을"은 합의하여 공사를 변경한다.

2. 당사자들의 주장

1) 원고(수급인)의 주장

이 사건은 도급계약상 채무불이행책임 및 공사대금 정산에 관한 소송이다. 피고는 원고와 입주자 모집 공고 당시 분양광고 또는 분양카탈로그, 모델하우스(견본주택) 등과 동일하게 아파트를 시공할 것을 약정하였다. 하지만 피고는 약정을 통해 제시하였던 시공내용과 달리 임의로 그 품질을 하향하여 변경하거나 그 시공을 누락하였다. 그러므로 피고는 원고에게 변경 또는 누락으로 인하여 원고에게 발생된 손해액(시공비용 또는 공사비 차액)을 도급공사계약서 '바' 2항 및 '차'조, '카'조에 따라 반환해야 할 의무가 있다.

2) 피고(도급인)의 주장

피고는 원고와 약정한 공사도급계약을 성실히 수행하였다. 불가피하게 설계도서와 일부 변경한 부분은 이미 조합 측의 동의 하에 변경한 것이다. 또한 감리자의 승인을 받아 수정한 것이다. 피고가 임의대로 시공한 것이 아니다. 그러므로 원고가 주장하는 채무불이행은 전

혀 사실과 맞지 않다. 피고는 이런 원고 측의 일방적인 주장에 동의할
수 없다.

3. 감정신청 사항

이 사건 감정의 목적은 원고와 피고 사이에 체결된 도급계약상 피
고가 부담하는 채무에 미치지 못하게 시공된 부분을 파악하여 그 손
해액을 산정하는 것이다. 피고에 대하여 채무불이행책임을 추궁하
기 위해 미시공, 변경시공 공사비를 감정해 달라는 것이다. 사업승인
도면, 분양카탈로그, 견본주택의 내용과 현재 시공된 상태를 비교하
여 감정금액을 산출하여야 한다. 피고의 채무를 확정할 수 있는 모
든 자료가 감정의 기준이 되어야 한다. 구체적인 감정신청 사항은
〈표 7-2〉와 같다.

07

❖ 표 7-2   감정신청 사항

번호	구체적 감정사항	비고
항목01	"B" TYPE 아일랜드 식탁 미시공	
항목02	천정고 변경시공	
항목03	산석옹벽 변경(단의 축소 및 길이 · 높이의 축소)	
항목04	ELEV 홀 벽체 바탕 변경	
항목05	A타입 드레스룸 벽체 변경	
항목06	세대내부 계단실 측 단열재 변경	
항목07	각 동 출입구 계단 논슬립 미시공	
항목08	101동 주위 등벤치 4개소 미시공	
항목09	세대 대피공간 출입문 도어체크, 도어스톱 미시공	
항목10	84㎡(A, B)형 확장세대 발코니 1 창호(PW) 변경시공	

4. 감정의 전제조건

1) 감정시점

이 사건의 감정시점은 재판부가 지정한 2013. 4. 25.이다.

2) 감정의 기준

원고 측은 감정기일에 감정인에게 사업승인도면, 분양카탈로그, 견본주택의 내용을 기준으로 감정해 줄 것을 요청하였다. 재판부는 이를 받아들여 감정인에게 감정기준도서를 사업승인도면, 분양카탈로그, 견본주택의 내용으로 하고 실제 현황(조사 당일 기준)을 비교하여 상이하게 시공된 부분을 감정할 것을 명하였다. 그리고 감정신청 사항 중 은폐나 매몰되어 있어 시공여부를 확인할 수 없는 부분은 사용승인도면과 비교하여 그 차이점을 확인하도록 지시하였다. 이 부분을 공사사진 등을 확인하여 시공여부를 판단하였다.

❖ 표 7-3 　감정신청 사항 정리표

항목		분양 카탈로그	견본 주택	사업승인 도면	사용승인 도면	비고
항목 01	"B" TYPE 아일랜드 식탁 미시공					
항목 02	천정고 변경시공	●				
항목 03	산석옹벽 변경(단의 축소 및 길이 · 높이의 축소)			●		
항목 04	ELEV 홀 벽체 바탕 변경					
항목 05	A타입 드레스룸 벽체 변경			●		
항목 06	세대내부 계단실 측 단열재 변경			●		

항목						
항목 07	각 동 출입구 계단 논슬립 미시공				●	●	
항목 08	101동 주위 등벤치 4개소 미시공				●		
항목 09	세대 대피공간 출입문 도어체크, 도어스톱 미시공					●	
항목 10	84㎡(A, B)형 확장세대 발코니① 창호(PW) 변경시공					●	

3) 공사비 산출 기준

이 사건 감정에서 가장 큰 문제는 공사대금 정산임에도 불구하고 구체적 계약내용을 특정한 내역서가 없다는 것이다. 도급계약이 전형적인 평당단가방식의 총액계약 특성을 띠고 있기 때문이다.[11] 감정의 기준 도면은 견본주택, 분양카탈로그, 사업승인도면인데 정작 구체적 품목의 규격, 성능, 제원을 파악하기에는 부족하였다. 이런 경우는 계약내역서의 품목을 확인해야 하는데, 이를 비교하여 산출할 때 참고해야 할 세부명세서가 없기 때문이다. 그래서 약정대로 시공하였을 경우의 시공비용과 약정대로 시공하지 않은 현재 상태대로의 시공비용의 차액을 산정하기가 곤란한 경우가 돼버렸다.

시공자에게 공사실행내역서라도 제시해 달라고 했지만 제시하기 힘들다고 하였다. 대신 이 사건 감정항목에 대해 '표준품셈'을 근거로 시공비용의 차액을 산출하고 게재되지 않은 공사항목은 전문업체의 견적과 시중 통례 가격을 적용하는데 합의하였다. 이에 근거한 구체적인 공사비 산출기준은 다음과 같다.

가. 재료비의 단가

감정내역서의 재료비 단가는 정부에서 공인한 물가조사기관의 물가

---

11 이 사건의 경우 세부 내역서가 없다. 국내 대부분의 재건축재개발 사업장의 계약이 바로 이런 평당단가 방식으로 체결된다. 가령 5만 평×4백만 원=2,000억 원(VAT 별도) 이런 식이다.

정보지 단가를 적용하였다. 감정시점인 2013년 4월의 공인 물가조사 기관의 물가정보지를 3개사 이상 조사하여 최소단가를 적용하였다.

나. 노무비의 단가

노무비는 감정시점인 2013년 4월의 통계법 제17조 규정에 의한 지정통계승인기관(대한건설협회: 승인번호 제36504호)이 조사 공표한 시중 노임단가를 적용하였다.

다. 수량산출 기준

수량은 해당 사항에 대하여 감정기준도면과 실제 시공현황을 근거로 산출하였다. 실측이 가능한 부분은 자와 거리측정기 등을 이용하여 측정하였다. 실측하기에 규모가 큰 부분은 감정기준도면인 사업승인도면과 현재 시공현황을 비교하여 산출하였다. 기타 사항은 건축통례를 적용하였다.

라. 공사원가계산 제비율 적용기준

공사비 원가계산은 감정기준시점에 조달청의 공사원가계산 제비율

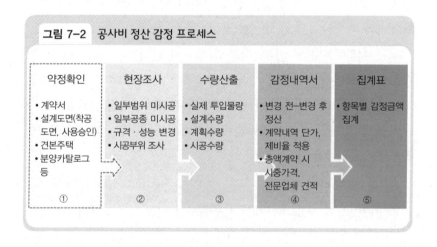

그림 7-2 공사비 정산 감정 프로세스

약정확인	현장조사	수량산출	감정내역서	집계표
• 계약서 • 설계도면(착공도면, 사용승인) • 견본주택 • 분양카탈로그 등	• 일부범위 미시공 • 일부공종 미시공 • 규격·성능 변경 • 시공부위 조사	• 실제 투입물량 • 설계수량 • 계획수량 • 시공수량	• 변경 전–변경 후 정산 • 계약내역 단가, 제비율 적용 • 총액계약 시 시중가격, 전문업체 견적	• 항목별 감정금액 집계
①	②	③	④	⑤

적용기준을 적용하여 산출하였다.

5. 현장 조사 및 구체적 감정결과

1)"B" TYPE 아일랜드 식탁 미시공

이 항목은 "B" TYPE(33평형) 확장형의 경우 모델하우스에 아일랜드 식탁이 설치되어 있으며 사용승인도면 단위세대 평면도(A2-209)에도 표기되어 있으나 이를 시공하지 않았다는 것이다. 그러므로 모델하우스 사진 및 사용승인도면에 표기된 것처럼 아일랜드 식탁의 설치 비용을 산출해 달라는 것이다.

그런데 실제 현장 조사 결과 "B" TYPE 세대에 아일랜드 식탁이 설치되어 있었다. 원고 측의 사전 조사 당시에는 이 식탁이 시공되지 않았지만 이후에 시공된 것이다. 실제 조사시점이 입주 후가 아닌 사용승인 이전 시점이 아니었나 싶다. 어쨌든 이 항목에 대해서는 도급계약의 약정대로 시공된 것으로 확인되어 감정에서 제외하였다.

그림 7-3 견본주택

그림 7-4 실제 시공현황

2) 전유 세대 천정고 변경시공

이 항목은 시공자가 분양계약 시 배포한 카탈로그에서 기존 아파트보다 높은 천정고(2.7m)를 이 단지의 차별점으로 홍보했지만 실제로는 그보다 0.4m가 낮은 2.3m의 천정고로 시공하였다는 것이다. 현재 상태가 기존 아파트와 똑같은 높이라서 다른 아파트 단지와 전혀 차별화 되지 않는다는 것이다. 때문에 카탈로그에서 홍보한 높이에 비해 줄어든 0.4m 만큼 골조, 마감 부분에 대한 손해액이 발생하였다는 주장이다. 실제 분양 당시 카탈로그를 확인해 보니 천정고는 2.7m로 표기되어 있었다.

반면 시공자는 분양카탈로그 제작상의 오류를 주장하였다. 건물의

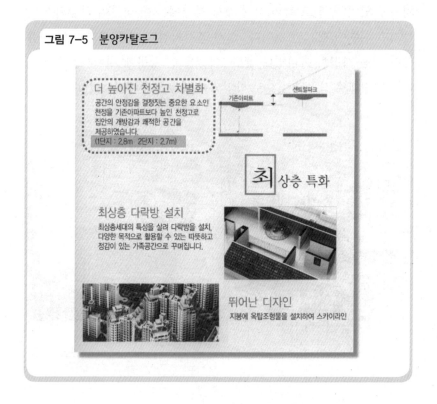

그림 7-5 분양카탈로그

층고가 2.7m인데 이를 천정고로 잘못 표기하였다는 것이다. 설계도서에 표기된 치수도 층고가 2.7m, 천정고는 2.3m였다. 시공은 설계도서에 맞게 되어 있다. 설계도서와 분양카탈로그가 불일치하는 것이다. 그래서 이 건 불일치에 대해서 천정고 차이(0.4m)만큼의 공사비 차액을 산정하였다. 결국 이 불일치가 도급계약의 약정을 이행하지 않은 채무불이행인지 여부는 법원이 사실관계와 제반 정황을 종합하여 판단을 내릴 것이다.

3) 산벽옹벽 변경(단의 축소 및 길이 · 높이의 축소)

단지 북쪽으로 산석쌓기 형태의 옹벽이 있다. 그런데 원고는 이 산벽옹벽이 당초 사업승인도면과 상이하게 시공되었다는 것을 주장하였다. 사업승인도면의 공사계획 평면도에서는 분명히 산벽옹벽을 3단으로 시공하도록 명기하고 있으나, 피고가 임의로 3단에서 2단으로 낮게 시공했다는 것이다. 이뿐 아니라 상단의 높이를 당초 높이 3m보다 낮게 2m로 시공하였고 산벽옹벽의 길이도 축소(산벽 1단 : 당초 582.00m에서 144.50m로 축소 / 산벽 2단 : 당초 136.80m에서 81.46m로 축소 / 산벽 3단 : 116.80m 전부 누락)했다는 것이다.

사용승인도면에는 이 산벽옹벽이 2단으로 명기되어 있다. 실제 시

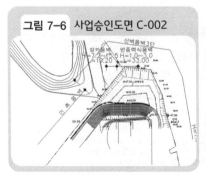

그림 7-6 사업승인도면 C-002

그림 7-7 실제 산벽옹벽 현황

공도 사용승인도면에 맞게 2단으로 하였다. 즉 사업승인도면과 사용
승인도면이 차이가 나는 것이다. 이 사건 감정의 기준인 사업승인도
면으로 본다면 이 부분이 변경된 것은 사실로 보인다. 이에 변경부분,
산벽옹벽을 3단으로 시공하였을 경우와 2단으로 시공하였을 경우의
시공비 차액을 산정하였다.

4) ELEV 홀 벽체 바탕 변경

이 항목은 단지 내 ELEV 홀 벽체의 바탕면이 당초 '시멘트몰탈
18mm'로 설계되어 있음에도 불구하고 이를 '수지미장 3mm'로 변경
하여 시공하였다는 주장이다. 그 근거는 2011.07.28. 시공사가 요청한
공문의 내용이다(〈그림 7-8〉). 실제 ELEV 홀 벽체는 수지미장 3mm로
시공되어 있다.

문제는 사업승인도면에는 ELEV 홀 벽의 마감이 실제 시공과 달리 '콘
크리트면처리'로만 표기되어 있다는 것이다. 뿐만 아니라 사용승인도

그림 7-8 시공사가 요청한 공문(제712-69)

마감공사 주요 설계병경사항 검토 요청

1. 귀 조합의 무궁한 발전을 진심으로 기원합니다.
2. 당 현장의 마감공사 중 아래와 같은 주요 설계변경사항이 발생되어 대체 시공하고자 검토 요청하여
   주시기 바랍니다.

아 래

1) 변경항목

항목	당초도면	변경요청	금액증감	대체항목
1. E/V HALL마감	• 시멘트 몰탈 18mm (現계약단가: 3,500원/M2)	• 수지미장 3mm (견적단가: 3,100원/M2)	• 1,034,400원 감 (2,586m²)	• 무인택배시스템 (2천5백만원/1개소)
2. 옥상구조물	• 경량철골구조	• Pre-stress Con'c 구조	• 시공금액 다소고가	• 당사 부담(공기단축)
3. 세대바닥마감	• 온돌(합판)마루	• 온돌, 강화마루 병행	• 시공금액 동일함	• 동의서, 유선확인 중

2) 변경사유

① E/V HALL 벽체마감 변경
-. 구체를 AL_FORM으로 시공함에 따라 수직면, 평활도가 양호하여 할석이 적어 수지미장 가능
-. 동절기 공사에서 시멘트 몰탈 시공시 탈락 및 마감 하자가 다수 발생/수지미장은 외관미려
-. 공기단축이 가능하며 절감금액에 대하여는 조합원의 요구사항 중 일부로 대체하고자 함
② 옥상구조물 변경

면에도 역시 '콘크리트면처리'로 표기되어 있다. 즉 변화가 없는 것이다. 결론적으로 '콘크리트면처리'를 변경하여 '수지미장 3mm'로 변경 시공한 것이므로 이 공문의 결론과 현장의 시공상태는 일치하고 있다. 하지만 역설적으로는 사업승인도면과 사용승인도면의 '콘크리트면처리'보다 오히려 상향된 품질의 자재를 시공한 것으로 볼 수 있는 상황으로 여겨진다. 그래서 이 항목은 공사비 산정에서 제외하였다.

5) A타입 드레스룸 벽체 변경

이 항목은 'A'평형 침실의 드레스룸 벽체가 사업승인도면의 단위세대 평면도에 의하면 '0.5B 시멘트벽돌'로 시공하여야 하나 '경량벽체(스터드런너방식)'로 변경 시공하였다는 것이다. 확인결과 사실이었다.

사용승인도면 평면도에는 해당 부위가 '경량벽체(스터드런너방식)'로 명시되어 있어 문제가 없지만 사업승인도면을 기준으로 보면 이 부분은 변경 시공된 것이다. 드레스룸의 벽체를 '0.5B 시멘트벽돌'로 시공하였을 경우와 '경량벽체(스터드런너방식)'로 시공하였을 경우의 공사비를 계산하여 시공비 차액을 반영하였다.

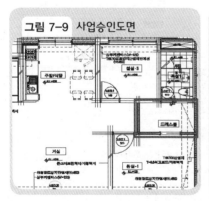

그림 7-9 사업승인도면

그림 7-10 사용승인도면

6) 세대 내부 계단실 측 단열재 변경

이 항목은 5)항과 동일한 패턴의 내용이다. 사업승인도면에 따르면 계단실에 면한 거실 및 화장실 벽체에 압출법보온판 2호 THK 50단열재를 시공했어야 하는 데, 실제 시공은 비드법보온판 2호 THK 50단열재로 변경하였다는 것이다. 그리고 사용승인도면도 여기에 맞춰 수정하였다는 것이다.[12]

현장조사 결과 이런 변경은 사실이었다. 사업승인도면의 단위세대 평면도에는 해당 부위에 '압출법보온판 2호 THK 50단열재'을 시공하

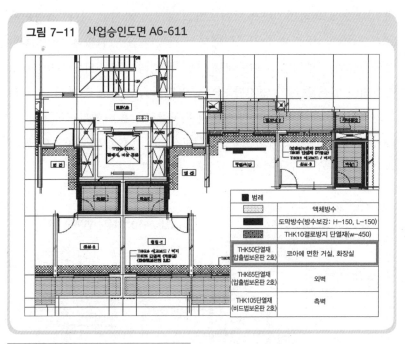

그림 7-11 사업승인도면 A6-611

범례	
(액체방수 패턴)	액체방수
(도막방수 패턴)	도막방수(방수보강: H-150, L-150)
(THK10 패턴)	THK10결로방지 단열재(w-450)
THK50단열재 (압출법보온판 2호)	코아에 면한 거실, 화장실
THK65단열재 (압출법보온판 2호)	외벽
THK105단열재 (비드법보온판 2호)	측벽

---

12 압출법보온판은 저밀도에서 낮은 열전도성 발포제와 용융된 폴리스티렌의 혼합물을 가열, 용융하고 연속적으로 압출, 발포시켜 제조한다. 흔히 아이소핑크라고도 하는 것이 바로 이 압출법보온판이다. 강도가 뛰어나고 성능이 우수하다. 비드법보온판은 비드법보온판에서 구슬모양 원료를 미리 가열하여 1차 발포시켜 숙성한 후, 판모양, 통모양의 금형에 채우고 다시 가열한 후 2차 발포에 의해 융착·성형하여 제조한다. 비드(bead)는 구슬이란 뜻이다. 발포폴리스티렌이라고도 한다. 잘 부서지고 알갱이가 날린다. 압출법에 비해 단열성능이 약하다.

도록 명시하고 있었다. 그래서 이 항목 또한 시공비용의 차액을 산정하였다.

7) 각 동 출입구 계단 논슬립 미시공

이 항목은 각 동 출입구 장애인용 경사로에 논슬립과 핸드레일이 미시공되었다는 것이다. 특히 핸드레일 시설은 장애인 · 노인 · 임산부 등의 편의보장에 관한 법률 시행규칙, 별표 1의 제12호(경사로) 다목 및 「주택건설기준 등에 관

그림 7-12 장애자 경사로 논슬립 미시공 현황

한 규정」제16조 제2항 제3호에 규정하고 있는 필수시설로 반드시 설치되어야 한다는 것이다.

감정결과 사업승인도면과 사용승인도면 모두 이 부분의 상세가 정확히 표기되어 있다. 하지만 일부 구간을 미시공한 것이다. 어떤 면에서는 '하자'로도 볼 수 있을 것이다. 해당 부분을 다시 시공하는데 소요된 공사비를 산정하였다.

8) 101동 주위 등벤치 4개소 미시공

이 항목은 사업승인도면 'L-13 시설물 계획도'에 따라 단지 전면부 휴게공간에 등벤치 4개소가 시공해야 하지만 시공되지 않

그림 7-13 63 L-13 시설물 계획도

았다는 주장이다. 현장조사 결과, 등벤치가 미시공되었음을 확인하였다. 해당 구간에 등벤치 4개소를 시공하는 비용을 산정하였다.

9) 세대 대피공간 출입문 도어체크, 도어스톱 미시공

이 항목은 사업승인도면이 아닌 사용승인도면(A6-654 단위세대 창호도)에 각 세대 대피공간 출입문 도어체크 및 도어스톱을 시공하도록 기재하고 있음에도 불구하고 시공하지 않았다는 것이다. 사업승인도면에는 이 부분에 대한 상세가 구체적으로 명시되어 있지 않아 미시공여부를 확인할 수 없었다. 하지만 사용승인도면과도 현장의 상태가 일치하지 않아 미시공은 분명해 보였다. 각 세대 대피공간 출입문 도어체크 및 도어스톱 시공비용을 산정하였다.

10) 'A'형 확장세대 발코니 1 창호(PW) 변경시공

이 항목은 A타입 세대의 발코니 1 창호가 사용승인도면에는 2중창

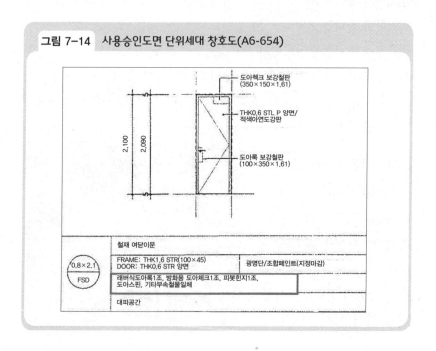

그림 7-14 사용승인도면 단위세대 창호도(A6-654)

(외부 THK22 복층유리+내부 THK22 투명유리)으로 시공하도록 명기되어 있음에도 불구하고 단창(THK22 복층유리)으로 시공하였다는 것이다. 현장조사 결과 사용승인도면에는 침실 1(발코니) 미서기창이 이중창 (외부 T22 복층유리+내부 T22 복층유리)으로 명기되어 있으나, 이와 달리 단창(THK22 복층유리)으로 시공되었다.

이 부분도 사업승인도면에는 명확하게 표기되어 있지 않다. 하지만 사용승인도면과 현장의 상태가 일치하지 않으므로 이 항목도 약정을 이행하지 않은 미시공으로 판단하였다. 구체적으로 2중창(외부 THK22 복층유리+내부 THK22 투명유리)의 시공비용과 단창(THK22 복층유리) 시공비용을 산정하여 그 차액을 감정금액으로 산정하였다.

6. 감정내역서

1) 감정내역서 작성

공사비 정산감정에서 유의하여야 할 사항은 약정대로 시공하였을 경우의 시공비용과 약정대로 시공하지 않은 현재 상태의 시공비용 차액을 산정하여야 한다는 것이다. 이런 차액을 표현하는 방법으로 두 가지가 가능하다.

첫째, 약정대로 시공하였을 경우의 시공비용과 약정대로 시공하지

그림 7-15 사용승인도면 A6-656

그림 7-16 외부 창호 현황

않은 현재 상태대로의 시공비용을 일위대가와 내역서로 따로따로 작성하여 집계표에서 그 차액을 구하는 방법이 있다. 둘째, 약정대로 시공하였을 경우의 시공비용과 약정대로 시공하지 않은 현재 상태대로의 시공비용을 일위대가의 형태로 만들어 그 일위대가표에서 아예 차액을 구하고 내역은 원가일체형내역서로 단순하게 표기하는 방법이다.

둘다 결과는 같지만 후자를 권하고 싶다. 왜냐하면 공사대금의 정산집계표는 항목별로 금액이 분할되어 표기되므로 내역서도 각 항목별로 나눠지기 때문이다. 10개의 정산 항목이 주장되었다면 집계표도 10개 항목으로 구성되어야 한다. 이런 항목별 집계표를 가장 적절히 표현할 수 있는 것이 바로 '원가일체형내역서' 서식이다. 그리고 시공비용의 차액을 일위대가표안에서 증액되는 부분과 감액되는 부분을 함께 차액으로 구하면 내역작업도 쉽다. 이 둘을 조합한 것이 바로 두 번째 방식이다.

이 사건의 감정항목 3번(산석옹벽 변경: 단의 축소 및 길이·높이의 축소)을 구체적인 사례로 들어보면 다음과 같다. 〈표 7-4〉는 '산석옹벽 변경(단의 축소 및 길이·높이의 축소)'에 대하여 약정대로 시공하였을 경우의 시공비용과 약정대로 시공하지 않은 현재 상태의 시공비용 차액을 표기한 '일위대가표'이다. 〈표 7-5〉는 일위대가표의 시

❖ 표 7-4 **산벽옹벽 변경(단축소, 길이, 높이 변경) 일위대가**

품명	규격	단위	수량	재료비		노무비		경비		합계	
				단가	금액	단가	금액	단가	금액	단가	금액
산벽옹벽 (변경 전)	산벽 (뒷돌공법), H3~5M	M2	576.4	302,000	174,072,800					302,000	174,072,800
산벽옹벽 (변경 후)	산벽(뒷돌공법), H5~7M	M2	-143.65	323,000	-46,398,950					323,000	-46,398,950
산벽옹벽 (변경 후)	산벽(뒷돌공법), H3~5M	M2	-81.92	302,000	-24,739,840					302,000	-24,739,840
시공비용 차액					102,934,010						102,934,010

❖ 표 7-5 **산석옹벽 변경(단축소, 길이, 높이 변경) 감정내역서**

항목	단위	수량	직접공사비 재료비 단가	재료비 금액	노무비 단가	노무비 금액	경비 단가	경비 금액	직접비 계 단가	직접비 계 금액	간접비 계	공사비 소계	부가세	합계

산석옹벽 변경(단의 축소 및 길이·높이의 축소)

| | 식 | 1 | 102,934,010 | 102,934,010 | - | - | - | - | 102,934,010 | 102,934,010 | 16,323,045 | 119,257,055 | 11,925,705 | 131,182,760 |

* 활자의 인식을 돕기 위해 간접비의 세부항목은 합계금액만 표기함

공비용 차액을 근거로 간접비를 계산한 원가일체형내역서이다. 직접공사비 ₩102,934,010원에 간접비를 반영하면 시공비용 차액은 총 131,182,760원이 된다.

2) 집계표

❖ 표 7-6 **공사비 정산집계표**

항목		직접공사비	간접비	공사비소계	부가세	합계
항목01	B타입 아일랜드 식탁 미시공					-
항목02	천정고 변경시공	29,322,480	10,876,296	40,198,776	4,019,878	44,218,653
항목03	산석옹벽 변경	102,934,010	16,323,045	119,257,055	11,925,705	131,182,760
항목04	ELEV 홀 벽 바탕 변경					-
항목05	드레스룸 벽체 변경	13,939,283	11,202,095	25,141,378	2,514,138	27,655,516
항목06	코아측 단 열재 변경	4,951,501	785,198	5,736,699	573,670	6,310,368
항목07	계단논슬립 미시공	228,483	69,813	298,296	29,830	328,126
항목08	벤치 4개소 미시공		272,754	1,992,754	199,275	2,192,029
항목09	대피공간 도어체크, 도어 스톱	19,079,424	4,561,998	23,641,422	2,364,142	26,005,564
항목10	창호(발코니①PW) 변경시공	54,469,884	12,926,168	67,396,052	6,739,605	74,135,657
소계		226,645,064	57,017,366	283,662,431	28,366,243	312,028,674

❖ 표 7-7 공사대금 정산 감정내역서

번 호	항목	단 위	수 량	재료비 단가	재료비 금액	노무비 단가	노무비 금액	경비 단가	경비 금액	직접비 단가	직접비 소계 금액	간접 노무비	산재 고용	연금 퇴직	건강 보험료	노인 장기	안전 관리비	기타 경비	환경 보전비	일반 관리 비	이윤	공사비 계	부가가치세	합계
1	'B' TYPE 아일랜드 식탁 삭제																							0
2	권장고 변경시공	개소	110	136,126	14,973,860	121,572	13,372,920	8,870	975,700	266,568	29,322,480	1,390,784	648,127	640,563	227,340	14,891	703,000	1,784,254	87,967	2,089,164	3,290,206	40,198,776	4,019,878	44,218,653
3	산석옹벽(단위·길이·높이축소)	식	1	102,934,010	102,934,010	-	-	-	-	102,934,010	102,934,010						1,935,159	7,308,315	308,802	5,286,855	1,483,913	119,257,055	11,925,705	31,182,760
4	ELEV 홀 벽돌벽 바탕 변경																							-
5	전용면 드레스룸 벽체 변경-A TYPE	M2	739	-19,076	-14,101,170	37,933	28,040,453	-	-	18,857	13,939,283	1,906,751	1,479,392	1,343,138	476,688	31,223	262,059	1,125,068	41,818	968,455	3,567,504	25,141,378	2,514,138	27,655,516
6	A TYPE 코아숍 단열체 변경	M2	1,565	3,205	4,951,501	-	-	-	-	3,205	4,951,501		-	-	-	-	93,088	351,557	14,855	254,317	71,382	5,736,699	573,670	6,310,368
7	각 동 출입구 계단 논슬립 미시공	M	18	6,800	123,760	5,754	104,723	-	-	12,554	228,483	7,121	5,525	5,016	1,780	117	4,295	16,728	685	12,678	15,867	298,296	29,830	328,126
8	101동 주위 등밴치 4개소 미시공	개소	4	430,000	1,720,000	-	-	-	-	430,000	1,720,000		-	-	-	-	32,336	122,120	5,160	88,342	24,796	1,992,754	199,275	2,192,029
9	각 세대 대피 출입문 도어체크 도어스톱 미시공	EA	338	42,234	14,275,092	14,176	4,791,488	38	12,844	56,448	19,079,424	325,821	252,795	229,512	81,455	5,335	558,452	1,376,860	57,238	1,023,044	851,485	23,641,422	2,364,142	26,005,564
10	8世대(A,B)형 확장세대 창호 변경시공	EA	57	720,988	41,096,316	234,624	13,373,568	-	-	955,612	54,469,884	909,403	705,579	640,594	227,351	14,891	1,024,034	3,931,929	165,410	2,918,092	2,390,885	67,396,052	6,739,605	74,135,657
	합계				165,973,369	414,059	59,683,152	8,938	988,544	104,677,254	226,045,064	4,539,879	3,091,417	2,888,823	1,014,061	66,457	4,412,423	16,016,831	679,935	12,640,948	11,696,098	283,662,431	28,366,243	312,028,674

Ⅲ 기시공부분 공사비 정산 사례

1. 사실관계

1) 도급계약 체결

원고(○○○ 이하 "갑"이라 한다)와 피고(○○건설 대표 ○○○ 이하 "을"이라 한다)는 2010. 4. 13. ○○신축공사 공사도급계약을 체결하였다.

2) 건축 개요

구분	내용	비고
용도	공장 시설	
주소	경기도 ○○시 ○○리 ○○	
건축규모	지상 2층	
대지면적	1,600.0㎡	
연면적	493㎡	
건폐율	19.60 %	
용적률	30.85 %	
건물구조형식	철골 구조	

3) 도급계약의 내용

가. 공사명: ○○공장 신축공사
나. 대지위치: 경기도 ○○시 ○○리 ○○번지
다. 공사기간: 착공 2012. 5. 2. ~ 준공 2012. 7. 2.
라. 도급금액: 사억칠천칠백만원정 [₩477,000,000/ 부가세 포함]
마. 공사대금지급
  ① 계약금: 이천만원정 [₩20,000,000]
  ② 기성금 1차: 토목 및 콘크리트 공사 후에 86,000,000원을 지급한다.

③ 기성금 2차: 철골공사(H빔) 공사 후에 86,000,000원을 지급한다.

④ 기성금 3차: 판넬공사 후에 86,000,000원을 지급한다.

⑤ 기성금 4차: 단열공사 후에 86,000,000원을 지급한다.

⑥ 기성금 5차: 내부마감공사 후에 86,000,000원을 지급한다.

⑦ 잔금: 준공 후에 27,000,000원을 지급한다.

2. 당사자들의 주장

1) 원고(도급인)의 주장

원고는 피고와 약정한 실제 공사비는 ₩300,000,000원이나 도급계약서에는 대출을 받기 위해 계약금액을 ₩477,000,000원으로 표기하였다고 주장하였다. 그리고 정산과 관련하여 피고가 주장하는 공사대금 ₩106,000,0000원은 객관적 근거가 없으므로 이 또한 부당하게 과도한 것이다. 아울러 실제 공사비를 기준할 때 피고가 시공한 기초콘크리트 공사비는 ₩30,000,000원 이하다. 따라서 기 지급된 기성금 중 ₩76,000,000이 반환되어야 하므로 감정을 통해 피고가 진행한 공사의 공사대금을 밝혀 원고에게 피고에 대한 채무가 더 이상 존재하지 않고 오히려 반환받아야 한다는 것을 입증하고자 한다.

2) 피고(수급인)의 주장

피고는 공사대금을 감정할 이유가 없다. 이 사건 공사비에 대하여는 원·피고 사이에 이미 합의를 하고 그에 따라 공증증서가 작성되었기 때문이다. 이 합의는 피고가 원고의 사정을 감안하여 최소한의 비용으로 산정한 것이다. 또한 공사를 중단하면서 공사비에 대하여 합의정산이 이루어졌으므로 더더욱 공사비 감정이 필요 없다.

3. 감정신청 사항

이 감정의 목적은 경기도 ○○시 ○○리 ○○번지 지상에 축조하다가 중단된 건물의 공사대금을 밝히는 것이다. 그리고 감정은 기성고 비율에 의한 기성고공사대금이 아닌 실제 시공된 공사에 대한 객관적 공사대금의 산출로 진행되어야 한다. 구체적으로 밝히고자 하는 것은 해당 건물의 기초콘크리트 시공부분에 대한 객관적 공사비이다. 철골부분은 원고가 다른 업자에게 의뢰하여 시공한 것이므로 산출할 필요가 없다.

4. 감정의 전제조건

1) 감정의 시점

감정시점은 감정대상물의 공사 완료시점인 2012년 5월로 하였다.

2) 공사비 산출기준

가. 수량 산출기준

실측 가능한 부분은 실측하고, 실측 불가능한 부분은 착공도면을 근거로 산출하였다. 기타 사항은 건축통례 등을 감안하여 수량을 산출하였다.

나. 단가 산출기준

계약내역서가 있으나 이는 실제 계약내역과 일치하지 않는다는 다툼이 있으므로 적용할 수 없었다. 객관적 공사비라는 감정의 전제 사실에 맞춰 단가는 (국토교통부) 건설 표준품셈표를 적용하여 세부공종의 단가를 적용하였다. 실무적으로 시중에서 통용되는 적정단가를 객관적으로 확정할 수 있는 다른 방법이 없기 때문이다. 해당 품셈에 게재되지 않은 사항은 시중의 건축통례 및 전문업체의 견적을 적용하였다.

다. 재료비의 적용

재료비는 2012년 5월 기준, 정부에서 공인한 물가조사기관의 물가정보지의 단가를 적용하였다. 통상 시중의 물가정보지 3개사 이상을 조사하여 최저단가를 적용하였다.

라. 노무비의 적용

노무비는 통계법 제17조 규정에 의한 지정통계 승인기관(대한건설협회: 승인번호 제36504호)이 조사 공표한 가격인 시중노임단가를 적용하였다.

3) 간접비 적용 공사원가계산 제비율

간접비 산정을 위한 원가계산 기준은 감정시점 조달청 발표 공사원가계산제비율을 적용하였다.

5. 현장 조사

현장 조사는 원·피고 입회 하에 2013. 2. 26. 실시하였다. 현장 상태는 공사 중단 당시 그대로였다. 원고 측에서 피고가 시공하였다고 주장하는 기초콘크리트 부분은 〈그림 7-18〉에서 보듯이 건축물의 바닥면이다. 그리고 철골조도 시공되었으나 이 공사는 피고가 수행한 공사가 아니라서 감정에서 제외하였다. 현장에서 원·피고에게 확인하여 구체적 시공범위를 확정하였다. 특이하게도 토공사를 하지 않은 채 기초 자체가 지상에 노출된 형태였다. 그래서 기초 노출면을 실측하여 정미량으로 공사물량을 산출하였다. 시공면이 평탄하지 않고 일부 매몰되어 있어 콘크리트의 두께는 구조설계도면의 규격을 그대로 적용하였다.

그림 7-17 건축물 전경

그림 7-18 기초콘크리트 현황

6. 감정내역서

현장 실측물량을 근거로 산출한 공사비 내역과 원가계산 결과는
〈표 7-8〉과 〈표 7-9〉와 같다.

❖ 표 7-8 공사비 정산내역서

품명	규격	단위	수량	재료비		노무비		경비		합계		비고
				단가	금액	단가	금액	단가	금액	단가	금액	
철근콘크리트 공사												
레미콘	25-21-12	㎥	122.25	51,281	6,269,307					51,281	6,269,307	
철근콘크리트타설	펌프카(21m)	㎥	122.25	938	114,674	7,718	943,556	982	120,053	9,638	1,178,283	
합판거푸집	2회	㎡	69.28	10,973	760,209	20,553	1,423,911			31,526	2,184,120	
철근콘크리트용 봉강(SD400)	HD10	톤	0.39	892,100	347,919					892,100	347,919	
철근콘크리트용 봉강(SD400)	HD13	톤	3.62	881,320	3,191,259					881,320	3,191,259	
철근콘크리트용 봉강(SD400)	HD19	톤	1.559	875,930	1,365,574					875,930	1,365,574	
철근현장조립	보통	톤	5.57			268,092	1,493,272			268,092	1,493,272	
합계					12,048,942		3,860,739		120,053		16,029,734	

비목			금액	구성비	비고
순공사원가	재료비	직접재료비	12,048,942		
		간접재료비			
		작업 부산물(△)			
		소계	12,048,942		
	노무비	직접노무비	3,860,739		
		간접노무비	366,770	직접노무비*9.5%	
		소계	4,227,509		
	경비	기계경비	120,053		
		산재보험료	156,417	노무비*3.7%	
		고용보험료	33,397	노무비*0.79%	
		산업안전보건관리비	394,560	(재료비+직노)*2.48%	
		환경보전비	48,089	(재료비+직노+기계경비)*0.3%	
		기타경비	911,481	(재료비+노무비)*5.6%	
		소계	1,663,997		
계			17,940,448		
일반관리비			1,076,426	계*6%	
이윤			1,045,189	(노무비+경비+일반관리비)*15%	
공급가액			20,062,063		
부가가치세			2,006,206	공급가액*10%	
도급액			22,068,269		
총공사비			22,068,000	천원 미만 절사	

Ⅳ 실비정산보수가산식 계약의 정산 사례

이 사례는 '실비정산보수가산식'으로 약정한 건설도급계약의 분쟁 사건이다. 공사는 완료하였지만 '실비'의 범위와 규모에 대해 다툼이 발생한 사례이다. 공사비 정산 차원에서는 곱씹어 볼만한 가치가 있어 살펴보고자 한다.

1. 사실관계

1) 도급계약 체결

원고(주식회사 ○○○, 이하 "갑"이라 한다)와 피고(○○건설 주식회사, 이하 "을"이라 한다)는 2004. 5. 20. ○○○○신축공사 공사도급계약을 체결하였다.

2) 건축 개요

구분	개요			비고
	당초 (04.5.20)	1차 변경 (06.5.2)	2차 변경 (08.6.3)	
건축허가일	2003. 12. 27	2006. 06. 26	2007. 11. 28	
구조	철골 철근 콘크리트구조			
규모	B3F~8F	B3F~9F	B3F~17F	
최고높이	68.5m	72.1m	99.08m	
대지면적	42,872.17㎡	42,872.17㎡	44,161.92㎡	
건축면적	24,513.5㎡	24,129.4㎡	24,534.88㎡	
연면적	86,612.12㎡	95,221.99㎡	98,956.94㎡	
건폐율	57.18%	56.28%	55.56%	
용적률	127.91%	143.62%	149.70%	

3) 도급계약의 내용

가. 공사명: ○○○○ 신축공사
나. 공사장소: 서울시 ○○구 ○○동 ○○번지
다. 공사기간: 2004. 6. 1.(착공일) ~ 2007. 3. 31.(준공일)

라. 계약금액: 일금구백육십삼억육천만원정(₩96,360,000,000)

- 공급가액: 일금팔백칠십육억원정(₩87,600,000,000)

- 부가가치세: 일금팔십칠억육천만원정(₩8,760,000,000)

마. 선금: 일금구십육억삼천육백만원정(₩9,636,000,000), 계약금액의 10%(건설공사도급계약일반조건 제10조에 의함)

바. 기성부분금: 매 3월에 1회(건설공사도급계약일반조건 제28조에 의함)

사. 지체상금률: 매 지체 1일당 계약금액의 1/1,000(단, 계약금액의 10/100을 한도로 함)

[공사도급계약 특약사항]

제1조 (우선순위)

본 사업의 계약에서 효력은 본 특약사항, 건설공사도급계약서, 건설공사도급계약특수조건, 건설공사도급계약일반조건, 설계서 및 산출내역서 순으로 설정한다.

제2조 (Cost와 Fee의 범위)

Cost의 범위는 직접공사비를 말하며 다음 3조에 의해 투입된 실공사비용을 말한다. 도급자는 수급자에게 일반적으로 인정되는 Fee를 지불하는데 합의한다. Cost를 제외한 Fee의 총액은 직접공사비의 17%로 한다.

제3조 (직접공사비)

직접공사비는 "을"이 기성 청구 시 실루입원가정산 통해 기성청구서를 증빙서류와 함께 "갑"에게 제출하며 "갑"은 이를 승인한다. 직접공사비의 범위는 아래와 같다.

① 공통가설공사(도로점용료, 전기료, 가설도로, 가설용수비, 가설전기, 가설건물, 가설울타리, 기타 공통가설, 공통장비 일체, 청소, SHOP DWG비용, 착·준공식비용, 폐기물처리비용, 중기비, 운반비 등 포함), ② 건축공사, ③ 기계설비공사, ④ 전기설비공사, ⑤ 통신설비공사, ⑥ 토목공사, ⑦ 조경공사, ⑧ 기타(공종분류상 상기 공종에 산입키 어려운 공종)

제4조 (갑의 비용 부담)

이 공사와 관련, 아래의 비용은 "갑"이 부담한다.

① "갑"의 명의로 부과되는 제세공과금 및 각종 분담금 일체

② 사업 인허가 관련 비용

③ 사업성 민원 처리비용

④ 설계·감리비(공사상 필요에 의해 추가로 발생되는 설계·감리비용 포함)

⑤ 인입공사비

⑥ 예술장식품

⑦ 기타 갑의 귀책사유로 발생하는 비용

제5조 (Cost의 승인절차)

1. Cost의 기준은 아래와 같이 한다.

① 외주비는 협력업체와 계약한 하도급 계약서를 기준(안전관리비, 공사보험, 산재보험 제외)으로 하며, 기성청구에 의하여 확정된 세금계산서를 근거로 한다.

② 재료비는 공급업체에게 발주할 주문서를 기준으로 하며 현장반입시 거래명세서를 첨부한 세금계산서를 근거로 한다.

③ 중기비는 임차장비 계약서를 기준으로 거래명세서를 첨부한 세금계산서를 근거로 한다.

④ 상기 항목외 발생할 수 있는 원가는 증빙서류를 첨부한 계산서를 근거로 한다.

⑤ 공통가설공사비는 "을"에게 제출한 내역서에 의한다.

⑥ 장비비는 전기 및 기계설비의 장비비를 말한다.

2. "을"이 제출한 제1항의 Cost 근거자료를 기준으로 "갑"과 "을"의 합의에 의해 Cost를 확정한다.

제6조 ("을"의 책임과 의무)

1. "을"은 "갑"이 발주한 토공사에 관하여 사전 검토를 행하고 추후 "을"이 공사에 지장이 없도록 조치하여야 하며, 이로 인하여 증가

되는 물량의 변화는 "을"의 책임 및 정산에서 제외한다. 단, "갑"이 토공사업체에게 최종기성 지급시기는 "을"의 지하 3층 기초공사착수 시점 이후로 한다.

2. "을"은 공사에 필요한 모든 측량기점을 정확히 "갑"으로부터 인수하여 공사완료 시까지 보전하여야 하며 공사 중 훼손된 기점에 대한 확인측량은 "을"의 책임으로 원상복구 시켜야 한다.

2. 당사자들의 주장

1) 원고(도급인)의 주장

이 사건 도급계약 특약사항 제2조 내지 제5조에 의하면 이 사건 도급계약의 공사대금은 "Cost and Fee" 방식으로 지급해야 한다. 여기서 "Cost(직접공사비)"는 원고가 기성청구 시 실투입원가를 피고에게 청구하면 피고가 이를 승인하는 방법으로 확정한 것이다. 피고가 하도업체의 계약서와 세금계산서 및 공급업체와 체결한 구매계약에 따라 확정된 세금계산서 등 증빙서류를 첨부하여 기성을 청구하면 원고가 이를 승인함으로써 확정되는 것이다. "Fee(간접비)"는 위와 같이 확정된 Cost의 15%이다.

그런데 피고가 신청한 기성청구내역서를 살펴보면 실투입원가가 과다계상되었다. 뿐만 아니라, Fee(간접비)로 분류되어야 할 항목임에도 불구하고 Cost(직접공사비)로 계상되어 있다. 이에 원고는 이 공사의 진행이 도급계약 특약사항상의 "Cost and Fee" 방식으로 제대로 진행되었는지와 이 사건 공사에 관한 전체공사비 및 각 기성부분금이 얼마나 산정되는지를 입증하여 부당하게 청구된 공사대금을 정산하고자 한다.

2) 피고(수급인)의 주장

피고는 신의성실의 원칙에 따라 공사를 완료하였다. 그리고 약정에서 정한 "Cost and Fee" 방식에 따라 원고에게 1회차부터 17회차까지의 기성부분금을 청구하였고, 원고는 1회차부터 16회차까지는 감리단의 승인을 거쳐 기성부분금을 확정해 주었다(이렇게 16회차까지의 기성부분금에 대해서는 원고가 승인한 금액으로 세금계산서가 발행되었다). 그리고 마지막 17회차 기성부분금(준공대가)에 대해서는 피고가 원고에게 모든 증빙서류를 첨부하여 청구하였다. 그럼에도 불구하고 원고는 그 승인을 지연하고 공사비를 지급하지 않았다.

이 사건 도급계약은 특약사항 제2조 내지 제5조에 의해 "Cost and Fee" 방식으로 정하고 있다. Cost(직접공사비)는 피고가 기성청구 시 실투입 원가를 원고에게 청구하면 원고가 이를 승인하는 방법으로 확정된다.

이 사건 도급계약서(특약사항 제2조, 제3조)의 직접공사비 승인절차는 피고가 실투입 원가에 대한 내역서를 첨부하여 원고에게 기성을 청구하면 원고가 이를 승인하여 직접공사비를 확정하는 것이다.

구체적으로 이 사건 도급계약서(갑 제1호증의1) 특약사항 제8조에 의하여 이 사건 공사를 위한 모든 공정별 '하도급업체선정' 및 '자재구매'는 그때 그때 원고 승인 아래 입찰을 통하여 선정·확정하고, '단가' 역시 같은 방법으로 원고가 승인·확정하였다. 따라서 피고가 원고에게 기성부분을 청구할 때에는 이미 원고의 승인을 통해 확정된 업체, 자재, 단가의 내용을 증빙서류로 첨부하는 것이므로 기성청구 시 새롭게 원고의 승인이 필요하지 않다. 그러므로 이미 제출한 증빙서류를 토대로 피고가 지출한 금액이 얼마인지를 확인하여 당해 기성부분금의 직접공사비 확정되어야 한다.

이 사건 도급계약서 일반조건 제28조 제5항은 '기성대가는 제2조

제9호의 산출내역서의 계약단가에 의하여 산정·지급한다'고 명시하고 있으므로, 기성부분금은 피고가 원고에게 제출하는 산출내역서와 기성청구 시 원고에게 제출한 증빙자료를 기준으로 확정할 수밖에 없다. 확정된 기성금을 조속히 지급해야 한다.

3. 감정신청 사항

피고가 제출한 증빙자료를 기준으로 피고가 청구한 전체공사비에서 이 사건 도급계약 특약사항 제2조 내지 제5조에 의해 피고가 실제 지출한 Cost(직접공사비)는 얼마인지, 그리고 이를 근거로 이 사건 공사에 관한 전체공사비(Cost+Fee)가 얼마인지 여부이다.

4. 감정의 전제조건

1) 감정시점

이 사건의 감정시점은 재판부가 지정한 2013. 4. 25.이다.

2) 해석의 우선순위

이 사건에 관해 원·피고 측에서 제출한 자료에 대해 '공사도급계약 특약사항' 제1조에서 규정을 근거로 우선순위를 다음과 같이 정하였다. 그 순위는 ① 공사도급계약 특약사항, ② 건설공사도급계약서, ③ 건설공사도급계약특수조건, ④ 건설공사도급계약일반조건, ⑤ 설계서 및 산출내역서 순이다.

3) 계약에서 정한 Cost와 Fee의 범위

계약에서 정한 Cost(직접공사비)의 범위는 '공사도급계약 특약사항'의 제2조에 따른 '직접공사비'로 한정하였다. 직접공사비는 투입된 실공사비용을 말하는데 범위는 제3조에 정하고 있어 그에 따랐다. 여기에 해당하지 않는 종목은 직접공사비에서 제외하였다. 직접공사비의 범위는 다음과 같다.

① 공통가설공사(도로점용료, 전기료, 가설도로, 가설용수비, 가설전기, 가설건물, 가설울타리, 기타 공통가설, 공통장비 일체, 청소, SHOP DWG비용, 착·준공식비용, 폐기물처리비용, 중기비, 운반비 등 포함), ② 건축공사, ③ 기계설비공사, ④ 전기설비공사, ⑤ 통신설비공사, ⑥ 토목공사, ⑦ 조경공사, ⑧ 기타(공종분류상 상기 공종에 산입키 어려운 공종)

4) 공사비 확정의 기준

가. 세부공종별 단가

직접공사비 단가는 계약내역서를 기준으로 하였다. 계약내역 외 신규 비목은 도급계약서 제25조(설계변경으로 인한 계약금액의 조정)에 따라 상호 합의한 단가를 적용하였다. 하지만 합의가 안 된 항목은 신규단가를 적용할 수 없어 가장 유사한 기존 항목의 단가를 적용하였다. 상호 합의 여부는 수급인이 감리자나 도급인과 수발신한 공문을 근거로 판단하였다.

나. 세부공종별 감정방법

① 원·피고 간에 시공사실과 금액에 이견이 없는 공사항목은 그대로 Cost로 확정하였다.

② 원·피고 간에 이견이 있는 공사항목은 다음의 방법으로 공사비를 재산출하였다.

　가. 하도급 계약서와 실시공 여부 확인

　나. 기성청구된 하도급업체 세금계산서와 실시공 여부 확인

　다. 기성청구 내역서와 기 발행된 세금계산서를 비교 시 기성청구 금액이 많은 경우는 원고 측의 실계변경 승인 공문을 분석하여 근거가 확인되면 설계변경으로 판단. 그리고 이 부분에 대한 시공이 확인된 경우 Cost로 확정

라. 계약으로 약정되지 않고, 세금계산서도 발행되지 않았고, 원고의 승
   인도 받지 않은 상태의 공사비 청구부분은 Cost에서 제외
마. 실투입물량 산출결과가 기성청구금액과 큰 차이가 나지 않는 항목
   은 피고와 하도업체와의 정산합의서 금액 적용
바. 실투입물량에 대한 수량산출 시 건설교통부(2007년도) 건축공사 수
   량산출 기준지침서 적용
③ 원·피고 주장에서 금액 차이가 나는 자재비, 중기비 항목은 공
   사도급계약 특약사항 제5조(Cost의 승인절차)의 규정을 적용하여
   감정하였다. 산출이 가능한 부분에 대해서는 다시 물량을 산출
   하였다. 구체적 감정방법은 다음과 같다.
가. 재료비는 공급업체에게 보낸 발주문서를 기준으로 현장반입 시 거
   래명세서를 첨부한 세금계산서를 근거로 산정.
나. 중기비는 임차장비 계약서를 기준으로 거래명세서를 첨부한 세금계
   산서를 근거로 산정.
다. 상기항목 외 발생한 원가는 증빙서류를 첨부한 계산서를 근거로
   산정.
라. 공통가설공사비는 "을"이 제출한 내역서를 재검토하여 반영.
마. 장비비는 전기 및 기계설비의 장비비로만 국한.

5. 현장 조사

공사비 감정은 당초 계약서에 명시한 내용에 근거하여 실 투입된
공사비를 산정하는 방식으로 진행하였다. 세목별 근거가 부족하여 밝
힐 수 없는 부분은 불명으로 표기하고 감정에서 제외하였다.

1) 차수별 공종별 기성청구 내역서의 외주업체별 분개

원고와 피고는 이 공사의 공사비 지급방식을 "Cost and Fee" 방식으
로 결정하고 매 기성 시 실투입공사비를 확정한 후 기성부분금을 지
급하기로 약정하였다(공사도급계약서 제28조). 이에 따르면 실투입공사

비에서 외주비는 각 하도업체에서 실시한 공사비를 근거로 한 "세금계산서"이다. 재료비, 중기비도 역시 실투입비용에 대해 발행한 "세금계산서"에 근거해야 한다. 문제는 17차에 이르는 기성청구서의 감정 결과 상호 주고받은 기성공사비내역서가 "공종별내역서" 형태로 작성되어 있어 하도급업체의 실투입비용을 확인할 수 없다는 것이다. 따라서 실제 약정된 Cost를 정확하게 파악하기 위해서는 17차에 걸쳐 진행된 기성청구내역서 및 기성사정 내역서를 협력업체별로 다시 분개하여 그 금액을 확인할 수밖에 없었다.

2) 철근, 레미콘 자재 물량의 적정성 판단

이 사건에서 가장 첨예하게 다투는 쟁점은 철근과 레미콘의 물량이다. 원고는 설계도면을 근거로 철근, 레미콘 자재수량을 산출한 결과 피고가 청구한 물량과 상당한 차이가 난다고 주장한다. 문제는 사용승인도서에 근거해 레미콘과 철근의 수량을 산출하였다 하더라도 이를 실제투입물량으로 보기 어렵다는 것이다.

첫째, 설계변경분에 관한 것이다. 이 건물의 경우 연면적이 99,000m^2 (30,000여평)에 달하고, 수십차례에 걸친 설계변경이 이루어졌다. 그 과정에서 각 부위의 철거, 재시공 등(공사일보, 설계변경 관련 수·발신 공문 근거) 수많은 설계변경이 발생하였다. 때문에 설계도서만을 근거로 산출된 물량은 바로 이런 변경 부분이 투입된 물량을 제대로 반영하지 못한다는 단점이 있다.

둘째, 지하 기초 부분에 대한 물량의 과다 투입 가능성이다. 토공사 시 기초저면부의 평탄 불량으로 인해 설계물량보다 과다하게 콘크리트 물량이 투입될 수 있기 때문이다. 뿐만 아니라 "공사도급계약 특약사항 제6조("을"의 책임과 의무)"에 근거하면 토공사로 인한 공사물량의 증가를 예측하고 이에 대한 "을"의 책임을 면제하고 있다.

원고는 자재의 외부반출 가능성도 제기하였다. 콘크리트의 주재료인 레미콘의 경우는 완제품이 아닌 액상상태의 반제품으로 현장에 반입된다. 현장에서 타설된 후 경화되어야 비로소 제품으로 구현되는 특징을 가지고 있다. 또한 이 과정에서 콘크리트 타설 전 감리자의 검측을 받는 과정을 거치게 된다. 일반적으로 콘크리트는 60분 이내 타설하지 못하면 경화되기 시작하므로 이 시간에 타설해야만 한다. 따라서 레미콘 자체를 현장 외로 반출할 수 있다는 추정도 어렵다.

철근의 경우도 마찬가지다. 국내의 철근 운반은 제조공장에서 현장으로 직접 배송되는 시스템이다. 더구나 이 사건 도급계약은 철근 입고 시 통상적인 검수 외 계약서 제18조에 전체공사의 소요 자재에 대한 "갑"의 검사, 참여, 입회를 규정하고 있어 현장에 반입된 철근의 수량은 갑의 검사가 이루어졌고 이후 건축물의 시공에 투입된 것으로 보인다.

즉 철근과 레미콘은 특성상 현장 반입 시 반드시 검수가 이루어지고, 각 부위별로 "감리자"에 의한 검측 후 승인을 얻어야만 타설이 허가되는 특수한 관리 시스템 속에 있다고 할 수 있다. 게다가 건물구조를 이루는 주요 자재는 실제 시공 후에는 골조 속에 "부합"돼버리는 특성이 있다. 그러므로 이러한 경우는 외부반출이 어렵다고 볼 수 있다.

감정결과 이 사건에서는 지하 기초부위의 평탄화 과정에서 설계수량보다 과다한 레미콘 물량이 투입된 것으로 보인다. 지반의 상태가 설계도면보다 더 깊이 파여졌거나 구배가 제대로 정리되지 못해 평활도가 불량한 것으로 추정된다. 때문에 지하바닥부위 설계형상을 이루기 위해서는 저면부의 요철부위가 전부 레미콘으로 채워질 수밖에 없었을 것으로 추정된다. 철근 물량은 철근 가공 조립 시 인장부분의 이음길이, 가공, 절단 등으로 인한 철근 손실분이 상당부분 발생한 것으로 보인다.

그렇다면 이렇게 투입된 물량을 어떻게 판단해야 하는가. 공사도급 계약 특약사항 제5조(Cost의 승인절차)는 "재료비는 공급업체에게 발주할 주문서를 기준으로 하며 현장반입 시 거래명세서를 첨부한 세금계산서를 근거로 한다"라고 명시하고 있다. 이 조항과 제반사정을 종합적으로 감안하여 거래명세서와 세금계산서를 근거로 철근과 레미콘 물량을 분석한 결과 기 투입된 물량은 실비로 인정하는 것이 타당하고다고 판단하였다.

3) 안전관리비, 공사보험, 산재보험료 제외 부분의 해석

원고와 피고는 "공사도급계약 특약사항, 제5조(Cost의 승인절차)"에서 ①항의 외주비에서 안전관리비, 공사보험, 산재보험료는 제외할 것을 합의하였다. 또한 공사도급계약서 제20조는 안전관리 업무에 관한 법적 근거를 "산업안전보건법 및 기술관리법"에 명시된 업무로 특정하고 있다. 그러므로 상기 공사도급계약 제20조 및 공사도급계약특약사항 제5조를 근거로 "건설업 산업안전보건관리비 계상 및 사용기준 (노동부고시 제2008 - 67호) 별표2"의 안전관리비로 판단되는 공종은 외주비항목에서 제외하였다.

6. 구체적 감정결과

구체적으로 17차에 걸쳐 제출된 기성청구내역서와 개별 업체별 투입 비용을 전면적으로 재검토하였다. 특이한 사항은 피고가 청구한 2005년 1~2월, 2개월에 걸친 동절기 기간 동안 현장관리와 인건비에 대한 건이다. 피고는 도급계약서(갑 제1호증의1)' 일반조건 제22조 제3항에 의해 천재지변, 불가항력 또는 원고의 귀책사유로 인하여 공사 기간이 지연된 경우 현장관리비는 실비 정산키로 하였으므로 타당한 청구라고 한다. 하지만 이 조항을 적용하더라도 인건비는 실비정산의 대상으로 보기 어려워 실비정산 부분에서 제외하였다. 피고 직원들의 인건비는 보수에 포함하는 것으로 하고 있기 때문이다.

이런 문장의 해석은 사실 조심스러울 수밖에 없다. 모든 사정을 종합한 최종적인 해석은 재판부의 몫이다. 그래서 가급적 상세하게 감정근거와 의견을 감정서에 기록하였다. 상기의 전제조건과 감정방법으로 공사금액을 산출하였다.

제 8 장

설계비 감정

설계비 감정

제8장

  건축설계에 관한 분쟁도 드물진 않다. 오히려 점점 늘고 있다. 설계를 두고 다투는 양상은 크게 세 가지 유형으로 나눌 수 있다.

  첫째, 설계자의 손해배상책임을 들 수 있다. 설계상 과실로 인해 완성된 건물이 건축주의 희망과 다르거나 일반적으로 갖추어야 할 성능을 갖추지 못한 경우 설계자는 건축주에 대해 채무불이행책임 또는 불법행위책임을 지게 된다. 설계상 과실은 설계의 내용이 건축주가 지시한 내용에 반하거나 건축주의 명시적인 지시에는 반하지 않지만 완성한 건물에 설계적 하자가 있는 경우(하자 있는 설계)를 말한다. 이 설계상 과실로 인한 건물의 하자로 인해 제3자가 손해를 입었을 때, 설계자는 그 제3자에 대해서도 불법행위책임을 지게 된다.[1]

  둘째, 설계도서의 저작권에 관한 분쟁이 있다. 대개 설계계약서에는 저작권이 건축주나 의뢰자에게 귀속되는 계약조항을 두고 있다. 반면 건축물의 설계표준계약서 제18조(저작권보호)는 설계도서의 저작권을 설계자에게 귀속시키는 것으로 정하고 있다. 이렇게 별도로 저작권 귀속에 관한 계약조항이 있다면 그 내용에 따라 저작권이 귀속되고, 별다른 규정이 없다면 일반 법리에 따라 설계자에게 건축저작권이 귀속된다.[2]

---

1 윤재윤, 앞의 책 주 13), 528면.
2 고영회, "건축설계도서의 저작권보호," 계간 『저작권』 59호(2002, 가을호), 저작권심

셋째, 설계비 보수청구권을 둘러싼 문제이다. 설계용역의 경우, 설계자는 계약이 중도에서 종료되었다 할지라도 이미 한 일에 대한 보수를 청구할 수 있다.[3] 설계계약을 준위임계약으로 보면 계약당사자는 상호간에 언제라도 해지할 수 있고, 다만 상대방에게 불리한 시기에 해지한 때에는 그 손해를 배상하여야 하기 때문이다(민법 제689조). 도급계약설에 의하더라도, 도급인에게는 자유로운 해제권이 인정되지만 손해에 대한 배상을 해야 하기 때문이다(민법 제673조).[4]

이 장에서는 설계자의 손해배상책임이나 설계도서의 저작권에 관한 분쟁은 다루지 않는다. 설계상의 과실은 하자의 영역에서 다루어야 하고, 저작권의 문제는 법리적 해석으로 판단해야 하기 때문이다. 여기서는 앵글의 초점을 설계보수비에 맞추고자 한다. 설계보수비 지급에 대한 분쟁이 빈번한데다 아직 감정에서 구체적 방법론이 제대로 정립되어 있지 않기 때문이다. 감정인에 따라 감정결과에 대한 편차가 커서 당사자의 불만이 큰 편이라 개선의 여지도 많다.

설계비에 대한 감정은 먼저 건축주가 의뢰한 설계업무의 정확한 성격, 건축주와의 접촉상황, 교부한 도서의 수량 및 내용이 올바른지 철저히 검토하여야 한다. 총론적 개념은 건축공사의 기성고 비율 산정방식과 동일하다. 비록 용역계약이지만 법리적으로는 건축도급계약에서 도급인이 계약을 해제한 경우와 유사한 것으로 보고 있기 때문이다.[5]

도급이라는 관점에서 보면 설계용역비도 3장에서 살펴본 공사대금의 '비정형성', '경쟁자중심의 가격결정', '계층구조'란 특성을 그대로 지니고 있다. 오히려 용역의 특성상 용역대금의 '비정형성'이나 '경쟁

의조징위원회.

3 윤재윤, 앞의 책 주 13), 524면.
4 윤재윤, 앞의 책 주 13), 524면.
5 대법원 2000. 6. 13.자99마7466 결정

자중심의 가격결정' 성향이 공사대금보다 훨씬 강하게 드러난다. 건축사가 겪는 경영상의 문제도 바로 이러한 특성에 구속되어 가격의 통제가 거의 불가능하기 때문에 발생한다는 해석도 있다. 경쟁자중심의 가격결정 성향이 너무 강하다 보니 설계용역비가 경쟁적으로 하향화되는 추세가 불가피 한 것이다.

또 하나의 특성은 설계업무에 투입된 인원을 제대로 측정하기 힘들다는 것이다. 설계업무를 수행하는 건축사사무소가 인력 운용계획이나 집행을 제대로 기록하지 않기 때문이다. 그래서 감정실무에서는 설계비의 업무 단계별 비율을 '공공발주사업에 대한 건축사의 업무범위와 대가기준(국토교통부 고시 제2012-553호, 2012. 8. 22.)'을 기준으로 하고 있다. 이 업무비율을 근거로 건축공사에서 적용하는 '기성고 비율'과 동일한 방식으로 실제 설계용역의 수행비율을 기성고 비율(이하 기성율)로 산정하여 그 비율에 약정금액을 곱하여 설계비의 보수를 산정하고 있다.

감리용역계약의 경우 보수비의 감정에 대해 대법원 판례를 따르고 있다. 대법원은 "감리계약이 감리인의 귀책사유 없이 도중에 종료한 경우, 그 때까지의 감리사무에 대한 보수는 당사자 사이에 특별한 약정이 없는 한 민법 제686조 제3항의 규정에 따라 이미 처리한 감리사무의 비율에 따라 정해야 하고, 이 경우 감리사무의 처리비율은 관련 법규상의 감리업무에 관한 규정 내용, 전체 감리기간 중 실제 감리업무가 수행된 기간이 차지하는 비율, 실제 감리업무에 투여된 감리인의 등급별 인원수 및 투여기간, 감리비를 산정한 기준, 업계의 관행 및 감리의 대상이 된 공사의 진척 정도 등을 종합적으로 고려하여 이를 정하는 것이 타당하다."[6]라고 판시하고 있다.

---

6 대법원 2001. 5. 29. 선고 2000다40001 판결; 대법원 2006. 11. 23. 선고 2004다3925 판결 등

표 8-1	용역별 기성율 적용기준			
구분	공공발주사업에 대한 건축사의 업무범위와 대가기준	건설공사 감리대가 기준	국토개발 계획 표준품셈	엔지니어링 사업 대가의 기준
건축설계	●			
감리 / 건축감리	●			
감리 / 책임감리		●		
도시계획			●	
용역비 미확정				●

책임감리는 좀 다른데 '건설공사 감리대가기준(국토교통부 고시 제 2013-71호, 2013. 4. 15.)'의 대가기준으로 수행비율을 산정하고 있다.[7] 이런 판례와 매뉴얼의 취지는 설계용역의 수행비율 산정 방식과 유사 하다고 할 수 있다.

도시계획과 관련한 용역은 국토개발계획 표준품셈(개정 2007. 11. 09. 한국엔지니어링 진흥협회)을 적용하여 보수비를 감정하고 있다. 이 국토개발계획 표준품셈은 국가, 지방자치단체, 정부투자기관 및 민간 단체, 개인 등이 지역 및 도시계획과 조경전문분야 엔지니어링 활동 사업을 엔지니어링 활동주체에게 위탁할 경우 적용하기 위한 것인데 감정에 인용하기에 큰 무리가 없어 대부분 따르고 있다.

드물게는 설계용역계약서 및 감리용역계약서에 용역비 총액이 확 정되지 않았거나 객관적인 업무대가 기준이 없는 것도 있다. 이처럼 용역비 총액이 확정되어 있지 않거나 고시된 대가기준이 없을 때는 엔지니어링사업 대가의 기준(산업통상자원부 고시 제2012-178호, 2012. 7. 30.)의 '실비정액 가산식'을 적용하기도 한다.

---

7 건설감정매뉴얼, 앞의 책 주 1), 17면.

I 건축물 설계도서 관련 기준 고찰

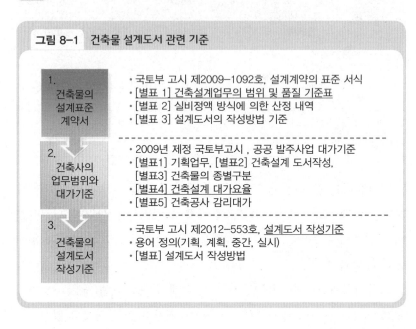

그림 8-1 건축물 설계도서 관련 기준

1. 건축물의 설계표준계약서

- 국토부 고시 제2009-1092호, 설계계약의 표준 서식
- [별표 1] 건축설계업무의 범위 및 품질 기준표
- [별표 2] 실비정액 방식에 의한 산정 내역
- [별표 3] 설계도서의 작성방법 기준

2. 건축사의 업무범위와 대가기준

- 2009년 제정 국토부고시 , 공공 발주사업 대가기준
- [별표1] 기획업무, [별표2] 건축설계 도서작성,
  [별표3] 건축물의 종별구분
- [별표4] 건축설계 대가요율
- [별표5] 건축공사 감리대가

3. 건축물의 설계도서 작성기준

- 국토부 고시 제2012-553호, 설계도서 작성기준
- 용어 정의(기획, 계획, 중간, 실시)
- [별표] 설계도서 작성방법

1. 건축물의 표준설계계약서

'건축물의 설계표준계약서(국토해양부고시 제2009-1092호, 2009. 11. 23.)'는 2009년 개정되었다. 가장 큰 변화는 2009년 폐지된 '건축사용역의 범위와 대가기준'의 단계별 설계도서 내용을 표준계약서에 포함하여 건축설계업무의 범위와 품질을 일일이 정한 것이다.

건축설계 업무범위와 품질을 약정한 '계약서'는 설계비 분쟁에서 중요한 감정기준이 된다. '건축물의 설계표준계약서'에 의한 계약 범위는 〈표 8-2〉의 "건축설계업무의 범위 및 품질기준표"를 참고하여 결정하도록 하고 있어 계약서의 주요 업무범위는 설계계약에서 설계용역의 구체적 범위를 명백히 하는 유일한 근거가 되기 때문이다. 주요 내용은 다음과 같다.

1) 건축설계업무의 범위 및 품질기준표

❖ 표 8-2 [별표1] 건축설계업무의 범위 및 품질기준표

구분	업무의 내용	계약의 범위	품질 (갑의확인)	비용의 산출	비고
기획 업무	① 규모검토	△	I , II , III		
	② 현장조사	○, △	I , II , III		
	③ 설계지침서, 설계공정표, 그 밖의 조사비교	△	II , III		
설계도서 작성업무	① 계획설계도서	○, △	기본,중급,상급		
	② 중간설계도서(인, 허가용도서)	○, △	기본,중급,상급		건축법시행규칙 6조 1항
	③ 실시설계도서	○, △	기본,중급,상급		
사후설계 관리업무	① 시공과정에서의 설계의도 해석, 자문 등	△			설계도서작성 기준 2조 7항
	② 상세시공도서	△			
	③ 건축물의유지관리지침서	△			
	④ 건축물대장 작성	△			
그 밖의 도서작성 업무(특수 분야 포함)	① 조감도/투시도(내, 외)	△			
	② 각종심의(건축, 경관, 문화재…)	△			
	③ 시방서(특기, 일반)	○, △			일반에 한함
	④ 계산서(구조, 기계, 전기, 소방, 토질, 지질…)	○, △			해당 부분 및 분야에 한함
	⑤ 수량산출조서	△			
	⑥ 공사비예상내역서	△			
	⑦ 측량, 지질조사…	△			
	⑧ 관청대행업무	△			
	⑨ 그 밖에 건축주의별도요구 등	△			
건축주의 요청에 의한 업무	① 인테리어설계업무	△			
	② 음향, 차음, 방음, 방진설계업무	△			
	③ 3D모델링업무	△			
	④ 모형제작업무	△			
	⑤ VE설계에 따른 업무	△			
	⑥ Fast Track 설계방식업무	△			가치공학
	⑦ 흙막이상세도 작성업무	△			굴토깊이: 10m 이상
	⑧ 건축물의 분양관련 지원업무	△			
	⑨ 그 밖에 건축주의별도요구 등	△			
건축분야와 관련된 건설사업관리(CM) 업무		△			건설산업기본법 제26조
지구단위계획, 주택재건축 또는 도시환경정비사업을 위한계획, 공원계획 등의 업무 중 건축물과 건축물·도로·녹지 등 주변 환경과의 관계를 입체적으로 계획하고 건축물과 주변시설들의 용도·규모·형태·색체 등의 설계기준을 작성하는 업무		△			
그 밖의 업무 (건축주의 요청)	① 건축물의 조사 또는 감정에 관한 업무	△			
	② 건축물의 현장조사 및 검사 등에 관한 업무	△			
	③ 건축물의 사용승인도서 작성업무	△			
	④ 종합계획도 작성업무	△			종합계획
	⑤ 건축공사 사업타당성 분석업무	△			
	⑥ 건축물의 수명비용 분석업무	△			건물 전 생애주기 비용 분석
	⑦ 그 밖에 건축사가 참석하는 업무	△			

2) 설계업무의 구분

가. 기획업무

'기획업무'란 건축물의 규모검토, 현장조사, 설계지침 등 건축설계 발주에 필요하여 발주자가 사전에 요구하는 설계업무를 말한다. "건축설계업무의 범위 및 품질기준표"의 구체적 설계도서의 내용은 〈표 8-3〉과 같다.

❖ 표 8-3 기획업무

구분			업무내용	비고
기본	규모검토(공간계획)	법규검토	대지 및 건축물의 규모, 용도 등을 개략적으로 검토하기 위한 법규검토	
		개략배치도	건축물의 개략배치	
		대지종횡단면도	대지의 경사 및 건축물과 관계표시	
		개략평면도	1층 및 기준층 평면도	
		개략단면도	층수, 층고표시의 개략 단면	
	현장조사	대지 및 주변 현황확인	대지상태, 주변건축물	
추가요구 I	규모검토	평면도	각층 평면도	
	현장조사	대지 및 주변 현황분석	교통, 수목, 시각분석, 기후분석	
		사용자 조사	면담, 행태조사, 회의	
		기존시설물 분석	설계도서, 설비용량	
	설계지침서		용역대상 및 범위, 계약조건, 설계목표, 제한, 성능, 요구, 개념	
추가요구 II	설계지침서		공간프로그램, 운영프로그램, 공사관련 예산서 작성	
	프로젝트공정표		심의·허가 등 설계공정 및 그 밖의 공정	
	유사건물조사비교		규모, 층수, 용도비교, 마감재, 시설 비교, 공사비 비교	기존

나. 건축설계 업무

'건축설계 업무'는 다음과 같이 계획설계 · 중간설계 및 실시설계의 단계로 구분한다.

'계획설계'라 함은 건축사가 발주자로부터 제공된 자료와 기획업무 내용을 참고하여 건축물의 규모, 예산, 기능, 질, 미관적 측면에서 설계목표를 정하고 가능한 해법을 제시하는 단계로서, 디자인 개념의 설정 및 연관분야(구조, 기계, 전기, 토목, 조경 등을 말한다. 이하 같다)의 기본시스템이 검토된 계획안을 발주자에게 제안하여 승인을 받는 단계를 말한다.

'중간설계(건축법 제11조 제3항에 따른 기본설계도서를 포함한다. 이하 같다)'라 함은 계획설계 내용을 구체화하여 발전된 안을 정하고, 실시설계 단계에서의 변경 가능성을 최소화하기 위해 다각적인 검토가 이루어지는 단계로서, 연관분야의 시스템 확정에 따른 각종 자재, 장비의 규모, 용량이 구체화된 설계도서를 작성하여 발주자로부터 승인을 받는 단계를 말한다.

'실시설계'라 함은 중간설계를 바탕으로 입찰, 계약 및 공사에 필요한 설계도서를 작성하는 단계로 공사의 범위, 양, 질, 치수, 위치, 재질, 질감, 색상 등을 결정하여 설계도서를 작성하며, 시공 중 조정에 대해서는 사후설계관리업무 단계에서 수행방법 등을 명시한다.

'사후설계관리업무'란 건축설계가 완료된 후 공사시공 과정에서 건축사의 설계의도가 충분히 반영되도록 설계도서의 해석, 자문, 현장여건 변화 및 업체선정에 따른 자재와 장비의 치수 · 위치 · 재질 · 질감 · 색상 등의 선정 및 변경에 대한 검토 · 보완 등을 위하여 수행하는 설계업무를 말한다.

① 계획설계의 도서내용

㉠ 기본도서 작성내용

기본		내용	비고
건축	법규검토	제반법규검토, 인허가절차 파악	
		설계구상안	
	건축계획서	설계개요	
	건축도면	배치도	
		대지 종·횡단면도	
		각층 평면도	
		입면도(2면 이상)	
		단면도(종·횡단면도)	

㉡ 중급(추가1)도서 작성내용

중급		내용	비고
건축	건축계획서	배치계획	
		평면계획	
		입면계획	
		단면계획	
	모형	스케치 또는 스터디 모델	
구조	구조계획서	구조계획개요	
기계	기계설비계획서	건축주 요구사항의 수용여부와 설계방침의 확정	
		기계설비 계획개요	
전기	전기설비계획서	해당법규검토	
		설계방향설정, 전기설비계획개요	
조경	조경계획서	식재계획도	

ⓒ 상급(추가2)도서 작성내용

상급		내용	비고
건축	건축계획서	외장 재료의 비교분석	
	공사비계산서	재료, 장비선정에 따른 개략공사비	
	심의도서	심의 대상인 경우	
구조	구조계획서	기본구조 적용시스템 및 대안, 경제적 타당성 검토	
	심의도서	구조심의 대상인 경우	
기계	기계설비계획서	각종계통도 및 조닝계획	
		적용시스템 비교검토	
		개략공사비 추정	
	심의도서	심의대상인 경우	
전기	전기설비계획서	추정부하 산정	
		개략예산 검토	
	심의도서	심의대상인 경우	
토목	토목계획서	개략 흙막이계획서	
		흙막이 계획도	
		우·오수처리계획서와 상수계획서	
		예산공사비 계산서	
조경	조경계획서	녹지 및 공개공지 계획도	
		시설물계획 및 포장계획도	
	심의도서	심의대상인 경우	
방재	심의도서	심의대상인 경우	

08

② 중간설계의 도서내용

㉠ 기본도서 작성내용

기본			내용	비고
건축	일반사항	건축계획서	공사개요(위치, 대지면적 등)	
			건축물규모(건축면적, 연면적, 높이, 층수 등)	
			건축물 용도별 면적, 주차장규모	
		법규 검토서	관련사항에 따른 법규검토	
	도면	배치도	축척 및 방위, 건축선, 대지경계선 및 대지가 정하는 도로의 위치와 폭, 건축선 및 대지경계선으로부터 건축물까지의 거리, 신청건물과 기존건물과의 관계, 대지의 고저차, 부대시설물과의 관계	
		주차계획도	법정 주차대수와 주차 확보대수의 대비표, 주차배치도 및 차량 동선도 차량진출입 관련위치 및 구조	
			옥외 및 지하 주차장 도면	
		각층 및 지붕 평면도	기둥·벽·창문 등의 위치 및 복도, 계단, 승강기 위치	
			방화 구획 및 방화벽의 위치	
		입면도(2면 이상)	주요 내외벽, 중심선 또는 마감선 칫수, 외부마감재료	
		단면도 (종·횡단면도)	건축물 최고높이, 각층의 높이, 반자높이	
			천정내 배관 공간, 계단등의 관계를 표현	
	기타	정화조 평면, 단면도		
		용량계산서		
구조	도면	기초일람표		
		구조평면도		
		기둥일람표		
		보일람표		
		슬래브일람표		
기계	일반사항	소방시설계획표	건축종별, 규모별, 층별 소방시설계획에 관한 종합적 서류	
	도면	소방설비도	해당소방관련설비	
		계통도	소화설비계통도	
		기준층 및 주요층 기구평면도	소화설비평면도	
		도시가스인입확인	도시가스 인입지역에 한해서 조사, 확인	
전기	일반사항	소방시설계획표	각종 설치시설에 대한 계획표	
	도면	계통도	소방계통도	
		평면도	소방평면도	
토목	도면	대지종, 횡단면도		
		상하수계통도	우·오수배수처리 구조물위치 및 상세도·공공하수도 연결방법, 상수도인입계획, 정화조의 위치	
조경	도면	조경배치도	법정면적과 계획면적의 대비, 조경계획 및 식재상세도	

ⓛ 중급(추가1)도서 작성내용

중급			내용	비고
건축	도면	도면목록표	공종 구분해서 분류작성	
		안내도	방위, 도로, 대지 주변지물의 정보수록	
		구적도	대지면적에 대한 기술	
		실내재료마감표	바닥, 벽, 천정등 실내마감	
	상세도	계단 평면, 단면상세도		
		지상층 외벽 평입단면도		
		지하층 부분단면상세도		
구조	일반 사항	구조계산서		
		설계설명서		
	도면	옹벽일람표		
		계단배근일람표		
		주심도		
기계	일반 사항	설계설명서	계획 설계 시의 내용을 발전 확정	
	도면	도면목록표		
		장비배치도	기계실, 공조실 등의 장비배치방안계획	
전기	일반 사항	설계설명서	계획 설계 시의 내용을 발전 확정	
	도면	도면목록표		
		계통도	전력계통도	
		상세도	조명기구의 선정	
토목	일반 사항	설계설명서		
	도면	도면목록표		
		각종평면도	주요 시설물 계획	
		포장계획 평, 단면도		
		우·오수배수처리평· 종단면도	우·오수 배수처리 구조물위치 및 상세도 공공하수도와의 연결 방법, 상수도 인입계획, 정화조의 위치	
조경	일반 사항	설계설명서		
	도면	도면목록표		
		식재평면도		
		단면도		

08

© 상급(추가2)도서 작성내용

상급			내용	비고
건축	일반사항	개략시방서	공사용시방서(초안)	
		공사비 개산서	기본설계 적용기준에 따라 개략공사비를 산정, 작성	
		건축계획서	배치계획	
			주차 및 동선계획	
			평·입·단면계획	
	도면	투시도	투시도, 조감도	별도 발주사항임
	상세도	코아상세도	코아내의 각종설비 관련 시설물의 위치	
		주차경사로 평·단면상세도		
		주차리프트 평·단면상세도		
		천정 평면도		
		창호 잡 철물	각 창호에 적용되는 철물	
	기타 (특수분야 계획검토)	차음·방음, 방진		
		무대·조명		
		전시·미술장식품		
		분수		
		주방		
		음향		
구조	일반사항	개략시방서	구조일반사항 및 특기시방서(초안) 작성	
	도면	가구도	골조의 단면상태를 표현하는 도면으로 골조의 상호 연관관계를 표현	
		앵커배치도 및 베이스 플레이트 설치도		
		잡 배근 일람표		
기계	일반사항	개략시방서	기계일반사항 및 특기시방서(초안) 작성	
		개략공사비 개산서	각 공종별 단위면적당 공사비개념으로 개략산정	
		개략부하 개산서	설계기준에 따라 단위면적당 부하를 기준	
		각종 장비 선정서	부하분석에 따른 적정장비 선정	
		에너지 심의 서류	에너지 절약계획서 및 그 밖의 서류	
	도면	장비일람표	규격, 수량을 상세히 표현	
		기준층 및 주요층 기구평면도	공조배관설비 평면도, Duct설비 평면도, 위생설비 평면도	
		설비용 핏트 평면상세도	설비용 핏트 상세 및 배치계획도면	
전기	일반사항	개략시방서	전기일반사항 및 특기시방서(초안) 작성	
		개략공사비 개산서	공종별 단위 면적당 개략공사비	
		각종 부하 개산서	용도별 조도, 부하계산서 작성	
	도면	옥외조명 설비평면도		
		계통도	조명 계통도, 통신 계통도	
		조명평면도		
토목	일반사항	개략시방서	토목일반사항 및 특기시방서(초안) 작성	
		개략공사비 개산서	기본설계도서에 따라 개략공사비 산정	
	도면	토공사 계획표		
		보도블럭 평면도		
		담장 계획도		
조경	일반사항	개략시방서	조경일반사항 및 특기시방서(초안) 작성	
		개략공사비 개산서	기본설계도서에 따라 개략공사비 산정	

③ 실시설계의 도서내용

㉠ 기본도서 작성내용

기본			내용	비고
건축	일반사항	공사시방서		
		설계개요		
		각종계산서		
		심의에서 각종 인허가		
		관련자료		
	도면	표지		
		도면 목록표		
		안내도, 구적도, 지적도		
		면적 산출표		
		대지 종·횡단면도		
		배치도		1/100 이상
		평면도		1/100 이상
		입면도(2면 이상)		1/100 이상
		단면도(종·횡단면도 등)		1/100 이상
		실내벽 및 반자의 마감도		1/100 이상
	상세도	계단 평·단면상세도		1/5~1/50
		주요 부분상세도		
구조	일반사항	구조계산서	법령에 의거 작성을 요하는 건축물	
		시방서		
	도면	도면 목록표		
		구조 평면도		1/30~1/200
		구조 단면도		1/30~1/200
		기초 일람표		1/30~1/100
		기둥 일람표		1/30~1/100
		보 일람표		1/30~1/100
		슬래브 일람표		1/30~1/100
		옹벽 일람표		1/30~1/100
		계단배근 일람표		1/30~1/100
		잡 배근 일람표		1/30~1/100
		주심도		1/30~1/200
	상세도	계단 상세도		
		경사로 상세도		
		코아 상세도		
		기둥접합 상세도		
		보접합 상세도		
		가새접합 상세도		
		데크 플레이트 설치도		
		스터드 볼트 설치도		
		앵커볼트 상세도		

08

기계	일반 사항	시방서	당해공사에 요구되는 일반 및 특기 사항을 상세히 기술	
		각종 부하 계산서	설계기준에 따라 세부부하계산	
	도면	도면 목록표	도면목차, 번호 등을 알아보기 쉽 도록 표기	
		옥외배관 평면도	옥외에서의 급배수, 도시가스, 유 틸리 등의 인입, 인출과 관경 위치 등을 표시	
		각 설비 계통도	각 설비별 계통표시	
		기계실 및 공조실 확대평면도	공조, 환기, 위생, 소화성비등에 대 한 내용 등을 표시	
전기	일반 사항	시방서	당해공사에 요구되는 일반 및 특기 사항을 상세히 기술	
		각종 부하 계산서	변압기용량, 부하, 조도, 발전기용 량	
	도면	도면 목록표	도면목차, 번호 등을 알아보기 쉽 도록 표기	
		인입 배치도	전력, 통신, 소방 배치도	1/100 이상
		전력설비 평면도		
		통신설비 평면도		
		소방설비 평면도		
토목	일반 사항	시방서	당해공사에 요구되는 일반 및 특기 사항을 상세히 기술	
	도면	도면 목록표	도면목차, 번호 등을 알아보기 쉽 도록 표기	
		주요 평면도		필요축척
		대지 종 · 횡단면도		필요축척
		흙막이 상세도	굴토깊이 10M 미만	1/5~1/50
		옹벽 평 · 단면 전개도		1/5~1/100
		옹벽 상세도		1/5~1/100
		지하매설 구조물 현황도		
조경	일반 사항	시방서	당해공사에 요구되는 일반 및 특기 사항을 상세히 기술	
	도면	도면 목록표	도면목차, 번호 등을 알아보기 쉽 도록 표기	
		배치도	공사계획 및 시설물배치도	

ⓛ 중급(추가1)도서 작성내용

중급			내용	비고
건축	일반 사항	각 공종별 공사비 내역서		
	도면	주차 계획도		1/100 이상
	상세도	코아 평면 상세도		1/5~1/50
		승강기 · 샤프트 평 · 단면상세도		1/5~1/50
		주차 경사로 평 · 단면 상세도		1/5~1/50
		주차 리프트 평 · 단면 상세도		1/5~1/50
		발코니 상세도		1/5~1/50
		출입구 상세도		1/5~1/50
		지상층 외벽입 · 단면 상세도		1/5~1/50
		창호 일람표		1/5~1/50
		창호 평면도		1/5~1/50
	정화조	건축용 평 · 단면도		1/5~1/100
구조	일반 사항	설계 설명서		
	도면	앵커배치도 및 베이스 플레이트설치도		1/30~1/100
기계	일반 사항	공사비 내역서	시방 및 도면에 따라 세부공사비를 산정하여 작성	
		설계 설명서	설계 과정에서 확정된 내용을 정리	
	도면	장비 일람표	주요장비의 사항을 알아보기 쉽도록 표기	
		기계실 장비 설치 평면도		1/100 이상
전기	일반 사항	공사비 내역서	물량산출 및 내역서	
		장비 일람표	주요장비의 사양을 표기	
	도면	전력간선 계통도		
		소방 계통도		
		전기실 장비설치 평면도		1/100 이상
		조명설비 평면도		1/100 이상
		방범설비 평면도		1/100 이상
		방송설비 평면도		1/100 이상
토목	일반 사항	공사비 내역서	시방 및 도면에 따라 세부공사비를 산정하여 작성	
	도면	토공사 평 · 단면도		1/5~1/100

조경	일반사항	공사비 내역서	물량산출 및 내역서	
		설계 설명서		
	도면	배식평면도 및 수량집계		1/100 이상
		포장계획 평면도		1/100 이상
		시설물 평면도		1/100 이상
		식재 입면도 및 플랜터 전개도		1/100 이상

ⓒ 상급(추가2)도서 작성내용

		상급	내용	비고
건축	도면	주출입구부분 평·입·단면상세도		1/5~1/50
		부출입구부분 평·입·단면상세도		1/5~1/50
		셔터 상세도		1/5~1/50
		핏트 상세도		1/5~1/50
		지하층 단면 상세도		1/5~1/100
		주요 부분 내벽 상세도		1/5~1/100
		창호 상세도		1/5~1/50
		창호 입면도		1/5~1/50
		창호 잡 철물 목록		1/5~1/50
		각층 천정 평면도		1/5~1/50
		천정 상세도		1/5~1/50
		천정 부분상세도		1/5~1/50
		천정관련 설치 상세도		1/5~1/50
		로비바닥 패턴도		1/5~1/50
		로비 전개도		1/5~1/50
		주요실 전개도		1/5~1/50
		승강기 Hall전개 상세도		1/5~1/50
		화장실 전개 상세도		1/5~1/50
		칸막이 전개도 및 상세도		1/5~1/50
		실내재료 마감상세도		1/5~1/100
		각 부품도		1/5~1/50
	정화조	각종설비도		
		계산서		
	특수분야		소음·방진, 무대·조명, 주방, 음향, 시, 미술장식품 등	별도 대가업무

구조	도면	기타상세도		1/5~1/50
		가구도		1/5~1/50
		각부 구조상세도		1/5~1/50
		보 개구부 위치도		1/5~1/50
		캐노피 상세도		1/5~1/50
		파라펫 상세도		1/5~1/50
		트러스 상세도		1/5~1/50
기계	도면	기계실 및 공조실 확대평면도	각 설비별 기계실 배관에 대한 확대 평면도	1/5~1/50
		화장실 확대 · 평면상세도	화장실 배관등에 대한 확대평면도	1/5~1/50
		저수조, 고가수조 배치 및 상세도	설치 기준을 표시, 평 · 단면도	1/5~1/50
		설비용 핏트 상세도	설치 및 유지보수등을 위한 적절한 공간 검토확인	1/5~1/50
		연도 상세도	보일러 및 발전기등의 연도 상세도	1/5~1/50
		각종 장비 상세도		1/5~1/50
		자동제어 도면	구성도, 장비, 밸브, 관제점, 패널일람표, 계통도 및 평면도	별도
전기	도면	통신 계통도		1/5 이상
		조명기구 상세도		1/5 이상
		설비용 핏트 상세도		1/5 이상
		피뢰침 상세도		1/5 이상
		접지설비 상세도		1/5 이상
		TV안테나 설치 상세도		1/5 이상
토목	일반사항	설계설명서		
	도면	포장 상세도		1/5~1/50
		보도블럭 및 측구 상세도		1/5~1/100
		담장 입 · 단면도		1/5~1/100
		방음벽 상세도		1/5~1/100
		우 · 오수 배수상세도	우 · 오수 배수처리 노선상세도 (평면도, 종 · 횡단면도) 및 구조물 상세도	1/5~1/100
조경	도면	포장 평 · 입 · 단면 상세도		1/10 이상
		지주목 상세도		1/10 이상
		식재 및 보호수목용 덮개상세도		1/10 이상
		조명등 상세도		1/10 이상
		플랜터 상세도		1/10 이상
		시설물 상세도		1/10 이상

08

다. 실비정액 가산방식에 의한 산정 내역

'건축물의 설계표준계약서'에는 설계업무의 정의 외에도 대가의 산출기준 및 방법도 첨부되어 있다. 이 기준을 참고하여 현장여건 및 설계조건에 따라 "갑"과 "을"이 협의하여 정하도록 하고 있다. 구체적인 내용은 다음과 같다.

㉠ 산출식: 산정금액=직접인건비+직접경비+제경비+기술료

㉡ 직접인건비 산정내역

(단위: 인원수)

구분	업무내용(예시임)	건축사	기술사	특급	고급	중급	초급	보조원	비고
계획안 검토	현장조사 및 분석, 주변과의 상관성 검토								
	자료, 관련법규 및 분야의 검토, 자문, 규모검토								
	디자인 개념(공간, 건축…)의 설정 및 작성, 보고서								
	계획(각종심의…)도서작성, 검토, 승인								
	공정표, 그 밖의 검토, 회의 등								
	소계								
인허가 도서 작성	측량, 지질조사, 투시도(조감도)								
	도서작성(건축, 구조, 토목, 기계, 전기, 소방…), 검토, 승인								
	시스템검토, 보정확인(건축, 구조, 토목, 기계, 전기, 소방)								
	관청대행업무								
	그 밖의 검토, 회의 등								
	소계								
실시용 도서 작성	도서작성(건축, 구조, 토목, 기계, 전기, 소방)								
	시스템검토, 보정(건축, 구조, 토목, 기계, 전기, 소방)								
	일반/특기시방서, 견적, 일위대가작성								
	감리 및 현장관련업무								
	관청대행업무								
	그 밖의 검토, 회의 등								
	소계								
계									

© 설계용역비 내역산정   (단위: 금액)

구분			기준임금 (원)	인·월수	금액	비고
직접 인건비	건축사					
	기술사					
	건축 사보	특급				
		고급				
		중급				
		초급				
		보조원				
	소계					
직접 경비	특수자료비					특허 등
	시험비					토질, 재료
	제작비					투시, 조감, 모형, 항측
	청사진, 인쇄					설계도서, 보고서
	기타					자문, 위탁
	소계					
간접비	제경비		직접인건비 *(110~120%)			
	기술료		(직접인건비+제경비) *(20~40%)			조사연구비, 기술개발, 훈련, 이윤
	소계					
계(직접비+간접비)						
공과잡비(%)						
합계						
기업이윤(%)						
총계						

08

ⓡ 설계용역비 적용   (단위: 금액)

구분	방식	산정금액	적용여부	비고
A	공사비 비율에 의한 방식			
B	실비정액 가산 방식			
	설계 용역비			

2. 공공발주사업에 대한 건축사 업무범위와 대가기준

2009년 이전에는 건축사법 제19조의3 규정에 의해 공고된 '건축사 용역의 범위와 대가기준'이 있었다. 이 기준은 건축법에 의한 '설계도 서 작성기준'을 기초로 설계업무의 구체적인 내용을 건축물의 용도에 따라 업무량과 도서작성의 수준을 정한 것이다. 설계도서를 기본, 중 급, 상급 3단계로 분류하여 그 대가(代價)를 규정하고 있다. 건축사의 설계업무도 상세히 기재되어 있다.

그러나 2009년 규제개혁의 일환으로 이 기준이 폐지되었다. 이 후 '공공발주사업에 대한 건축사의 업무범위와 대가기준(이하 건축사 대가기준)'이 제정되었다. 내용은 대동소이하지만 그 대상이 민간건축 부문이 아니라 국가, 지방자치단체,「공공기관의 운영에 관한 법률」에 따른 공공기관, 그 밖에 대통령령으로 정하는 기관 또는 단체로 제한 된 것이다.

하지만 2009년 폐지된 '건축사용역의 범위와 대가기준'으로 인해 민간 부문에 적용할 기준이 사라진 것은 아니다. 업무단계별 설계도 서 내용이 같은 해 개정된 '건축물의 설계표준계약서(국토해양부고시 제2009-1092호, 2009. 11. 23.)'의 '건축설계업무의 범위와 품질기준'으로 포함되었기 때문에 계약적 측면에서는 업무의 범위가 더욱 명확해졌 다고 볼 수 있다.

간혹 2009년 이후 발생한 설계비감정에서 그 기준을 '공공발주사업에 대한 건축사 업무범위와 대가기준(이하 건축사 대가기준)'의 업무범위를 준용해서 쓰는 경우가 있다. 여기서 규정한 업무범위와 '건축물의 설계표준계약서'의 '건축설계업무의 범위와 품질기준'이 거의 동일하기 때문에 큰 문제는 없으나 엄밀한 의미에서 공공건축물과 민간건축물을 분리하여 적용하는 것이 맞다.

문제는 '건축물의 설계표준계약서' 내용만으로는 기성율 산정을 위한 업무단계별 비율을 결정할 수 없다는 것이다. 그래서 감정을 위해서는 비록 공공건축물에 한정된 기준이지만 업무단계 비율을 정하고 있는 '건축사 대가기준'을 준용할 수밖에 없다. 물론 약정으로 그 비율을 특정한 경우에는 그에 따라야 한다.

설계 및 건축공사감리 대가요율을 산정하기 위해서는 건축물의 종별구분도 필수적이다. 건축물의 종별 역시 '건축사 대가기준'에 따른다. 〈표 8-4〉와 같이 건축물의 난이도에 1종, 2종, 3종으로 구분된다.

❖ 표 8-4   건축물의 종별 구분

종별	건축물의 종류
1종 (단순)	• 가설건축물 • 창고시설(하역장) • 자동차관련시설(정비공장, 운전학원 · 정비학원 제외) • 동물 및 식물관련시설(가축용 창고, 관리사, 가축시장, 버섯재배사) • 기타 제1종 용도와 유사한 것 ※ 제1종 시설로서 공기조화 설비 등 특수설비를 요하는 시설은 제2종을 적용
2종 (보통)	• 공작물(굴뚝 · 옹벽 · 고가수조 등) • 단독주택 • 공동주택 • 제1종 근린생활시설 • 제2종 근린생활시설 • 판매시설 • 식당 • 교육연구시설(도서관 제외) • 노유자시설 • 수련시설

	• 업무시설 • 숙박시설(관광숙박시설 제외) • 위락시설 • 공장 • 창고시설(냉장 · 냉동창고 포함) • 위험물저장 및 처리시설 • 자동차 관련시설(정비공장, 운전학원, 정비학원) • 동물 및 식물관련시설 • 분뇨 및 쓰레기처리시설 • 교정 및 군사시설 • 묘지관련시설(화장장 제외) • 관광휴게시설(관망탑 제외) • 기타 제2종 용도와 유사한 것 ※ 제2종 시설로서 특수구조 또는 공기조화 설비 등 특수설비를 요하는 시 설은 제3종을 적용
3종 (복잡)	• 문화 및 집회시설 • 운수시설(철도시설, 공항시설, 항만시설, 종합여객 시설 등) • 의료시설 • 교육연구시설 중 도서관 • 운동시설 • 숙박시설 중 관광숙박시설 • 발전시설(발전소, 집단에너지 공급시설 포함) • 방송통신시설(방송 · 통신시설, 촬영시설) • 묘지관련시설 중 화장장 • 관광휴게시설 중 관망탑 • 기타 제3종 용도와 유사한 것

3. 설계도서 작성기준

건축법 제23조 제2항은 국토교통부장관이 정하여 고시하는 설계도
서 작성기준에 따라 설계도서를 작성하도록 규정하고 있다. 구체적으
로 국토해양부고시 제2012-553호(2012. 8. 22.)가 그것이다. 이 기준은
건축사법 제23조 제1항의 규정에 의하여 업무신고를 한 건축사가 건
축물 설계 시 필요한 설계도서 작성기준을 정하여 양질의 건축물 건
립을 도모하고 있다.[8]

---

8 건축법 제19조제4항의 규정에 의한 표준설계도서 및 특수한 공법을 적용한 설계도서
  (이하 "표준설계도서등"이라 한다)의 작성 · 인정 · 보급 및 관리에 관하여 필요한 사

'주택의 설계도서 작성기준'은 별도로 정하고 있다. 바로 주택법 제23조 제1항 및 동법시행령 제23조 제1항에 따른 국토해양부고시 제2012-533호(2012. 8. 20.)가 그것이다. 이 기준은 주택을 설계하는 자가 주택단지의 주택 및 그 부대시설 · 복리시설의 설계도서를 작성하는 데 적용한다. 공동주택의 자재 및 부품의 표준화를 유도하여 시공의 합리화를 도모하고 양질의 시설물을 건설하기 위한 설계도서 작성기준을 정함을 목적으로 하고 있다.

건축물은 각각의 '설계도서 작성기준'에 맞춰 설계업무를 수행해야 한다.[9] 설계비 감정은 이 '설계도서 작성기준'에 의해 도면과 시방서, 각종 계산서의 구체적 작업진척도, 미비점에 대한 분석을 수행하여야 한다. 이런 기준에 의해 각 도면별 '완성도'를 평가해야 한다.

08

Ⅱ 구체적 감정방법

1. 약정금액의 확인

공사비든 설계비든 기성고 감정의 가장 큰 특징은 상향식 접근 방식(Bottom-up)이라는 점이다. 세부적인 구성요소를 하나하나 감정하여 그 결과를 집계해야 한다. 최하부 단위에서 발생한 사안들을 세밀하게 봐야 한다. 이것이 감정의 기본이다. 그 틀의 마지막 한계는 약정된 계약금액이다. 감정의 결과가 이 금액을 벗어날 순 없다.

그래서 기성고 감정의 가장 최우선적인 순서는 약정금액의 확인이다. 그리고 약정된 설계업무의 내용과 건축종별 등 구체적인 설계의 내

항은 '표준설계도서등의운영에관한규칙(국토교통부령 제94호, 2014. 5. 22.)'으로 따로 정하고 있다.

9 문화재는 「문화재수리 등에 관한 법률」 제14조에 따라 문화재실측설계업자가 해당 법률에서 정한 문화재수리 보수 · 복원 · 정비 및 손상방지를 위한 조치에 사용할 설계도서의 작성기준인 '문화재수리 설계도서 작성기준'을 따라야 한다.

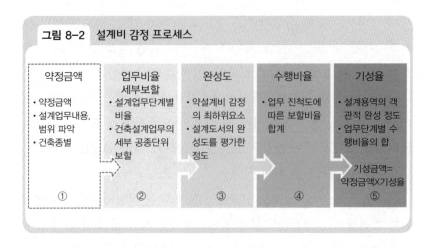

그림 8-2 설계비 감정 프로세스

약정금액	업무비율 세부보할	완성도	수행비율	기성율
• 약정금액 • 설계업무내용, 범위 파악 • 건축종별	• 설계업무단계별 비율 • 건축설계업무의 세부 공종단위 보할	• 약설계비 감정 의 최하위요소 • 설계도서의 완 성도를 평가한 정도	• 업무 진척도에 따른 보할비율 합계	• 설계용역의 객 관적 완성 정도 • 업무단계별 수 행비율의 합
①	②	③	④	기성금액= 약정금액X기성율 ⑤

용도 같이 확인해야 한다. 이를 통해 단계별 업무의 윤곽을 잡아야 한다. 건축주와 결정한 금액이 약정금액이 된다. 설계표준계약서에 설계업무에 대한 대가의 산출기준이 있기는 하나 이는 표준적 절차일 뿐이다. 중요한 것은 약정금액이다. 바로 이 금액에 산출된 기성율을 곱하여 기성금액을 산출해야 한다.

2. 업무비율 세부 보할

설계용역업무의 기성율 산정은 총론적으로 건축공사 기성고 비율의 산정 개념과 동일하다. 하지만 설계비 감정에 그대로 건축공사의 기성고 비율 방식을 적용하기 곤란한 측면이 있다. 설계용역은 용역의 특성상 건축공사와 같이 공사대금을 확인할 수 있는 실체적 형태가 없기 때문이다. 총론은 같지만 각론은 달라야 하는 이유다.

도급공사는 기시공부분의 공사비와 미시공부분의 공사비를 산정하기위해 실제적인 공사 현황을 정확하게 파악해야 한다. 이를 통해 기성고 비율을 추출한다. 물리적으로 발생한 사실관계가 기시공부분의 소요된 수량과 미시공부분의 공사 수량에 반영되어야 한다. 반면, 설계용역은 용역과정에서 수많은 업무를 수행하지만 설계도서 외에 눈으로 그 성과를 확인할 수 없다. 따라서 용역과정의 업무를 객관적으로 입증하기 어려운 것이 이 때문이다.

이런 문제를 해결하기 위해서는 도급공사에서 진행한 공사물량을 기반으로 기성 수량을 확인하듯 설계비 감정을 위한 어떤 틀이 필요하다. 설계의 성과를 계량화 할 수 있는 가상의 틀을 만들어야 한다. 현재 설계비 감정에서는 이 틀로 '건축물의 설계표준계약서'에 의한 "건축설계업무의 범위 및 품질기준표"를 활용하고 있다. 이를 근거로 단계별 업무비율의 가중치를 정하고 있다.

1) 설계업무 단계별 비율

앞서 말했듯이 설계용역의 단계별 업무 범위에 따른 비율 구분은 '설계표준계약서'에 별도로 나타나 있지 않다. 그래서 감정에서는 이에 대한 객관적 근거로서 '건축사 대가기준'을 준용하고 있다. 특별한 약정이 없을 시에는 이 기준에 따라 보할을 정한다.

준공도서작성으로 대표되는 사용승인 업무도 감안해야 한다. 설계계약서의 용역범위에 준공(사용승인)도서작성 업무가 있다면 사용승인의 업무비율을 반영해야 한다.

2) 각 업무단계의 세부 보할

단계별 업무비율이 가상 틀의 큰 프레임이라면 이제 좀 더 디테일한 업무분할이 필요하다. 설계는 업무단계별 구분 외에도 건축계획적 측면에서 건축공사의 기술을 반영한 실시설계도면, 시방서, 계산서라는 속성을 지니고 있기 때문이다. 설계표준계약서의 '설계도서의 작성방법기준'의 목록이 바로 이 속성을 명확하게 나타낸 것이라고 볼 수 있다. 감정에서는 이러한 속성을 평가하여 업무의 완성여부를 판단해야 한다.

이 평가를 위해서는 각 업무단계별로 건축, 구조, 기계, 전기, 토목, 조경과 같은 기술별로 분류하고, 다시 이를 도면, 시방서, 계산서, 내역서 등으로 구분하여 보할을 정해야 한다. 이렇게 결정된 보할이 바로 가상의 틀이 된다. 전형적인 상향식 접근방법이라고 할 수 있다. 문제는 아직 정립된 기준이 없다는 것이다. 감정인의 재량으로 그 비율을 분배해야 한다.[10] 감정인의 전문지식과 경험칙으로 엄정하게 판단해야 한다. 예를 들어 도면:시방서:계산서:내역서 기준비율을 90:0:10:0나 90:5:5:0, 또는 80:10:10:0와 같은 식으로 정한다.

이 책을 통하여 제안하는 방식은 이렇다. 도면, 시방서, 계산서, 내역서의 보할을 각 업무단계의 세부적인 업무내용의 항목별로 보할로 대체하자는 것이다. 예를 들어 살펴보자. 기획업무는 '규모검토', '현장조사서'가 기본업무이고 추가적인 업무로 '[추가1] 설계지침서', '[추가2] 공정표' 등이 있다. 여기서 '규모검토'는 다시 '법규검토', '개략배치도', '대지종횡단면도', '개략 평면도', '개략 단면도'로 세분화 된다.

보할분배는 바로 이 세분화된 업무 항목별로 하면 된다. 가령 기획업무를 100%로 볼 때, 그 안에서 〈표 8-5〉와 같이 '규모검토'는 75%, '현장조사서'는 10%, 추가적인 업무인 '[추가1] 설계지침서'는 10%, '[추가2] 공정표'는 5%로 하는 식이다. 다시 여기서 세부업무별로 보할을 나눌 수 있다. 이 방식은 설계도서의 각 장별로 각 세부업무의 완성 정도만 측정하면 되므로 다양하고 복잡한 설계감정에 적절히 대응할 수 있는 장점이 있다.

---

10 최운영, 위의 논문, 71면.

단계 비율	업무 범위	업무 보할	건축설계 업무 내용			비고
			세부업무	세부 보할	업무내용	
8%	규모 검토	75%	법규검토	10%	대지 및 건축물의 규모, 용도 등 검토를 위한 법규검토	
			개략배치도	15%	건축물의 개략배치	
			대지종횡 단면도	10%	대지의경사 및 건축물과 관계 표시	
			개략평면도	30%	1층 및 기준층 평면도	
			개략단면도	10%	층수, 층고표시의 개략 단면	
	현장 조사	10%	대지 및 주변현 황 확인	10%	대지상태, 주변건축물	
	[추가1] 설계 지침서	10%	용역대상 및 범위, 계약조건	1%		
			설계목표, 제한, 성능, 요구, 개념	1%		
			공간프로그램 운영프로그램	3%		
			공사관련 예산서 작성	5%		
	[추가2] 공정표	5%		5%	심의, 허가 등 설계공정 및 기 타공정	
	소계	100%		100%		

08

3) 복합 용역의 경우 업무비율 구분

최근에는 건축설계업무 외에도 기타업무, 예를 들어 재개발이나 재
건축정비지구에서 정비구역 지정업무와 같은 업무를 한데 묶어 하
나의 용역으로 발주하는 경우가 많다. 이렇게 약정된 설계업무의 수
행비율을 산출하기 위해서는 건축설계와 정비구역지정업무의 분할
이 필요하다. 문제는 복합업무의 구분이 명확하지 않다는 것이다. 업
무비율의 구분없이 단순히 업무만 명기한 사례가 많기 때문이다. 〈표
8-6〉은 복합업무를 하나의 용역으로 발주한 사례이고 〈표 8-7〉은 대
가지불시기의 예시이다. 대부분 이렇게 계약하고 있다. 표를 보면, 비
용의 지급시기는 명시되어 있지만 두 업무의 비율은 가를 수 없다.

정비구역지정과 건축설계의 복합업무

정비구역지정	건축설계
• 기반시설에 관한 사항(도로, 공원 등) • 가구 및 획지에 관한 사항 • 건축물의 주용도, 건폐율, 용적률, 높이에 관한 사항 • 건축물의 배치와 건축선에 관한 사항 • 건축물의 형태 및 색채에 관한 사항 • 도시경관에 관한 사항 • 대지에 관한 사항 • 공원 및 녹지에 관한 사항	• 기본설계 변경에 관한 도서(시장정비사업 심의도서) 　가. 배치도, 평면도, 입면도, 일반 단면도 　나. 시장정비사업 심의에 관련된 설계도서 및 설계 관련 대관업무 • 실시설계(사업시행인가 도서) 　가. 배치도, 평면도, 입면도, 일반 단면도, 부대시설 관련 도면 　나. 구조계산서, 공사시방서 　다. 전기설비, 기계설비, 소방설비, 토목 설계도서 및 관련 계산서 　라. 지질조사, 굴토설계 및 기타 상세도면 　마. 사업시행인가 신청에 따른 설계 관련 대관업무 • 착공도서 　착공 신고 관련 설계도면 및 설계 관련 대관 업무 • 수량산출서

❖ 표 8-7　대가 지불시기 사례

지불시기	지급비율	지불금액 (부가세 별도)	비고
계약 시	20%	88,000,000	정비구역 지정과 건축설계 업무를 동시에 처리하는 것을 전제로 지급 비율이 나누어져 있다.
구역지정 완료 시	30%	132,000,000	
사업시행인가 완료 시	30%	132,000,000	
착공도서 제출 시	10%	44,000,000	
준공 완료 시	10%	44,000,000	
계	100%	440,000,000	

감정실무에서 이런 사례를 만나면 난감할 수 있다. 그렇다면 위와 같이 '정비구역 지정'과 '건축설계' 업무가 복합된 경우 어떻게 그 비

율을 분할해야 하는가? 설계의 업무단계별 비율을 산정할 때 가상의
틀을 구성했듯이 이런 경우도 역시 가상의 틀 안에서 비율을 산출하
는 방식을 제안하고자 한다.

〈그림 8-3〉의 사례로 구체적 방법을 설명하면 다음과 같다. 우
선 '정비구역 지정' 업무는 '국토개발계획 표준품셈'을 적용하여 용역
대가를 산정하고, '건축설계' 업무는 '건축사 대가기준'을 적용하여 용
역대가를 계산한다. 이때 건축설계 업무에 대한 용역금액은 건물신축
단가표상의 각 용도별 면적을 기준으로 한 공사비에 '건축사 대가기
준'의 요율을 곱해 설계용역비를 반영한다. 각각 산출된 금액을 합하
여 각각의 금액으로 나누면 이제 각각에 대한 비율을 산정할 수 있게
된다. 여기서는 도시계획정비구역 지정업무가 23.45%, 건축설계 업무
가 76.55% 비율로 산출되었다. 이 비율을 복합용역 업무 각각의 구성
비율로 보자는 것이다. 이 비율에 약정금액을 곱하면 각각의 용역금

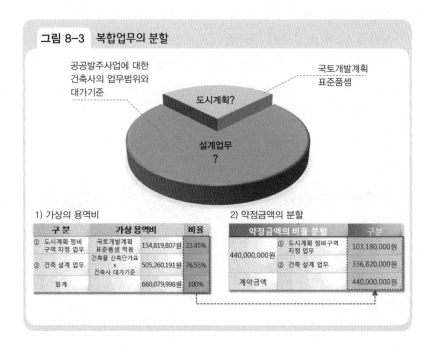

그림 8-3 복합업무의 분할

1) 가상의 용역비

구 분	가상 용역비		비율
① 도시계획 정비 구역 지정 업무	국토개발계획 표준품셈 적용	154,819,807원	23.45%
② 건축 설계 업무	건축물 신축단가표 x 건축사 대가기준	505,260,191원	76.55%
합계		660,079,998원	100%

2) 약정금액의 분할

약정금액의 비율 분할		구 분
440,000,000원	① 도시계획 정비구역 지정 업무	103,180,000원
	② 건축 설계 업무	336,820,000원
계약금액		440,000,000원

08

공공발주사업에 대한
건축사의 업무범위와
대가기준

국토개발계획
표준품셈

도시계획?

설계업무
?

액 산출이 가능해진다.

3. 완성도

'완성도'는 설계의 각 단계에서 도면이나 도서에서 구현한 내용에
대한 완료 정도를 말한다. 이 완성도에 세부보할을 적용하면 업무단
계의 수행비율을 산출할 수 있게 된다. 문제는 설계도서의 완성도에
대한 객관적 기준이 정립되어 있지 않아, 감정인의 재량에 맡겨져 있
다는 것이다.

감정결과의 편차도 바로 이 완성도의 차이에서 비롯된다. 문제는
완성도 자체를 평가하지 않는 감정인도 많다는 것이다. 객관적이고
합리적인 진척도 산정을 위해서는 설계자가 실제로 수행한 업무의 정
도인 설계도서의 내용 및 수량, 설계도서 작성의 준비에 소요된 시간
과 경비 등을 종합적으로 감안하는 것이 올바른 방법일 것이다.

〈표 8-8〉은 설계도서 완성도 적용의 예시이다. 설계의 각 단계에
서 정한 도서 작성 업무가 완료된 경우에는 100%, 실명이나 세부치수
의 미기입 등, 도면의 완성도가 일부 미흡하면 80%, 그 정도가 중간단
계로 판단되면 50%, 초기단계이면 30%, 아예 미작성 상태면 0%의 완
성도를 적용한 것이다.

❖ 표 8-8　설계도서의 완성도 적용 사례

설계도서별 완성도 적용기준	완성도	비고
1. 단계별 업무완료	100%	설계도서 작성완료
2. 실명 및 세부치수 등 도면일부 미완성	80%	일부 미완성
3. 해당공종 중간단계 작성도면	50%	중간 정도
4. 해당공종 초기단계 작성도면	30%	초기 정도
5. 관련도면 미작성	0%	미작성

4. 수행비율

수행비율은 각 업무단계의 진척 정도를 계량적으로 표현하는 것을 말한다. 구체적으로 세부설계업무별로 완성도를 적용하여 그 완성도에 세부보할을 반영하여 산출한다. 〈표 8-9〉는 기획업무에서 세부업무별 백분율로 보할을 구하고, 다시 이 세부업무별로 각각의 완성도를 적용하여 수행비율을 산출한 예시이다.

❖ 표 8-9 세부업무별 완성과 수행비율 산정 사례

단계 비율	업무 범위	공종 보할	건축설계 도서작성 업무 내용			설계도서 구분	설계 도서의 완성도	수행 비율
			세부업무	세부 보할	업무내용			
기획 업무 (8%)	규모 검토서	75%	법규검토	10%	대지 및 건축물의 규모, 용도 등 검토를 위한 법규검토	설계개요	100%	10%
			개략배치도	15%	건축물의 개략배치	배치도	100%	15%
			대지종횡단면도	10%	대지의 경사 및 건축물과 관계표시	종단면도	80%	10%
			개략평면도	30%	1층 및 기준층 평면도	각층평면도	100%	30%
			개략단면도	10%	층수, 층고 표시의 개략 단면	종단면도	80%	10%
	현장 조사서	10%	대지 및 주변현황 확인	10%	대지상태, 주변건축물	배치도	100%	10%
	[추가1] 설계 지침서	10%	용역대상 및 범위, 조건	1%		설계지침서 초안	50%	1.5%
			설계목표, 제한, 성능, 요구, 개념	1%		설계지침서 초안	50%	1.5%
			공간 프로그램, 운영 프로그램	3%		설계지침서 초안	80%	2.4%
			공사관련 예산서 작성	1%			0%	0%
	[추가2] 공정표	5%		5%	심의, 허가 등 설계공정 및 기타공정		0%	0%
	소계	100%		100%				84.4%

08

5. 기성율

1) 기성율 집계

'기성율'이란 설계용역의 객관적 완성 정도를 말한다. 이 '기성율'에 약정금액을 곱하여 '기성금액'을 산정한다. 설계 기성율 산정을 위한 첫 번째 단계가 단계별 업무에 대한 수행비율의 산정이라면 두 번째 단계는 단계별 업무비율에 대한 백분율 보정과정이다. 이 수치를 통해 성과를 직관적으로 판단할 수 있다.

'건축물의 설계표준계약서'에 의한 "건축설계업무의 범위 및 품질기준표"에 따르면 설계업무 외에 기획업무, 사후설계관리업무도 건축사의 업무로 정하고 있다. 기획업무의 대가는 건축물의 Ⅰ, Ⅱ, Ⅲ종 구분에 따라 설계대가의 3%, 5%, 8%를 반영토록 하고 있다. 이 비율을 감안하면 Ⅲ종의 경우 총 설계비는 설계대가의 108%가 된다.

만약 계약으로 사후설계관리업무로서 '사용승인도서 작성 및 준공 처리업무'를 약정의 내용에 포함시키고 있다면 이에 대한 비율 산정이 필요하다. 예를 들어 '사용승인도서 작성 및 준공 처리업무'의 비율을 설계대가의 5%로 감안한다면 그 비율의 합계는 108+5=113%가 된다. 문제는 이 비율의 합계가 우리가 산출해야 하는 기성율과 불일치하다는 것이다.

그래서 설계업무와 기획업무, 사후설계관리업무의 비율까지를 합한 수치를 백분율로 보정해야 하는 작업이 필요하다. 113%를 100%로 환산해야 한다. 〈표 8-10〉은 업무단계별 비율의 보정과 기성율 예시이다.

업무단계별 비율 보정과 기성율

구분	단계별 업무비율(A)	보 정 (B)=A/110	수행비율 (C)	기성율 (D)=C*B	비고
1. 기획업무	8.00% →	7.08%	84.40%	5.98%	
2. 계획설계	20.00% →	17.70%	100.00%	17.70%	
3. 중간설계	30.00% →	26.55%	50.00%	13.27%	
4. 실시설계	50.00% →	44.25%	40.00%	17.70%	
5. 사용승인	5.00% →	4.42%	0.00%	0.00%	
계	113.00% →	100.00%		54.65%	

2) 기성금액

'기성율'이 산출되면 이제 이 '기성율'에 '약정금액'을 곱하여 '기성금액'을 산출해야 한다. 이처럼 각 도면별 완성도 평가와 수행비율을 산정하는 설계비 감정과정은 복잡한 것 같지만 사실은 그렇게 복잡하지 않다. 큰 규모의 설계도서의 경우 하나하나 평가해야 하는 목록이 많기 때문에 상당한 시간이 소요되므로 복잡하게 느껴지는 것뿐이다. 차근 차근 진행하면 수행하는데 큰 문제가 없다. 다만 설계비 감정을 위해서는 감정인의 수준이 설계의 특성을 이해하고 도면의 중요도에 대해 전문적 판단이 가능해야 좀 더 면밀하게 도서를 들여다 볼 수 있으므로 이에 대한 안목이 필요한 것은 부정할 수 없다.

수식 3 설계비 기성금액

기성금액 = 약정금액 × 기성율

---

3) 기성율과 지불비율의 차이

간혹 설계자가 일정한 단계까지 용역업무를 수행한 후 계약이 해제된 경우 설계보수비를 기성율에 의할 것인지, 아니면 계약서에 구분된 지불방법의 비율에 따를 것인지에 대하여 다툼이 있을 때가 있다. 하지만 설계용역계약서에 기재되어 있는 단계별 용역비의 '지불비율'과 설계용역의 기성율은 일치하지 않는다는 것이 일반적 견해이다.[11] 지불비율은 지불시기와 방법에 대한 규정일 뿐으로 이를 설계용역의 기성율로 볼 수 없다는 것이다.

이처럼 지불비율과 기성율이 차이가 나는 가장 큰 이유는 설계용역비의 단계별 지불방법을 허가, 착공, 사용승인 시점과 같이 건축 인허가 시점에 맞춰 놓아 그 구분이 계획설계, 중간설계, 실시설계의 건축설계업무의 범위와 불일치하기 때문이다.

예를 들어 보자. 건축 인·허가 과정에서 '설계도서의 제출'은 설계업무 중 가장 중요한 업무 중 하나라고 할 수 있다. 이때 설계도서는 인·허가 행정절차의 설계도서를 의미한다. 그 세부적인 제출도서는 건축법시행규칙 제6조와 별표2에 상세히 규정되어 있다. 그런데 2006년 법 개정으로 '착공 시 제출하여야 하는 설계도서(이하 '착공도서'라 함)'가 건축허가 시 제출하여야 하는 설계도서(이하 '허가도서'라 함)'에 포함되어 버렸다.[12]

이로써 허가를 득하기 위해서는 착공이 가능한 실시설계도서가 완료되어야 하고 착공신고는 글자 그대로 신고만 하면 가능하게 절차가 바뀐 것이다. 결국 이 법령에 근거하면 허가 시 실시설계가 완성된 것이므로 기성율이 상당폭 상향되어야 할 것이다. 하지만 실무에서는 인허가 과정에 맞춘 지불비율과 실제 설계업무의 기성율과 차이가 나는 경우가 허다하다. 만약 감정인이 이런 법 개정으로 인한 업무량의 증가와 설계업무의 정확한 범위를 제대로 파악하지 못하면 기성율 산

---

11 건설감정매뉴얼, 앞의 책 주 1), 17면.
12 이 법 개정의 취지는 최소한의 허가도서로 착공만 한 후 설계변경 예정도면으로 공사를 하면서 설계변경허가를 진행하던 관행으로 인하여, 공사현장에서 크고 작은 문제와 각종 민원이 제기되는 시간적·경제적·사회적 손실을 줄이기 위한 것이다(최운영, 위의 논문 주 219), 17면).

❖ 표 8-11 지불비율과 업무비율 비교

지불비율 예시		업무비율	일괄수행시 업무비율 (%)	발주자의 요구에 의한 분리수행시 업무비율(%)
지불시기	비율	기획업무	8%	8%
계약 시	10%	계획설계	20	25
건축허가 완료후	30%			
착공신고 시	30%	중간설계	30	35
사용승인도서 납품후	20%	실시설계	50	60
사용승인 완료시	10%			
계	100%	계	108%	128%

정에 큰 착오가 생길 수밖에 없으므로 유의해야 한다.

Ⅲ 설계비 감정 사례

1. 사실관계

1) 도급계약 체결

설계자(원고)는 2009. 9. 15. ○○시 ○○구 ○○번지 부지에 지하 4층, 지상 4층, 건축면적 2,600㎡, 연면적 20,000㎡ 규모의 ○○시설을 신축하기 위한 건축설계와 그에 대한 인허가 신청절차 등을 대행하고, 건축주(피고)는 그 대가로 용역비 7억 2,000만 원(부가가치세 포함)을 지급하기로 하는 용역계약을 체결하였다.

2) 건축 개요

구분	내용	비고
주소	경기도 ○○시 ○○구 ○○번지	
용도	체육시설	
건축규모	지하 10층, 지상 4층	
대지면적	37,4282.00㎡	
연면적	78,706.191㎡	
건폐율	10.50%	
용적률	31.07%	
구조물 구조형식	철골철근콘크리트조	

3) 도급계약의 내용

가. 계약의 범위

① 이 계약의 설계업무 분야 및 각 분야별 업무범위는 다음과 같다.

1. 설계업무 분야: 건축설계, 건축구조설계, 전기(설비, 설계), 기계설비설계, 통신설비설계, 소방설비설계, 토목설계(드라이 에리어 축대벽 설계, 흙막이공사), 정화조(오수 직접 인입), 휴게실, 철골조립 주차장

2. 업무범위 기본설계(허가도서 작성), 실시설계, 사용승인도서 작성 및 준공 처리 업무

② 이 계약의 업무 이외의 분야는 다음과 같이 한다.

1. 업무 이외의 분야: 인테리어설계, 조경설계(음향, 무대조명, 부대토목설계)

나. 대가의 산출 및 지불방법

설계업무에 대한 대가의 산출기준 및 방법은 〈표 8-12〉와 같다.

❖ 표 8-12 지불방법

지불시기	지불비율(%)	지불금액(부가가치세 포함
계약 시	-	기본설계도서 작성시 계약금 포함지급
기본설계도서 (건축허가도서) 작성 시	27.77	2억원
실시설계도서 (공사용도서) 작성 시	36.11	2억 6,000만 원
골조공사 완료 시	13.9	1억원
사용승인도서 작성 시	22.22	1억 6,000만 원
합계	100%	7억 2,000만 원

다. 설계업무 중단 시의 대가 지불

① 제14조 및 제15조에 따라 설계업무의 전부 또는 일부가 중단된 경우에는 원고와 피고는 이미 수행한 설계업무에 대하여 대가를 지불하여야 한다.(후략)

② 원고의 귀책사유로 인하여 설계업무의 전부 또는 일부가 중단된 경우에는 피고가 원고에게 이미 지불한 대가에 대하여 이를 정산 환불한다.

2. 당사자들의 주장

1) 원고(설계자)의 주장

원고와 피고는 사업계획의 확장에 따라 이 사건 용역의 범위를 변경하고 용역비를 7억 2,000만 원에서 13억 2,000만 원(부가가치세 포함)으로 증액하였다. 세부적인 지급내역은 계약 시 2억 2,000만 원, 기본설계도서 작성 시 4억 4,000만 원, 실시설계도서 작성 시 5억 2,800만 원, 준공 시 1억 3,200만 원으로 분할하여 지급하는 것이었다.

그러나 피고는 이미 완료된 기본설계도서 작성 시 지급해야 하는 4억 4,000만 원 중 1억 원만을 지급하고, 나머지 3억 4,000만 원은 지급하지 않았다. 원고가 이를 이유로 이 사건 용역계약을 해지한 바, 피고는 원고에게 그동안 원고가 수행한 이 사건 용역의 기성율 65%에 대한 대가로 858,000,000원(=용역비 총액 13억 2,000만 원×65%) 및 이에 대한 지연손해금을 지급할 의무가 있다.

2) 피고(건축주)의 주장

이 사건 당초 건물의 규모가 확장됨에 따라 2010년 12월경 이 사건 용역비를 13억 2,000만 원으로 증액하였으나 이 사건 용역의 내용이나 용역비의 지급시기를 변경하기로 하는 계약은 체결한 바 없다. 그럼에도 불구하고 원고는 설계용역의 수행을 중단한 채 설계비의 선지급 및 설계비의 지급보증을 위한 담보설정을 요구하였다. 할 수 없이 피고는 이 사건 용역계약을 해지하였다. 그러므로 이 사건 용역계약은 원고의 귀책사유로 인하여 해지된 것이다.

따라서 피고는 이 사건 용역계약에 따라 원고가 수행한 용역에 대한 대가를 지급할 의무가 없다. 백번 양보하더라도 증액된 용역비 13억 2,000만 원을 기준으로 이 사건 용역계약에 따라 지급기준이 충족된 부분에 해당하는 366,564,000원(=13억 2,000만 원×기본설계도서 작성 시까지 기성율 27.77%)에서 기지급 된 3억 2,000만 원을 공제한 465,64,000원만 지급할 의무가 있을 뿐이다.

3. 감정신청 사항

이 감정의 목적은 원고가 제출한 경기도 ○○시 ○○구 ○○번지 부지의 시설물 설계도면에 대하여 ① 실시설계에 해당하는 설계부분이 있는지, ② (실시설계 도면이 있다면) 건축설계, 기계·설비 설계, 전기·소방·통신 설계의 분야별로 중간설계 수행비율을 확인하고 ③ 종합하여 인정되는 설계업무의 수행비율이 어느 정도인지 확인하는 것이다.

4. 감정의 전제조건

1) 감정시점

이 사건 감정의 기준시점은 소 제기일인 2013. 4. 29.이다.

2) 설계업무의 구분

이 감정에서 인용한 설계와 관련한 업무의 구분은 '건축물의 설계 표준계약서(국토해양부고시 제2009-1092호, 2009. 11. 23.)'의 [별표1]의 "건축설계업무의 범위 및 품질기준표"를 참고하였다.

가. 설계

"설계"라 함은 건축사가 자기 책임 하에(보조자의 조력을 받는 경우를 포함한다) 건축물의 건축대수선, 용도변경, 리모델링, 건축설비의 설치 또는 공작물의 축조를 위한 설계도서를 작성하고 그 설계도서에서 의도한 바를 설명하며 지도자문하는 행위를 말한다.

나. 기획업무

"기획업무"라 함은 건축물의 규모검토, 현장조사, 설계지침 등 건축 설계 발주에 필요하여 건축주가 사전에 요구하는 설계업무를 말한다.

다. 계획설계

"계획설계"라 함은 건축사가 건축주로부터 제공된 자료와 기획업무 내용을 참작하여 건축물의 규모, 예산, 기능, 질, 미관 및 경관적 측면에서 설계목표를 정하고 그에 대한 가능한 계획을 제시하는 단계로서, 디자인 개념의 설정 및 연관분야(구조, 기계, 전기, 토목, 조경 등을 말한다. 이하 같다)의 기본시스템이 검토된 계획안을 건축주에게 제안하여 승인을 받는 단계이다.

라. 중간설계

"중간설계(건축법 제8조 제3항에 의한 기본설계도서를 포함한다. 이하 같다)"라 함은 계획설계 내용을 구체화하여 발전된 안을 정하고, 실시설계 단계에서의 변경 가능성을 최소화하기 위해 다각적인 검토가 이루어지는 단계로서, 연관분야의 시스템 확정에 따른 각종 자재, 장비의 규모, 용량이 구체화된 설계도서를 작성하여 건축주로부터 승인을 받는 단계이다.

마. 실시설계

"실시설계"라 함은 중간설계를 바탕으로 하여 입찰, 계약 및 공사에 필요한 설계도서를 작성하는 단계로서, 공사의 범위, 양, 질, 치수, 위치, 재질, 질감, 색상 등을 결정하여 설계도서를 작성하며, 시공 중 조정에 대해서는 사후설계관리업무 단계에서 수행방법 등을 명시한다.

바. 사후설계관리업무

"사후설계관리업무"라 함은 건축설계가 완료된 후 공사시공 과정에서 건축사의 설계의도가 충분히 반영되도록 설계도서의 해석, 자문, 현장여건 변화 및 업체선정에 따른 자재와 장비의 치수, 위치, 재질, 질감, 색상, 규격 등의 선정 및 변경에 대한 검토보완 등을 위하여 수행하는 설계업무를 말한다.

3) 설계업무의 정량적 판단을 위한 감정기준

이 사건의 설계업무에 대한 수행비율을 산출하기 위해서는 '업무범위의 확정'과 '업무단계별 비율' 그리고 각 '설계도면의 완성도'에 대한 판단이 필요하다. 이에 대한 근거는 다음과 같다.

가. 업무범위의 확정

이 사건 설계의 업무범위는 원·피고가 약정한 'ㅇㅇ시설 설계계약서' 제3조(계약의 범위)에서 규정한 업무로 한정하였다.

나. 업무단계별 비율(이하 수행비율)

설계자가 일정한 단계까지 용역업무를 수행한 후 계약이 해제된 경우, 설계용역의 업무단계별로 수행한 업무비율을 산정하기 위해서는 기준이 필요하다. 이 사건에서는 '공공발주사업에 대한 건축사의 업무범위와 대가기준' [국토교통부고시 제2012-553호, 2012.8.22.](이하 건축사 대가기준)의 업무단계별 비율을 기본으로 하였다. 현재 국내에는 이 기준 외에는 설계도서의 업무단계를 구체적으로 규정한 공인된 기준이 없기 때문이다.

① 건축물의 종별구분(건축사 대가기준 별표2)

건축설계 대가요율을 산정하는데 필요한 건축물 종별은 건축사 대가기준 제10조 [별표3]과 같이 건축물의 난이도에 따라 구분하였다. 이 설계용역은 운동시설에 관한 설계이므로 [별표3]에 따라 구분한 건축물의 종류는 '3종(복잡)'에 해당된다.

② 건축설계에 필요한 도서작성 구분

건축설계에 필요한 도서작성 구분은 건축사 대가기준 제10조에서 소규모 건축물 등과 같이 인·허가와 관련된 최소한의 설계도서만을 요구하는 경우에는 기본으로 하며, 공종별 공사비 산정을 위한 설계도서를 작성하는 경우에는 중급으로 하고, 중급에 비하여 세부적인 공사비 산정을 위한 구체적인 설계도서 작성을 요구하는 경우에는 상급으로 분류하도록 하고 있다.

이 설계용역에서 요구하는 설계도서의 품질은 세부적인 공사비 산정을 위한 구체적인 설계도서 작성을 요구하는 경우로 건축사 대가기준에 의해 '상급'으로 구분하였다. 그리고 [별표2]에 따른 세부항목과 본 설계계약에서 규정한 업무의 범위를 감안하여 구체적인 평가항목을 결정하였다.

③ 업무단계별 비율

이 사건 감정에서 적용한 각 업무단계별 비율은 '공공발주사업에 대한 건축사의 업무범위와 대가기준'의 비율을 기본으로 하였다. 구체적으로는 〈표 8-13〉과 같다.

❖ 표 8-13 설계용역의 범위와 계약범위의 비교

설계용역의 범위 구분	설계계약서 제3조(계약의 범위)
1. 기획업무	기본설계 (허가도서 작성)
2. 계획설계	
3. 중간설계	
4. 실시설계	실시설계도서 작성
5. 사후 설계관리 업무	사용승인도서 작성 및 준공 처리업무

우선 '건축사 대가기준'의 비율을 감안하면 기획업무를 포함해 총 108%가 된다. 또한 설계용역계약에서 규정한 '사용승인도서 작성 및 준공 처리업무'를 포함하고 있어 이에 대한 비율 보정도 요구된다. 이 사건 감정에서는 '사용승인도서 작성 및 준공 처리업무'의 비율이 실시설계도서의 3~5% 정도임을 감안하여 그 비율을 반영하였다. 설계 업무의 특성상 시공과정의 경미한 변경을 수정한다고 전제하면 업무가 그다지 과다하지 않다고 판단했기 때문이다. 이 모든 사정을 감안하여 보정한 최종적인 업무단계별 비율은 〈표 8-14〉와 같다.

업무단계	업무비율	업무비율 조정	보정비율	비고
1. 기획업무	8 %	8 %	7.27 %	종별: 제3종(복잡) 도서수준 상급
2. 계획설계업무	20 %	20 %	18.18 %	
3. 중간설계업무	30 %	30 %	27.27 %	
4. 실시설계업무	50 %	50 %	45.45 %	기획업무 8%, 사후 설계 관리업무 2% 반영
5. 사후설계관리	-	2 %	1.82 %	
계	108 %	110 %	100 %	

④ 설계도서별 기성율 산정기준

㉠ 완성도: 각 도면의 완성도를 비율로 산정하였다.

㉡ 수행비율: 건축설계 도서작성 업무내용에 대한 각 도면별 완성
도를 반영하여 산정하였다.

㉢ 기성율: '업무단계별 수행비율'에 '보정비율'을 곱하여 산정하
였다.

❖ 표 8-15 설계도서의 완성도 적용기준

설계도서별 완성도 적용기준	완성도	비고
1. 단계별 업무완료	100 %	설계도서 작성완료
2. 실명 및 세부치수 등 도면일부 미완성	80 %	일부 미완성
3. 해당공종 중간단계 작성도면	50 %	중간 정도
4. 해당공종 초기단계 작성도면	30 %	초기 정도
5. 관련도면 미작성	0 %	미작성

4) 감정기준 자료목록

원고가 제출한 설계관련 자료 중 중복을 제외한 실시설계 수행비율
산정기준 자료는 〈표 8-16〉과 같다. 이를 기준으로 설계 기성율을 산
정하였다.

❖ 표 8-16 감정자료

구분	원고제출자료		비고
	도면	기타	
1차 제출자료	439 File	119건	CAD-File
2차 제출자료	1,217장	26건	2013. 12. 4. 도서 제출
감정기준자료	679장	66건	중복도면 제외

5. 감정결과

1) 감정신청사항에 대한 감정결과

가. 실시설계에 해당하는 설계부분이 있는지?

감정결과, 제출된 설계도면에는 실시설계에 해당하는 도면이 포함되어 있다. 해당 도면을 설계 단계별로 구분한 세부사항은 별도로 첨부하였다.

나. (실시설계 도면이 있다면) 건축설계, 기계 · 설비 설계, 전기 · 소방 · 통신 설계의 분야별로 중간설계 수행비율

감정결과, 실시설계도면 중 각 분야별 실시설계 비율은 〈표 8-17〉과 같다(각 공종별 실시설계 세부사항은 설계도서 구체적 감정사항으로 첨부하였다).

❖ 표 8-17 실시설계도면 중 각 분야별 실시설계 비율

업무단계	공종비율	업무범위	수행비율	비고
중간설계	50%	건축	25%	
	10%	구조	11.33%	
	10%	기계	6.00%	
	10%	전기	8.00%	
	15%	토목	10.80%	
	5%	조경	1.80%	
계	100%		62.93%	

다. 종합하여 인정되는 설계업무의 수행비율과 기성율은 어느 정도인지?

전체 업무단계별 수행비율은 〈표 8-18〉과 같다.

❖ 표 8-18 설계공종별 수행비율

구분	공종별 설계용역 수행비율 (%)							비고
	건축	구조	기계	전기	토목	조경	계	
기획업무	-	-	-	-	-	-	94.00%	
계획설계	53.00%	20.00%	4.00%	4.00%	8.00%	1.00%	90.00%	
중간설계	25.00%	11.33%	6.00%	8.00%	10.80%	1.80%	62.93%	
실시설계	10.64%	1.03%	4.80%	6.28%	8.40%	2.88%	34.03%	
사용승인	0.00%	0.00%	0.00%	0.00%	0.00%	0.00%	0.00%	

업무단계별 수행비율을 보정하여 산출한 설계업무의 전체 기성율은 55.83%이다.

❖ 표 8-19 설계기성율

구분	공공발주사업 건축사의 업무범위 구분기준		감정사항		비고
	단계별 업무 비율 (A)	보정비율 (B) = A / 110	수행비율 (C)	설계기성율 (D) = C * B	
1. 기획업무	8%	7.27%	94.00%	6.84%	
2. 계획설계	20%	18.18%	90.00%	16.4%	
3. 중간설계	30%	27.27%	62.93%	17.2%	
4. 실시설계	50%	45.45%	34.03%	15.5%	
5. 사용승인	2%	1.82%	0.00%	0.0%	
계	110%	100%		55.83%	

2) 구체적 감정사항

가. 업무단계별 수행비율

❖ 표 8-20 기획업무

업무단계	공종보할	업무범위	업무보할	건축설계 도서작성 업무 내용			설계도서 구분	설계도서별 완성도	수행비율
				업무종류	세부보할	업무내용			
1) 기획업무	100%	규모검토	90%	법규검토	20.0%	대지 및 건축물의 규모, 용도 등을 개략적으로 검토하기 위한 법규검토	1-건축-A101-설계개요	100%	20.0%
				개략배치도	20.0%	건축물의 개략배치	2-건축-A102-배치도	100%	20.0%
				대지종횡단면도	10.0%	대지의경사 및 건축물과 관계표시	34-건축-A401-종단면도	100%	10.0%
				개략평면도	20.0%	1층 및 기준층 평면도	20-건축-A111-9-1층평면도	100%	20.0%
				평면도	10.0%	각 층 평면도	15-건축-A111-4-지하4층평면도	100%	10.0%
				개략단면도	10.0%	층수, 층고표시의 개략단면	34-건축-A401-종단면도	100%	10.0%
		현장조사	5%	대지 및 주변현황 확인	2.0%	대지상태. 주변건축물	2-건축-A102-배치도	100%	2.0%
				대지 및 주변현황 분석	2.0%	교통, 수목, 시각분석, 기후분석	2-건축-A102-배치도	100%	2.0%
		설계지침서	3%	용역대상 및 범위, 계약조건	2.0%			0%	0.0%
				공간프로그램, 운영프로그램	2.0%			0%	0.0%
				공사관련 예산서 작성	1.0%			0%	0.0%
		프로젝트공정표	2%		1.0%	심의, 허가 등 설계공정 및 기타공정		0%	0.0%
합계		100%			100.0%				94.00%

❖ 표 8-21 계획설계

업무단계	공종보할	업무범위	업무보할	건축설계 도서작성 업무 내용				설계도서 구분	설계도서별 완성도	수행비율
				업무종류	세부보할	업무내용				
2) 계획설계	60%	건축	20%	법규검토	10.0%	제반법규검토, 인허가절차 파악		2-건축-A102-배치도	100%	10.0%
					10.0%	설계구상안			100%	10.0%
			10%	건축계획서	1.0%	설계개요		1-건축-A101-설계개요	100%	1.0%
					4.0%	배치계획		2-건축-A102-배치도	100%	4.0%
					3.0%	평면계획		15-건축-A111-4-지하4층 평면도	100%	3.0%
					1.5%	입면계획		32-건축-A301-입면도-1	100%	1.5%
					0.5%	단면계획		492-건축---단면도검토-1	100%	0.5%
								493-건축---단면도검토-2		
					0.0%	외장재료 비교 분석			0%	0.0%
			0%	모형	0.0%	Sketch 또는 Study Model			0%	0.0%
			20%	건축도면	8.0%	배치도		2-건축-A102-배치도	100%	8.0%
					2.0%	대지 종·횡단면도		485-건축-A202-대지종단면도	50%	1.0%
					6.0%	각층 평면도		15-건축-A111-4-지하4층 평면도	100%	6.0%
					2.0%	입면도(2면 이상)		32-건축-A301-입면도-1	100%	2.0%
								33-건축-A302-입면도-2		
								57-건축-A603-C동-휴게소 입면도		
					2.0%	단면도(종·횡단면도)		34-건축-A401-종단면도	100%	2.0%
								35-건축-A402-횡단면도		
								40-건축-A505-주차장 종단면도		
								58-건축-A604-C동-휴게소 단면도		
			10%	심의도서	10.0%	심의대상인 경우			100%	10.0%
				합계	60.0%					53.00%
	20%	구조	20%	구조계획서	10.0%	구조계획개요		625-구조-설계서-구조설계서(지하 4층, 지상4층)		10.0%
					10.0%	기본 구조적용 시스템 및 대안, 경제적 타당성 검토		624-구조-계산서-구조계산서		10.0%
			0%	심의도서	0.0%	구조심의대상인 경우				
				합계	20.0%					20.00%

5%	기계	5%	기계설비계획서	1.0%	건축주 요구사항의 수용 여부와 설계방침의 확정		1.0%
				1.0%	기계설비 계획개요		1.0%
				1.0%	각종 개통도 및 zoning 계획		1.0%
				1.0%	적용 시스템 비교 검토		1.0%
				1.0%	개략 공사비 추정		
		0%	심의도서	0.0%	심의 대상인 경우		
			합계	5.0%			4.00%
5%	전기	5%	전기설비계획서	1.0%	해당 법규 검토	633-전기-제안서-전기통신 시스템제안서	1.0%
				2.0%	설계방향 설정, 전기설비계획개요	633-전기-제안서-전기통신 시스템제안서	2.0%
				1.0%	추정 부하 산정	633-전기-제안서-전기통신 시스템제안서	1.0%
				1.0%	개략 예산 검토		
				0.0%	심의대상인경우		
			합계	5.0%			4.00%
9%	토목	9%	토목계획서	4.0%	개략 흙막이 계획서		4.0%
				3.0%	흙막이 계획도	100%	3.0%
				1.0%	우·오수처리계획서, 상수계획서		1.0%
				1.0%	예상공사비 계산서		
			합계	9.0%			8.00%
1%	조경	1%	조경계획서	0.5%	녹지 및 공개공지 계획도	100%	0.5%
				0.3%	식재 계획도	100%	0.3%
				0.2%	시설물 계획 및 포장계획도	100%	0.2%
	조경	0%	심의도서	0.0%	심의대상인경우		
			합계	1.0%			1.00%
0%	방재	0%	심의도서	0.0%	법규체크리스트 및 소방 개략계획서		
합계		100%		100.0%			90.00%

업무단계	공종보할	업무범위	업무보할	건축설계 도서작성 업무 내용			설계도서 구분	설계도서별 완성도	수행비율
				업무종류	세부보할	업무내용			
3) 중간설계	40%	건축일반사항	12%	개략시방서	1.0%	공사용 시방서(초안)			
				공사비개산서	2.0%	중간설계 적용기준에 따라 개략공사비를 산정, 작성			
				건축계획서	2.0%	공사개요(위치, 대지면적 등)	1-건축-A101-설계개요		2.0%
					2.0%	건축물규모(건축면적, 연면적, 높이, 층수 등)	1-건축-A101-설계개요		2.0%
					1.0%	건축물 용도별 면적, 주차장규모	2-건축-A102-배치도	100%	1.0%
					1.0%	배치계획	2-건축-A102-배치도	100%	1.0%
					1.0%	주차 및 동선계획	36-건축-A501-주차장 1층평면도 / 37-건축-A502-주차장 2층평면도 / 38-건축-A503-주차장 3층평면도	100%	1.0%
					1.0%	평·입·단면 계획	15-건축-A111-4-지하 4층평면도	100%	1.0%
				법규검토서	1.0%	관련사항에 따른 법규검토	1-건축-A101-설계개요	100%	1.0%
		건축도면	16%	도면목록표	0.0%	공종 구분해서 분류 작성			
				안내도	0.1%	방위, 도로, 대지주변 지물의 정보 수록	3-건축-A103-용지도 및 구적도	100%	0.1%
				구적도	2.5%	대지면적에 대한 기술	3-건축-A103-용지도 및 구적도 / 489-건축---가중평균지표면산정근거-1 / 490-건축---가중평균지표면산정근거-2	100%	2.5%
				실내재료마감표	2.5%	바닥, 벽, 천정 등 실내마감	28-건축-A114-실내재료마감표-1 / 29-건축-A115-실내재료마감표-2	80%	2.0%
				배치도	3.0%	축척 및 방위, 건축선, 대지경계선 및 대지가 정하는 도로의 위치와 폭, 건축선 및 대지경계선으로부터 건축물까지의 거리, 신청건물과 기존건물과의 관계, 대지의 고저차, 부대시설물과의 관계	484-건축-A201-배치도	100%	3.0%

08

	주차계획도	1.5%	법정 주차대수와 주차 확보대수의 대비표, 주차배치도 및 차량 동선도 차량진출입 관련 위치 및 구조	10-건축-A110-주차동선 계획도	100%	1.5%
				494-건축-A503-주차장 기준층 평면도		
		1.5%	옥외 및 지하 주차장 도면	486-건축---주차장평면도	100%	1.5%
	각층 및 지붕 평면도	2.4%	기둥·벽·창문 등의 위치 및 복도, 계단, 승강기 위치	491-건축-A201-지하5층 평면도	100%	2.4%
		0.5%	방화 구획 및 방화벽의 위치	24-건축-A112-방화구획도-1	100%	0.5%
	입면도 (2면 이상)	1.0%	주요 내외벽, 중심선 또는 마감선 칫수, 외부마감재료	32-건축-A301-입면도-1	100%	1.0%
				33-건축-A302-입면도-2		
	단면도 (종·횡 단면도)	1.0%	건축물 최고높이, 각층의 높이, 반자높이 천정내 배관 공간, 계단 등의 관계를 표현	34-건축-A401-종단면도	100%	1.0%
				35-건축-A402-횡단면도		
				40-건축-A505-주차장 종단면도		
				58-건축-A604-C동-휴게소단면도		
	투시도	0.0%	투시도 또는 조감도			
건축 상세도 8%	수직 동선 상세도	1.0%	코아 상세도			
		1.0%	계단평면·단면 상세도			
		1.0%	주차경사로, 평단면상세도			
			주차리프트 평·단면상세도			
	부분 상세도	1.0%	지상층 외벽 평·입·단면도			
		1.0%	지하층 부분 단면 상세도			
	천정도	1.0%	천정 평면			
	창호도	1.0%	창호평면도	41-건축-A701-지하4층 창호평면도	50%	0.5%
		1.0%	창호 잡철물			
건축 기타 4%	정화조	1.0%	정화조 평면·단면도			
		3.0%	용량 계산서			
	특수 분야 계획 검토	0.0%	차음·방음, 방진			
		0.0%	무대·조명			
		0.0%	전시·미술장식품			
		0.0%	분수			
		0.0%	주방			
		0.0%	음향			
	합계	40.0%				25.00%

중간설계: 구조

업무단계	공종보할	업무범위	업무보할	건축설계 도서작성 업무 내용			설계도서 구분	설계도서별 완성도	수행비율
				업무종류	세부보할	업무내용			
3) 중간설계	25%	구조 일반 사항	20%	개략 시방서	2.0%				
				구조 계산서	15.0%		624-구조-계산서-구조계산서		7.5%
				설계 설명서	3.0%		625-구조-설계서-구조설계서(지하4층, 지상4층)		1.5%
		구조 도면	5%	기초 일람표	1.5%		70-구조-S101-기초배근도 WALL배근도	50%	0.8%
				구조 평면도	1.5%		496-건축-A201-지하5층 구조평면도	50%	0.8%
				가구도	0.1%				
				앵커 배치도	0.1%		73-구조-S104-BASE PLATE상세도	50%	0.1%
				기둥 일람표	0.1%		71-구조-S102-기둥일람표 보일람표	50%	0.1%
				보 일람표	0.1%				
				슬래브 일람표	0.1%		72-구조-S103-SLAB배근도 DECK SLAB배근도	50%	0.1%
				옹벽 일람표	0.1%				
				계단배근 일람표	0.1%				
		구조 도면		잡배근 일람표	0.1%			80%	0.1%
				주심도	1.2%		495-건축-A201-주심도 59-구조-S001-주심도 74-구조-S201-골프장 페어웨이 주심도 76-구조-S301-주심도(철골조립식주차장) 77-구조-S302-기초도(철골조립식주차장)	50%	0.6%
		합계			25.0%				11.33%

08

❖ 표 8-24 **중간설계: 기계**

업무단계	공종보할	업무범위	업무보할	건축설계 도서작성 업무 내용			설계도서 구분	설계도서별 완성도	수행비율
				업무종류	세부보할	업무내용			
3) 중 간 설 계	10 %	기계 일반 사항	5%	개략시방서	0.5%		627-기계-시방서-소방설비 시방서		0.5%
							654-기계-시방서-운동시설- 시방서(기계소방)		
				개략공사비 계산서	0.5%				
				설계 설명서	0.5%		628-기계-검토서-시스템 비교검토(기계)		0.5%
				개략부하 계산서	1.0%		626-기계-계산서-소방설비 계산서		1.0%
							630-기계-계산서-ST-01(특피)		
							631-기계-계산서-ST-02(특피)		
				각종 장비 선정서	0.5%				0.3%
				에너지심의서류	1.0%				0.5%
				소방시설계획서	1.0%		629-기계-검토서-소방관련 검토서		0.5%
		기계 도면	5%	도면 목록표	0.5%		80-기계-M-01-도면목록 및 범례표	100%	0.5%
							169-기계-MF-101-도면목록 및 범례		
				소방 설비도	0.5%				0.0%
				장비 일람표	0.5%		81-기계-M-02-장비일람표-1	100%	0.5%
							82-기계-M-03-장비일람표-2		
							83-기계-M-04-장비일람표-3		
				장비 배치도	0.5%		575-기계-M-04-기계실 장비배치도	50%	0.3%
				계통도	0.5%		84-기계-M-05-냉온열원 흐름도	100%	0.5%
				기준층 및 주요층 기구평면도	0.5%		173-기계-MF-204-지하4층 소방설비(기계) 소화펌프 상세도	100%	0.5%
				저수조 및 고가수조	0.5%				
				설비용 핏트상세	0.5%				
				도시가스 인입확인	0.5%				
				기구 상세도	0.5%		188-기계-MF-601-소방설비 (기계) 상세도	100%	0.5%
		합계			10.0%				6.00%

중간설계: 전기

업무단계	공종보할	업무범위	업무보할	건축설계 도서작성 업무 내용			설계도서 구분	설계 도서 별 완성도	수행 비율
				업무종류	세부 보할	업무내용			
3) 중간설계	10%	전기 일반 사항	5%	개략 시방서	1.0%				1.0%
				공사비 계산서	1.0%				
				설계 설명서	1.0%				1.0%
				각종부하 계산서	1.0%				1.0%
				소방시설 계획표	1.0%				
		전기 도면	5%	도면 목록표	0.1%			100%	0.1%
				계통도	3.0%			100%	3.0%
				배치도 평면도	1.5%			100%	1.5%
				상세도	0.4%			100%	0.4%
				합계	10.0%				8.00%

❖ 표 8-26 중간설계: 토목·조경

업무단계	공종보할	업무범위	업무보할	업무종류	세부보할	업무내용	설계도서구분	설계도서별완성도	수행비율
3) 중간설계	13%	토목 일반 사항	10%	개략시방서	1.0%				
				개략공사비 계산서	1.0%				
				설계 설명서	8.0%				8.0%
		토목 도면	3%	도면 목록표	0.1%			100%	0.1%
				각종 평면도	0.4%			100%	0.4%
				대지 종·횡 단면도	0.1%			100%	0.1%
				토공사 계획도	1.0%			100%	1.0%
				포장계획 평·단면도	0.1%			100%	0.1%
				보도블럭 평면도	0.1%				
				담장계획도	0.1%				
				우·오수배수처리 평·종단면도	0.1%			100%	0.1%
				상하수 계통도	1.0%			100%	1.0%
				합계	13.0%				10.8%
	2%	조경 일반 사항	1%	개략시방서	0.1%				
				개략공사비 계산서	0.1%				
				설계 설명서	0.8%				0.8%
		조경 도면	1%	도면 목록표	0.1%			100%	0.1%
				조경배치도	0.5%			100%	0.5%
				식재평면도	0.4%			100%	0.4%
				단면도	0.1%			100%	0.1%
				합계	2.0%				1.80%
			100%		100.0%				62.93%

* 이하 실시설계 감정 내용 생략

나. 업무단계별 수행비율 집계표

❖ 표 8-27 설계공종별 수행비율

구분	건축	구조	기계	전기	토목	조경	계	비고
기획업무	-	-	-	-	-	-	94.00%	
계획설계	53.00%	20.00%	4.00%	4.00%	8.00%	1.00%	90.00%	
중간설계	25.00%	11.33%	6.00%	8.00%	10.80%	1.80%	62.93%	
실시설계	10.64%	1.03%	4.80%	6.28%	8.40%	2.88%	34.03%	
사용승인	0.00%	0.00%	0.00%	0.00%	0.00%	0.00%	0.00%	

다. 설계기성율 산정표

❖ 표 8-28   설계기성율

구분	공공발주사업 건축사의 업무범위 구분기준		감정사항		비고
	단계별 업무 비율(A)	보정비율 (B) = A/110	수행비율 (C)	설계기성율 (D) = C * B	
1. 기획업무	8%	7.27%	94.00%	6.84%	
2. 계획설계	20%	18.18%	90.00%	16.4%	
3. 중간설계	30%	27.27%	62.93%	17.2%	
4. 실시설계	50%	45.45%	34.03%	15.5%	
5. 사용승인	2%	1.82%	0.00%	0.0%	
계	110%	100%		55.83%	

제 9 장

유익비 · 원상복구비 감정

유익비·원상복구비 감정

앞서 살펴본 기성고공사대금이나 추가공사대금, 공사비 정산에 관한 감정은 건축공사 시에 발생하는 분쟁에 관한 것이다. 건설도급계약으로 맺어진 도급인과 수급인의 다툼에 관한 것이다. 하자 감정도 마찬가지다. 건축공사 완료 이후 발생하는 도급인과 수급인의 문제다. 하지만 건축감정이 도급인과 수급인의 관계에만 국한되지는 않는다. 건물이 완성된 이후라도 제3자나 또는 건축공사와 무관하게 건물 자체에 대한 감정이 필요한 경우가 있다. 필요비·유익비상환청구나 부속물매수청구, 또는 임대차 종료 시 기존 시설에 대한 원상복구비 등이 그것이다.

필요비(민법 제203조 제1항)는 통상 물건을 사용하는 데 적합한 상태로 보존하고 관리하는 데 지출되는 비용이다. 유익비(민법 제203조 제2항)는 물건의 개량이나 물건의 가치를 증가시키기 위하여 지출된 비용으로서 그 가액의 증가가 현존한 경우에 한하여 회복자의 선택에 좇아 그 지출금액이나 증가액의 상환을 청구할 수 있다.[1]

문제는 이런 사안들은 공사비 감정이나 하자 감정 방식으로는 풀 수 없다는 것이다. 도급인과 수급인이 아닌 임대인과 임차인의 다툼이라는 전혀 다른 법리적 특성이 있기 때문이다.

---

1 김정욱, 권리금에 대한 법경제학적 접근, KDI, 11면, 2011.

Ⅰ 유익비

1. 유익비 개요

'유익비(有益費)'란 필요비(물건의 보존, 통상의 경제적 용법에 따라 사용함에 있어서 불가피하게 지출하여야 할 비용)를 제외한 기타의 비용을 말한다.[2] 구체적으로는 임대인이 임차물의 객관적 가치를 증가시키기 위하여 투입한 비용을 말한다.[3] 부동산 임대차 시 임차인이 그 임차부동산의 이용 또는 개량을 위하여 다액의 자본을 들인 경우 그 투하자본을 회수할 수 있는 방법으로 유익비에 대한 권리를 인정하고 있다. 정확하게는 필요비 · 유익비상환청구권(법 제626조)과 부속물매수청구권(법 제646조)이 그것이다. 이 권리에 근거해 임차인이 유익비를 지출한 경우에 임대차 종료 시 임대인에게 그 비용상환을 청구할 수 있다. 임대인의 동의를 얻어 부속한 물건이 있는 경우는 임대차 종료 시 임대인에게 그 물건의 매수를 청구할 수 있다.

민법 제646조에서 건물임차인의 매수청구권 대상으로 규정한 '부속물'이란 건물에 부속된 물건으로 임차인의 소유에 속해야 한다. 그리고 건물의 구성부분으로는 되지 아니한 것으로서 건물의 사용에 객관적인 편익을 가져오게 하는 물건이어야 한다. 부속된 물건이 오로지 건물임차인의 특수한 목적에 사용하기 위하여 부속된 것일 때에는 부속물매수청구권의 대상이 될 수 없다. 당해 건물의 객관적인 사용목적은 그 건물 자체의 구조와 임대차계약 당시 당사자 사이에 합의된 사용목적, 기타 건물의 위치, 주위환경 등 제반 사정을 참작하여 정해지기 때문이다.[4] 필요비 비용상환청구권과 부속물 매수청구권을

---

2 이영준, 한국민법론 -물권편- 신정2판, 박영사, 357면.
3 1980. 10. 14. 선고 80다1851, 1852 판결; 1991. 8. 27. 선고 91다 15591,15607 판결 각 참조.
4 대법원 1991. 10. 8. 선고 91다8029 판결; 대법원 1977. 6. 7. 선고 77다50, 51 판결.

구분	필요비 · 유익비 상환청구권 (제626조)	부속물 매수청구권 (제646조)
건물과의 관계	• 그 물건이 건물의 구성부분을 이루는 경우에도 청구가 가능함	• 그 부속물이 건물의 구성부분이 아니라 건물과는 독립된 별개의 물건임
임대인의 동의		• 임차인이 임대인의 동의를 얻어 부속시키거나 임대인으로부터 매수한 경우로 국한
강행규정	• 비용상환청구권은 당사자 사이의 특약으로 포기할 수 있음	• 부속물 매수청구권 규정은 강행규정으로서 이에 위반하는 약정으로서 임차인이나 전차인에게 불리한 것은 효력이 없음(제652조)
시기	• 필요비의 경우 임대차의 종료에 관계없이 그 상환을 청구할 수 있음(제626조 제1항) • 유익비의 경우 임대차 종료 시 그 가액의 증가가 현존한 때에 한하여 상환을 청구할 수 있음(제626조 제2항)	부속물 매수청구권은 임대차 종료 시 임차인의 매수청구라는 형성권의 행사로 부속물에 대한 매매계약이 성립하고, 시가를 대가로 청구할 수 있음(제646조)

비교하면 〈표 9-1〉과 같다.

2. 유익비 감정 시 유의점

1) 유익비 감정대상의 특정

유익비 감정에서 가장 선행되어야 할 것은 유익비상환청구 대상을 특정하는 것이다. 실제 건물 사용 시 객관적 가치를 증가시켰고 그 증가된 가액이 임대차 종료 시에 현존하는지 여부가 대상의 판단 기준이 된다. '부속물'의 경우는 건물에 부속된 물건으로 임차인의 소유에 속하고, 건물의 구성부분으로는 되지 아니한 것이어야 하는데 여기서 '건물의 구성부분'을 가르는 명확한 기준은 정해져 있지 않다. 하지만 건축법에서 규정한 주요 구조부(내력벽(耐力壁), 기둥, 바닥, 보, 지붕틀 및 주계단(主階段))와 사이 기둥, 최하층 바닥, 작은 보, 차양, 옥외 계단, 그 밖에 이와 유사한 것과 같이 건물을 이루는 부분을 '건물의 구성부분'이라고 할 수 있다.

그러므로 '부속물'이란 이런 건물의 구성부분이 아닌 일종의 마감재나 기기, 기타 설치물을 말한다고 할 수 있다. 예를 들면 임대인의 동의를 받아 출입구에 설치한 가로등이나 방범·방한을 위해 설치한 이중창을 부속물로 볼 수 있다. 이런 설치물은 건물의 객관적 가치를 향상시켰다는 측면에서 유익비 대상이 될 수 있다.

반면, 옥외간판의 경우는 좀 다르다. 음식점을 경영하기 위하여 부착시킨 시설물에 불과하므로 부속물매수청구대상으로 보기 힘들고, 임차인이 영업을 위한 시설이기에 유익비의 대상이 아니라는 대법원 판례가 있다.[5] 유익비 감정에서는 이러한 판례도 충분히 참고하여야 할 것이다.

2) 유익비 산출방법

대법원은 유익비상환청구에 관하여 민법 제626조 제2항에 임차인이 유익비를 지출한 경우 임대인은 임대차 종료 시에 그 가액의 증가가 현존한 때에 한하여 임차인이 지출한 금액이나 그 증가액을 상환하여야 한다고 규정하고 있으므로, 유익비상환의무자인 회복자 또는 임대인의 선택권을 위하여 그 유익비는 실제로 지출한 비용과 현존하는 증가액을 모두 산정하여야 한다고 판시하고 있다(대법원 2002. 11. 22. 선고 2001다40381 판결). 그러므로 감정인은 유익비 산정 시 번거롭

---

5 임차인이 임차건물부분에서 간이 음식점을 경영하기 위하여 부착시킨 시설물에 불과한 간판은 건물부분의 객관적 가치를 증가시키기 위한 것이라고 보기 어려울 뿐만 아니라, 그로 인한 가액의 증가가 현존하는 것도 아니어서 그 간판설치비를 유익비라 할 수 없다(대법원 1994. 9. 30. 선고 94다20389 판결).

더라도 임차인이 유익비로 지출한 금액이나 그 증가액 모두를 감정결과로 내놓아야 한다.

가. 실제 지출한 비용

이때 실제 지출비용을 입증하는 서류가 남아 있다면 그 진위여부만 판단하면 된다. 이런 경우는 감정도 필요 없다. 문제는 임차인이 실제 지출한 비용에 대한 객관적 증빙서류가 거의 남아있지 않다는 것이다. 대개 3~10년 이상의 오랜 기간이 경과한데다 필요할 때마다 부분적으로 설치하는 경우가 많아 지출비용에 대한 관리가 미비한 경우가 많다. 계약서나 세금계산서와 같은 구체적인 증빙자료 없이 당사자의 주장만 있는 경우가 대부분이다. 사실 지출 서류가 없다면 임차인이 실제 지출한 비용을 확인하는 것은 쉽지 않다.

나. 현존하는 증가액의 산정

실제 지출비용에 대한 확인이 어렵다면 이제 유익비는 '현존하는 증가액'에 대한 감정을 통해 판단할 수밖에 없다. 실무적으로 '현존하는 증가액'의 산정은 별다른 기준 없이 감정인의 재량에 맡겨져 왔다. 법리적으로 유익비의 전제는 어떤 객관적 가치를 증가시키기 위하여 투입한 비용이고 그 가치가 현존하고 있다는 것이다. 실제로 법인세법에서 규정한 업종별 내용연수를 도과한 현재에도 물리적·경제적 사용가치가 존재하는 사례가 많다. 내용연수를 도과하여 장부가로는 '0'원이지만 실체로는 존재하는 경우가 대부분이다. 만질 수도 있고 작동하기도 한다. 그러므로 현재시점의 가치증가에 대한 판단을 위해서는 내용연수법이 아닌 현실적인 평가방법이 고려되어야 할 것이다.

우선 유익비 감정실무에서 주로 적용하는 몇 가지 개념을 살펴보자. 첫째, '잔존가액'이다. 잔존가액은 고정자산 등이 '내용연수'[6]까지

---

6 건축 등의 고정자산을 경제적으로 사용할 수 있는 연한을 말한다. 내용연수에는 물리적·경제적 내용연수가 있으며, 부동산 활동에서는 물리적 내용연수보다 경제적 내

사용되어 그 자체가 지닌 사용가치가 소멸된 후에도 남은 잔존자산의 매각가치를 말한다. 이는 자산을 처분할 때 획득될 것으로 추정되는 금액에서 그 자산의 제거 및 판매비용을 차감한 금액으로 산출된다.[7] 문제는 잔존가치 자체가 자산을 제거하기 전의 특정시점에서 추정한 값이므로 미래의 불확실성 때문에 상당히 주관적일 수 있다는 것이다. 실무에서는 고정자산의 잔존가액을 0으로 가정하기도 한다. 드물게는 자산의 처분 시 발생하는 비용이 처분 시 획득될 것으로 기대되는 금액을 초과하는 경우에는 잔존가액이 음수가 되는 경우도 있다.[8] 그러므로 이 잔존가액을 유익비의 '현존하는 증가액'으로 보기는 곤란하다.

둘째, '경과연수별 잔가율'의 적용이다. 시설물에 대하여 설치시점의 단가를 적용한 공사비를 산정하고 여기에 '경과연수별 잔가율'을 반영하는 방식이다. 유익비 감정에서는 이 방식 역시 적절하지 않다. '잔가율'이란 건물, 건설기계, 항공기, 자동차 등 고정자산의 내용연수 만료 시 잔존가격을 재조달원가로 나눈 비율을 말한다. 보통 10~20% 정도를 인정한다. 건물을 평가할 때 흔히 이 잔가율을 적용한다. 특히 상속, 증여 등의 국세를 부과할 때 건축물의 기준시가 산정에 이 '잔가율'을 반영한다.[9] 국세청은 건물의 'm²당 금액' 산정 시 건축물 신축가격 기준액에 '경과연수별 잔가율'을 적용하고 있다. 이 'm²

용연수가 더 중요하고 보통 내용연수라 하면 경제적인 내용연수를 의미한다. 내용연수는 법인세법시행규칙 별표6에 자산별·업종별로 법정되어 있는데, 이를 기준내용연수(基準耐用年數)라 한다. 이와 같은 기준내용연수는 세법상 상각범위액을 계산하는 경우에 적용할 상각률(償却率)을 의미한다(NEW 경제용어사전, 미래와경영, 158면, 2006).

7 위의 책, 158면.
8 위의 책, 158면.
9 국세청 고시 제2013-2호(2012.12.31)
   국세청 건물 기준시가 산정방법(건물 기준시가 산정 기본계산식)
   1. 기준시가=평가대상 건물의 면적(m²)×m²당 금액
   2. m²당 금액=건물신축가격기준액×구조지수×용도지수×위치지수×경과연수별 잔가율×개별건물의 특성에 따른 조정률

당 금액'에 건물의 면적을 곱하면 바로 '기준시가'가 된다. 그런데 유익비 감정에서 이런 획일적 방식으로 건축물의 최종잔존가치를 추정하는 것은 적합하지 않다. 유익비 대상 시설물은 각각 구분되어 설치되어 있고 설치시기도 다르고 그 상태도 제각각이라 개별적인 가치 판단이 요구되기 때문이다. 또한 건축물이라기 보다는 개별 공간의 내부에 설치된 일종의 고착된 시설물 또는 설치물이라는 특징도 있다.

그렇다면 현존하는 가치의 증가액은 과연 어떻게 산정해야 하는가. 초점을 현재 국내 법령체계가 정하고 있는 건축물의 '감정평가에 관한 규칙(국토교통부령 제356호, 2016.8.31., 일부개정)'[10]에 맞춰보자. 이 방식에 의하면 건물의 감정평가는 '원가법'에 따라 재조달원가를 산정하고 이에 대해 감가수정을 하여 평가를 수행하여야 한다. 여기서 '원가법'이란 대상물건의 재조달원가에 감가수정(減價修正)을 하여 대상물건의 가액을 산정 하는 감정평가방법을 말한다.[11]

여기서 제안하고자 하는 감정방식은 바로 이 '원가법'을 응용한 방식이다. 현재시점[12]의 '재조달원가'를 산정한 후 감가수정을 하자는 것이다. '재조달원가'는 일반적인 방법인 표준품셈으로 시설물을 설

---

10 제15조(건물의 감정평가) ① 감정평가업자는 건물을 감정평가할 때에 원가법을 적용하여야 한다.
11 감정평가에 관한 규칙(국토교통부령 제356호, 2016. 8.31., 일부개정) 제2조
12 대법원은 하자로 인한 손해인 교환가치의 평가의 경우 재조달원가에 감가수정을 하는 복성식평가법에 의하는 것이 합리적이고(감정평가에 관한 규칙 제4조, 제18조 등 참조), 감가수정을 하는 것이 적당하지 않은 경우에는 건물 완공 시의 재조달원가를 산정 비교하는 방법에 의하여 평가하는 것이 합리적이라고 판시하고 있다(대법원 1998. 3. 13. 선고 95다30345 판결). 이런 판단을 유익비에 투영한다면 건물완공 시점을 재조달원가 산정하는 시점을 볼 수 있다.
하지만 유익비 사건은 임대차 기간의 초기 특정한 공사가 이루어질 뿐만 아니라 임대 기간이 긴 경우 5~10년에 걸쳐 시설물을 부분적으로 설치한 경우, 그 설치 시점을 실체적으로 파악하기 힘들다는 문제점이 있다. 게다가 파악한다 하더라도 각기 다른 시점의 공사비를 현재시점으로 일치시키기도 힘들다. 따라서 유익비를 산정하기 위한 감정시점을 일치시킬 필요가 있다. 유익비란 어차피 현재시점의 가치를 산정하는 것이기 때문에 시설비 자체의 비용도 현재시점으로 비용을 산정하는 것이 가장 합리적이라고 할 수 있다.

치하는 데에 드는 비용을 기준으로 산정할 수 있다. 이 금액에 대하여 감가수정이 필요한데 이때 감가수정의 방법은 내용연수가 아닌 물리적·기능적·경제적 감가요인을 고려한 관찰감가법(觀察減價法)[13]을 적용하는 것이다. 그 이유는 내용연수를 적용하기 위해서는 각각의 시설부위에 대한 내용연수 적용 기준이 필요한데 실제 이런 기준이 정립되어 있지 않아 적용 자체가 어렵기 때문이다. 그렇다고 건물의 내용연수를 개별 마감재별로 적용하는 것도 곤란하다. 이를 그대로 적용한다면 개별 시설물의 현존가치를 획일적으로 평가해버리는 결과가 되기 때문이다.[14]

이런 불합리한 점을 개선하기 위해 내용연수가 아닌 관찰감가법에 의한 관찰감가율을 적용하자는 것이다. '관찰감가율'은 감정인이 사용가능여부, 손상정도, 노후화정도 등을 파악하여 전문적 경험칙을 적용해 만들 수 있다. 이를 근거로 현재 감정 대상물에 각 부위에 현존하는 물리적, 기능적, 경제적 가치에 대해 감정인의 공학적 판단과 전

09

---

13 감정평가에서 원가법을 적용할 때 대상 부동산의 설계, 설비 등의 기능성, 유지관리 상태, 보수 상황, 부근환경과 적합상태 등 각 감가요인의 실태를 조사하여 감가액을 직접 구하는 방법이다. 대상 부동산의 지붕기와가 파손된 상태, 토대의 침하 상태, 벽의 균열 상태 등과 설계의 양부, 유해물질의 사용 유무, 부근 환경과 적합상태 등을 조사하고 또, 이런 것이 감가의 물리요인, 기능요인 및 경제요인으로서 어느 정도 대상 부동산의 가격에 영향을 미치는가 판정하게 된다. 이 방법은 대상 부동산의 개별 상태를 세밀하게 관찰하여 감가수정에 반영할 수 있는 장점이 있는 반면, 평가사의 능력이나 주관에 좌우되기 쉽고 외부에서 관찰이 어려운 기술적 하자를 놓치기 쉬운 단점도 있다(방경식, 앞의 책 주 202), 355면).

14 「부동산 가격공시 및 감정평가에 관한 법률」 제31조에 따라 감정평가업자가 감정평가를 할 때 준수하여야 할 원칙과 기준인 '감정평가에 관한 규칙' 제7조도 하나의 대상물건이라도 가치를 달리하는 부분은 이를 구분하여 감정평가하도록 하고 있다.
'감정평가에 관한 규칙' 제7조(개별물건기준 원칙 등)
① 감정평가는 대상물건마다 개별로 하여야 한다.
② 둘 이상의 대상물건이 일체로 거래되거나 대상물건 상호 간에 용도상 불가분의 관계가 있는 경우에는 일괄하여 감정평가할 수 있다.
③ 하나의 대상물건이라도 가치를 달리하는 부분은 이를 구분하여 감정평가할 수 있다.
④ 일체로 이용되고 있는 대상물건의 일부분에 대하여 감정평가하여야 할 특수한 목적이나 합리적인 이유가 있는 경우에는 그 부분에 대하여 감정평가할 수 있다.

문적 경험칙으로 판단할 수 있다.

〈표 9-2〉는 바로 이런 생각에 터잡아서 시설물 각 부위의 상태를 '열화', '손상', '박락', '변형', '부식', '변색', '고장'으로 분류하고 종합적으로 판단하여 그 상태를 '사용불가', '보수필요', '정상적 사용가능, 일부 노후화', '상태양호, 노후화 없음'의 4단계로 나누어 0~90%의 관찰감가율을 적용한 예시이다.

시설물의 노후화가 극심하고 작동이 안 되거나, 물리적, 기능적, 경제적 가치가 없다고 판단되는 것은 최저치를 0%로 산정하였다. 최대치 90%로 제한한 것은 아무리 신품이라 할지라도 이미 설치되어 재활용이 어려운 설치물의 특성을 감안했기 때문이다. 이런 '관찰감가율'은 부속물에 대해서도 동일하게 적용할 수 있으므로 부속물매수청구권 감정에도 적용할 수 있다.

❖ 표 9-2 　관찰감가율 예시

구분	관찰감가율	시설물의 노후화 세부항목							산정기준
		열화	손상	박락	변형	부식	변색	고장	
1단계	0%	●	●	●	●	●	●	●	사용불가
2단계	30%	●	●		●	●	●		보수필요
3단계	60%	●				●	●		정상적 사용가능, 일부 노후화
4단계	90%								상태양호, 노후화 없음

3. 유익비 감정 사례

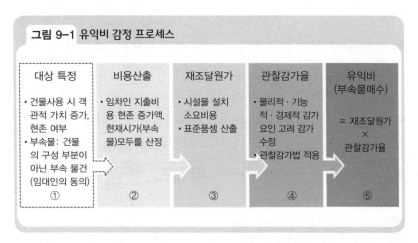

그림 9-1 유익비 감정 프로세스

대상 특정	비용산출	재조달원가	관찰감가율	유익비 (부속물매수)
• 건물사용 시 객관적 가치 증가, 현존 여부 • 부속물: 건물의 구성 부분이 아닌 부속 물건 (임대인의 동의) ①	• 임차인 지출비용 현존 증가액, 현재시가(부속물)모두를 산정 ②	• 시설물 설치 소요비용 • 표준품셈 산출 ③	• 물리적·기능적·경제적 감가요인 고려 감가수정 • 관찰감가법 적용 ④	= 재조달원가 × 관찰감가율 ⑤

1) 사실관계

가. 임대차계약

원고(임차인)와 피고(임대인)는 1998. 3. 1. 피고와 이 사건 부동산에 대하여 임대차기간 1998. 4. 1. ~ 2012. 3. 31., 임대보증금 ○○○ 원, 월 임대료 ○○○원(부가가치세 별도), 월 관리비 금○○○원(부가가치세 별도), 임대료 지급일은 매월 25일로 하여 임대차계약을 체결하였다.

나. 건축 개요

구분	내용	비고
주소	○○시 ○○구 ○○동 ○○	
용도	식당, 800㎡	
건축규모	병동 외 부속 7개동	
대지면적	39,805㎡	
연면적	36,555㎡	
건폐율	27.2%	
용적률	64.52%	
건물구조형식	철근콘크리트조	

2) 감정신청 사항

피고는 위 검증 및 감정 목적물(이하 '이 사건 건물'이라 한다)에 관하여 유익비상환청구 및 부속물매수청구를 주장한 바, 별지 감정신청사항에 대하여 ① 유익비 대상 및 부속물에 해당하는 시설 또는 물건의 현황을 검증하고, ② 유익비 대상과 관련하여, 해당 시설 또는 물건으로 인해 이 사건 건물에 대한 객관적 가치증가액이 얼마나 현존하는지 산정하고, ③ 임대인이 동의하여 설치한 부속물과 관련하여 해당하는 부속물의 현재시가를 산정하고자 한다.

❖ 표 9-3 별지 감정신청 사항

구분	감정항목	비고
1	1호실 칸막이구조물	식당 영업을 위한 것
2	1호실 테두리 및 명판	〃
3	2, 3호실 테두리, 명판, 칸막이	〃
4	4호실 테두리 및 명판	〃
5	5호실 앞 전기 컨트롤박스	식당 내 접객실별 에어컨 가동을 위한 것으로서, 식당 영업을 위한 것
6	5호실 접객실 입구 자바라	식당 영업을 위한 것
7	5호실 접객실 입구 테두리	〃
8	5호실 테두리 및 명판	〃
9	5호실 유리벽(일부)	〃
10	공산품 창고	식당 영업상 각종 비품 등을 보관하기 위한 것으로서, 식당 영업을 위한 것
11	로비 게시판 인테리어 구조물	식당 영업을 위한 것
12	매점 기본 구조물	식당을 이용하는 고객들의 편의를 위한 것으로서, 식당 영업을 위한 것
13	인테리어 정면테두리 (1, 2, 3, 4, 5호실)	〃

14	사무실과 숙직실 연결통로 철문	〃
15	숙직실 바닥공사	
16	사무실 앞 가림막	고객들에게 혐오감을 줄 수 있는 안치실을 가리기 위한 것으로서, 식당 영업을 위한 것
17	사무실 입구 통로 바닥공사	안치실 사용에 따라 노후한 입구 통로를 개수한 것으로서, 식당 영업을 위한 것
18	로비 자동문	식당을 이용하는 고객의 편의를 위한 것으로서 식당 영업을 위한 것
19	외부천막 1	협소한 빈소를 보완하기 위하여 설치한 것으로서 식당 영업을 위한 것
20	외부천막 2	협소한 빈소를 보완하기 위하여 설치한 것으로서 식당 영업을 위한 것
21	용품점과 식당 사이문	
22	전기배선(주방)	식당의 영업을 위한 것
23	정면 캐노피	식당을 이용하는 고객을 위한 것으로서 식당의 영업을 위한 것
24	주방 벽면 반고시	식당의 영업을 위한 것
25	주방 입구 철문	
26	주방 전기함	
27	주방 햇빛 가림막	주방으로 들어오는 햇빛을 가려 음식물 등이 상하는 것을 막기 위한 것으로서 식당의 영업을 위한 것
28	LPG 가스함	
29	사무실 유리샤시	

3) 감정의 전제조건

가. 감정시점

대상 건축물의 감정시점은 현장조사일인 2014. 1. 23.이다.

나. 감정자료

이 감정과 관련하여 검토한 자료는 다음과 같다.

① 현장조사일에 확인한 감정신청 시설물의 규격 및 설치 현황

② 2014. 1. 17. 감정기일에 원고가 제출한 식당 자체보수 내용자료

③ 원고가 제출한 평면도

다. 전제사실 및 용어정의

① 재조달원가

'유익비'는 임차인이 실제로 지출한 비용과 현존하는 증가액을 산정해야 한다. 하지만 이 사건에서는 당시 시설공사 시 소요된 '지출비용'에 대한 자료가 제출되지 않아 확인할 수 없었다. 따라서 유익비는 현재 시설물에 대한 '현존하는 증가액'으로 산출하였다. 여기서 '재조달원가'는 일반적으로 시설물을 설치하는 데 소요되는 비용을 기준으로 하였다. 구체적으로 표준품셈에 의한 공사원가계산방법을 적용하였다. 원가 산정 시점은 감정시점인 2014년 1월로 하였다. 세부적인 산출 기준은 다음과 같다.

가. 수량산출 기준

　이 감정에서는 시공 현황을 실측하여 수량을 산출하였다.

나. 단가산출기준

　－이 감정에서는 표준품셈을 근거로 단가를 적용하였다.

　－표준품셈 등에서 찾을 수 없는 품목은 시중 통상가격 및 거래가격을 참고하여 전문적 소견으로 판단하였다.

다. 재료비단가 산정기준

　－재료비는 정부에서 공인한 물가조사기관의 자료(2014년 1월)단가를 적용하였다.

　－물가자료에서 찾을 수 없으나 제품명을 확인할 수 있는 경우 시중 거래가격을 적용하였다.

라. 노무비의 적용
  - 노무비는 통계법 제17조 규정에 의한 통계작성(승인번호 제36504호) 승인기관인 대한건설협회가 공표한(승인번호제36504호) 시중노임단가를 적용하였다.
마. 공사원가계산 제비율 적용기준
  - 공사비 원가계산기준 시 소요되는 각종 경비는 감정시점인 2014년 1월의 조달청고시 '공사내역원가계산서'의 제비율을 적용하였다.

② 현존하는 가치증가액

현존하는 가치증가액은 감정 대상물 평가방법인 '감정평가에 관한 규칙(국토교통부령 제55호, 2014. 1. 2., 일부개정)' 제15조의 건물평가에서 정한 '원가법'을 적용하였다. "원가법"이란 대상물건의 재조달원가를 감가수정(減價修正)하여 대상물건의 가액을 산정하는 감정평가방법을 말한다. 이 평가방법을 응용하여 현재시점의 '재조달원가'에 '관찰감가율'을 반영하여 산출하였다.

③ 관찰감가율

현재시점의 가치증가에 대한 판단을 위해서는 현실적이고 실체적인 평가방법이 고려되어야 하는데 이 유익비 감정을 위한 감가수정은 내용연수법이 아닌 물리적·기능적·경제적 감가요인을 고려한 관찰감가법(觀察減價法)을 적용하였다. 그래서 현재 감정 대상물 각 부위의 현존하는 물리적, 기능적, 경제적 가치에 대해 '관찰감가율'을 적용하였다. 구체적인 시설별 '관찰감가율'은 감정인의 공학적 판단과 전문적 경험칙으로 사용가능여부, 손상정도, 노후화정도 등을 감안하여 수립하였다. 이 사건에 적용한 '관찰감가율'은 〈표 9-4〉와 같다.

이 사건 관찰감가율

구분	관찰감가율	시설물의 노후화 세부항목							산정기준
		열화	손상	박락	변형	부식	변색	고장	
1단계	0%	●	●	●	●	●	●	●	사용불가
2단계	30%	●	●		●	●	●		보수필요
3단계	60%	●				●	●		정상적 사용가능, 일부 노후화
4단계	90%								상태양호, 노후화 없음

④ 현재시가

부속물매수청구권 대상인 부속물의 현재시가는 일반적인 잔존가액과 차이가 있다. 해당 시설물이 법인세법에서 규정한 업종별 내용연수를 도과한 시점에도 물리적 · 경제적 사용가치가 존재하기 때문이다. 게다가 감정평가기준으로 삼는 '신축 건축물 신축단가표(한국감정원 2014)'의 경우 용도별 건물에 대한 단가표나 내용연수가 표기되어 있지만 건물의 부속물에 대해서는 규정하고 있지 않다. 그렇지만 부속물의 '현재시가'는 유익비의 '현존하는 증가액' 개념과 동일하다고 할 수 있다. 따라서 부속물의 '현재시가'도 '감정평가에 관한 규칙(국토교통부령 제55호, 2014. 1. 2., 일부개정)' 제15조의 건물평가 방식의 적용이 가능할 것으로 판단되어 현재시점의 '재조달원가'에 '관찰감가율'을 적용하여 산출하였다.

수식 4 유익비(부속물 현재시가)

유익비(부속물 현재시가) = 재조달원가 × 관찰감가율

4) 현장 조사

그림 9-2 ① 1호실 칸막이 구조물

그림 9-3 ⑤ 5빈소 컨트롤 박스

그림 9-4 ⑫ 매점 기본 구조물

그림 9-5 ⑱ 로비 자동문

그림 9-6 ⑨ 5호실 유리벽(일부)

그림 9-7 ㉓ 정면 캐노피

09

5) 감정내역서

재조달원가는 각 항목별 조사 현황을 근거로 수량을 산출하고 표준품셈에 의한 일위대가를 적용하여 산출하였다. 내역서식은 원가일체형 감정내역서로 작성하였다.

구분	항목	단위	수량	직접공사비										간접비 소계	공사비 계	부가 가치세	합계
				재료비		노무비		경비		소계							
				단가	금액	단가	금액	단가	금액	단가	금액						
항목 01	1호실 분향실 칸막이 구조물	㎡	3.80	15,395	58,501	70,453	267,721			85,848	326,222			145,943	472,166	47,217	519,382
항목 02	① 1호실: 테두리	㎡	6.01	44,353	266,562	11,927	71,681			56,280	338,243			73,821	412,064	41,206	453,270
	② 1호실: 명판	개소	1.00	5,360	5,360	5,814	5,814			11,174	11,174			3,736	14,910	1,491	16,401
항목 03	① 2, 3실: 테두리	㎡	5.56	44,353	246,558	11,927	66,302			56,280	312,861			68,281	381,142	38,114	419,256
	② 2호실: 명판	개소	1.00	5,360	5,360	5,814	5,814			11,174	11,174			3,736	14,910	1,491	16,401
	③ 3호실: 칸막이	㎡	2,80	15,395	43,106	70,453	197,268			85,848	240,374			107,537	347,911	34,791	382,703
	④ 3호실: 명판	개소	1.00	5,360	5,360	5,814	5,814			11,174	11,174			3,736	14,910	1,491	16,401
	⑤ 3호실: 칸막이	㎡	2,80	15,395	43,106	70,453	197,268			85,848	240,374			107,537	347,911	34,791	382,703
항목 04	① 4호실: 테두리	㎡	4.59	44,353	203,359	11,927	54,685			56,280	258,044			56,318	314,361	31,436	345,797
	④ 4호실: 명판	개소	1.00	5,360	5,360	5,814	5,814			11,174	11,174			3,736	14,910	1,491	16,401
항목 05	5호실 앞 전기컨트롤 박스	EA	1.00	60,605	60,605	10,093	10,093			70,698	70,698			13,589	84,287	8,429	92,716
항목 06	5호실 접객실입구 자바라	EA	1.00	64,826	64,826	60,899	60,899			125,725	125,725			40,332	166,057	16,606	182,663
항목 07	5호실 접객실입구 테두리	㎡	4.22	44,353	187,170	11,927	50,332			56,280	237,502			51,834	289,336	28,934	318,269
항목 08	① 5호실: 테두리	㎡	0.46	44,353	20,358	11,927	5,474			56,280	25,833			5,638	31,470	3,147	34,617
	② 5호실: 명판	EA	1.00	5,360	5,360	5,814	5,814			11,174	11,174			3,736	14,910	1,491	16,401
항목 09	5호실 유리벽	EA	1.00	1,203,764	1,203,764	1,766,792	1,766,792	317	317	2,970,873	2,970,873			1,076,440	4,047,313	404,731	4,452,045
항목 10	공산품창고	식	1.00	374,266	374,266	214,319	214,319	7	7	588,592	588,592			162,178	750,770	75,077	825,846
항목 11	로비게시판 인테리어 구조물	㎡	3.37	44,353	149,470	11,927	40,194			56,280	189,664			41,394	231,057	23,106	254,163
항목 12	매점 기본 구조물	식	1.00	678,943	678,943	690,986	690,986			1,369,929	1,369,929			449,790	1,819,719	181,972	2,001,691

항목 13	빈소 정면 테두리 (1,2,3,4,5)	식	1,00	1,433,571	1,433,571	1,088,378	1,088,378			2,521,949	2,521,949	758,899	3,280,848	328,085	3,608,933
항목 14	사무실과 숙직실 연결통로 철문	EA	1,00	135,890	135,890	85,259	85,259			221,149	221,149	62,716	283,865	28,386	312,251
항목 15	사무실 방바닥 공사	식	1,00	101,393	101,393	234,967	234,967			336,360	336,360	135,019	471,379	47,138	518,517
항목 16	사무실 앞 가림막	식	1,00	65,269	65,269	163,593	163,593	51	51	228,913	228,913	93,279	322,192	32,219	354,411
항목 17	사무실입구 통로 바닥 공사	㎡	60,00	23,960	1,437,600					23,960	1,437,600	199,083	1,636,683	163,668	1,800,351
항목 18	영안실 자동문	식	1,00	531,624	531,624	769,493	769,493	70	70	1,301,187	1,301,187	469,826	1,771,013	177,101	1,948,114
항목 19	외부천막 1	EA	1,00	1,316,199	1,316,199	1,236,684	1,236,684	721	721	2,553,604	2,553,604	819,164	3,372,768	337,277	3,710,044
항목 20	외부천막 2	EA	1,00	1,014,725	1,014,725	1,038,566	1,038,566	592	592	2,053,883	2,053,883	675,381	2,729,264	272,926	3,002,190
항목 21	용품점, 식당 사이문	식	1,00	216,479	216,479	80,998	80,998	14	14	297,491	297,491	71,685	369,176	36,918	406,094
항목 22	전기배선 (주방)	m	54,00	3,225	174,150	32,886	1,775,844			36,111	1,949,994	938,446	2,888,440	288,844	3,177,284
항목 23	정면캐노피	식	1,00	1,431,718	1,431,718	1,279,602	1,279,602			2,711,320	2,711,320	857,098	3,568,418	356,842	3,925,259
항목 24	주방벽면 반고시 (타일보수)	㎡	26,88	10,879	292,373	28,994	779,214	810	21,769	40,683	1,093,356	446,530	1,539,885	153,989	1,693,874
항목 25	주방입구 철문	EA	1,00	202,557	202,557	85,259	85,259			287,816	287,816	71,948	359,764	35,976	395,740
항목 26	주방전기함	EA	1,00	151,211	151,211	20,187	20,187			171,398	171,398	31,334	202,732	20,273	223,005
항목 27	주방햇빛 가림막	EA	1,00	441,826	441,826	60,899	60,899			502,725	502,725	92,540	595,265	59,527	654,792
항목 28	LPG가스함	EA	1,00	203,046	203,046	289,731	289,731			492,777	492,777	177,292	670,069	67,007	737,076
항목 29	사무실 유리 샤시	EA	3,00	239,163	717,489	109,221	327,663			348,384	1,045,152	268,064	1,313,216	131,322	1,444,538
소계					13,494,513		13,039,423		23,541		26,557,477	8,587,614	35,145,091	3,514,509	38,659,600

6) 감정결과

가. 현존하는 가치증가액

재판부는 전체 항목에 대해 '현존하는 가치증가액' 산정을 명하였다. 그리고 이동이 가능한 부분에 대해서는 그 여부를 표기하도록 지시하였다. 구체적인 감정결과는 다음과 같다.

번호	항목	규격	설치연도	재조달원가 (2014년 1월) A	관찰 감가율 B	현존 증가액 A*B=C	비고
1	1호실 칸막이 구조물	경량칸막이	1998	519,382	60%	311,629	
2	① 1호실: 테두리	합판 위 무늬목	2001	453,270	90%	407,943	
	② 1호실: 명판	강화유리+ 고정볼트 4EA	2001	16,401	90%	14,761	
	소계			469,671		422,704	
3	① 2, 3호실: 테두리	합판 위 무늬목	2001	419,256	60%	251,554	
	② 2호실: 명판	강화유리+ 고정볼트 4EA	2001	16,401	90%	14,761	
	③ 2호실: 칸막이	석고보드 위 수성페인트	2001	382,703	60%	229,622	
	④ 3호실: 명판	강화유리+ 정볼트 4EA	2001	16,401	90%	14,761	
	⑤ 3호실: 칸막이	석고보드 위 수성페인트	2001	382,703	60%	229,622	
	소계			1,217,464		740,319	
4	① 4호실: 테두리	합판 위 무늬목	2005	345,797	60%	207,478	
	② 4호실: 명판	강화유리+ 고정볼트 4EA	2005	16,401	90%	14,761	
	소계			362,198		222,239	
5	5호실 앞 전기컨트롤박스	철제	2005	92,716	60%	55,630	
6	5호실 접객실입구 자바라	PVC 자바라	2007	182,663	60%	109,598	
7	5호실 접객실입구 테두리	합판 위 무늬목	2003	318,269	90%	286,442	
8	① 5호실: 테두리	철제문틀 위 시트지 바름	2003	34,617	90%	31,155	
	② 5호실: 명판	강화유리+ 고정볼트 4EA	2003	16,401	90%	14,761	
	소계			51,018		45,916	

번호	항목	규격	설치연도	재조달원가 (2014년 1월) A	관찰 감가율 B	현존 증가액 A*B=C	비고
9	5호실 유리벽	강화유리	2003	4,452,045	60%	2,671,227	
10	공산품창고	샌드위치판넬	2008	825,846	60%	495,508	
11	로비 인테리어 구조물	합판 위 무늬목	1999	254,163	60%	152,498	
12	매점 기본 구조물	SST+강화유리	2003	2,001,691	60%	1,201,015	
13	빈소정면 테두리 (1, 2, 3, 4, 5)	합판 위 수성페인트	2003	3,608,933	60%	2,165,360	
14	사무실, 숙직실 통로 철문	철재방화문	2006	312,251	60%	187,351	
15	사무실 방바닥 공사	난방배관+미장+장판지	2006	518,517	60%	311,110	
16	사무실 앞 가림막	철재PIPE+천막지	2007	354,411	30%	106,323	
17	사무실입구 통로 바닥공사	에폭시코팅	2006	1,800,351	30%	540,105	
18	로비자동문	SST+강화유리	2003	1,948,114	60%	1,168,868	
19	외부천막 1	철재PIPE+천막지	2009	3,710,044	30%	1,113,013	이동 가능
20	외부천막 2	철재PIPE+천막지	2009	3,002,190	30%	900,657	이동 가능
21	용품점과 식당 사이문	샌드위치판넬	2007	406,094	60%	243,656	
22	전기배선(주방)	PE 배관 4가닥	2006	3,177,284	60%	1,906,370	
23	정면캐노피	철재PIPE+렉산쉬트	2005	3,925,259	30%	1,177,578	
24	주방벽면 반고시 (타일보수)	200*250 자기질 타일	2007	1,693,874	60%	1,016,324	
25	주방입구 철문	800+400 철재방화문	2005	395,740	30%	118,722	
26	주방전기함	철재함	2006	223,005	60%	133,803	
27	주방햇빛가림막	천막지 어닝	2005	654,792	60%	392,875	
28	LPG가스함	철재	2002	737,076	60%	442,246	
29	사무실 유리샤시	PVC 창호	2006	1,444,538	60%	866,723	
계				38,659,600		19,505,809	-

09

나. 위 부속물 물건의 현재시가

구분	감정항목	재조달원가 (2014.1기준)	관찰 감가율	현재시가	비고
1	5빈소 앞 전기 콘트롤박스	92,716원	60 %	55,630원	임대인 동의
2	5빈소 접객실 입구 자바라	182,663원	60 %	109,598원	임대인 동의
3	안치실 앞 가림막	354,411원	30 %	106,323원	임대인 동의
4	전기배선(주방)	3,177,284원	60 %	1,906,370원	임대인 동의
5	정면 캐노피	3,925,259원	30 %	1,177,578원	임대인 동의
6	주방 전기함	223,005원	60 %	133,803원	임대인 동의
7	주방 햇빛 가림막	654,792원	60 %	392,875원	임대인 동의
8	LPG 가스함	737,076원	60 %	442,246원	임대인 동의
9	사무실 유리샤시	1,444,538원	60 %	866,723원	임대인 동의
10	로비 PDPTV 현황판	254,163원	60 %	152,498원	임대인 동의
소계	-	11,045,907원		5,343,644원	

Ⅱ 원상복구비

1. 원상복구비 개요

임대차관계에서 임대인은 임차인이 목적물을 임대차 본래의 목적에 맞게 사용 · 수익하게 할 의무가 있다. 반면 임차인은 임대차계약이 종료된 경우, 임차목적물을 원상회복하여 임대인에게 반환할 의무가 있다. 이때 임대차계약서에 거의 빠지지 않고 기재되는 문구가 바로이 '원상복구'[15]에 관한 조항이다. 임대차계약이 종료되면 임차인은 임대인에게 '임대차목적물을 원상으로 회복해서 반환한다'거나 '임대 시원래 상태 그대로 반환한다'는 취지의 문구가 바로 그것이다.

문제는 이 조항을 두고 임대인과 임차인 간에 분쟁이 적지 않다는데 있다. 원상복구에 관한 분쟁 사례는 상당히 많다. 임대차목적물을원상으로 회복하는 방법과 그에 필요한 금액을 두고 양자 간에 시각차이가 크기 때문이다. 예로서 임대 시 상태가 사무실이었는데 이를음식점으로 시설을 변경하여 영업을 한 경우를 들 수 있다. 이때 임대차 기간이 만료된 후 다시 원래의 사무실 상태로 되돌리라는 것이다.이때 불가피하게 감정이 필요해진다. 원상복구비에 대한 감정은 유익비나 부속물매수청구에 대한 감정과 마찬가지로 상황에 대한 충분한조사와 고민을 거쳐 결과를 도출해야 한다. 필요비 · 유익비상환청구권이 '임차인'의 권리라면 '원상복구'는 '임대인'의 권리인 것이다.

2. 원상복구비 감정 시 유의점

1) 원상복구비 감정대상의 특정

정확한 감정을 위해서는 '원상복구'의 대상이 특정되어야 한다. 이부분은 두 가지 경우로 나누어 생각해 볼 수 있다. 첫째, 임대차 당시의 시설물을 그대로 유지하고 있는 경우이다. 이때는 원상의 특정이가능하므로 큰 문제가 없다. 둘째, 임차인이 기존 시설을 철거하고 내

---

15 판례는 '원상회복'이라는 단어와 '원상복구'라는 단어를 혼용하여 쓰고 있다. 문맥적 의미에서는 동일하지만 여기서는 원상을 회복하는 공사비를 산출한다는 측면에서 '원상복구'라는 용어로 통일하여 사용하기로 한다.

부시설을 개조단장 후 임대차계약을 해지한 경우이다.

이때는 '원상'의 상태가 일부 파손되거나 철거되어 그 원상을 추정하기 모호할 때가 많다. 임대차 당시의 현황을 촬영한 사진이 있다하더라도 사진만으로는 시설을 제대로 추정하기 어렵다. 시설에 대한 도면이 있다면 모르겠지만 이를 갖추고 있는 경우도 흔하지 않다. 그래서 '임차 당시의 상태'를 확정하는 것이 쉽지 않다.

당시 현황을 입증할 수 있는 사진마저 없는 경우는 아예 원상을 추정하는 것 자체가 불가능하다. 임차인이 바뀌면서 어떤 변경이 있었는지 전혀 확인할 수 없다. 대법원은 이 경우 임차인이 개조한 범위 내의 것으로서 임차 받았을 때의 상태로 반환하면 되는 것이지 그 이전의 사람이 시설한 것까지 원상회복할 의무가 있다고 할 수는 없다고 판시하고 있다.[16]

따라서 이런 원상복구 감정에서는 재판부에 '원상'에 대한 합리적 전제사실을 확인할 필요가 있다. 예를 들어 동일 건물 내 신축 당시의 형상을 그대로 유지한 방실이 있다면 그 방실의 마감자재를 기준으로 할 수도 있다. 또는 유사한 용도의 인근 건축물을 기준으로 할 수도 있다.[17]

2) 원상복구비의 산출방법

모든 상황을 종합적으로 고려하여 원상태를 확정했다 하더라도 또다른 문제가 남아 있다. 바로 '원상복구비 산정'에 대한 것이다. 원상복구의 출발은 현재 상태가 임대차 당시의 상태가 아니라는 것이다. 이 말은 과거 사실의 상태를 추정하여 그 상태에 대한 원상복구비를

---

16 "전 임차인이 무도유흥음식점으로 경영하던 점포를 임차인이 소유자로부터 임차하여 내부시설을 개조 단장하였다면 임차인에게 임대차 종료로 인하여 목적물을 원상회복하여 반환할 의무가 있다고 하여도 별도의 약정이 없는 한 그것은 임차인이 개조한 범위 내의 것으로서 임차인이 그가 임차 받았을 때의 상태로 반환하면 되는 것이지 그 이전의 사람이 시설한 것까지 원상회복할 의무가 있다고 할 수는 없다(대법원 1990. 10. 30. 선고 90다카12035 판결)."
17 건설감정매뉴얼, 앞의 책 주 1), 19면.

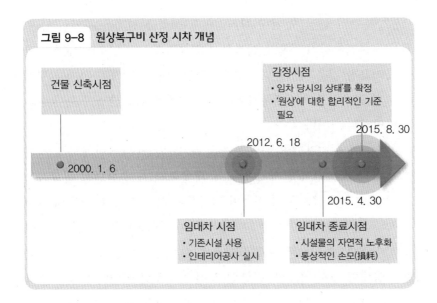

그림 9-8 원상복구비 산정 시차 개념

건물 신축시점

감정시점
• 임차 당시의 상태'를 확정
• '원상'에 대한 합리적인 기준 필요

2015. 8. 30

2012. 6. 18

2000. 1. 6

2015. 4. 30

임대차 시점
• 기존시설 사용
• 인테리어공사 실시

임대차 종료시점
• 시설물의 자연적 노후화
• 통상적인 손모(損耗)

산정해야 한다는 것이다. 이 과정에서 현재 시설과 임대차 당시 시설의 차이에서 짧든 길든 일정 기간의 시차가 존재하는데 감정에서는 그 시차로 인한 통상적인 손모(損耗)와 시설물의 자연적 노후화를 고려해야 한다.

이와 관련해 임차인의 원상복구의무의 범위와 관련해 통상적인 손모부분을 공제한 나머지에 대해서만 원상복구할 의무가 있을 뿐이라고 판시한 하급심 판결도 있다. "임차인이 통상적인 사용을 한 후에 생기는 임차목적물의 상태 악화나 가치의 감소를 의미하는 통상의 손모(損耗)에 관하여는 임차인의 귀책사유가 없으므로 그 원상회복비용은 채권법의 일반원칙에 비추어 특약이 없는 한 임대인이 부담한다고 해야 한다. 임대차계약은 임차인에 의한 임차목적물의 사용과 그 대가로서 임료의 지급을 내용으로 하는 것이고, 임차목적물의 손모의 발생은 임대차라고 하는 계약의 본질상 당연하게 예정되어 있다"는 것이다.[18]

18 서울중앙지방법원 2007. 5. 31. 선고 2005가합100279 판결

원상복구비 산정 시 가장 합리적이고 올바른 방법은 무엇인가. 여기서는 현재시점의 비용을 산정하여 일정기간 경과연수에 대한 감가율을 적용할 것을 제안한다. 이미 투입된 비용의 현재적 가치를 평가하기 위해서 일종의 감가상각이나 내구연한을 감안한 노후화나 손모를 반영하는 것이다.

그렇다면 왜 '경과연수별 잔가율'인가? 앞서 유익비에서는 시설물이 각각 구분되어 설치되어 있어 개별적인 가치 판단이 필요하므로 '경과연수별 잔가율'의 적용이 적합하지 않다고 했다. 그런데 원상복구비에는 이 '경과연수별 잔가율'의 적용이 적합하다는 것인가. 이유는 이렇다. 유익비는 현재 육안으로 시설물에 대한 관찰이 가능하지만 임대차 개시 시점의 '원상'은 사진 정도로만 확인이 가능한 과거시점의 개념적 상태이다. 즉 유익비가 현재시점의 가치에 대한 것이라면 원상복구비는 과거 시점의 상태에 관한 것이다. 그러므로 이 '원상'은 글자 그대로 추정하는 수밖에 없다. 즉 물리적인 실체를 확인할 수 없기 때문에 과거 일정 시점에 대한 시설물의 총괄적 평가를 내릴 수밖에 없다. 이 평가를 위한 가장 타당하고 합리적인 방안으로 재조달원가에 경과연수별 잔가율을 적용하자는 것이다.

구체적인 원상복구비 산정 방식은 다음과 같다. 현재시점의 원상태 복구 '재조달원가'에 임대시점의 경과연수에 따른 감가수정율(국세청에서 건물 기준시가 산정방법으로 고시한 '신축연도별잔가율[19]')을 '경과연수별 잔가율'로 반영하는 것이다.

수식 5 원상복구금액

원상복구금액 = 재조달원가 × 경과연수별 잔가율

---

19 국세청 건물 기준시가 산정방법 고시 [국세청고시 제2014-4호, 2013. 12. 31.]
그룹 II. 상업용 및 업무용 건물

3) 잔존물 및 기존시설의 철거비 산정

원상복구비는 재조달원가에 경과연수별 잔가율을 적용하였지만 잔존물이나 시설에 대한 철거비는 잔가율을 반영하지 않고 현재시점의 실제 소요비용을 산정해야 한다. 잔존물의 처리와 시설물의 철거는 원상복구를 위하여 실제적이고 물리적으로 선행되어야 하기 때문이다. 잔존물 처리와 시설의 철거비는 감정시점의 표준품셈을 근거로 철거비를 산정하는 것이 바람직하다.

3. 원상복구비 감정 사례

1) 사실관계

가. 임대차계약

원고(임차인)와 피고(임대인)는 2011. 8. 24. 피고와 이 사건 부동산에 대하여 임대차기간 2011. 9. 1. ~ 2013. 8. 31., 임대보증금 ○○○원, 월 임대료 금 ○○○원(부가가치세 별도), 월 관리비 금 ○○○원(부가가치세 별도), 임대료 지급일은 매월 25일로하여 임대차계약을 체결하였다.

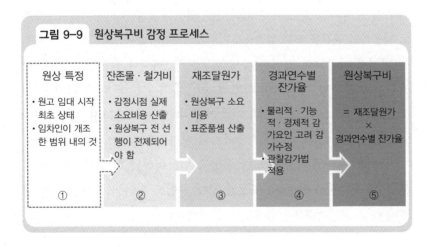

그림 9-9 원상복구비 감정 프로세스

원상 특정	잔존물·철거비	재조달원가	경과연수별 잔가율	원상복구비
• 원고 임대 시작 최초 상태 • 임차인이 개조한 범위 내의 것	• 감정시점 실제 소요비용 산출 • 원상복구 전 선행이 전제되어야 함	• 원상복구 소요 비용 • 표준품셈 산출	• 물리적·기능적·경제적 감가요인 고려 감가수정 • 관찰감가법 적용	= 재조달원가 × 경과연수별 잔가율
①	②	③	④	⑤

나. 건축 개요

구분	내용	비고
주소	서울시 ○○구 ○○동 ○○	
용도	상가	
건축규모	지하 1층, 지상 4층	
대지면적	971.88㎡	
연면적	1,725.91㎡	
건폐율	40.78%	
용적률	139.88%	
건물구조형식	철근콘크리트조	
사용승인일자	2005. 9. 20	

2) 감정신청 사항

원고가 입점하기 직전 서울시 ○○구 ○○동 ○○번지 ○○빌딩 2층의 이 사건의 임대목적물에는 '○○참치'라는 업체가 입점해 있었다. 그런데 입점 당시에는 대부분의 창이 통유리로 되어 있어 열 수 없었는데도 불구하고 원고가 무단으로 주차장 쪽 창문을 여닫이 창문으로 교체해버렸다. 이뿐 아니라 대로쪽 창문은 아예 뜯어내버렸으며, 내부에 설치되어 있던 칸막이도 전부 철거하고(원고는 ○○참치가 룸으로 사용하던 공간을 모두 없앴음), 바닥도 고쳐버렸다. 그리고 석고보드에 벽지로 마감되어 있던 천장도 석고보드, 벽지를 뜯어낸 후 등과 배기구를 설치하였고, 심지어 피고의 승인 없이 건물 외부(주차장쪽)에서 원고가 운영하는 '○○'로 바로 올라갈 수 있는 계단까지 설치하였다(을 제10호증의 1 내지 을 제13호증의 3, 을 제15호증 내지 을 제18호증의 4).

이에 피고는 ① 원고가 식당 영업을 위하여 시설한 부분 일체에 대한 철거비용의 산정과, ② 원고가 식당 영업을 위하여 철거한 부분 일체에 대한 원상복구비용을 산정하고자 한다.

구분	철거 항목	비고
철거비	주방(바닥 타일 및 벽타일 일체)	
	방 3칸의 칸막이	
	간판 2개(1m×7m 1개, 1m×5m 1개)	
	전면썬팅 및 건물기둥 플라스틱 입간판 양면 2개	
	기타 원고가 새로 시설한 부분 일체	
원상복구	주방(싱크대, 가스진열대, LPG가스배관 일체)	
	창고(보일러 및 배관 일체)	
	방 3칸의 벽체 및 문짝(목문)	
	화장실(양변기, 세면기, 거울, 수건걸이, 컵걸이, 샤워부스 일체)	
	2층 계단(철구조물 계단)	

3) 감정의 전제조건

가. 감정시점

이 사건 건축물의 감정시점은 피고가 합의 해지를 통보한 날짜인 2012. 9. 30.로 하였다. 이 날짜를 기준으로 감정금액을 산정하였다.

나. 전제사실

① '원상(原狀)'의 특정

당초 피고가 제시한 '원상'은 "원고의 철거로 인한 감정대상의 현 상태를 ○○참치집 당시 상태"와 "원고가 임대하기 시작한 최초 상태" 두 가지였다. 하지만 이 '원상'은 확인이 불가능하였다. 그래서 2013. 9. 23. 감정기일 당시, 재판부와 피고 측의 합의로 원상의 기준을 "원고가 임대하기 시작한 최초 상태"로 정하고 이에 대해 회복에 필요한 비용 및 공사기간"을 감정하기로 하였다.

여기서 "원고가 임대하기 시작한 최초 상태"는 4층의 ○○학원의 천정과 바닥, 벽체 상태를 기준으로 하였다. 마침 4층의 임대시설은

그림 9-10 4층 천정텍스

그림 9-11 4층 바닥타일

신축 당시의 시설을 그대로 유지하고 있었다.

현재 ○○학원의 천정은 텍스류 천정재(600×600)로 설치되어 있고, 바닥재는 정사각형 도기질타일(400×400)이 깔려 있었다. 벽은 수성페인트 도장으로 마감되어 있었다. 4층의 마감재 상태는 상당한 시간이 경과한 상태였지만 대부분 남아 있어 2005년 신축 당시의 자재를 추정할 수 있었다. 원고도 함께 4층에 올라가 마감 상태를 같이 확인하였다.

② 재조달원가 공사원가계산 제비율 적용기준

공사비 원가계산은 감정시점인 2013년 9월의 조달청 고시 '공사내역원가계산서'의 제비율을 적용하여 산정하였다.

③ 경과연수별 잔가율

원상복구비 산출 시 문제점은 감정조사 시 현 상태가 임대차 당시의 상태가 아니라는 것이다. 현재의 시설과 임대차 당시의 시설과 차이에서 짧든 길든 일정 기간의 시차가 존재하기 때문이다. 그래서 이 시차로 인해 시설물은 일정 부분 자연적으로 노후화되거나 손모되기 마련이다.

이 사건은 이런 노후화나 손모를 반영하기 위해 현재시점의 복구비용에 일정기간 경과연수에 대한 감가율을 적용하였다. 이는 '현존하는 증가액'이나 '현재시가'를 반영하는 유익비나 부속물 매수청구권의 비용산정 취지와도 부합한다. 비용의 투입 자체는 과거에 이루어졌지만 그 가치를 따지는 현재시점에서는 일종의 감가상각이나 내구연한을 감안한 가치의 저하를 인정하고 있기 때문이다.

구체적으로 건축물의 신축시점이 2005. 9. 20이므로 임차기간 종료시점 대비 약 7년이 경과한 상태이다. 그래서 임대시점의 경과연수에 따른 감가수정율(국세청에서 건물 기준시가 산정 방법으로 고시한 '신축연도별잔가율[20]')은 경과연수를 7년으로 보고, 7년의 잔가율(86%)을 적용하였다. 이 잔가율을 현재시점의 원 상태 복구 '재조달원가'을 반영하여 원상복구비용을 산정하였다.

④ 기타 사항

설계도면과 세부적인 현황을 확인할 수 없는 조명시설은 공사는 통상적인 시설을 추정하여 비용을 반영하였다.

❖ 표 9-6 경과연수별 잔가율

경과년수	그룹Ⅱ 내용연수	그룹Ⅱ 최종잔가율	잔가율 산정 공식	경과연수별 잔가율
1년	40년	0.2	1 - (1 - 최종잔가율) × 경과연수/내용년수	98%
2년	40년	0.2	1 - (1 - 최종잔가율) × 경과연수/내용년수	96%
3년	40년	0.2	1 - (1 - 최종잔가율) × 경과연수/내용년수	94%
4년	40년	0.2	1 - (1 - 최종잔가율) × 경과연수/내용년수	92%
5년	40년	0.2	1 - (1 - 최종잔가율) × 경과연수/내용년수	90%
6년	40년	0.2	1 - (1 - 최종잔가율) × 경과연수/내용년수	88%

---

20 국세청 건물 기준시가 산정 방법 고시 [국세청고시 제2014-4호, 2013. 12. 31.]
　그룹Ⅱ. 상업용 및 업무용 건물

7년	40년	0.2	1 - (1 - 최종잔가율) × 경과연수/내용년수	86%
8년	40년	0.2	1 - (1 - 최종잔가율) × 경과연수/내용년수	84%
9년	40년	0.2	1 - (1 - 최종잔가율) × 경과연수/내용년수	82%
10년	40년	0.2	1 - (1 - 최종잔가율) × 경과연수/내용년수	80%
11년	40년	0.2	1 - (1 - 최종잔가율) × 경과연수/내용년수	78%
12년	40년	0.2	1 - (1 - 최종잔가율) × 경과연수/내용년수	76%
13년	40년	0.2	1 - (1 - 최종잔가율) × 경과연수/내용년수	74%
14년	40년	0.2	1 - (1 - 최종잔가율) × 경과연수/내용년수	72%
15년	40년	0.2	1 - (1 - 최종잔가율) × 경과연수/내용년수	70%
16년	40년	0.2	1 - (1 - 최종잔가율) × 경과연수/내용년수	68%
17년	40년	0.2	1 - (1 - 최종잔가율) × 경과연수/내용년수	66%
18년	40년	0.2	1 - (1 - 최종잔가율) × 경과연수/내용년수	64%
19년	40년	0.2	1 - (1 - 최종잔가율) × 경과연수/내용년수	62%
20년	40년	0.2	1 - (1 - 최종잔가율) × 경과연수/내용년수	60%

* 최종잔가율 40년차 0.2, 경과연수 1년 미만 100%
* 국세청 건물 기준시가 산정 방법 고시 [국세청고시 제2014-4호, 2013.12.31.]
* 그룹Ⅱ. 상업용 및 업무용 건물

4) 현장 조사

건축물에 대한 현장 조사는 2013. 9. 27. 실시하였다. 조사 범위는 2층 내부와 외부 공간이었다. 당시 2층 내부는 마감재가 일부 남아 있고 창호가 변형된 상태였다. 조사방법은 육안조사로 진행하였지만 실측이 필요한 부위는 계측기구(자, 디스토)를 사용하여 실측하였다.

그림 9-12 현황 조사 도면

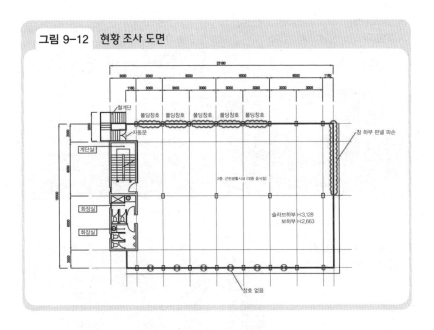

그림 9-13 식당 내부: 1

그림 9-14 식당 내부: 2

그림 9-15 식당 내부: 주방

그림 9-16 식당 내부: 방1

그림 9-17 식당 내부: 방2

그림 9-18 식당 내부: 화장실

5) 감정내역서

✤ 표 9-7 잔존물 및 시설물 철거비 감정내역서

목록	항목	단위	수량	직접공사비								간접비소계	공사비계	부가가치세	합계
				재료비		노무비		경비		직접비소계					
				단가	금액	단가	금액	단가	금액	단가	금액				
항목 01	벽체 석고판 마감지철거	m²	33.45			3,637	121,658	902	30,172	4,539	151,830	63,109	214,938	21,494	236,432
항목 02	무늬목 철거	m²	27.50			4,849	133,348	833	22,908	5,682	156,255	66,910	223,165	22,316	245,481

목록	항목	단위	수량	재료비 단가	재료비 금액	노무비 단가	노무비 금액	경비 단가	경비 금액	직접비소계 단가	직접비소계 금액	간접비소계	공사비계	부가가치세	합계
항목 03	벽체 철거	m²	24.80			6,973	172,930	11,110	275,528	18,083	448,458	141,505	589,963	58,996	648,960
항목 04	천정 석고판, 마감지 철거	m²	49.90			9,448	471,455	3,680	183,632	13,128	655,087	259,416	914,503	91,450	1,005,953
항목 05	바닥재 (비닐시트) 철거	m²	28.40			2,524	71,682	6	170	2,530	71,852	33,264	105,116	10,512	115,627
항목 06	전기온돌 판넬 철거	m²	44.70	252	11,264	8,416	376,195	5,555	248,309	14,223	635,768	231,180	866,948	86,695	953,643
항목 07	바닥 합판 철거	m²	44.70			23,244	1,039,007	5,555	248,309	28,799	1,287,315	536,888	1,824,203	182,420	2,006,624
항목 08	간판, 트러스 철거	식	1.00	20,348	20,348	255,976	255,976	24,864	24,864	301,188	301,188	126,930	428,118	42,812	470,929
항목 09	전면 썬팅 철거	m²	6.50	210	1,365	2,104	13,676	6	39	2,320	15,080	6,532	21,612	2,161	23,773
항목 10	건물 입간판 철거	m²	3.10	210	651	2,104	6,522	13	40	2,327	7,214	3,120	10,334	1,033	11,367
철거공사비용 소계															5,718,790

❖ 표 9-8 원상복구비 재조달원가 감정내역서

목록	항목	단위	수량	직접공사비 재료비 단가	재료비 금액	노무비 단가	노무비 금액	경비 단가	경비 금액	직접비소계 단가	직접비소계 금액	간접비소계	공사비계	부가가치세	합계
항목 01	벽체 신설	m²	30.30	15,564	471,589	61,174	1,853,572			76,738	2,325,161	922,750	3,247,912	324,791	3,572,703
항목 02	방벽지 시공	m²	48.30	7,875	380,363	9,872	476,818			17,747	857,180	272,297	1,129,477	112,948	1,242,425
항목 03	방천정지 시공	m²	32.00	10,004	320,128	43,590	1,394,880			53,594	1,715,008	689,716	2,404,724	240,472	2,645,197
항목 04	방바닥 시공	m²	32.00	75,882	2,428,224	44,709	1,430,688	4,341	138,912	124,932	3,997,824	1,021,470	5,019,294	501,929	5,521,223
항목 05	미용실 벽체 내부마감	m²	32.64	844	27,548	5,647	184,318			6,491	211,866	89,149	301,016	30,102	331,117

09

항목	명칭	단위	수량												
항목 06	미용실 천정 내부마감	m²	21.71	13,348	289,785	34,978	759,372			48,326	1,049,157	391,055	1,440,212	144,021	1,584,234
항목 07	미용실 바닥 내부마감	m²	21.71	9,785	212,432	9,243	200,666			19,028	413,098	121,654	534,752	53,475	588,227
항목 08	주방 벽체타일	m²	17.53	17,539	307,459	35,501	622,333	1,005	17,618	54,045	947,409	333,840	1,281,249	128,125	1,409,373
항목 09	주방배기휀 시공	EA	1.00	31,467	31,467	46,508	46,508			77,975	77,975	25,800	103,775	10,377	114,152
항목 10	싱크대 및 주방가구 시공	식	1.00	565,100	565,100	25,583	25,583			590,683	590,683	88,048	678,731	67,873	746,605
항목 11	화장실 양변기시공	EA	1.00	129,000	129,000	77,820	77,820			206,820	206,820	53,464	260,284	26,028	286,312
항목 12	내부목문 (목재문 0.9*2.1)	EA	2.00	549,000	1,098,000					549,000	1,098,000	148,039	1,246,039	124,604	1,370,643
항목 13	내부 미서기문 시공 (1.8*2.1)	EA	2.00	407,289	814,578	84,105	168,210			491,394	982,788	187,795	1,170,583	117,058	1,287,641
항목 14	주방목재 창호(0.6*0.3)	EA	2.00	191,965	383,930	40,050	80,100			232,015	464,030	88,892	552,922	55,292	608,214
항목 15	철골 계단시공	식	1.00	166,439	166,439	522,914	522,914			689,353	689,353	264,821	954,174	95,417	1,049,592
항목 16	전기·설비 공사	식	1.00						1,713,985	1,713,985	1,713,985	381,631	2,095,616	209,562	2,305,178
원상복구비용 소계															24,662,836

6) 감정결과

가. 감정목적물 중 원고가 식당 영업을 위하여 시설한 부분 일체의 철거비용을 산정

감정결과 산정된 철거비용은 5,710,000원이다. 구체적인 철거비 명세는 〈표 9-9〉와 같다.

목록	철거 항목 (감정신청 항목)	철거 적용 여부	감정사항 (내역항목)	금액	비고
가	주방(바닥 타일 및 벽타일 일체)	제외	-	-	타일시공 없음
나	방 3칸의 칸막이	철거	항목03. 벽체철거	648,960원	
다	간판2개(1m×7m1개, 1m×5m 1개)1	철거	항목08. 간판 및 철골트러스 철거	470,929원	주차장 지붕 포함
라	전면썬팅 및 건물기둥 플라스틱 입간판 양면 2개	철거	항목09. 전면썬팅철거	23,773원	
			항목10. 건물기둥 플라스틱 입간판철거	11,367원	
			소계	35,140원	
마	기타 원고가 새로 시설한 부분 일체	철거	항목01. 벽체 석고판 및 마감지철거	236,432원	
			항목02. 무늬목 철거	245,481원	
			항목04. 천정 석고판 및 마감지철거	1,005,953원	
			항목05. 바닥재 철거	115,627원	
			항목06. 전기온돌판넬 철거	953,643원	
			항목07. 바닥 합판철거	2,006,624원	
			소계	4,563,761원	
	합계			5,710,000원	만원 이하 절사

나. 감정목적물 중 원고가 식당 영업을 위하여 철거한 부분 일체의
　　원상복구비용 산정

이 항목에 대한 재조달원가는 〈표 9-10〉과 같다.

❖ 표 9-10   재조달원가 집계표

목록	원상복구 항목 (감정신청항목)	원상복구 적용여부	감정사항 (내역항목)	금액	비고
가	주방(싱크대, 가스진열대 등)	일부복구	항목10. 싱크대 및 주방가구시공	746,605원	
나	창고(보일러 및 배관 일체)	일부복구	항목16. 전기설비공사	2,305,178원	

			항목01. 벽체신설	3,572,703원	감
다	방 3칸의 벽체 및 문짝(목문)	복구	항목12. 내부 목문시공	1,370,643원	정 신 청 사 항
			항목13. 내부 미서기문시공	1,287,641원	
			항목14. 주방목재 창호	608,214원	
			소계	6,839,201원	
라	화장실(양변기, 세면기 등)	일부복구	항목11. 화장실 양변기시공	286,312원	
마	2층계단 (철구조물 계단)	복구	항목15. 철골 계단시공	1,049,592원	
기 타	기타 원상복구항목	복구	항목02. 방벽지시공	1,242,425원	현 장 조 사 일 확 인 사 항
			항목03. 방천정지시공	2,645,197원	
			항목04. 방바닥시공	5,521,223원	
			항목05. 미용실 벽체내부마감	331,117원	
			항목06. 미용실 천정내부마감	1,584,234원	
			항목07. 미용실 바닥내부마감	588,227원	
			항목08. 주방 벽체타일	1,409,373원	
			항목09. 주방 배기휀시공	114,152원	
			소계	13,435,949원	
합계				24,662,836원	

① 경과연수별 잔가율

감정대상물의 사용승인 시점은 2006. 9. 12.이며 감정시점 2013. 9. 23.과 비교할 때 경과연수가 7년에 이른다. 그래서 이 사건은 경과연수에 따른 통상적인 손모(損耗)와 노후화 정도를 반영하였다. 합리적 감가조정을 위해 '경과연수별 잔가율'을 적용하였다. 내용연수 40년과 최종잔가율 20%를 적용하였을 때, '경과연수별 잔가율'은 86%이다 (〈표 9-6 참조〉).

② 원상복구비

결론적으로 현재시점의 원 상태 복구 '재조달원가'에 임대시점의 '경과연수별 잔가율(국세청에서 건물 기준시가 산정방법으로 고시한 신축연도별 잔가율)'을 반영한 원상복구비는 ₩21,210,000원으로 산출되었다.

> **수식 6 이 사건 원상복구비**
>
> 원상복구금액 = 재조달원가 × 경과연수별 잔가율
> (21,210,000원 = 24,662,836원 × 86%)

③ 감정결과

철거비를 포함한 최종적인 감정금액은 다음과 같다.

구분	철거비	원상복구비	소계
항목	5,710,000원	21,210,000원	26,920,000원

제 10장

건축측량·
상태 감정

제10장

건축측량·상태 감정

　앞서 살펴본 공사비, 용역비, 유익비와 같은 분야 외에도 건축전문가의 감정이 필요한 사건은 많다. 예를 들어 비용을 산정하는 것 외에 어떤 면적이나 높이에 대한 감정 사례가 있다. 대표적인 사례가 집합건물에서 전유부분과 공유부분 면적 재산정이나 분배의 적정성을 판단하는 경우를 들 수 있다. 실제 건축물의 높이를 측량하는 경우도 있다. 도로에 의한 높이 제한이나 일조권이 적용되는지 여부를 따질 때도 있다(건축법 제60조, 제61조). 사실 건축물의 기술적 특성에 관한 분쟁 모두가 감정의 대상이 될 수 있다.

　현재 말고 과거의 건축상태에 관한 감정도 있다. 건설과정에서 이미 처리되고 완료되었어야 할 것임에도 불구하고 미비했던 경우가 있을 수 있다. 이에 대한 사정을 현재시점에서 재구성하고 원인을 추적하는 것이다. 예를 들면 당시의 공사현황 및 제반 조건을 분석하여 특정 공정의 시공이 가능했는지 여부를 묻거나, 지체의 원인을 따지는 것도 바로 이런 '상태'를 확인하는 감정이라고 할 수 있다.

　사실 이런 감정은 쉽게 접할 수 없는 것이기도 하다. 그래서 막상 실무에서 만나면 감정이 수월하지 않으므로 유의해야 한다. 감정 사례를 위주로 건축측량과 건축상태의 올바른 감정방법을 살펴보자.

I 건축측량 감정

1. 건축측량 개요

현재 감정예규는 '측량감정'을 명확하게 적시하고 있다. 그런데 이 측량감정은 바로 토지에 관한 것이다. 그래서 지적측량이라고 한다. 지적측량은 토지를 토지 공부(土地公簿)에 등록하거나 지적 공부에 등록된 경계를 지표상에 복원할 목적으로, 각 필지(筆地)의 경계 또는 면적을 정하는 측량을 말한다.

건축물에 대한 측량(이하 건축측량이라 한다)은 이런 '측량감정'으로 해결할 수 없다. 왜냐하면 지적측량은 토지가 주 대상이지 건축물을 대상으로 하는 것이 아니기 때문이다. 건축물에 대한 측량, 즉 건축물의 면적이나 길이, 높이는 건축법 시행령 제119조(면적등의 산정방법)에 의해 측량하여야 한다. 그러므로 건축측량은 지적측량과는 완전히 구분된다. 이런 유형의 감정은 지적 기사가 아닌 '건축사'나 '건축시공기술사'와 같은 건축분야의 감정인에게 맡겨야 제대로 된 감정결과를 얻을 수 있다.

2. 건축면적 등의 산정방법

1) 건축면적[1]

건축면적은 건축물의 외벽(외벽이 없는 경우에는 외곽부분의 기둥) 중심선으로 둘러싸인 부분의 수평투영면적을 말한다. 건폐율을 산정하기 위한 기준이 된다. 건축면적에 대한 구체적인 정의는 다음과 같다.

가. 지표상 1m 초과 부분의 건축물의 외벽의 중심선으로 둘러싸인 부분

---

1 건축법시행령 제119조(면적 등의 산정방법).

의 수평투영면적으로 한다. 가령 지하층 부분이 노출되어 지상으로 1m가 넘게 노출되었다면 이는 건축면적에 포함된다. 장독대나 창고 등 사실상 부수용도로 사용되는 것이라 할지라도 그 높이가 지표면에서 1m가 넘는 경우는 모두 건축면적에 포함된다. 이때 외벽이 없는 경우는 외곽부분에 있는 기둥의 중심선을 기준으로 산정한다.

나. 처마, 차양, 부연, 단독주택 및 공동주택의 발코니 기타 이와 유사한 것은 외벽의 중심선에서 수평거리 1m 이상 돌출된 부분이 있는 경우는 그 끝부분으로부터 수평거리 1m 후퇴한 선(창고는 3m, 한옥은 2m를 후퇴한 선)으로 둘러싸인 면적으로 한다.

다. 태양열을 주된 에너지원으로 이용하는 주택은 건축물의 외벽 중 내측 내력벽의 중심선을 기준으로 한다. 내력벽 1B+단열재 공간 0.5B+치장벽 0.5B를 합하면 2B의 두께가 되며, 그 중심선은 1B의 위치가 된다. 그러나 태양열 주택의 경우 같은 두께의 벽체를 유지한다면 안측에 있는 내력벽 두께 1B의 1/2인 0.5B를 기준으로 건축면적을 산정한다.

2) 바닥면적

바닥면적은 건축물의 각 층 또는 그 일부로서 벽, 기둥, 그 밖에 이와 비슷한 구획의 중심선으로 둘러싸인 부분에 대한 수평투영면적을 말한다. 바닥면적은 사실상 사용하는 면적으로서 건축물대장이나 등기부등본 등 공부상 권리로서 등재되는 면적의 합인 연면적 산정과 용적률 등 기타 건축기준의 산정을 위한 기준이 된다. 구체적 정의는 다음과 같다.

가. 벽·기둥의 구획이 없는 건축물은 그 지붕 끝부분으로부터 수평거리 1미터를 후퇴한 선으로 둘러싸인 수평투영면적으로 한다.

나. 주택의 발코니 등 건축물의 노대나 그 밖에 이와 비슷한 것(이하 "노대등"이라 한다)의 바닥은 난간 등의 설치 여부에 관계없이 노대등의 면적(외벽의 중심선으로부터 노대등의 끝부분까지의 면적을 말한다)에서 노대등이 접한 가장 긴 외벽에 접한 길이에 1.5미터를 곱

한 값을 뺀 면적을 바닥면적에 산입한다.

다. 필로티나 그 밖에 이와 비슷한 구조(벽면적의 2분의 1 이상이 그 층의 바닥면에서 위층 바닥 아래면까지 공간으로 된 것만 해당한다)의 부분은 그 부분이 공중의 통행이나 차량의 통행 또는 주차에 전용되는 경우와 공동주택의 경우에는 바닥면적에 산입하지 아니한다.

라. 승강기탑, 계단탑, 장식탑, 다락[층고(層高)가 1.5미터(경사진 형태의 지붕인 경우에는 1.8미터) 이하인 것만 해당한다], 건축물의 외부 또는 내부에 설치하는 굴뚝, 더스트슈트, 설비덕트, 그 밖에 이와 비슷한 것과 옥상·옥외 또는 지하에 설치하는 물탱크, 기름탱크, 냉각탑, 정화조, 도시가스 정압기, 그 밖에 이와 비슷한 것을 설치하기 위한 구조물은 바닥면적에 산입하지 아니한다.

마. 공동주택으로서 지상층에 설치한 기계실, 전기실, 어린이놀이터, 조경시설 및 생활폐기물 보관함의 면적은 바닥면적에 산입하지 아니한다.

바. 「다중이용업소의 안전관리에 관한 특별법 시행령」 제9조에 따라 기존의 다중이용업소(2004. 5. 29.일 이전의 것만 해당한다)의 비상구에 연결하여 설치하는 폭 1.5미터 이하의 옥외 피난계단(기존 건축물에 옥외 피난계단을 설치함으로써 법 제56조에 따른 용적률에 적합하지 아니하게 된 경우만 해당한다)은 바닥면적에 산입하지 아니한다.

사. 건축물을 리모델링하는 경우로서 미관 향상, 열의 손실 방지 등을 위하여 외벽에 부가하여 마감재 등을 설치하는 부분은 바닥면적에 산입하지 아니한다.

아. 태양열주택의 경우에는 단열재가 설치된 외벽 중 내측 내력벽의 중심선을 기준으로 산정한 면적을 바닥면적으로 한다.

3) 연면적

연면적은 하나의 건축물 각 층의 바닥면적의 합계를 말한다. 연면적은 건축물의 건축물대장이나 등기부 등본 등 공부상 등재되어 소유권을 행사할 수 있는 기본자료와 용적률 등 각종 건축기준을 적용할 때 기준이 된다. 용도지역에 따라 달리 적용되는 용적률 산정 시 지하층의 면적과 지상층의 주차장(당해 건축물의 부속용도인 경우: 건축물 부설주차장 등)으로 사용하는 면적을 연면적 산정에서 제외한다. 그러나 주차전용 건축물의 모든 바닥면적은 포함된다. 바닥이 고정되지 아니한 기계식으로 된 경우는 최하층 1개층 바닥면적을 연면적에 포함시킨다.

4) 건축물의 높이

건축물의 높이는 지표면으로부터 그 건축물의 상단까지의 높이[건축물의 1층 전체에 필로티(건축물을 사용하기 위한 경비실, 계단실, 승강기실, 그 밖에 이와 비슷한 것을 포함한다)가 설치되어 있는 경우에는 법 제60조 및 법 제61조 제2항을 적용할 때 필로티의 층고를 제외한 높이]를 말한다. 다만, 다음 어느 하나에 해당하는 경우에는 각 목에서 정하는 바에 따른다.

> 가. 법 제60조에 따른 건축물의 높이는 전면도로의 중심선으로부터의 높이로 산정한다. 다만, 전면도로가 다음의 어느 하나에 해당하는 경우에는 그에 따라 산정한다.
> ① 건축물의 대지에 접하는 전면도로의 노면에 고저차가 있는 경우에는 그 건축물이 접하는 범위의 전면도로부분의 수평거리에 따라 가중평균한 높이의 수평면을 전면도로면으로 본다.
> ② 건축물의 대지의 지표면이 전면도로보다 높은 경우에는 그 고저차의 2분의 1의 높이만큼 올라온 위치에 그 전면도로의 면이 있는 것으로 본다.
> 나. 법 제61조에 따른 건축물 높이를 산정할 때 건축물 대지의 지표면과 인접 대지의 지표면 간에 고저차가 있는 경우에는 그 지표면의 평균 수평면을 지표면(법 제61조 제2항에 따른 높이를 산정할 때 해당 대지가 인접 대지의 높이보다 낮은 경우에는 그 대지의 지표면을 말한다)으로 본다. 다만, 전용주거지역 및 일반주거지역을 제외한 지역에

서 공동주택을 다른 용도와 복합하여 건축하는 경우에는 공동주택의 가장 낮은 부분을 그 건축물의 지표면으로 본다.

다. 건축물의 옥상에 설치되는 승강기탑·계단탑·망루·장식탑·옥탑 등으로서 그 수평투영면적의 합계가 해당 건축물 건축면적의 8분의 1(「주택법」 제16조 제1항에 따른 사업계획승인 대상인 공동주택 중 세대별 전용면적이 85제곱미터 이하인 경우에는 6분의 1) 이하인 경우로서 그 부분의 높이가 12미터를 넘는 경우에는 그 넘는 부분만 해당 건축물의 높이에 산입한다.

라. 지붕마루장식·굴뚝·방화벽의 옥상돌출부나 그 밖에 이와 비슷한 옥상돌출물과 난간벽(그 벽면적의 2분의 1 이상이 공간으로 되어 있는 것만 해당한다)은 그 건축물의 높이에 산입하지 아니한다.

3. 건축측량 감정 사례

사례 1) 집합건물 전유면적과 공유부분 면적의 확인

감정대상은 서울시 ○○구 ○○동에 위치한 판매시설용도 건축물이다. 감정목적은 2층 판매시설 중 A주식회사가 보유한 상가 전용면적과 공용면적의 정확한 면적을 실측하여 분양면적과 비교하고 그 차이를 확인하기 위한 것이다. 이 사건의 현장조사는 2013. 4. 7. 실시하였다.

지하 보일러실 면적(23.27㎡)을 제외한 2층 판매시설의 건축물대장 바닥면적은 894.68㎡이다. 건물 내·외부를 실측한 결과, 2층 판매시설 바닥면적은 설계도면과 일치하였다. 이 중 판매시설 면적은 781.92㎡이고 공용면적은 112.76㎡였다(공용부분의 면적은 각종 PD까지 포함한 면적이다). 이 역시 건축물대장의 면적과 일치하였다.

그런데 실측결과와 관리사무소 측에서 관리하고 있는 실분양면적표를 비교 분석한 결과, 'A주식회사'에서 분양받은 18개 구간의 전유면적은 일치하지만 복도면적은 분양면적표보다 4.88㎡가 더 넓었다.

다른 입주자의 복도 전유면적이 일부 복도면적에 포함된 것이다. 분양자들이 건물에 최초입주 시 상가의 전유면적 중 일부를 복도로 사용하기로 하면서 이런 현상이 발생한 것으로 추정된다. 실측결과와 조정 가능한 면적은 다음과 같다.

① A주식회사가 분양받은 상가의 건축물대장상 면적: 211.13㎡ (면적 일치함)
② 이 중 복도를 제외한 전유면적: 139.44㎡ (면적 일치함)
③ 추가면적: 4.88㎡

❖ 표 10-1　실측면적표

구분	호	건축물대장				분양면적						실측면적				
		지상2층				지상2층					차이	지상2층				
		판매시설	층별공용	계		판매시설			층별공용	계		판매시설			층별공용	계
						전유	복도	계				전유	복도	계		
감정대상부분		건축물대장				○○○ 분양면적						실측면적				
	12호	9.91	1.43	11.34		6.70	3.71	10.41	1.43	11.84	0.50	6.70	3.21	9.91	1.43	11.34
	13호	9.91	1.43	11.34		6.70	3.71	10.41	1.43	11.84	0.50	6.70	3.21	9.91	1.43	11.34
	14호	30.19	4.35	34.54		19.60	10.69	30.29	4.35	34.64	0.10	19.60	10.59	30.19	4.35	34.54
	15호	8.18	1.18	9.36		5.90	3.35	9.25	1.18	10.43	1.07	5.90	2.28	8.18	1.18	9.36
	16호	8.18	1.18	9.36		5.90	3.35	9.25	1.18	10.43	1.07	5.90	2.28	8.18	1.18	9.36
	17호	8.18	1.18	9.36		5.90	3.35	9.25	1.18	10.43	1.07	5.90	2.28	8.18	1.18	9.36
	18호	14.87	2.15	17.02		9.72	5.31	15.02	2.15	17.17	0.15	9.72	5.15	14.87	2.15	17.02
	19호	9.91	1.43	11.34		6.70	3.71	10.41	1.43	11.84	0.50	6.70	3.21	9.91	1.43	11.34
	20호	9.91	1.43	11.34		6.70	3.71	10.41	1.43	11.84	0.50	6.70	3.21	9.91	1.43	11.34
	21호	9.91	1.43	11.34		6.70	3.71	10.41	1.43	11.84	0.50	6.70	3.21	9.91	1.43	11.34
	22호	9.91	1.43	11.34		6.70	3.71	10.41	1.43	11.84	0.50	6.70	3.21	9.91	1.43	11.34
	23호	9.91	1.43	11.34		6.70	3.71	10.41	1.43	11.84	0.50	6.70	3.21	9.91	1.43	11.34
	37호	10.23	1.48	11.71		6.50	3.51	10.01	1.48	11.49	-0.22	6.50	3.73	10.23	1.48	11.71
	38호	10.23	1.48	11.71		6.50	3.51	10.01	1.48	11.49	-0.22	6.50	3.73	10.23	1.48	11.71
	39호	14.32	2.06	16.38		8.94	4.80	13.74	2.06	15.80	-0.58	8.94	5.38	14.32	2.06	16.38
	40호	14.32	2.06	16.38		8.94	4.80	13.74	2.06	15.80	-0.58	8.94	5.38	14.32	2.06	16.38
	41호	10.23	1.48	11.71		6.50	3.51	10.01	1.48	11.49	-0.22	6.50	3.73	10.23	1.48	11.71
	42호	12.83	1.85	14.68		8.14	4.40	12.54	1.85	14.39	-0.29	8.14	4.69	12.83	1.85	14.68
	계	211.13	30.46	241.59		139.44	76.57	216.01	30.46	246.47	4.88	139.44	71.69	211.13	30.46	241.59
합계		781.92	112.76	894.68		506.18	275.74	781.92	112.76	894.68	4.88	506.18	275.74	781.92	112.76	894.68

그림 10-1 **실측현황도**

2. 건축물대장 구적도

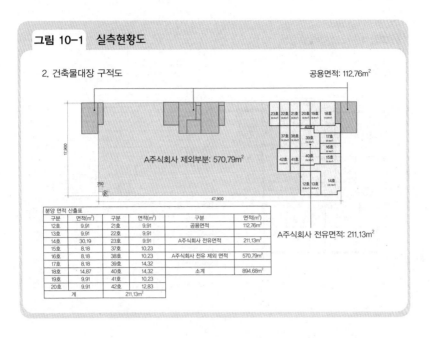

공용면적: 112.76m²

A주식회사 제외부분: 570.79m²

A주식회사 전유면적: 211.13m²

분양 면적 산출표

구분	면적(m²)	구분	면적(m²)	구분	면적(m²)
12호	9.91	21호	9.91	공용면적	112.76m²
13호	9.91	22호	9.91		
14호	30.19	23호	9.91	A주식회사 전유면적	211.13m²
15호	8.18	37호	10.23		
16호	8.18	38호	10.23	A주식회사 전유 제외 면적	570.79m²
17호	8.18	39호	14.32		
18호	14.87	40호	14.32	소계	894.68m²
19호	9.91	41호	10.23		
20호	9.91	42호	12.83		
계			211.13m²		

그림 10-2 **실분양면적 구적도**

3. 실분양면적 구적도

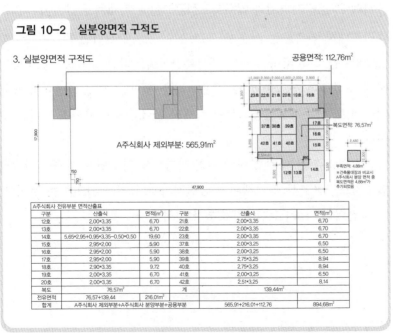

공용면적: 112.76m²

A주식회사 제외부분: 565.91m²

복도면적: 76.57m²

부족면적: 4.88m²
※ 건축물대장과 비교시
A주식회사 분양 면적 중
복도면적 4.88m²가
추가되었음

A주식회사 전유부분 면적산출표

구분	산출식	면적(m²)	구분	산출식	면적(m²)
12호	2.00*3.35	6.70	21호	2.00*3.35	6.70
13호	2.00*3.35	6.70	22호	2.00*3.35	6.70
14호	5.65*2.95+0.95*3.35−0.50*0.50	19.60	23호	2.00*3.35	6.70
15호	2.95*2.00	5.90	37호	2.00*3.25	6.50
16호	2.95*2.00	5.90	38호	2.00*3.25	6.50
17호	2.95*2.00	5.90	39호	2.75*3.25	8.94
18호	2.90*3.35	9.72	40호	2.75*3.25	8.94
19호	2.00*3.35	6.70	41호	2.00*3.25	6.50
20호	2.00*3.35	6.70	42호	2.51*3.25	8.14
복도		76.57m²	계		139.44m²
전유면적	76.57+139.44	216.01m²			
합계	A주식회사 제외부분+A주식회사 분양부분+공용부분			565.91+216.01+112.76	894.68m²

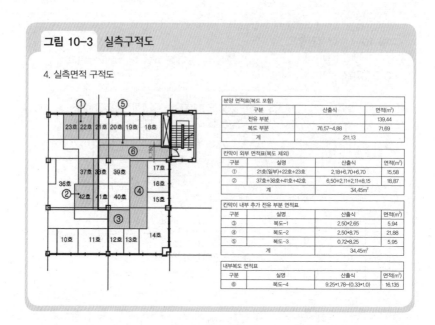

그림 10-3 실측구적도

4. 실측면적 구적도

분양 면적표(복도 포함)

구분	산출식	면적(m²)
전유 부분		139.44
복도 부분	76.57−4.88	71.69
계	211.13	

칸막이 외부 면적표(복도 제외)

구분	실명	산출식	면적(m²)
①	21호(일부)+22호+23호	2.18+6.70+6.70	15.58
②	37호+38호+41호+42호	6.50+2.11+2.11+8.15	18.87
계		34.45m²	

칸막이 내부 추가 전유 부분 면적표

구분	실명	산출식	면적(m²)
③	복도-1	2.50*2.65	5.94
④	복도-2	2.50*8.75	21.88
⑤	복도-3	0.72*8.25	5.95
계		34.45m²	

내부복도 면적표

구분	실명	산출식	면적(m²)
⑥	복도-4	9.25*1.78−(0.33*1.0)	16.135

사례 2) 공급계약서와 입주자모집공고상에 기재된 공급면적 차이

감정대상 건축물은 서울시 ○○구 ○○동에 건립된 주상복합아파트이다. 원고 측 주장은 해당 주상복합아파트의 공급면적[2] 중 공용면적에 포함하여 산정한 기타 공용면적을 제외한 실 공급면적과 공급계약서 및 입주자모집공고상에 기재된 공급면적이 차이가 난다는 것이다.

감정의 목적은 이런 주장에 따라 아파트의 평형별 실제 공급면적과 입주자모집공고상에 기재된 공급면적과의 차이를 확인하는 것이다. 이 사건의 감정조사는 2013. 6. 7. 실시하였다.

---

2 공급면적: 전용면적 + 공용면적

구분	다툼 없음	다툼 있음	비고
1. 전용면적	●		공급면적 중 주차장을 제외한 기타공용면적이 공용면적으로 산입되어 있어 해당면적을 확인코자 하는 감정임
2. 공용면적	●		
3. 공급면적(1+2)		●	
4. 기타공용면적(주차장 외)		●	
5. 계약면적(3+4)	●		
6. 운동시설	●		
7. 대지지분	●		

가. 전제사실

① 기준 도면

해당 주상복합아파트 각 세대별 공급면적의 기준은 분양공고 및 계약서에 제시된 면적으로 하였다. 공용부위에 해당하는 공간 및 면적 측량 기준은 사용승인도면의 면적으로 하였다.

② 관련 근거

– ○○ 주상복합아파트 입주자모집공고(안) 및 분양계약서

– 주택법(구 주택건설촉진법) 주택공급에 관한 규칙[3] 제8조,[4] 제8조의2 및 제27조[5]

---

3 건설교통부령 제353호, 2003. 2. 28일자 시행기준
4 주택공급에 관한 규칙 제8조(입주자의 모집절차)
  ⑤ 제4항 제3호의 규정에 의하여 공동주택의 공급면적을 세대별로 표시하는 경우에는 공용면적과 전용면적으로 구분하여 표시하여야 한다. 이 경우 공급면적은 계단, 복도, 현관 등 공동주택의 지상층에 있는 공용면적(이하 "주거공용면적"이라 한다) 이하로 표시하고 주거공용면적을 제외한 지하층, 관리사무소, 노인정 등 기타 공용면적은 이와 따로 표시하여야 한다.
5 주택공급에 관한 규칙 제27조(주택의 공급계약)
  ⑤ 사업주체와 주택을 공급받는 자가 체결하는 주택공급계약서에는 다음 각 호의 내용이 포함되어야 한다.
  2. 호당 또는 세대당 주택공급면적(공동주택의 경우에는 전용면적, 주거공용면적 및 기타공용면적으로 구분표시하여야 한다) 및 대지면적

나. 면적 감정결과

입주자모집공고 및 분양계약서상 공급면적(원고제출자료)과 사용승인도면상에 기재된 면적(피고제출 사용승인도면 구적표)을 비교한 결과, 해당 주상복합아파트의 공급면적 중 관련법규[6]인 주택법(구 주택건설촉진법) 및 주택공급에 관한 규칙에 근거하면 '기타공용면적(주차장 제외)'으로 구분되어야 함에도 불구하고 7,410.264㎡의 면적이 '공급면적'으로 편입되어 있는 것을 확인하였다

다. 면적 분석표

❖ 표 10-3 계약면적대비 분양면적 감정결과

구분	분양계약서	감정결과	비고
1. 전용면적	157,668.930㎡	157,668.930㎡	
2. 공용면적	52,511.447㎡	45,101.183㎡	
3. 공급면적(1+2)	210,180.377㎡	202,770.113㎡	-7,410.264㎡
4. 기타공용면적(주차장 제외)	77,362.306㎡	84,772.570㎡	7,410.264㎡
5. 계약면적(3+4)	287,542.683㎡	287,542.683㎡	
6. 운동시설	790.738㎡	790.738㎡	
7. 대지지분	34,298.562㎡	34,298.562㎡	

사례 3) 설계도면의 건축물 위치와 실제 건축물의 위치 차이

감정대상은 경기도 ○○시 ○○동 ○○번지 외 2필지에 소재한 공장 용도의 건축물이다. 원고 측 주장은 피고가 시공한 건물이 설계도서와 달리 배치되어 전면부 주차장 일부를 제대로 활용할 수 없을 뿐만 아니라 화물 적재가 불가능하여 물류운송에 큰 지장을 받는다는 것이다. 감정은 해당 건축물이 설계도서와 동일하게 배치되었는지 여부를 확인하는 것으로 설계도면상 건축물의 위치와 실제 건축된 감정

---

6 주택공급에 관한 규칙 제8조, 주택공급에 관한규칙 제27조(주택의 공급계약)

물의 위치 차이를 측량으로 확인하였다.

이 사건의 조사는 2014. 8. 17. 실시하였다. 대지 내 건물의 배치상태는 대지 경계선에서 건축물과의 이격거리를 광파측정기를 이용하여 실측하였다. 그 결과, 배치도상의 건물 위치와 달리 건물 배면의 좌측면 끝 외벽 마감선과 대지경계선은 4.6m, 우측면 끝 외벽 마감선은 대지경계선과 1.3m 이격되어 있었다. 건물 좌측면이 우측면보다 대지경계선으로부터 약 3.3m 정도 비스듬하게 배치된 상태였다. 그 현황은 〈그림 10-4〉와 같다. 이러한 시공으로 인해 공장 앞 공간은 7.7m 정도의 여유밖에 없어 공장 좌측면 공간(면적 150㎡)에 진입이 불가능해져 대지의 활용에 큰 제약을 받고 있는 것으로 보인다.

그림 10-4 측량현황도

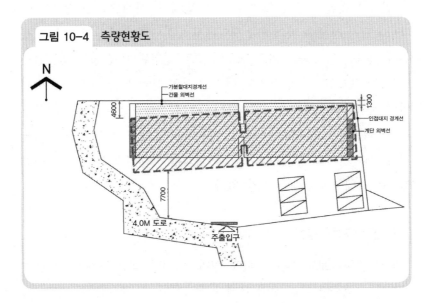

Ⅱ 건축상태

1. 건축상태 개요

흔히 우리가 다루는 '공사비'나 '하자' 감정의 경우는 대부분 관찰 가능한 현재의 상태를 전제하고 있다. 그런데 간혹 과거 시점의 '특정 상태'에 대한 감정이 필요한 경우가 있다. 어떤 과거 시점의 상황을 현재시점에서 재구성해야 하는 감정도 있다. 이미 결과가 현실화 되었지만 만약이라는 가정법 하에서 '특정 상황'에 대한 판단을 요구하는 감정도 있다.

이 같이 어떤 '상태'나 '상황'에 대한 감정은 그 자체로 어떤 손해나 권리에 대한 주장이기보다는 어떤 법리의 '전제조건'일 경우가 많다. 그 당시 상태를 파악하여 책임에서 벗어나거나 자신에게 귀책 사유가 없음을 입증하기 위한 경우에 주로 채택된다. 감정은 객관적인 실체를 기반으로 해야 하지만 이런 과거의 상태에 관한 감정은 감정인의 전문성과 경험칙에 의존해야 하는 특성을 지닌다. 다른 대안을 찾기 힘든 경우 불가피하게 이런 유형의 감정이 요구된다. 가장 대표적인 사례로 바로 공사가 약정한 기일보다 지체되었을 때 그 사유를 따지는 지체상금 감정을 들 수 있다.

2. 공사 지체 일정 감정 사례

공사를 하다보면 늦어질 때도 있다. 하지만 약정한 준공기한보다 공사를 지체하면 여러 가지 문제가 발생한다. 그 중 하나가 바로 '지체상금'[7]이다. 대법원은 '지체상금'을 일관되게 공사도급계약에 있어서 수급인이 '건물준공'이라는 일의 완성을 지체한 데 대한 '손해배상

---

7 '지체상금'이란 도급계약에 따른 의무의 이행을 지체할 경우, 도급인에게 지급하여야 할 미리 정하여 둔 손해배상 예정액을 말한다.

액의 예정'으로 보고 있다(대법원 2002. 9. 4. 선고 2001다1386 판결 등 참조). 지체상금을 산정하기 위해서는 우선 공사의 '지체여부'를 확정하여야 한다.

일반적으로 건설공사는 계약으로 준공일이 지정되어 있지만 특약조건으로 별도의 기한을 정할 수 있다. 그러므로 이때는 도급계약에서 정한 준공일 외에도 특약조건의 기한도 공사기간에 편입될 것이다. 뿐만 아니라 발주자의 긴급한 설계변경 요구, 타 공정과의 연계로 인해 발생한 불가피한 문제 등이 공기의 지연 지체를 불러온다. 문제는 이때 공사의 지체에 대한 책임이 누구에 귀속되는지가 불분명한 경우가 많다는 것이다. 심한 경우 소송으로 전개되기도 한다.

사례를 들어보자. 최근 미분양으로 인해 재건축사업의 사업방식이 '지분제'보다는 '도급제'를 많이 채택하고 있다. 지분제는 시공사가 조합원에게 무상지분율만큼 확정이 된 개발이익을 제공하며 사업이익은 물론 위험까지 부담하는 사업방식이다. 반면 도급제는 시공사가 단순히 공사만 하는 방식이다. 사업이익과 위험요인은 재건축 조합에게 귀속된다. 이 도급제 방식의 사업장에서 이주의 지연이나 토지 보상의 지연으로 인해 공사기간이 지체되는 사례가 많다. 대개 이런 경우는 복잡한 내부사정이 얽혀있어 지체의 귀책을 따지기 어려워 분쟁으로 이어지기 십상이다.

때문에 지체상금 감정은 공사의 지연에 관한 사유가 주요 쟁점이 된다. 공사 중단 당시의 상태가 불가항력적이거나, 기타 수급인의 책임에 속하지 아니하는 사유를 입증해야 한다. 또는 도급인의 귀책사유로 준공검사가 지체되었거나, 도급인이 제공하여야 할 중요한 자재의 공급이 늦어져 공사가 지연되었음을 주장하는 경우도 있다. 도급인의 귀책사유로 착공이 지연되거나 시공이 중단된 경우도 마찬가지다.[8] 지

---

8 공사비를 건축물의 인도 여부에 따라 분할하여야 하는 경우도 발생한다. 예를 들어

체상금 약정은 건설산업기본법 시행령에 의하여 고시된 민간건설공사표준도급계약서 일반조건[9]에도 상세히 규정되어 있다. 많은 민간사업장의 약정이 여기에 따르고 있다.

구체적 감정 사례를 들어 지체상금 감정을 들여다 보자. 이 사건 건축물은 ○○도 ○○시 ○○동에 소재한 상업시설이다.

1) 감정신청 사항

이 사건 '최종 2차 변경 건설공사 도급계약'의 준공예정일은 2011.

지체상금 사건의 경우 지체상금을 산정하는 기준은 공사도급계약에서 정한 기준금액을 따르는 것이 원칙인데, 통상은 총공사금액을 기준으로 하고 있다. 하지만 채무의 내용이 분할급부에 의하여도 목적을 이룰 수 있는 경우가 있다. 공공공사의 경우 기성부분 또는 기납부분에 대하여 검사를 거쳐 이를 인수한 경우에는 그 부분에 상당하는 금액을 계약금액에서 공제한 금액을 기준으로 지체상금을 계산하여야 한다고 계약조건을 규정하고 있으므로 유의하여야 한다. 따라서 지체상금의 감정 시 약정된 계약내용에 따라 건축물의 일부를 이미 인도했을 경우를 감안하여 공사비를 분할하여야 할 때도 있다.

9 건설산업기본법시행령 제25조 제1항은 공사의 도급계약에 명시하여야 할 사항의 하나로서 계약이행지체의 경우 위약금지연이자의 지급 등 손해배상에 관한 사항(15호)을 규정하고 있으며, 민간 건설공사 표준도급계약서 일반조건 제30조는 [지체상금]이란 표제 하에 다음과 같이 규정하고 있다.
① 수급인은 준공기한 내에 공사를 완성하지 아니한 때에는 매 지체일수마다 계약서상의 지체상금률을 계약금액에 곱하여 산출한 금액(이하 '지체상금'이라 한다)을 도급인에게 납부하여야 한다. 다만 도급인의 귀책사유로 준공검사가 지체된 경우와 다음 각 호의 1에 해당하는 사유로 공사가 지체된 경우에는 그 해당일수에 상당하는 지체상금을 지급하지 아니하여도 된다.
1. 불가항력의 사유에 의한 경우
2. 수급인이 대체하여 사용할 수 없는 중요한 자재의 공급이 도급인의 책임 있는 사유로 인해 지연되어 공사진행이 불가능하게 된 경우
3. 도급인의 귀책사유로 착공이 지연되거나 시공이 중단된 경우
4. 기타 수급인의 책임에 속하지 아니하는 사유로 공사가 지체된 경우
② 제1항을 적용함에 있어 제26조의 규정에 의하여 도급인이 공사목적물의 전부 또는 일부를 사용한 경우에는 그 부분에 상당하는 금액을 계약금액에서 공제한다. 이 경우 도급인이 인허가 기관으로부터 공사목적물의 전부 또는 일부에 대하여 사용승인을 받은 경우에는 사용승인을 받은 공사목적물의 해당 부분은 사용한 것으로 본다.
③ 도급인은 제1항 및 제2항의 규정에 의하여 산출된 지체상금은 제28조의 규정에 의하여 수급인에게 지급되는 공사대금과 상계할 수 있다.
④ 제1항의 지체상금율은 계약 당사자간에 별도로 정한 바가 없는 경우에는 국가를 당사자로 하는 계약에 관한 법령 등에 따라 공공공사 계약체결시 적용되는 지체상금율을 따른다.

10. 30.이다. 그러나 임차인의 입주 및 영업을 위하여 원고가 시공해야 할 최소 수준의 공사 및 법적 필수 조건인 소방공사 완공검사 필증을 2011. 12. 15.에서야 발급받았다. 그 이유는 소방공사의 미비 및 지적, 소방 추가공사 건이었다. 이는 명백한 피고의 귀책사유이다. 그래서 2차 변경 건설공사도급계약상의 준공예정일인 2011. 09. 30.을 기준으로 원고의 미완성 공사 상태, 원고의 소방 불합격으로 인한 ① 준공일까지 완료되지 않은 공사 항목들이 무엇인지, ② 준공일까지 완료되지 않은 공사를 하는데 소요 기간이 얼마인지를 감정하고자 한다.

2) 감정의 전제조건

가. 용어 정의

이 사건에서 원·피고 당사자는 준공일에 대한 견해 차이로 심각하게 충돌하고 있다. 이에 추후 감정결과의 해석에 있어 혼돈을 피하기 위해 2008. 5. 20. 원·피고가 체결한『건설공사도급계약서(이하 최초계약서)』와 2011. 6. 3.『건설공사 2차변경 도급계약서(이하 최종계약서)』를 근거로 주요 용어를 다음과 같이 정의하고 감정에 임하였다.

① 예정준공일

이 사건 '준공일'은 최종계약서에서 지정한 일자인 2011. 10. 30.[10]이다. 하지만 계약서에는 이 '준공일'을 구체적인 단서[11]와 함께 "원고"가 건설공사를 완성하고 "피고"에게 서면으로 준공검사를 요청한 날[12]로 정하고 있다. 그래서 원고의 책임범위 내 업무와 연계된 선

---

10 2011. 6. 3. 최종계약서 변경 후 공사기간.
11 "공사진행에 차질이 발생하는 추가설계변경과 발주처 직발주공사, 입점업체 공사, 기존 지하철 내부 골조 및 마감공사 지연, 직발주공사분 행정업무 및 "갑(피고)"의 대관 행정업무처리 지연 등 수급인과 관계없는 사정으로 인한 공사지연으로 준공이 지체될 경우 위와 같은 공사지연사유나 사정이 해소될 때까지 그 지연일수만큼 공사기간(준공일)은 연장된다."
12 2008. 5. 20. 최초계약서 제16조[공사기간] ②항
건축물의『사용승인』은 이런 건축물 전체에 관한 공사의 완료 외에도 건축주가 처리

행공사(공사진행에 차질이 발생하는 추가설계변경과 발주처 직발주공사,[13] 입점업체 공사)와 후행으로 이어지는 원고 측 공사의 범위를 감안하여 '예정준공일'을 다시 설정하였다.

② 공사의 완료

현재 원·피고가 가장 첨예하게 대립한 부분이 『공사의 완료』에 대한 개념이다. 공사의 완료에 대한 견해가 극명하게 갈린다. 피고는 공사 행위의 완성은 물론 각종 『시운전』과 감리자의 준공검사에 합격하여야 비로소 공사가 완료된 것으로 할 수 있다고 주장한다. 반면, 원고는 시운전 등 준공검사의 합격여부와 공사의 완료는 상관이 없다고 주장하고 있다. 감정인은 '공사의 완료'를 최초계약서 제30조[준공검사]의 취지와 건축법에서의 『사용승인』[14]의 개념을 종합하여 판단하였다. 구체적으로 '공사의 완료 후 감리자의 검사에 합격하여야만 비로소 실제적인 공사가 완료된 것으로 판단하였다.

③ 설계변경

설계변경의 개념은 최초계약서 제25조[설계변경으로 인한 계약금액의 조정] ①항에 명확하게 정리되어 있다.[15] 그리고 ②항에 이런 사유에 대한 설계변경 주체를 "갑"이 변경하여야 하며 변경금액을 정산하도록 하고 있다. 여기서 다시 『건설공사도급계약특수조건』 제9조[계약상대

해야 할 각종 법적 서류나 제반 업무가 따르기 때문에 건축물의 준공일과 『사용승인』 시점은 연계하지 않은 것으로 보인다.

13 엘리베이터 8, 19호기, 상징탑 외장공사.

14 건축법 제22조[건축물의 사용승인] … 허가권자는 제1항에 따른 사용승인신청을 받은 경우 국토해양부령으로 정하는 기간에 다음 각 호의 사항에 대한 검사를 실시하고, 검사에 합격된 건축물에 대하여는 사용승인서를 내주어야 한다.
1. 사용승인을 신청한 건축물이 이 법에 따라 허가 또는 신고한 설계도서대로 시공되었는지의 여부 2. 감리완료보고서, 공사완료도서 등의 서류 및 도서가 적합하게 작성되었는지의 여부

15 설계서의 내용이 공사현장의 상태와 일치하지 않거나 불분명, 누락, 오류가 있을 경우, 또는 시공에 관하여 예기하지 못한 상태가 발생되거나, 사업계획의 변경 등으로 인하여 추가시설물의 설치가 필요한 때.

자에 의한 도면]에는 설계는 피고의 책임이나, 설계서에 시공상세도면을 작성하게 한 경우 원고가 설계의 결함을 책임지게 하고 있다.

④ 부분사용

최초계약서 제29조[부분사용]의 ①을 보면 계약목적물의 인도 전이라도 전부 또는 일부를 사용하도록 하고 있다. 이는 사용승인 후가 아니라 사용승인 이전에 입점업체의 인테리어 공사를 개시하여 사용승인과 동시에 영업을 시작하기 위한 의도로 보인다. 이런 취지는 최초계약서 공사도급계약 특약사항의 제11조 특기사항 5의 전기설비공사 범위에서도 엿볼 수 있다.[16]

나. 감정자료

번호	형식	제출자	자료 형태	비고
1	건설공사도급계약서 일체		문서	
2	임시사용승인서(1~4차)	피고	문서	
3	위험물제조소 등 완공검사필증	피고	문서	
4	가스완성검사필증	피고	문서	
5	저수조청소소독필증	피고	문서	
6	전기사용검사필증	피고	문서	
7	정보통신공사 사용전검사필증	피고	문서	
8	소방시설완공검사필증	피고	문서	
9	승강기완성검사필증	피고	문서	
10	원·피고·감리자 수발신 공문	피고	문서	
11	소방감리업무일지	원고	문서	
12	책임감리업무일지	피고	문서	
13	공사일보(원고 작성)	원고	문서	
14	공사진행시 회의록(2007. 07. 19.)	원고	문서	
15	기타 업체 발송 공문	피고	문서	

---

16 공사도급계약 특약사항 제11조 제5항 ③ … 소방, 비상방송공사 시공(통로, 화장실 등 공용공간은 인테리어 최종마감 시까지 전기, 통신, 소방, 방송 등 시공) 이 특약은 공용공간의 전기, 통신, 소방, 방송 등의 시공에 대한 시점을 인테리어 최종공사 마감 시까지로 특정하고 있다(감정자료, 130면).

다. 감정자료의 확정 및 해석의 우선 순위

① 계약서(갑제1-3호증)의 해석 순위

순위	구분	내용	비고
1	공사도급계약특약사항(변경) 제11조 제6, 7, 8항으로 삽입	2008. 6. 3. 체결	공사기간 변경 특약
2	최종계약서	2008. 6. 3. 체결	갑제1-3
3	최초계약서	2008. 5. 20. 체결	갑제1-1
4	건설공사도급계약특약사항	2008. 5. 20. 체결	
5	건설공사도급계약특수조건	2008. 5. 20. 체결	
6	건설공사도급계약일반조건	2008. 5. 20. 체결	

② 공사진행에 관한 문서자료의 확정 및 해석 우선 순위

순위	구분	내용	비고
1	공사일보(원고 작성)	시공사 업무 현황	
2	임시사용승인서	1, 2, 3, 4차 임시사용승인서	
3	각종 공사 완료 필증	임시사용승인 전 필수적 공사 필증	소방, 전기, 통신 등
4	피고발송 공문	설계변경, 일정, 각종 승인서류	
5	피고발송 작업지시부	각종 작업지시부 등	
6	원고발송 공문	설계변경 승인요청, 정산요청 등	
7	감리자 발송 공문	작업관련 확정, 승인, 검수	
8	감리업무일지	감리자 업무 현황	
9	공사진행시 회의록	시공사 내부 작업 현황, 검토	
10	기타 자료	입점업체 공문 등	

3) 감정결과

가. 예정준공일 확정

이 사건의 예정준공일은 계약서 특약조항에 따라 원고와 관계없는 사정(공사진행에 차질이 발생하는 추가설계변경과 발주처 직발주공사, 입점업체 공사, 기존 건물 내부 골조 및 마감공사 지연, 직발주공사분 행정업무 및 "갑"의 대관 행정업무처리 지연 등)으로 발생한 공사기간만큼 연장되는 것으로 판단하였다. 이를 반영하여 재 설정한 예정준공일은 당해 공사가 완료되어 『임시사용승인』이 가능한 시점인 2011. 11. 15.로 하였다.

❖ 표 10-4 예정준공일

번호	특약사항	2011년			출처	비고
		9월	10월	11월		
1	2008. 9. 30.	9월 30일			2008.6.3. 최종계약서	-
2	공사진행에 차질이 발생하는 추가설계변경				2008.6.3. 최종계약서	연장기간 포함 (특별한 설계변경 없음)
3	발주처 직발주 공사		10월 28일		2008.6.3. 최종계약서	연장기간 포함 (EV필증)
4	입점업체 공사 (인테리어 공사)			11월 15일	2008.6.3. 최종계약서	인테리어 최종마감 시 소방전기 공사완료
5	기존 건물 내부 골조 및 마감공사 지연				2008.6.3. 최종계약서	제외 (임시사용 가능함)
6	직발주공사분 행정업무				2008.6.3. 최종계약서	제외 (임시사용 가능함)
7	"갑"의 대관행정업무 처리 지연				2008.6.3. 최종계약서	제외 (임시사용 가능함)
	준공일			11월 15일		감정결과

나. 감정 결론

① 준공일까지 완료되지 않은 공사 항목

2011. 11. 15. 이후 완료되지 않은 공사는 자동제어설비와 수신회로 시스템에 관한 소방시설공사이다. 소방시설공사의 미비로 소방준공 필증을 정상적으로 받지 못했기 때문이다. 소방제연설비의 소프트웨

어, 하드웨어적인 문제로 인하여 소방제연시설의 작동이 불가능한 상황이었다. 이런 사실은 감리자의 감리업무일지에 구체적으로 기록되어 있다.

소방감리업무일지에 의하면 감리자는 2011. 10. 6. 소방준공검사 실시 도중 일부 소방시설이 미시공되었음을 확인하고, 즉시 피고 측에 수정·보완지시를 내렸다. 2011. 10. 8.에는 1차 임시사용승인 시에도 보완을 지시하였다. 이렇게 보완공사에 대한 시스템 체크 작업을 2011. 11. 28.까지 진행하였다.

원고는 이런 작업이 자동제어시설의 설계 오류로 인한 설계변경으로 인하여 늦어져 발생한 것이라는 주장이다. 2010. 7. 19. 협력업체와 회의 시 자동제어시스템의 중대한 설계상 오류를 발견하고 이를 해결해 줄 것을 피고 측에게 통보하였다고 주장한다. 하지만 2011. 10. 30. 이전에 원고가 설계상 오류로 인한 설계변경을 요청하거나 협의한 사실을 확인할 수 없었다.

그러므로 2011. 10. 6. 당시 소방감리자가 준공검사를 실시하기 전까지 원고가 소방제연설비의 오작동 여부를 전혀 인지하지 못했던 것으로 추정된다.

② 준공일까지 완료되지 않은 공사 항목의 소요일수 및 산정 이유

각종 원·피고의 수발신 공문과 작업지시서 일체를 확인한 결과, 2011. 6. 3. 이후 통상적인 작업지시 외에 특별히 공기에 영향을 줄만한 설계변경은 발생하지 않은 것으로 보인다. 따라서, 2011. 10. 6. 당시 소방감리자가 준공검사를 실시하기 전까지 소방제연설비의 오작동 여부를 제대로 인지하지 못한 것으로 판단하였다.

또한 2011년 당시 각종 필증 및 임시사용승인 서류를 확인한 결과, 소방필증을 접수한 12월 5일로부터 교부일인 12월 15일까지는 11일이 소요되었다. 소방필증 교부일로부터 임시사용승인서 발행일인 12월

24일까지는 10일이 소요되어 소방필증을 접수한 날로부터 임시사용승인서가 발행한 날까지는 전체 20일이 소요되었다.

결론적으로 2011년 당시 소방필증 접수일로부터 임시사용승인서 발행일까지의 소요일수를 그대로 적용한다고 가정하였을 때, 예정준공일 다음 날인 2011. 11. 16.로부터 실제 소방필증 접수 전일인 2011. 12. 4.까지 기간인 총 '19일'이 사건 건축공사의 지체기간이라고 할 수 있다.

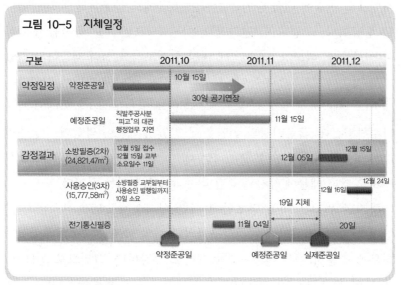

그림 10-5 지체일정

지체일수: 19일(2011.13.16~2011.12.4)

3. 공사의 진행 가능 여부 감정 사례

어떤 상황의 가능성 여부를 묻는 감정도 있다. 역시 사례를 들어보자. 이 사건 건축물은 서울시 ○○시 ○○동 ○○번지에 소재한 상업시설이다. 이 사건의 쟁점은 사업계획 변경으로 인한 수급인(피고)의 공사 진행 가능 여부이다. 이 건축물의 당초 사업계획 면적은 25,000

㎡(이하 당초안)으로 이 면적으로 허가를 득하였다. 그런데 원고가 사업계획을 변경하여 28,000㎡(이하 변경안)로 3,000㎡ 늘리고자 하였다. 그래서 당초안(25,000㎡)에 대한 실시설계도서는 작성하지 않고, 아예 변경안(28,000㎡)으로 실시설계도서를 작성하고 공사에 착수하였다.

하지만 사업면적의 변경을 위해서는 원고가 금융대출기관인 ○○ 은행으로부터 서면승인을 받아야 했다. 만약 승인을 받지 못하면 당초안(25,000㎡)으로 사업을 진행한다는 약정이 체결된 상태였기 때문이다. 피고의 주장은 원고가 ○○은행으로부터 2011. 9. 30.까지 이런 사업계획 변경에 대한 승인을 받아야 했음에도 불구하고 받지 못했다는 주장이다. 그렇다면 '변경안'이 아닌 '당초안'으로 공사를 수행하여야 하는데, 피고가 '당초안'에 대한 설계도서를 전혀 제공하지 않았다는 것이다. 그래서 부득이 이 사건 공사를 중단할 수밖에 없었다는 것이다. 정리하면 증축허가를 전제로 변경안(28,000㎡)에 의해 공사를 착수하였는데, 금융기관의 승인을 못 받았기 때문에 약정대로 당초안 (25,000㎡)의 공사를 수행해야 하는 데 이 안에 대한 설계도서가 작성되지 않았기 때문에 공사를 중단할 수밖에 없었다는 것이다.

하지만 원고는 비록 당초안에 대한 실시설계도서가 작성되지 않았지만 그 기간 동안에는 지하구간의 공사와 골조공사만 이루어졌기 때문에 충분히 공사 진행이 가능했다고 주장한다. 그러므로 2011. 9. 30.부터 2011. 12. 30.까지 90일간 무단으로 공사를 중단한 것은 설계도서의 문제가 아니라 피고가 원고의 공사비 미지급을 문제삼았기 때문이라는 것이다. 피고는 공사 중단 전·후 사정을 비추어 볼 때 당시 공사를 정상적으로 진행할 수 없었던 상태라는 것을 객관적으로 입증하기 위하여 감정을 신청하였다.

이 감정의 목적은 이 사건 공사의 중단 전후 사정(공사의 진척정도, 설계도면의 제공상태, 당사자 간 공문 등)에 비추어 볼 때 당시 원고가 변경안(28,000㎡)을 당초안(25,000㎡)으로 수정하여 공사를 계속할 수 있는 상황이었는지 여부(공사 중단의 귀책이 누구에게 있는 것으로 보아야 하는지 여부)를 객관적으로 밝히고자 하는 것이다.

1) 전제사실

가. 감정시점

이 사건의 감정시점은 공사중단 시작 시점인 2011. 9. 30.이다.

나. 관련법규

건축물의 면적을 25,000㎡에서 28,000㎡으로 확대하기 위해서는 건축법 제16조와 동법 시행령 제12조 제1항과 관련하여 허가사항을 변경하여야 하지만 인·허가 과정은 진행되지 않았다. 그럼에도 불구하고 지하구간의 공사는 가능하였으므로 당시 허가의 변경여부 자체는 공사 중단에 영향을 미치지 않았을 것으로 판단된다.

다. 설계도서 작성상태

감정인은 '변경안'에 대한 실시설계도면의 완성 여부를 조사하였다. 조사결과, 피고 측 주장대로 사업변경을 전제로 한 '변경안(28,000㎡)'의 건축, 토목, 기계, 전기, 설비 등 주요 도면은 완성된 상태였다. 당시 이 도면을 근거로 공사를 수행한 것이다. 반면 '당초안(25,000㎡)'은 계획도면 수준으로 건축, 토목, 기계, 전기, 설비 등의 주요 도면이 미완성된 상태였다. 실제 공사가 가능한 수준이 아니었다. 그러나 당초안이든 변경안이든 지하 굴착 구간은 동일하므로 감정시점의 골조 공사를 위한 실시설계도면은 모두 완성된 상태로 판단된다. 당초안과 변경안의 차이, 즉 증측구간 3,000㎡ 구간과 변경안 중에서도 실시설계도서가 미비한 부분은 공사를 수행할 수 없었다고 판단된다.

구분	내용	검토결과
설계도면 미확정	① 4층 슬래브 화장실, Core, EL 신설	평면미확정
	② 5층 슬래브 계단실 (X27~28/Y5~5.7, X27~28/Y7.5~8)	평면미확정
	③ 6층 슬래브 신설계단실 (#16, 16-2, 19, 20, 21: 5개소)	변경안 부분
	④ 7층 슬래브 (X24~26/Y6~8, X26~28/Y5~6)	변경안 부분
	⑤ 8층 슬래브(X25~26/Y5~8 및 신설계단, 실 5개소: #16, 16-2, 19, 20, 21)	변경안 부분
	⑥ B3층 5호선 연결통로(X17~19/Y0~1)	평면미확정
	⑦ 전층 Ex. Joint 시공 보류지시	도면미확정
	⑧ 5층 조적 평면 상세도: A-06-087	도면미확정
	⑨ B3~B1바닥, 벽돌나누기상세도: A-06-096	도면미확정
	⑩ 2~3층 방화문 상세도: A-06-099, 100	도면미확정

2) 감정결과

공사 중단 이전 진행된 공사기간의 작업일보(2010. 1. 2.~2011. 9. 30.) 분석결과, 지하층 및 지상층 일부 구간에 한해 골조공사는 일부 구간을 제외하고는 완료되었다. 조적 및 미장공사, 전기·기계설비공사 등 일부 공종은 공사가 가능했던 것으로 추정된다. 하지만 외관공사 등은 당시에도 일부 입·평면계획의 변경으로 인해 공사가 중단된 부분이 있음을 확인하였다.

이런 작업 현황과 인허가 상태, 실시설계도면의 완성도, 원·피고 측의 공문 수발신 자료 등을 종합할 때, 변경안(28,000㎡)에 대한 설계 변경 절차를 거치지 않았더라도 내부공사의 공정에는 큰 문제가 없었다고 판단된다. 하지만 일관성 있는 공사를 진행하기 위한 실시설계도면이 제대로 갖추어지지 않았고, 갖추어진 부분도 잦은 변경으로 인해 공사를 진행하는 데 상당한 지장이 초래된 것도 사실로 판단된다. 결론적으로 내부 구간의 부분적 공사는 가능하였을 것으로 보이나, 변경안(28,000㎡)에서 당초안(25,000㎡)으로 수정하여 공사를 시행하기에는 제반여건이 미흡했던 것으로 판단된다. 비율로 따진다면 전체공정 대비 약 80% 이상 공정의 수행이 불가능했던 것으로 추정된다. 구체적 내용은 〈표 10-6〉와 같다.

❖표 10-6 공사 가능 여부 평가표

구분	공사 중단 당시 공종별 현황	공사 가능 여부			비고
		가능	일부 가능	불가능	
작업공정	가설, 철근콘크리트공사		●		골프장 및 상징탑 등 평면미확정
	철골공사			●	
	데크플레이트공사			●	
	내화피복, 단열뿜칠공사		●		동절기 공사로 인한 일부 기간 작업 중단
	조적공사		●		
	방수공사	●			
	석공사			●	시공보류 및 창호 마감 미확정
	E.J공사, 창호공사, 잡철물 공사 등			●	
	미장공사	●			동절기공사
	수장 바닥재, 칸막이			●	평면(용도) 및 마감 미확정
	수장 천정공사		●		
	AL 외장판넬공사			●	
	기계공사	●			
	전기공사	●			

제11장

외국의 감정절차

외국의 감정절차

제11장

장기적인 측면에서 외국의 감정절차를 한 번 살펴볼 필요가 있다. 물론 문화적인 측면이나 법률 운영의 특성상 우리의 현실과는 다소 차이가 나는 부분도 있다. 하지만 과학적이고 올바른 감정제도에 대한 탐구차원에서 나름의 가치가 있을 것이다. 이런 생각에 터잡아 역사적으로나 실체적으로 감정절차가 잘 발달되어 있는 외국의 감정절차를 들여다보고자 한다.

Ⅰ 프랑스

1. 감정인제도 개요

프랑스 민사법원은 민사사건의 사실인정자로서 직업감정인을 활용함에 있어,[1] 우리의 법원감정인에 해당하는 'expertise judiciaire'라는 법원감정인 제도를 시행하고 있다. 여기서 "법원감정인(expertise judiciaire)"은 법원공무원이다. 이들은 기술적인 점을 명확하게 하고

---

1 Robert F. Taylor, A Comparative Study of Expert Testimony in France and the United States: Philosophical Underpinnings, History, Practice and Procedure, 31 Tex. Int'l. L. J., 190, 1996; 이규호, 민사소송법상 과학적 증거, 비교사법 제14권 제3호, 224면, 2007에서 재인용.

그에 대한 의견을 제시하기 위해 법원에 의해 임명된다.[2] 이들이 다루는 전문분야는 의학이나 건축 외에도 아주 다양하다.

프랑스는 전문분야 사건의 재판에서 감정인의 진술에 의존하는 오랜 전통을 가지고 있다.[3] 전문소송에서 전문가를 활용하게 된 배경을 살펴보면 프랑스혁명까지 거슬러 올라간다. 프랑스혁명은 프랑스법원에 많은 새로운 규칙을 제정하도록 자극했고, 전문가를 재판에 활용하는 제도로 발전하게 되었다. 동시에 전문가를 선택할 법원의 능력을 중요하게 여겨 판사에게 그의 결정에 대해 전문가의 보고서에 토대를 둘 수 있는 재량권을 부여했다. 이 원칙들은 1944년, 감정인이 법원의 조력자로서만 허용될 수 있는 취지로 개정될 때까지 거의 150년간 지켜지고 있다.[4]

프랑스에서 사실 상태를 확인하는 방법은 다음 세 가지 유형으로 나뉜다.

1) 확인

기술자(주로 집행관)가 행하는 사실상태의 '확인'은 서증과 감정 다음으로 자주 활용된다. 다투는 물건에 대한 사실상태는 인증의 진술이 아닌 확인에 의해서 증명되는 경우가 대부분이다. 확인이 자주 이용되는 사례로 불법점유자에 대한 가옥명도소송에서 가옥의 현상, 점유자 등에 관한 것을 들 수 있다. 확인은 사실 및 권리 귀결에 관한 모든 견해를 제거하고 순수한 소재적 확인으로서 성질을 갖는다는 전제로 판사의 판단 자료가 된다. 확인은 당사자가 판사의 결정을 통하지 않고 임의로 집행관에게 의뢰하여 행하는 경우와 증거조사를 명한 재판에서 행하여지는 경우, 두 가지로 나눌 수 있다. 확인결과가 기재된

---

2 앞의 논문, 229면.
3 앞의 논문, 224면.
4 앞의 논문, 225면.

집행관의 작성 조서는 신용도가 극히 높으며 'consta'라고 부른다.[5]

2) 자문

사실상태 확인의 두 번째 유형은 소위 '자문'이다. 자문은 단순한 사실인정 및 충분한 감정의 중간 단계에 속한다.[6] 법원은 재판절차 중 언제든지 자문을 명할 수 있다. 특징은 법원이 서면보고서를 제출하도록 전문가에게 요청할 수 있음에도 불구하고 전문가의 의견은 보통 구술로 이루어진다는 점이다.[7]

3) 감정

사실상태 확인의 세 번째 유형은 '감정'이다. 가장 핵심적인 방법이라고 할 수 있다. 프랑스 법원은 다소라도 전문적이고 복잡한 사항은 모두 감정대상으로 하고 있다. 예를 들면, 당사자 사이의 계속적 매매와 임대차관계가 쟁점인 경우에는 대량의 장부와 전표류 등의 서증에 대한 장부 감정이 행해진다. 프랑스에서의 감정은 판사가 감정인을 증거방법으로서 조사하는 절차라기보다는 감정인이 판사와 같은 입장에 서서 심리를 행하는 재판절차와 같은 양상을 띤다. 감정결과는 판결의 사실인정에 거의 그대로 채용된다.[8]

감정진행 절차에서 법원은 감정의 필요성 및 조사할 쟁점을 명백히 기술해야 한다.[9] 필요하다면 법원은 조사를 확대, 제한하거나 다시 명할 수 있다.[10] 법적으로 법원은 필요하다면 전문가를 조력해야 한다.[11] 또한 법원은 전문가와 협력하고 문서를 제공하고 전문가를 면담

---

5 座談會〉民事訴訟法の改正に向けて― 民事訴訟法改正要綱中間試案をめぐって, ジュ リスト(No.1229, 2002. 9. 1), 157면 ― 월간 법조 2003. 12., 302면, 주 19)에서 재인용.
6 이규호, 앞의 논문 주 265) 227면.
7 위의 논문, 227면.
8 위의 논문, 228면.
9 프랑스 민사소송법 제265조, 앞의 논문, 228면.
10 프랑스 민사소송법 제236조, 앞의 논문, 228면.
11 프랑스 민사소송법 제179조, 제236조, 제269조 및 제273조 내지 제275조(앞의 논문,

함으로써 당사자가 전문가를 조력하고 있다는 사실을 확인시켜 주어야 한다.[12] 이처럼 프랑스에서는 감정인과 법원이 함께 일할 것이 요구된다.[13] 소송당사자는 전문가의 조사에 조력하기 위한 최선의 노력을 제공해야 한다.[14] 여기에는 전문가의 질문에 대응하는 것을 포함한다.[15] 감정인은 법원이 정한 모든 기한을 준수하고 법원의 명령을 정확하게 따르고 모든 질문에 완벽하고 정확하게 답변할 의무가 있다.[16]

감정 시행 시 이 대심의 원칙을 지켜야 한다. 감정인의 면전기일은 쌍방 출석 하에 몇 차례 개최된다. 이 자리에서 각종 주장, 서증 등의 제출, 제3의 당사자로부터 사정 청취가 진행된다. 이외에 현물 검증도 이루어진다. 이 같은 절차가 완료되면 당사자가 의견을 제출하고 최종적으로 감정인이 감정보고서를 작성한다.

감정결과를 담은 서면보고서 형식에 대한 구체적인 법적 요건은 없지만 일반적으로 세 가지를 포함해야 한다. ① 전문가에 관련된 모든 이의 성명 및 주소, 법원이 전문가에게 내린 명령, 당사자의 회합기록 및 당사자가 행한 전문가에 대한 요청 및 의견의 사본을 포함해야 한다.[17] ② 전문가의 상세한 활동내역을 제공해야 한다.[18] ③ 전문가에게 제시된 모든 질문에 대한 답변을 포함한 전문가의 결론이 담겨야 한다. 또한 전문가는 질문에 대한 답변과 그에 대한 논거를 제시해야 한다.

2인 이상의 전문가가 참여하여 작성한 보고서는 그들의 의견에 대

228면에서 재인용).
12 프랑스 민사소송법 제275조 제2문, 앞의 논문, 228면에서 재인용.
13 앞의 논문, 228면.
14 프랑스 민사소송법 제11조, 앞의 논문, 228면에서 재인용.
15 앞의 논문, 228면.
16 프랑스 민사소송법 제265조 내지 제266조, 앞의 논문, 228면에서 재인용.
17 앞의 논문, 229면.
18 앞의 논문, 229면.

한 일치 여부를 기술해야 한다.[19] 이견이 있으면 불일치에 대한 논거를 기술하고 그 의견은 보고서에 첨부해야 한다.[20] 전문가의 보고서가 일단 법원에 제출되면 법원의 요청 없이는 그 내용은 변경될 수 없다.[21] 보고서는 공개되지 않고 공중이 열람할 수 없다.[22] 법원이 전문가를 선임하였음에도 불구하고, 법원이 결론을 내리는데 반드시 전문가의 의견을 수용해야 하는 것은 아니다.[23]

2. 감정인 선정절차

일단 재판에 전문가의 활용이 결정되면 법원은 해당 사건에 적합한 감정인을 찾기 위한 직무를 수행해야 한다. 소송 당사자 중 일인이 전문가 선임을 요청하는 신청을 제출하면, 법원은 구술변론을 청취하고 전문가를 선정하는 명령을 내려야 한다. 전문가는 다음 세 가지 중 하나의 방식으로 선정한다.[24]

첫째, 당사자는 법원에 특정한 사실을 확립하거나 보전하기 위하여 전문가를 선임해 줄 것을 요청할 수 있다.

둘째, 법원은 직권으로 전문가를 선임할 수 있다.

셋째, 법원은 법률에 의하여 전문가를 선임하도록 강제할 수 있다. 전문가의 선임은 법원의 재량사항으로, 전문가를 선임할지 여부에 관한 법원의 결정은 종국판결이 선고되기 전까지는 불복의 대상이 될 수 없다.

법원에서 활용 가능한 전문가 명단은 지역적인 명단과 전국적인 명

---

19 프랑스 민사소송법 제282조, 앞의 논문, 230면에서 재인용.
20 앞의 논문, 230면.
21 앞의 논문, 230면.
22 T.G.I Montpellier, Dec. 23, 1959, Gaz. Pal., 21, pan. jurispr, 1959, 앞의 논문, 230면 재인용.
23 프랑스 민사소송법 제246조, 앞의 논문, 230면에서 재인용.
24 앞의 논문, 225면.

단 두 가지로 나눠진다. 지방의 법원에 등재된 전문가가 전국적인 전문가 명단에 등재되기 위해서는 우선 각 지역 항소법원의 전문가 명단에 3년 동안 등재를 유지해야 한다. 그리고 5년의 전문가 경력이 있어야 한다.[25] 이를 만족하면 대법원에 전국적 명단 등재를 신청할 수 있다. 이후 심사를 거쳐 비로소 전국적 명단에 등재된다.[26]

Ⅱ 독일

1. 감정인제도 개요

독일의 법원은 재판에 필요한 전문지식을 갖추지 못한 경우 증거방법으로서 법원감정인(gerichtlicher Sachverstaendiger)에 의한 감정절차를 채택하고 있다. 독일에서 전문가에 의한 증거방법의 개념이 정착된 시기는 19세기 중반까지 거슬러 올라간다.[27] 법원감정인으로 선정되기 위해서는 먼저 법원의 감정위탁이 있어야 한다. 법원감정인이라는 개념은 감정인이 법원이나 법원과 동일시되는 자에 의하여 위임을 받았는지 여부가 결정한다. 대립적인 소송절차에서 선임된 감정인뿐만 아니라 비대립적인 강제집행절차나 수용절차에서 선임된 감정인도 법원의 감정위탁을 받았다면 법원감정인이라고 할 수 있다.[28]

---

25 앞의 논문, 226면.
26 프랑스 대법원〈http://www.courdecassation.fr〉, 프랑스 대법원의 웹사이트에는 전국 감정인 등재절차와 명단이 게시되어 있다. 또한 전문가 협회(C.N.C.E.J 1931년 창설)〈http://www.cncej.org〉도 웹사이트를 통해 전국적 단위로 전문가 정보를 제공하고 있어 건설 분쟁과 관련한 전문가들을 손쉽게 파악할 수 있다.
27 1847년의 하노버 소송법은 19세기 중반까지 가장 중요한 보통소송법전이었다. 동법 제132조는 증인증거에 관한 규정들을 준용했는데, 이는 감정인의 감정을 평가하는 결과를 초래했다. 동법 제133조 제1항에 따르면 다수의 감정인에게 감정을 구하는 경우에 법원은 감정인의 다수의견에 법률적으로 구속되었다. 이 규정은 보통소송법상 법정증거주의를 표현한 것이라고 할 수 있다. 이창현, 독일민법상 법원감정인의 책임에 관한 연구, 서울대학교, 석사학위논문, 23면, 2005.
28 앞의 논문, 4면.

감정 진행절차는 ① 주요 기일에 감정인을 출석시켜서 당사자 본인으로부터 사정을 듣거나 증인신문 시 감정인이 직접 질문하는 것을 허용하고 그 결과에 기초하여 법정에서 구술 감정결과를 진술시키는 방법, ② 주요 기일 전에 사실상 감정인을 쌍방 당사자와 함께 현지에 보내서 상황을 보게 하는 방법, ③ 주요 기일 자체를 감정인 참석 하에 현지에서 행하고 증인 신문을 실시하는 방법 등이 주로 채택된다.[29]

법원감정인은 법원에 의해 선임된 자연인이다. 법원감정인에게는 구체적 사실관계 인식을 위한 특별한 지식이 요구된다.[30] 법원감정인 또한 감정증인과 달리 당사자들에 의하여 기피될 수 있고 선서에 관한 규율이 적용된다. 이외에도 자연인이 아닌 보건소, 산업회의소, 상공회의소, 영업감찰당국, 토지시가조사권한이 있는 주의감정인위원회 등 공공기관이 수행하는 '관청감정'제도가 있다.[31]

법원감정인에게는 그에 상응하는 보수청구권이 주어지는데 구법인 ZSEG에 따르면 감정인의 보수는 시간당 25유로(Eur)에서 52유로(Eur)를 한도로 하여 책정(ZSEG 제3조 제2항)되어 있다. 신법인 JVEG에 따르면 법원감정인의 보수는 감정료, 출장비, 기타 비용으로 구성되는데(JVEG 제8조 제1항), JVEG 제9조에 따르면 감정영역과 감정대상에 따라 정해진 금액에 필요한 시간을 곱하여 감정료(Honorar)를 산정한다.[32]

---

29 법원행정처, "외국의 민사소송", 법원행정처, 70면, 1996.

30 Eickmeier, Die Haftung des gerichtlichen Sachverständigen für Vermögensschüden; 이창현, 앞의 논문 주 291), 4면에서 재인용.

31 독일은 법원감정인과 감정증인을 따로 구별하고 있다. 감정증인은 특정한 학식과 경험을 기초로 하여 얻은 사실을 보고하는 측면에서 법원감정인과 유사하지만 법원이 감정을 위탁하지는 않는다는 차이점이 있다. 위의 논문, 5면에서 재인용.

32 위의 논문, 17면.

2. 감정인 선정절차

독일법에서는[33] 민사소송법이나 형사소송법 규정을 준용하여 법원 감정인의 선임에 대한 법적 근거, 감정인 선임을 위한 절차를 진행하고 있다. 감정인이 되기 위해서는 우선 감정인 명단에 등재되어야 하는데, 이 과정에서 광범위한 심사절차를 거쳐 인증을 받아야 한다. 감정인 등재 이후에도 지속적으로 공인된 인증을 요한다. 적정 기준에 미치지 못할 경우 명단에서 제외된다.[34] 독일법원의 감정인 명단은 연방법률 공보에 근거해 공개된다.

민사소송법에 의한 감정증거는 주로 제402조 내지 제414조에서 규율된다. 여기서 달리 정함이 없는 것은 증인에 관한 규정이 준용될 수 있다.[35] 법원감정인은 모든 자연인이 대상이 될 수 있지만 모든 사람에게 법원감정인으로 활동할 의무가 있는 것은 아니다. 해당 분야의 전문지식과 기술력을 보유한 사람을 법원감정인으로 선임하여 증거결정이나 증거명령이라는 법원의 명령에 기하여 감정활동을 수행하도록 하고 있다.[36]

---

33 Jessnitzer/Ulrich, Rdn, 3, 앞의 논문, 8면에서 재인용.

34 독일에는 법원감정인과 관련하여 공개적 인증과 선서자격을 갖춘 전문가연방협회인 BVS, 독일 전문가 및 평가자연방협회 BDSF와 전문가의 이익을 대변하는 전문가 및 컨설턴트 그룹인 SPA와 같은 세 개의 대표적인 전문협회가 있다. 이런 협회에 가입하기 위해서는 적정한 인증기준을 만족시켜야 한다. 유럽권은 ISO17024dp 의해 EU공인 전문가를 인증하고 있다. 공인 전문가는 자신의 개인 능력과 전문 자격 및 관련 전문 경력을 정기적으로 모니터링하고 인증기관에 의해 인증을 받고 있다. 통상 인증서의 유효 기간은 5년으로 그 이후에는 다시 자신의 경력을 제출하여 인증을 갱신해야 한다. 이는 국제 표준 EN 45013 또는 ISO/IEC 17024에 근거하기 때문에 유럽과 전세계에서 인정하는 공인 전문가로서 자격이라고 할 수 있다. 유로권 전역을 대상으로 하는 전문가협회(http://www.experts-institute.eu)도 결성되어 있다. 이 협회는 유럽연합을 대상으로 전문가를 지원하고 전문가 명단을 제공하는 것을 목적으로 2006년 11월에 만들어졌다. 이런 점을 국내의 감정인제도와 비교해 보면 유로권 전체에 전문가에 대한 인식이 상당히 높게 평가되고 있다는 사실을 알 수 있다. 이들의 활동은 상당한 역사를 가지고 있고 체계를 갖추고 있어 사회전반에 깊은 영향을 미치고 있다.

35 이창현, 앞의 논문 주 291) 9면.

36 독일 민사소송법 제407조는 다음과 같이 감정인의 위무를 규정하고 있다.
"① 감정인에 선임된 자는 그가 필요한 종류의 감정을 위하여 공적으로 선임된 때에

독일 민사소송법은 법원감정인에게 법원의 위탁을 타인에게 이전할 권한이 없음을 명확히 규정하고 있다(ZPO 제407조의a).[37] 불가피하게 특정 업무에 보조자를 활용하는 경우, 보조자의 이름과 업무의 범위를 감정서에 명시하여야 한다. 법원이 감정인의 전문지식을 고려하여 법원감정인을 선임하였으므로 해당 법원감정인이 직접 감정을 수행해야 한다는 내용이다. 이처럼 감정을 타인에게 이전하는 행위를 강력하게 규제하는 이유는 감정위탁의 이전을 허용하면 법원에 의한 선임독점권이 와해되기 때문이다.[38]

독일 감정제도의 가장 큰 특징은 민법에서 법원감정인에 대해 고의나 중과실에 의한 손해배상책임을 규정하고 법원감정인의 책임을 엄중하게 묻고 있다는 점이다(BGB 제839조의a).[39] BGB 제839조의a 제1항에 의하면 법원 감정인은 고의 또는 중과실로 인해 부정확하게 작성된 감정결과를 원용한 법원의 재판으로 인하여 절차관계자에게 발생한 손해에 대해 배상책임을 져야한다.[40]

나 감정의 전제가 되는 지식을 주는 학문·기예 내지는 영업을 공적으로 행할 때 또는 그가 이들 업무를 행하도록 공적으로 임명받았거나 수권을 받은 때에는 감정을 할 의무를 진다.

② 법원에서 감정을 승낙한 자도 감정을 할 의무를 진다(앞의 논문, 12면에서 재인용).

37 독일 민사소송법 제407조의a의 내용은 다음과 같다.

① 감정인은 지체 없이 법원의 위탁이 자신의 전문분야에 속하는 것인지, 다른 감정인을 동원하지 않고도 일을 처리할 수 있는지를 조사해야 한다. 이에 해당하지 않는다면 감정인은 지체없이 법원에 이를 알려야 한다.

② 감정인은 법원의 위탁을 타인에게 이전할 권한이 없다. 보조가 부수적인 의미를 갖는 정도가 아니라면 보조자를 사용하는 경우 이름과 업무의 범위를 명시해야 한다.

③ 위탁의 내용과 범위에 대하여 의문이 있으면, 감정인은 법원을 통하여 이를 해소해야 한다. 소가에 현저하게 비례하지 않거나 예납된 비용을 현저하게 초과하는 비용이 발생할 것으로 보이는 경우에 감정인은 이를 적시에 알려야 한다.

④ 감정인은 법원의 요구에 의해 지체 없이 소송기록과 감정을 위하여 참고한 자료를 교부하고 감정결과를 통보해야 한다, 감정인이 이를 이행하지 않는 경우에 법원은 반환을 명할 수 있다.

⑤ 법원은 감정인에게 의무사항을 환기시켜야 한다(앞의 논문, 20면에서 재인용).

38 Bleutge, NJW 1185, 1186; Thole, 110, 1985; 앞의 논문, 125면에서 재인용.

39 앞의 논문, 71면.

40 앞의 논문, 77면.

Ⅲ 일본

1. 건설감정인제도 개요

일본은 우리나라와 유사하게 당사자 청원에 의한 감정절차를 채택하고 있다. 하지만 2001년도에 건설분야 감정절차를 크게 바꾸었기 때문에 건설사건의 감정인을 선정하는 구체적 방식은 우리와 다르다. 당시 일본의 법원에 제기된 문제점은 건축기준법의 개정과 주택품질확보법의 제정으로 인한 법적 환경의 변화에 따라 갈수록 건축 분쟁이 복잡해지는데도 불구하고 감정 전문가를 신속하고 체계적으로 공급하지 못한다는 것이었다. 감정인 선정에 과다한 시간이 소요되는 것도 문제였다. 이런 난제를 해결하기 위해 건축계에서 감정제도에 대한 개선안을 제안하게 되었다. 분쟁을 조기에 해결하면서, 신속하게 전문 지식을 제공하고, 동시에 소송 과정에서 파악되는 건축 분쟁의 원인이나 각종 기술적 정보를 건축관계자에게 환원하여 분쟁을 미연에 방지하자는 의견이 제시되었다.

최고재판부는 이런 개선안을 바탕으로 2000년 10월 건축관계자와 협의를 실시하게 된다. 이때 중립적인 위원회를 설치하고 그 위원회를 통해 감정인 후보자를 추천받자는 제안이 있었다. 2001년 6월에는 정부의 사법제도 개혁심의회에서 전문 지식을 요하는 소송의 충실과 신속화를 도모하기 위해서는 감정인 선임 과정을 원활히 해야 한다는 개선안이 또 다시 제기되었다.[41]

이런 논의를 거쳐 2001년 7월, 최고재판부는 건축학계 및 법조계 지식인과 일반 지식인으로 구성된 건축관계소송위원회를 설치하였다.[42]

---

41 일본 최고재판부, 건축관계소송위원회〈http://www.courts.go.jp/saikosai/iinkai/kentikukankei/index.html〉

42 일본의 동경지방재판부 건축관계소송위원회는 감정서의 질을 높이고 감정인에게 필요한 정보를 제공하기 위한 자료로서 '건설감정의 안내(建築鑑定の 手引き)'라는 책

이로써 감정인 후보자를 조기에 선정하고, 각계 지식인을 대상으로 건축 분쟁 사건에 대해 다양한 의견을 개진받을 수 있는 체계가 구성되었다. 건축관계소송위원회의 활동은 성과가 뛰어나 긍정적인 평가를 받고 있다.[43]

2. 감정인 선정절차

감정인 후보자의 선정 작업은 지방·고등·간이 재판부 등에서 건축관계소송위원회 사무국(최고재판부 민사국)에 추천을 의뢰하면 건축관계소송위원회 사무국에서 일본건축학회의 '사법지원건축회의'[44]에 추천을 요청하는 방식으로 진행된다.

'사법지원건축회의'는 법원으로부터 감정인 후보자 추천 의뢰가 오면 지역 건축사 및 대학 연구자로 구성된 감정인 명단에서 감정사항에 맞는 전문분야 건축사를 추천하고 있다. 일본건축학회는 건설감정인 선정에 필요한 인재의 제공에만 머물지 않고 각종 분쟁의 기술적 분석과 감정사례를 담은 '건축분쟁가이드'를 발간하여 분쟁을 예방하기 위한 노력도 기울이고 있다.[45]

자를 만들어 감정인들에게 배포하고 있다.

건설감정의 안내는 감정인이 감정을 맡은 후 생기는 여러 실무상의 의문점에 대하여, 감정경험을 가진 건축 전문가에게 앙케이트를 시행하고 거기서 문제점으로 지적된 사항에 대해 알기 쉬운 해설을 붙인 것이다. 감정인의 업무 부담을 덜고 감정 업무에 전념할 수 있도록 감정 환경을 정비하기 위한 것이다. 이 자료는 감정의 직무를 비롯한 31개항의 Q&A형식의 설명서와 더불어 민사소송의 절차와 감정 사례와 서식을 제공하여 감정의 전반적인 이해를 돕고 실무적으로도 감정서를 정확하고 충실하게 작성하기 위해 참고할 수 있는 감정 매뉴얼이라고 할 수 있다.

43 윤재윤, 앞의 책 주 12) 712면.
44 이 회의는 건축학회 회장 직속 회의체로 건축관계 소송에 대해 엄정하고 중립적인 입장에서 법원에 대한 지원 및 법원의 협력 하에 재판 판례 등 건축 분쟁 정보 조사·분석을 실시하여 건축 학술·기술·예술 발전에 기여하는 것을 목적으로 하고 있다. 감정인 등 후보자의 선정에 관한 실무 작업도 '사법지원건축회의'로 위임되어 있다.
45 建築紛爭ハンドブック, 日本建築學會, 2010.

그림 11-1   일본의 사법지원구상 개념도

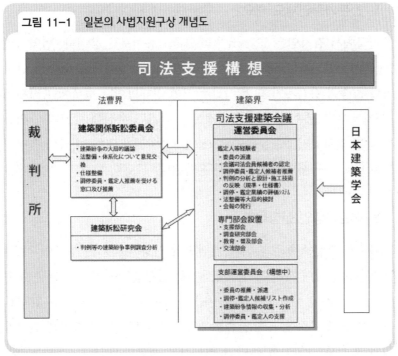

司 法 支 援 構 想

http://www.courts.go.jp/saikosai/iinkai/에서 인용

Ⅳ 미국

미국법제는 법원에 의해 선임된 감정인에 의해 감정이 이루어지는 직권진행주의를 취한 우리 법제와는 달리 당사자진행주의를 채택하고 있다. 민사소송절차에서 각 당사자의 책임 아래 전문가의 의견을 법정에 증거자료로 제출하고, 법원은 전문가 의견의 신빙성만을 심사하는 구조라고 할 수 있다.[46]

---

46 박형남, "감정준비작업에서 당사자의 협력의무 및 감정결과의 평가", 민사재판의 제문제(11권), 민사실무연구회, 1030면, 2008.

1. 전문가증인제도 개요

미국에서 감정인은 "Expert Witness"란 용어로 통용된다. 번역하면 "전문가증인"이라는 뜻이다.[47] 미국 민사소송절차에는 소송의 당사자나 소송의 당사자가 되려고 하는 자가 상대방이나 경우에 따라서는 제3자로부터 소송에 관계되는 정보를 얻거나 사실을 밝혀내기 위한 기일 전 절차로서 Discovery제도(증거개시제도)가 있다. 미국의 감정제도는 Discovery제도의 틀 속에서 운영된다.

2. 전문가증인 선정절차

미국의 전문소송은 법원과 배심원의 인정만 받으면 쌍방이 각 전문가를 고용하여 서로 각자에게 유리한 감정결과를 증거로 제출할 수 있다. 법원은 전문가증인 신문 등을 통하여 보다 신뢰성 있는 감정결과를 사실로 확정한다.[48] 건축분야의 예를 들면 전문가증인은 건설과정의 제반문제와 법적 측면의 전문가를 뜻한다. 이들은 건축분쟁과 관련한 조사, 각종 결함, 열화 등에 대한 조사보고와 증언, 자문을 수행한다.

당사자주의에 철저한 미연방 민사소송절차는 건설, 신체, 측량감정 등이 각 당사자의 책임 아래 이루어진다. 이후 그 감정결과만이 법정에 증거로 현출되고 법원은 감정증인 신문 등을 통하여 보다 신뢰성 있는 감정결과에 따라 사실을 확정한다. 법원은 단지 그 감정의 신빙성만을 판단하는 것이다. 대부분의 경우 당사자 쌍방은 각자 전문가를 고용하여 서로 각자에게 유리한 감정결과를 증거로 제출한다. 하지만 전문가증인이 성공보수의 형식으로 고용되는 경우가 많고, 소송

---

47 이규호, 앞의 논문 주 265) 200면.
48 현락희, "민사소송에 있어 증거수집절차의 확충에 관한 연구", 연세대학교 대학원, 석사학위논문, 45면, 2009.

에서의 증언으로 생계를 유지하는 자도 적지 않기에 변호사의 주장에 맞추어 증언을 하게 될 위험이 높다는 비판도 있다.[49]

전문가의 증언은 반드시 공개된다. 따라서 각 당사자는 상대방에게 변론기일에 출석할 전문가증인(Expert Witness)의 신원을 공개해야 한다.[50] 법원의 다른 명령이나 당사자의 다른 합의가 없는 한, 각 당사자는 전문가증인의 감정결과에 관한 설명서(위 전문가증인이 작성, 서명할 것)를 제출해야 한다.[51] 양 당사자 간 다른 약정이나 법원의 명령이 없으면 늦어도 변론(Trial)개시 90일 전까지 이를 공개해야 한다.[52]

그러나 예외적으로 다른 방법으로는 그 주제에 관한 사실이나 의견을 파악하는 것이 불가능하다는 것을 소명한 경우 이외에는 질문서나 증언조서 등을 통하여 그 전문가가 알게 된 사실이나 취득하게 된 의견을 밝힐 것을 요구할 수 없다[53]는 제한적 규정도 있다. 감정을 의뢰한 당사자에게 불리한 감정결과가 나온 경우, Discovery를 통하여 상대방이 이를 알 수 있게 된다면 상대방은 반대 당사자의 비용으로 자신에게 유리한 자료를 손쉽게 마련할 수 있는 불합리한 경우가 생기므로 위와 같은 규정이 요구되는 것이다.[54]

이처럼 미국의 감정제도는 프랑스나 독일과는 달리 당사자 쌍방이 각각 전문가를 고용하여 감정결과를 제출하여 법정에서 그 결과를 다투기 때문에 어떻게 우수한 전문가를 섭외하는 지가 가장 중요한 핵심 이슈라고 할 수 있다.[55]

---

49 椎橋邦雄, "アメリカ民事訴訟法における專門家証人の適格", 「民事訴訟制度の一側面」, 生文堂, 232면, 平成11年; 김주, '감정에 관한 소고', 한중법학회, 중국법연구 제6집, 338면, 2006에서 재인용.
50 연방민사소송규칙 제26조(a)(2)(A), 현락희, 앞의 논문 주 312) 40면에서 재인용.
51 연방민사소송규칙 제26조(a)(2)(B), 위의 논문, 40면에서 재인용.
52 연방민사소송규칙 제26조 (a)(2)(C), 위의 논문, 40면에서 재인용.
53 위의 논문, 45면.
54 위의 논문, 46면.
55 미국의 전문가증인 선정을 지원하는 웹사이트 〈http://www.forensisgroup.com〉을 살펴보면 미국 전역의 전문가증인을 쉽게 조회할 수 있다.

구분		감정인 등재			감정인 명단 공개			감정인 선정			감정 결과
		법원 심사	제3 기구	무심 사	공개	비공 개	없음	법원 직권	제3 기구	당사 자	
한국	감정인			●		●		●			비공개
일본	鑑定人		●		●				●		비공개
독일	Sachver-staendiger	●			●			●			비공개
프랑스	Expertise	●			●			●			비공개
미국	Expert Witness			●			●			●	공개

부　　록

I 각종 표준계약서

1 민간건설공사 표준도급계약서

(국토해양부고시 제2019-220호)

1. 공 사 명 :

2. 공사장소 :

3. 착공년월일 :　　　년　　　월　　　일

4. 준공예정년월일 :　　　년　　　월　　　일

5. 계약금액 : 일금　　　　　　원정 (부가가치세 포함)

　　(노무비1) : 일금　　　　　원정, 부가가치세 일금　　　　　원정)

　　　1) 건설산업기본법 제88조제2항, 동시행령 제84제1항 규정에 의하여 산출한 노임

6. 계약보증금 : 일금　　　　　　원정

7. 선　　금 : 일금　　　　　원정(계약 체결 후 00일 이내 지급)

8. 기성부분금 : (　)월에 1회

9. 지급자재의 품목 및 수량

10. 하자담보책임(복합공종인 경우 공종별로 구분 기재)

공종	공종별계약금액	하자보수보증금율(%) 및 금액		하자담보책임기간
		(　)%	원정	
		(　)%	원정	
		(　)%	원정	

11. 지체상금율 :

12. 대가지급 지연 이자율 :

13. 기타사항 :

　"도급인"과 "수급인"은 합의에 따라 붙임의 계약문서에 의하여 계약을 체결하고, 신의에 따라 성실히 계약상의 의무를 이행할 것을 확약하며, 이 계약의 증거로서 계약문서를 2통 작성하여 각 1통씩 보관한다.

　붙임서류 : 1. 민간건설공사 도급계약 일반조건 1부

　　　　　　 2. 공사계약특수조건 1부

부록

3. 설계서 및 산출내역서 1부

년　월　일

도 급 인　　　　　　　　수 급 인

주소　　　　　　　　　　주소

성명　　　(인)　　　　성명　　　　(인)

민간건설공사 표준도급계약 일반조건

제1조(총칙) "도급인"과 "수급인"은 대등한 입장에서 서로 협력하여 신의에
따라 성실히 계약을 이행한다.

제2조(정의) 이 조건에서 사용하는 용어의 정의는 다음과 같다.

1. "도급인"이라 함은 건설공사를 건설업자에게 도급하는 자를 말한다.

2. "도급"이라 함은 당사자 일방이 건설공사를 완성할 것으로 약정하고, 상
대방이 그 일의 결과에 대하여 대가를 지급할 것을 약정하는 계약을 말
한다.

3. "수급인"이라 함은 "도급인"으로부터 건설공사를 도급받는 건설업자를
말한다.

4. "하도급"이라 함은 도급받은 건설공사의 전부 또는 일부를 다시 도급하
기 위하여 "수급인"이 제3자와 체결하는 계약을 말한다.

5. "하수급인"이라 함은 "수급인"으로부터 건설공사를 하도급받은 자를 말
한다.

6. "설계서"라 함은 공사시방서, 설계도면(물량내역서를 작성한 경우 이를
포함한다) 및 현장설명서를 말한다.

7. "물량내역서"라 함은 공종별 목적물을 구성하는 품목 또는 비목과 동 품
목 또는 비목의 규격 · 수량 · 단위 등이 표시된 내역서를 말한다.

8. "산출내역서"라 함은 물량내역서에 "수급인"이 단가를 기재하여 "도급
인"에게 제출한 내역서를 말한다.

제3조(계약문서) ① 계약문서는 민간건설공사 도급계약서, 민간건설공사 도
급계약 일반조건, 공사계약특수조건, 설계서 및 산출내역서로 구성되며,

상호 보완의 효력을 가진다.

② 이 조건이 정하는 바에 의하여 계약당사자간에 행한 통지문서 등은 계약문서로서의 효력을 가진다.

③ 이 계약조건 외에 당사자 일방에게 현저하게 불공정한 경우로서 다음 각 호의 어느 하나에 해당하는 특약은 그 부분에 한하여 무효로 한다.

1. 계약체결 이후 설계변경, 경제상황의 변동에 따라 발생하는 계약금액의 변경을 상당한 이유 없이 인정하지 아니하거나 그 부담을 상대방에게 전가하는 특약

2. 계약체결 이후 공사내용의 변경에 따른 계약기간의 변경을 상당한 이유 없이 인정하지 아니하거나 그 부담을 상대방에게 전가하는 특약

3. 본 계약의 형태와 공사내용 등 제반사정에 비추어 계약체결 당시 예상하기 어려운 내용에 대하여 상대방에게 책임을 전가하는 특약

4. 계약내용에 대하여 구체적인 정함이 없거나 당사자 간 이견이 있을 경우 그 처리방법 등을 일방의 의사에 따르도록 함으로써 상대방의 정당한 이익을 침해하는 특약

5. 계약불이행에 따른 당사자의 손해배상책임을 과도하게 경감하거나 가중하여 정함으로써 상대방의 정당한 이익을 침해하는 특약

6. 「민법」등 관계 법령에서 인정하고 있는 상대방의 권리를 상당한 이유 없이 배제하거나 제한하는 특약

제4조(계약보증금 등) ① "수급인"은 계약상의 의무이행을 보증하기 위해 계약서에서 정한 계약보증금을 계약체결전까지 "도급인"에게 현금 등으로 납부하여야 한다. 다만, "도급인"과 "수급인"이 합의에 의하여 계약보증금을 납부하지 아니하기로 약정한 경우에는 그러하지 아니하다.

② 제1항의 계약보증금은 다음 각 호의 기관이 발행한 보증서로 납부할 수 있다.

1. 건설산업기본법 제54조 제1항의 규정에 의한 각 공제조합 발행 보증서

2. 보증보험회사, 신용보증기금 등 이와 동등한 기관이 발행하는 보증서

3. 금융기관의 지급보증서 또는 예금증서

4. 국채 또는 지방채

부록

③ "수급인"은 제21조부터 제23조의 규정에 의하여 계약금액이 증액된 경우에는 이에 상응하는 금액의 보증금을 제1항 및 제2항의 규정에 따라 추가 납부하여야 하며, 계약금액이 감액된 경우에는 "도급인"은 이에 상응하는 금액의 계약보증금을 "수급인"에게 반환하여야 한다.

④ 제3항에 따라 "수급인"이 계약의 이행을 보증하는 때에는 "도급인"에게 공사대금 지급의 보증 또는 담보를 요구할 수 있으며, "도급인"이 "수급인"의 요구에 따르지 아니한 때에는 "수급인"은 15일 이내 "도급인"에게 그 이행을 최고하고 공사의 시공을 중지할 수 있다.

제5조(계약보증금의 처리) ① 제34조제1항 각 호의 사유로 계약이 해제 또는 해지된 경우 제4조의 규정에 의하여 납부된 계약보증금은 "도급인"에게 귀속한다. 이 경우 계약의 해제 또는 해지에 따른 손해배상액이 계약보증금을 초과한 경우에는 그 초과분에 대한 손해배상을 청구할 수 있다.

② "도급인"은 제35조제1항 각 호의 사유로 계약이 해제 또는 해지되거나 계약의 이행이 완료된 때에는 제4조의 규정에 의하여 납부된 계약보증금을 지체없이 "수급인"에게 반환하여야 한다.

제6조(공사감독원) ① "도급인"은 계약의 적정한 이행을 확보하기 위하여 스스로 이를 감독하거나 자신을 대리하여 다음 각 호의 사항을 행하는 자(이하 '공사감독원'이라 한다)를 선임할 수 있다.

1. 시공일반에 대하여 감독하고 입회하는 일
2. 계약이행에 있어서 "수급인"에 대한 지시·승낙 또는 협의하는 일
3. 공사의 재료와 시공에 대한 검사 또는 시험에 입회하는 일
4. 공사의 기성부분 검사, 준공검사 또는 공사목적물의 인도에 입회하는 일
5. 기타 공사감독에 관하여 "도급인"이 위임하는 일

② "도급인"은 제1항의 규정에 의하여 공사감독원을 선임한 때에는 그 사실을 즉시 "수급인"에게 통지하여야 한다.

③ "수급인"은 공사감독원의 감독 또는 지시사항이 공사수행에 현저히 부당하다고 인정할 때에는 "도급인"에게 그 사유를 명시하여 필요한 조치를 요구할 수 있다.

제7조(현장대리인의 배치) ① "수급인"은 착공전에 건설산업기본법령에서

정한 바에 따라 당해공사의 주된 공종에 상응하는 건설기술자를 현장에
배치하고, 그중 1인을 현장대리인으로 선임한 후 "도급인"에게 통지하여
야 한다.

② 제1항의 현장대리인은 법령의 규정 또는 "도급인"이 동의한 경우를 제외
하고는 현장에 상주하여 시공에 관한 일체의 사항에 대하여 "수급인"을
대리하며, 도급받은 공사의 시공관리 기타 기술상의 관리를 담당한다.

제8조(공사현장 근로자) ① "수급인"은 해당 공사의 시공 또는 관리에 필요한
기술과 인력을 가진 근로자를 채용하여야 하며 근로자의 행위에 대하여
사용자로서의 모든 책임을 진다.

② "수급인"이 채용한 근로자에 대하여 "도급인"이 해당 계약의 시공 또는
관리상 현저히 부적당하다고 인정하여 교체를 요구한 때에는 정당한 사
유가 없는 한 즉시 교체하여야 한다.

③ "수급인"은 제2항에 의하여 교체된 근로자를 "도급인"의 동의 없이 해
당 공사를 위해 다시 채용할 수 없다.

제9조(착공신고 및 공정보고) ① "수급인"은 계약서에서 정한 바에 따라 착공
하여야 하며, 착공 시에는 다음 각 호의 서류가 포함된 착공신고서를 "도
급인"에게 제출하여야 한다.

1. 건설산업기본법령에 의하여 배치하는 건설기술자 지정서

2. 공사예정공정표

3. 공사비 산출내역서 (단, 계약체결시 산출내역서를 제출하고 계약금액을
정한 경우를 제외한다)

4. 공정별 인력 및 장비 투입 계획서

5. 기타 "도급인"이 지정한 사항

② "수급인"은 계약의 이행중에 제1항의 규정에 의하여 제출한 서류의 변
경이 필요한 때에는 관련서류를 변경하여 제출하여야 한다.

③ "도급인"은 제1항 및 제2항의 규정에 의하여 제출된 서류의 내용을 조
정할 필요가 있다고 인정하는 때에는 "수급인"에게 이의 조정을 요구할
수 있다.

④ "도급인"은 "수급인"이 월별로 수행한 공사에 대하여 다음 각 호의 사항

을 명백히 하여 익월 14일까지 제출하도록 요청할 수 있으며, "수급인"
은 이에 응하여야 한다.

1. 월별 공정률 및 수행공사금액

2. 인력 · 장비 및 자재현황

3. 계약사항의 변경 및 계약금액의 조정내용

제10조(공사기간) ① 공사착공일과 준공일은 계약서에 명시된 일자로 한다.

② "수급인"의 귀책사유 없이 공사착공일에 착공할 수 없는 경우에는 "수
급인"의 현장인수일자를 착공일로 하며, 이 경우 "수급인"은 공사기간
의 연장을 요구할 수 있다.

③ 준공일은 "수급인"이 건설공사를 완성하고 "도급인"에게 서면으로 준공
검사를 요청한 날을 말한다. 다만, 제27조의 규정에 의하여 준공검사에
합격한 경우에 한 한다.

제11조(선금) ① "도급인"은 계약서에서 정한 바에 따라 "수급인"에게 선금을
지급하여야 하며, "도급인"이 선금 지급시 보증서 제출을 요구하는 경우
"수급인"은 제4조 제2항 각 호의 보증기관이 발행한 보증서를 제출하여야
한다.

② 제1항에 의한 선금지급은 "수급인"의 청구를 받은 날부터 14일이내에
지급하여야 한다. 다만, 자금사정등 불가피한 사유로 인하여 지급이 불
가능한 경우 그 사유 및 지급시기를 "수급인"에게 서면으로 통지한 때
에는 그러하지 아니하다.

③ "수급인"은 선금을 계약목적달성을 위한 용도이외의 타 목적에 사용할
수 없으며, 노임지급 및 자재확보에 우선 사용하여야 한다.

④ 선금은 기성부분에 대한 대가를 지급할 때마다 다음 방식에 의하여 산
출한 금액을 정산한다.

$$선금정산액 = 선금액 \times \frac{기성부분의\ 대가}{계약금액}$$

⑤ "도급인"은 선금을 지급한 경우 다음 각 호의 1에 해당하는 경우에는 당
해 선금잔액에 대하여 반환을 청구할 수 있다.

1. 계약을 해제 또는 해지하는 경우

2. 선금지급조건을 위반한 경우

⑥ "도급인"은 제5항의 규정에 의한 반환청구시 기성부분에 대한 미지급금
액이 있는 경우에는 선금잔액을 그 미지급금액에 우선적으로 충당하여
야 한다.

제12조(자재의 검사 등) ① 공사에 사용할 재료는 신품이어야 하며, 품질·품
명 등은 설계도서와 일치하여야 한다. 다만, 설계도서에 품질·품명 등이
명확히 규정되지 아니한 것은 표준품 또는 표준품에 상당하는 재료로서
계약의 목적을 달성하는데 가장 적합한 것이어야 한다.

② 공사에 사용할 자재중에서 "도급인"이 품목을 지정하여 검사를 요구하
는 경우에는 "수급인"은 사용전에 "도급인"의 검사를 받아야 하며, 설계
도서와 상이하거나 품질이 현저히 저하되어 불합격된 자재는 즉시 대체
하여 다시 검사를 받아야 한다.

③ 제2항의 검사에 이의가 있을 경우 "수급인"은 "도급인"에게 재검사를
요구할 수 있으며, 재검사가 필요하다고 인정되는 경우 "도급인"은 지
체없이 재검사하도록 조치하여야 한다.

④ "수급인"은 자재의 검사에 소요되는 비용을 부담하여야 하며, 검사 또
는 재검사 등을 이유로 계약기간의 연장을 요구할 수 없다. 다만, 제3항
의 규정에 의하여 재검사 결과 적합한 자재인 것으로 판명될 경우에는
재검사에 소요된 기간에 대하여는 계약기간을 연장할 수 있다.

⑤ 공사에 사용하는 자재중 조립 또는 시험을 요하는 것은 "도급인"의 입
회하에 그 조립 또는 시험을 하여야 한다.

⑥ 수중 또는 지하에서 행하여지는 공사나 준공후 외부에서 확인할 수 없
는 공사는 "도급인"의 참여없이 시행할 수 없다. 다만, 사전에 "도급인"
의 서면승인을 받고 사진, 비디오 등으로 시공방법을 확인할 수 있는 경
우에는 시행할 수 있다.

⑦ "수급인"은 공사수행과 관련하여 필요한 경우 "도급인"에게 입회를 요
구할 수 있으며, "도급인"은 이에 응하여야 한다.

제13조(지급자재와 대여품) ① 계약에 의하여 "도급인"이 지급하는 자재와
대여품은 공사예정공정표에 의한 공사일정에 지장이 없도록 적기에 인도

부록

되어야 하며, 그 인도장소는 시방서 등에 따로 정한 바가 없으면 공사현장으로 한다.

② 제1항의 규정에 의하여 지급된 자재의 소유권은 "도급인"에게 있으며, "수급인"은 "도급인"의 서면승낙없이 현장 외부로 반출하여서는 아니 된다.

③ 제1항의 규정에 의하여 인도된 지급자재와 대여품에 대한 관리상의 책임은 "수급인"에게 있으며, "수급인"이 이를 멸실 또는 훼손하였을 경우에는 "도급인"에게 변상하여야 한다.

④ "수급인"은 지급자재 및 대여품의 품질 또는 규격이 시공에 적당하지 아니하다고 인정할 때에는 즉시 "도급인"에게 이를 통지하고 그 대체를 요구할 수 있다.

⑤ 자재 등의 지급지연으로 공사가 지연될 우려가 있을 때에는 "수급인"은 "도급인"의 서면승낙을 얻어 자기가 보유한 자재를 대체 사용할 수 있다. 이 경우 "도급인"은 대체 사용한 자재 등을 "수급인"과 합의된 일시 및 장소에서 현품으로 반환하거나 대체사용당시의 가격을 지체없이 "수급인"에게 지급하여야 한다.

⑥ "수급인"은 "도급인"이 지급한 자재와 기계·기구 등 대여품을 선량한 관리자의 주의로 관리하여야 하며, 계약의 목적을 수행하는 데에만 사용하여야 한다.

⑦ "수급인"은 공사내용의 변경으로 인하여 필요없게 된 지급자재 또는 사용완료된 대여품을 지체없이 "도급인"에게 반환하여야 한다.

제14조(안전관리 및 재해보상) ① "수급인"은 산업재해를 예방하기 위하여 안전시설의 설치 및 보험의 가입 등 적정한 조치를 하여야 하며, 이를 위해 "도급인"은 계약금액에 「건설기술진흥법」에 따른 안전관리비와 「산업안전보건법」에 따른 산업안전보건관리비 및 산업재해보상 보험료 등 관계 법령에서 규정하는 법정경비의 상당액을 계상하여야 한다.

② 공사현장에서 발생한 산업재해에 대한 책임은 "수급인"에게 있다. 다만, 설계상의 하자 또는 "도급인"의 요구에 의한 작업으로 재해가 발생한 경우에는 "도급인"에 대하여 구상권을 행사할 수 있다.

제15조(건설근로자의 보호) ① "수급인"은 도급받은 공사가 건설산업기본법, 임금채권보장법, 고용보험법, 국민연금법, 국민건강보험법 및 노인장기요양보험법에 의하여 의무가입대상인 경우에는 퇴직공제, 임금채권보장제도, 고용보험, 국민연금, 건강보험 및 노인장기요양보험에 가입하여야 한다. 다만, "수급인"이 도급받은 공사를 하도급한 경우로서 하수급인이 고용한 근로자에 대하여 고용보험, 국민연금, 건강보험 및 노인장기요양보험에 가입한 경우에는 그러하지 아니하다.

② "도급인"은 제1항의 건설근로자퇴직공제부금, 임금채권보장제도에 따른 사업주부담금, 고용보험료, 국민연금보험료, 국민건강보험료 및 노인장기요양보험료를 계약금액에 계상하여야 한다.

제16조(응급조치) ① "수급인"은 재해방지를 위하여 특히 필요하다고 인정될 때에는 미리 긴급조치를 취하고 즉시 이를 "도급인"에게 통지하여야 한다.

② "도급인"은 재해방지 기타 공사의 시공상 부득이하다고 인정할 때에는 "수급인"에게 긴급조치를 요구할 수 있다. 이 경우 "수급인"은 즉시 이에 응하여야 하며, "수급인"이 "도급인"의 요구에 응하지 않는 경우 "도급인"은 제3자로 하여금 필요한 조치를 하게 할 수 있다.

③ 제1항 및 제2항의 응급조치에 소요된 경비는 실비를 기준으로 "도급인"과 "수급인"이 협의하여 부담한다.

제17조(공사기간의 연장) ① "수급인"은 다음 각 호의 사유로 인해 계약이행이 현저히 어려운 경우 등 "수급인"의 책임이 아닌 사유로 공사수행이 지연되는 경우 서면으로 공사기간의 연장을 "도급인"에게 요구할 수 있다.

1. "도급인"의 책임있는 사유

2. 태풍·홍수·폭염·한파·악천후·미세먼지 발현·전쟁·사변·지진·전염병·폭동 등 불가항력의 사태(이하 "불가항력"이라고 한다.)

3. 원자재 수급불균형

4. 근로시간단축 등 법령의 제·개정

② "도급인"은 제1항의 규정에 의한 계약기간 연장의 요구가 있는 경우 즉시 그 사실을 조사·확인하고 공사가 적절히 이행될 수 있도록 계약기간의 연장 등 필요한 조치를 하여야 한다.

③ 제1항의 규정에 의거 공사기간이 연장되는 경우 이에 따르는 현장관리비 등 추가경비는 제23조의 규정을 적용하여 조정한다.

④ "도급인"은 제1항의 계약기간의 연장을 승인하였을 경우 동 연장기간에 대하여는 지체상금을 부과하여서는 아니된다.

제18조(부적합한 공사) ① "도급인"은 "수급인"이 시공한 공사중 설계서에 적합하지 아니한 부분이 있을 때에는 이의 시정을 요구할 수 있으며, "수급인"은 지체없이 이에 응하여야 한다. 이 경우 "수급인"은 계약금액의 증액 또는 공기의 연장을 요청할 수 없다.

② 제1항의 경우 설계서에 적합하지 아니한 공사가 "도급인"의 요구 또는 지시에 의하거나 기타 "수급인"의 책임으로 돌릴 수 없는 사유로 인한 때에는 "수급인"은 그 책임을 지지 아니한다.

제19조(불가항력에 의한 손해) ① "수급인"은 검사를 마친 기성부분 또는 지급자재와 대여품에 대하여 불가항력에 의한 손해가 발생한 때에는 즉시 그 사실을 "도급인"에게 통지하여야 한다.

② "도급인"은 제1항의 통지를 받은 경우 즉시 그 사실을 조사·확인하고 그 손해의 부담에 있어서 기성검사를 필한 부분 및 검사를 필하지 아니한 부분 중 객관적인 자료(감독일지, 사진 또는 비디오테잎 등)에 의하여 이미 수행되었음이 판명된 부분은 "도급인"이 부담하고, 기타 부분은 "도급인"과 "수급인"이 협의하여 결정한다.

③ 제2항의 협의가 성립되지 않은 때에는 제41조의 규정에 의한다.

제20조(공사의 변경·중지) ① "도급인"이 설계변경 등에 의하여 공사내용을 변경·추가하거나 공사의 전부 또는 일부에 대한 시공을 일시 중지할 경우에는 변경계약서 등을 사전에 "수급인"에게 교부하여야 한다.

② "도급인"이 제1항에 따른 공사내용의 변경·추가 관련 서류를 교부하지 아니한 때에는 "수급인"은 "도급인"에게 도급받은 공사 내용의 변경·추가에 관한 사항을 서면으로 통지하여 확인을 요청할 수 있다. 이 경우 "수급인"의 요청에 대하여 "도급인"은 15일 이내에 그 내용에 대한 인정 또는 부인의 의사를 서면으로 회신하여야 하며, 이 기간내에 회신하지 아니한 경우에는 원래 "수급인"이 통지한 내용대로 공사내용의 변경·

추가된 것으로 본다. 다만, 불가항력으로 인하여 회신이 불가능한 경우에는 제외한다.

③ "도급인"의 지시에 의하여 "수급인"이 추가로 시공한 공사물량에 대하여서는 공사비를 증액하여 지급하여야 한다.

④ "수급인"은 동 계약서에 규정된 계약금액의 조정사유 이외의 계약체결 후 계약조건의 미숙지, 덤핑수주 등을 이유로 계약금액의 변경을 요구하거나 시공을 거부할 수 없다.

제21조(설계변경으로 인한 계약금액의 조정) ① 설계서의 내용이 공사현장의 상태와 일치하지 않거나 불분명, 누락, 오류가 있을 때 또는 시공에 관하여 예기하지 못한 상태가 발생되거나 안전사고의 우려, 사업계획의 변경 등으로 인하여 추가 시설물(가설구조물을 포함)의 설치가 필요한 때에는 "도급인"은 설계를 변경하여야 한다.

② 제1항의 설계변경으로 인하여 공사량의 증감이 발생한 때에는 다음 각 호의 기준에 의하여 계약금액을 조정하며, 필요한 경우 공사기간을 연장하거나 단축한다.

1. 증감된 공사의 단가는 제9조의 규정에 의한 산출내역서상의 단가를 기준으로 상호 협의하여 결정한다.

2. 산출내역서에 포함되어 있지 아니한 신규비목의 단가는 설계변경 당시를 기준으로 산정한 단가로 한다.

3. 증감된 공사에 대한 일반관리비 및 이윤 등은 산출내역서상의 율을 적용한다.

제22조(물가변동으로 인한 계약금액의 조정) ① 계약체결후 90일이상 경과한 경우에 잔여공사에 대하여 산출내역서에 포함되어 있는 품목 또는 비목의 가격 등의 변동으로 인한 등락액이 잔여공사에 해당하는 계약금액의 100분의3 이상인 때에는 계약금액을 조정한다. 다만, 제17조제1항의 규정에 의한 사유로 계약이행이 곤란하다고 인정되는 경우에는 계약체결일(계약체결후 계약금액을 조정한 경우 그 조정일)부터 90일이내에도 계약금액을 조정할 수 있다.

② 제1항의 규정에 불구하고 계약금액에서 차지하는 비중이 100분의 1을

부록

초과하는 자재의 가격이 계약체결일(계약체결후 계약금액을 조정한 경우 그 조정일)부터 90일이내에 100분의 15 이상 증감된 경우에는 "도급인"과 "수급인"이 합의하여 계약금액을 조정할 수 있다.

③ 제1항 및 제2항의 규정에 의한 계약금액의 조정에 있어서 그 조정금액은 계약금액 중 물가변동기준일 이후에 이행되는 부분의 대가에 적용하되, 물가변동이 있는 날 이전에 이미 계약이행이 완료되어야 할 부분에 대하여는 적용하지 아니한다. 다만, 제17조제1항의 규정에 의한 사유로 계약이행이 지연된 경우에는 그러하지 아니하다.

④ 제1항의 규정에 의하여 조정된 계약금액은 직전의 물가변동으로 인하여 계약금액 조정기준일(조정 사유가 발생한 날을 말한다)부터 60일이내에는 이를 다시 조정할 수 없다.

⑤ 제1항의 규정에 의하여 계약금액 조정을 청구하는 경우에는 조정내역서를 첨부하여야 하며, 청구를 받은 날부터 30일 이내에 계약금액을 조정하여야 한다

⑥ 제5항의 규정에 의한 계약금액조정 청구내용이 부당함을 발견한 때에는 지체없이 필요한 보완요구 등의 조치를 하여야 한다. 이 경우 보완요구 등의 조치를 통보받은 날부터 그 보완을 완료한 사실을 상대방에게 통지한 날까지의 기간은 제4항의 규정에 의한 기간에 산입하지 아니한다.

제23조(기타 계약내용의 변동으로 인한 계약금액의 조정) ① 제21조 및 제22조에 의한 경우 이외에 다음 각 호에 의해 계약금액을 조정하여야 할 필요가 있는 경우에는 그 변경된 내용에 따라 계약금액을 조정하며, 이 경우 증감된 공사에 대한 일발관리비 및 이율 등은 산출내역서상의 율을 적용한다.

1. 계약내용의 변경
2. 불가항력에 따른 공사기간의 연장
3. 근로시간 단축, 근로자 사회보험료 적용범위 확대 등 공사비, 공사기간에 영향을 미치는 법령의 제·개정

② 제1항과 관련하여 "수급인"은 제21조 및 제22조에 규정된 계약금액 조정사유 이외에 계약체결후 계약조건의 미숙지 등을 이유로 계약금액의

변경을 요구하거나 시공을 거부할 수 없다.

제24조(기성부분금) ① 계약서에 기성부분금에 관하여 명시한 때에는 "수급인"은 이에 따라 기성부분에 대한 검사를 요청할 수 있으며, 이때 "도급인"은 지체없이 검사를 하고 그 결과를 "수급인"에게 통지하여야 하며, 14일이내에 통지가 없는 경우에는 검사에 합격한 것으로 본다.

② 기성부분은 제2조 제8호의 산출내역서의 단가에 의하여 산정한다. 다만, 산출내역서가 없는 경우에는 공사진척율에 따라 "도급인"과 "수급인"이 합의하여 산정한다.

③ "도급인"은 검사완료일로부터 14일이내에 검사된 내용에 따라 기성부분금을 "수급인"에게 지급하여야 한다.

④ "도급인"이 제3항의 규정에 의한 기성부분금의 지급을 지연하는 경우에는 제28조제3항의 규정을 준용한다.

제25조(손해의 부담) "도급인"·"수급인" 쌍방의 책임 없는 사유로 공사의 목적물이나 제3자에게 손해가 생긴 경우 다음 각 호의 자가 손해를 부담한다.

1. 목적물이 "도급인"에게 인도되기 전에 발생된 손해: "수급인"

2. 목적물이 "도급인"에게 인도된 후에 발생된 손해: "도급인"

3. 목적물에 대한 "도급인"의 인수지연 중 발생된 손해: "도급인"

4. 목적물 검사기간 중 발생된 손해: "도급인"·"수급인"이 협의하여 결정

제26조(부분사용) ① "도급인"은 공사목적물의 인도전이라 하더라도 "수급인"의 동의를 얻어 공사목적물의 전부 또는 일부를 사용할 수 있다.

② 제1항의 경우 "도급인"은 그 사용부분에 대하여 선량한 관리자의 주의의무를 다하여야 한다.

③ "도급인"은 제1항에 의한 사용으로 "수급인"에게 손해를 끼치거나 "수급인"의 비용을 증가하게 한 때는 그 손해를 배상하거나 증가된 비용을 부담한다.

제27조(준공검사) ① "수급인"은 공사를 완성한 때에는 "도급인"에게 통지하여야 하며 "도급인"은 통지를 받은 후 지체없이 "수급인"의 입회하에 검사를 하여야 하며, "도급인"이 "수급인"의 통지를 받은 후 10일 이내에 검사결과를 통지하지 아니한 경우에는 10일이 경과한 날에 검사에 합격한

부록

것으로 본다. 다만, 불가항력으로 인하여 검사를 완료하지 못한 경우에는 당해 사유가 존속되는 기간과 당해 사유가 소멸된 날로부터 3일까지는 이를 연장할 수 있다.

② "수급인"은 제1항의 검사에 합격하지 못한 때에는 지체없이 이를 보수 또는 개조하여 다시 준공검사를 받아야 한다.

③ "수급인"은 검사의 결과에 이의가 있을 때에는 재검사를 요구할 수 있으며, "도급인"은 이에 응하여야 한다.

④ "도급인"은 제1항의 규정에 의한 검사에 합격한 후 "수급인"이 공사목적물의 인수를 요청하면 인수증명서를 발급하고 공사목적물을 인수하여야 한다.

제28조(대금지급) ① "수급인"은 "도급인"의 준공검사에 합격한 후 즉시 잉여자재, 폐기물, 가설물 등을 철거, 반출하는 등 공사현장을 정리하고 공사 대금의 지급을 "도급인"에게 청구할 수 있다.

② "도급인"은 특약이 없는 한 계약의 목적물을 인도 받음과 동시에 "수급인"에게 공사 대금을 지급하여야 한다.

③ "도급인"이 공사대금을 지급기한내에 지급하지 못하는 경우에는 그 미지급금액에 대하여 지급기한의 다음날부터 지급하는 날까지의 일수에 계약서 상에서 정한 대가지급 지연이자율(시중은행의 일반대출시 적용되는 연체이자율 수준을 감안하여 상향 적용할 수 있다)을 적용하여 산출한 이자를 가산하여 지급하여야 한다.

제29조(폐기물의 처리 등) "수급인"은 공사현장에서 발생한 폐기물을 관계법령에 의거 처리하여야 하며, "도급인"은 폐기물처리에 소요되는 비용을 계약금액에 반영하여야 한다.

제30조(지체상금) ① "수급인"은 준공기한내에 공사를 완성하지 아니한 때에는 매 지체일수마다 계약서상의 지체상금율을 계약금액에 곱하여 산출한 금액(이하 '지체상금'이라 한다)을 "도급인"에게 납부하여야 한다. 다만, "도급인"의 귀책사유로 준공검사가 지체된 경우와 다음 각 호의 1에 해당하는 사유로 공사가 지체된 경우에는 그 해당일수에 상당하는 지체상금을 지급하지 아니하여도 된다.

1. 불가항력의 사유에 의한 경우
2. "수급인"이 대체하여 사용할 수 없는 중요한 자재의 공급이 "도급인"의 책임있는 사유로 인해 지연되어 공사진행이 불가능하게 된 경우
3. "도급인"의 귀책사유로 착공이 지연되거나 시공이 중단된 경우
4. 기타 "수급인"의 책임에 속하지 아니하는 사유로 공사가 지체된 경우
② 제1항을 적용함에 있어 제26조의 규정에 의하여 "도급인"이 공사목적물의 전부 또는 일부를 사용한 경우에는 그 부분에 상당하는 금액을 계약금액에서 공제한다. 이 경우 "도급인"이 인허가기관으로부터 공사목적물의 전부 또는 일부에 대하여 사용승인을 받은 경우에는 사용승인을 받은 공사목적물의 해당부분은 사용한 것으로 본다.
③ "도급인"은 제1항 및 제2항의 규정에 의하여 산출된 지체상금은 제28조의 규정에 의하여 "수급인"에게 지급되는 공사대금과 상계할 수 있다.
④ 제1항의 지체상금율은 계약 당사자간에 별도로 정한 바가 없는 경우에는 국가를 당사자로 하는 계약에 관한 법령 등에 따라 공공공사 계약체결시 적용되는 지체상금율을 따른다.

제31조(하자담보) ① "수급인"은 공사의 하자보수를 보증하기 위하여 계약서에 정한 하자보수보증금율을 계약금액에 곱하여 산출한 금액(이하 '하자보수보증금'이라 한다)을 준공검사후 그 공사의 대가를 지급할 때까지 현금 또는 제4조 제2항 각 호의 보증기관이 발행한 보증서로서 "도급인"에게 납부하여야 한다.

② "수급인"은 "도급인"이 전체목적물을 인수한 날과 준공검사를 완료한 날 중에서 먼저 도래한 날부터 계약서에 정한 하자담보 책임기간중 당해공사에 발생하는 일체의 하자를 보수하여야 한다. 다만, 다음 각 호의 사유로 발생한 하자에 대해서는 그러하지 아니하다.
1. 공사목적물의 인도 후에 천재지변 등 불가항력이 "수급인"의 책임이 아닌 사유로 인한 경우
2. "도급인"이 제공한 재료의 품질이나 규격 등의 기준미달로 인한 경우
3. "도급인"의 지시에 따라 시공한 경우
4. "도급인"이 건설공사의 목적물을 관계 법령에 따른 내구연한 또는 설계

상의 구조내력을 초과하여 사용한 경우

③ "수급인"이 "도급인"으로 부터 제2항의 규정에 의한 하자보수의 요구를 받고 이에 응하지 아니하는 경우 제1항의 규정에 의한 하자보수보증금은 "도급인"에게 귀속한다.

④ "도급인"은 하자담보책임기간이 종료한 때에는 제1항의 규정에 의한 하자보수 보증금을 "수급인"의 청구에 의하여 반환하여야 한다. 다만, 하자담보책임기간이 서로 다른 공종이 복합된 공사에 있어서는 공종별 하자담보 책임기간이 만료된 공종의 하자보수보증금은 "수급인"의 청구가 있는 경우 즉시 반환하여야 한다.

제32조(건설공사의 하도급 등) ① "수급인"이 도급받은 공사를 제3자에게 하도급하고자 하는 경우에는 건설산업기본법 및 하도급거래공정화에관한 법률에서 정한 바에 따라 하도급하여야 하며, 하수급인의 선정, 하도급계약의 체결 및 이행, 하도급 대가의 지급에 있어 관계 법령의 제규정을 준수하여야 한다.

② "도급인"은 건설공사의 시공에 있어 현저히 부적당하다고 인정하는 하수급인이 있는 경우에는 하도급의 통보를 받은 날 또는 그 사유가 있음을 안 날부터 30일이내에 서면으로 그 사유를 명시하여 하수급인의 변경 또는 하도급 계약내용의 변경을 요구할 수 있다. 이 경우 "수급인"은 정당한 사유가 없는 한 이에 응하여야 한다.

③ "도급인"은 제2항의 규정에 의하여 건설공사의 시공에 있어 현저히 부적당한 하수급인이 있는지 여부를 판단하기 위하여 하수급인의 시공능력, 하도급 계약 금액의 적정성 등을 심사할 수 있다.

제33조(하도급대금의 직접 지급) ① "도급인"은 "수급인"이 제32조의 규정에 의하여 체결한 하도급계약중 하도급거래공정화에 관한법률과 건설산업기본법에서 정한 바에 따라 하도급대금의 직접 지급사유가 발생하는 경우에는 그 법에 따라 하수급인이 시공한 부분에 해당하는 하도급대금을 하수급인에게 지급한다.

② "도급인"이 제1항의 규정에 의하여 하도급대금을 직접 지급한 경우에는 "도급인"의 "수급인"에 대한 대금지급채무는 하수급인에게 지급한 한도

안에서 소멸한 것으로 본다.

제34조("도급인"의 계약해제 등) ① "도급인"은 다음 각 호의 1에 해당하는 경우에는 계약의 전부 또는 일부를 해제 또는 해지할 수 있다.

1. "수급인"이 정당한 이유없이 약정한 착공기일을 경과하고도 공사에 착수하지 아니한 경우

2. "수급인"의 책임있는 사유로 인하여 준공기일내에 공사를 완성할 가능성이 없음이 명백한 경우

3. 제30조제1항의 규정에 의한 지체상금이 계약보증금 상당액에 도달한 경우로서 계약기간을 연장하여도 공사를 완공할 가능성이 없다고 판단되는 경우

4. 기타 "수급인"의 계약조건 위반으로 인하여 계약의 목적을 달성할 수 없다고 인정되는 경우

② 제1항의 규정에 의한 계약의 해제 또는 해지는 "도급인"이 "수급인"에게 서면으로 계약의 이행기한을 정하여 통보한 후 기한내에 이행되지 아니한 때 계약의 해제 또는 해지를 "수급인"에게 통지함으로써 효력이 발생한다.

③ "수급인"은 제2항의 규정에 의한 계약의 해제 또는 해지 통지를 받은 때에는 다음 각 호의 사항을 이행하여야 한다.

1. 당해 공사를 지체없이 중지하고 모든 공사용 시설·장비 등을 공사현장으로부터 철거하여야 한다.

2. 제13조의 규정에 의한 지급재료의 잔여분과 대여품은 "도급인"에게 반환하여야 한다.

제35조("수급인"의 계약해제 등) ① "수급인"은 다음 각 호의 어느 하나에 해당하는 경우에는 계약의 전부 또는 일부를 해제 또는 해지할 수 있다.

1. 공사내용을 변경함으로써 계약금액이 100분의 40이상 감소된 때

2. "도급인"의 책임있는 사유에 의한 공사의 정지기간이 계약서상의 공사기간의 100분의 50을 초과한 때

3. "도급인"이 정당한 이유없이 계약내용을 이행하지 아니함으로써 공사의 적정이행이 불가능하다고 명백히 인정되는 때

4. 제4조제4항에 따른 기간 내에 공사대금 지급의 보증 또는 담보 제공을 이행하지 아니한 때

② 제1항의 규정에 의하여 계약을 해제 또는 해지하는 경우에는 제34조제2항 및 제3항의 규정을 준용한다.

제36조(계약해지시의 처리) ① 제34조 및 제35조의 규정에 의하여 계약이 해지된 때에는 "도급인"과 "수급인"은 지체없이 기성부분의 공사금액을 정산하여야 한다.

② 제34조 및 제35조의 규정에 의한 계약의 해제 또는 해지로 인하여 손해가 발생한 때에는 상대방에게 그에 대한 배상을 청구할 수 있다. 다만, 제35조제1항제4호에 해당하여 해지한 경우에는 해지에 따라 발생한 손해에 대하여 청구할 수 없다.

제37조("수급인"의 동시이행 항변권) ① "도급인"이 계약조건에 의한 선금과 기성부분금의 지급을 지연할 경우 "수급인"이 상당한 기한을 정하여 그 지급을 독촉하였음에도 불구하고 "도급인"이 이를 지급치 않을 때에는 "수급인"은 공사중지기간을 정하여 "도급인"에게 통보하고 공사의 일부 또는 전부를 일시 중지할 수 있다.

② 제1항의 공사중지에 따른 기간은 지체상금 산정시 공사기간에서 제외된다.

③ "도급인"은 제1항의 공사중지에 따른 비용을 "수급인"에게 지급하여야 하며, 공사중지에 따라 발생하는 손해에 대해 "수급인"에게 청구하지 못한다.

제38조(채권양도) ① "수급인"은 이 공사의 이행을 위한 목적이외에는 이 계약에 의하여 발생한 채권(공사대금 청구권)을 제3자에게 양도하지 못한다.

② "수급인"이 채권양도를 하고자 하는 경우에는 미리 보증기관(연대보증인이 있는 경우 연대보증인을 포함한다)의 동의를 얻어 "도급인"의 서면승인을 받아야 한다.

③ "도급인"은 제2항의 규정에 의한 "수급인"의 채권양도 승인요청에 대하여 승인 여부를 서면으로 "수급인"과 그 채권을 양수하고자 하는 자에

게 통지하여야 한다.

제39조(손해배상책임) ① "수급인"이 고의 또는 과실로 인하여 도급받은 건설공사의 시공관리를 조잡하게 하여 타인에게 손해를 가한 때에는 그 손해를 배상할 책임이 있다.

② "수급인"은 제1항의 규정에 의한 손해가 "도급인"의 고의 또는 과실에 의하여 발생한 것인 때에는 "도급인"에 대하여 구상권을 행사할 수 있다.

③ "수급인"은 하수급인이 고의 또는 과실로 인하여 하도급 받은 공사를 조잡하게 하여 타인에게 손해를 가한 때는 하수급인과 연대하여 그 손해를 배상할 책임이 있다.

제40조(법령의 준수) "도급인"과 "수급인"은 이 공사의 시공 및 계약의 이행에 있어서 건설산업기본법 등 관계법령의 제규정을 준수하여야 한다.

제41조(분쟁의 해결) ① 계약에 별도로 규정된 것을 제외하고는 계약에서 발생하는 문제에 관한 분쟁은 계약당사자가 쌍방의 합의에 의하여 해결한다.

② 제1항의 합의가 성립되지 못할 때에는 당사자는 건설산업기본법에 따른 건설분쟁조정위원회에 조정을 신청하거나 중재법에 따른 상사중재기관 또는 다른 법령에 의하여 설치된 중재기관에 중재를 신청할 수 있다.

③ 제2항에 따라 건설분쟁조정위원회에 조정이 신청된 경우, 상대방은 그 조정 절차에 응하여야 한다.

제42조(특약사항) 기타 이 계약에서 정하지 아니한 사항에 대하여는 "도급인"과 "수급인"이 합의하여 별도의 특약을 정할 수 있다.

부록

2 건축물의 설계표준계약서

(국토해양부고시 제2009-1092호)

1. 건축물 명칭 :
2. 대 지 위 치 :
3. 설 계 내 용 : □신축 □증축 □개축 □재축 □이전 □대수선 □용도변경
   □기타

    1) 대지면적 : m^2

    2) 용   도 :

    3) 구   조 :

    4) 층   수 : 지하   층   지상   층

    5) 건축면적 : m^2

    6) 연면적의 합계 : m^2

4. 계 약 면 적 : m^2
5. 계 약 금 액 : 일금   원정(₩   ): 부가세 별도

200 년   월   일

"갑"과 "을"은 상호 신의와 성실을 원칙으로 이 계약서에 의하여 설계계약
을 체결하고 각 1부씩 보관한다.

건축주 "갑"   설계자 "을"

상 호 / 성 명 :   (서명 또는 인)   상호/건축사 :   (서명 또는 인)

사업자등록번호/주민등록번호 :   사업자등록번호 :

주   소 :   주   소 :

전 화 / Fax :   전 화 / Fax

제1조(총칙) 이 계약은「건축법」제15조에 따라 건축주(이하 "갑"이라 한다)가 「건축사법」제23조 제1항에 따라 업무신고한 건축사(이하 "을"이라 한다)에게 위탁한 설계업무의 수행에 필요한 상호간의 권리와 의무 등을 정한다.

제2조(계약면적 및 기간)

① 계약면적 ("을"이 총괄하여 작성한 전체 설계면적) :   m²

② 대 가 기 간 :   년 월 일 ~   년 월 일

제3조(계약의 범위 등)

① 계약의 범위 등은 [별표1]의 "건축설계업무의 범위 및 품질기준표"를 참고하여 결정한다.

② 공사완료도서 및 건축물관리대장 작성 등 설계업무를 위해 필요한 세부사항은 "갑"과 "을"이 협의하여 정한다.

제4조(대가의 산출 및 지불방법) ① 설계업무에 대한 대가의 산출기준 및 방법은 [별표2]를 참고하여 현장여건 및 설계조건에 따라 "갑"과 "을"이 협의하여 정한다.

② 설계업무의 대가는 일시불로 또는 분할하여 지불할 수 있다.

③ 대가를 분할하여 지불하는 경우에 그 지불시기 및 지불금액을 다음과 같이 정함을 원칙으로 하되, "갑"과 "을"이 협의하여 조정할 수 있다.

부록

지불시기 및 기준비율(%)	조정비율 (%)	지불금액	비고
계약시(20)		일금 원 (₩)	
계획설계도서 제출시(20)		일금 원 (₩)	건축심의 해당시 심의도서포함
중간설계도서 제출시(30)		일금 원 (₩)	건축허가도서포함
실시설계도서 제출시(30)		일금 원 (₩)	
계(100)		일금 원 (₩)	부가가치세별도

제5조(대가의 조정) ① 설계업무의 수행기간이 1년을 초과하는 경우에 이 기간 중 한국엔지니어링진흥협회가 「통계법」에 따라 조사공포한 "노임단가의 변경"이 있을 때에는 「국가를당사자로하는계약에관한법률시행규칙」 제74조에 따라 "갑"과 "을"이 협의하여 대가를 조정할 수 있다.

② "갑"의 사유로 계약면적이 5% 이상 증감되는 경우와 재료 및 시공방법의 변경 등으로 대가업무의 범위가 10% 이상 증가된 경우에는 "갑"은 "을"에게 해당금액을 정산한다.

③ "을"의 사유로 계약면적이 5% 이상 증감되는 경우, "을"은 "갑"에게 해당금액을 정산한다.

④ 대가의 증감분에 대한 정산은 최종지불 시 반영한다.

제6조(자료의 제공 및 성실의무) ① "갑"은 "을"이 설계업무를 수행하는데 필요한 다음 각호의 자료를 요구할 때에는 지체 없이 제공하여야 하며 이때 "갑"은 제공해야 할 자료의 수집을 "을"에게 위탁할 수 있다.

1. 건축물의 구체적 용도와 이에 관련된 요망 사항

2. 설계진행 및 건축허가에 필요한 제반서류(소유권 관계 등)

3. 토지이용에 관한 증빙서류(국토이용계획확인원, 지적도, 토지대장, 건축물 관리대장 등)

4. 대지측량도(현황 및 대지경계명시 측량도)

5. 지질조사서 및 지내력 검사서, 굴토설계도서, 그 밖에 토질구조 검토에 필요한 제반도서 등

6. 대지에 관한 급배수, 전기, 가스등 시설의 현황을 표시하는 자료

7. 교통영향평가서, 환경영향평가서, 재해영향평가서, 지하철영향평가서 등 각종평가서 및 검토서

8. 농지 및 임야 등의 형질변경 등에 관한 제반서류

9. 지구단위계획 제반도서

10. 그 밖의 업무수행에 필요한 자료

② "갑"이 제1항의 자료수집을 "을"에게 위탁한 경우에는 "갑"은 이에 소요되는 비용을 지불한다.

③ "갑"은 본인이 의도하는 바를 "을"에게 요구할 수 있으며, "을"은 "갑"의

요구내용을 반영하여 맡은바 업무를 성실히 수행하고, 설계도서에 대하여 "갑"에게 설명하며 자문하여야 한다.

제7조(건축재료의 선정 및 검사 등) ① "을"은 설계도서에 설계의도 및 품질확보를 위하여 건축재료의 품명 및 규격 등을 표기할 수 있다. 이 경우 "을"은 "갑"과 협의하여야 한다.

② "을"은 설계도서에서 표기한 건축재료를 선정하기 위하여 자재검사 및 품질시험을 관계전문기관에 의뢰할 수 있다.

③ "을"은" 제1항의 검사 및 시험의뢰에 앞서 "갑"과 협의하여야 하며, "갑"은 협의된 검사 및 시험에 소요되는 비용을 지불한다.

제8조(설계도서의 작성제출) ① "을"이 설계도서를 작성함에 있어서는 「건축법」 제23조 제2항에 따라 국토해양부장관이 고시하는 설계도서 작성기준에 따른다.

② "을"은 완성된 설계도서(3부)를 "갑"에게 제출하여야 한다. 다만, "갑"이 결과물을 추가로 요청할 경우 "을"은 해당 비용을 "갑"에게 청구할 수 있다.

③ 제2항에 의한 설계도서의 제출형식에 대해서는 "갑"과 "을"이 협의하여 정하도록 하며, 수록내용을 임의로 수정할 수 없도록 작성한다.

④ "갑"은 "을"이 제출한 결과물을 검토하여 설계오류 등의 명확한 사유가 있는 경우에는 "을"에게 그 보완을 요구할 수 있다.

제9조(관계기술협력업무의 종합조정) ① "갑"이 「건축법」 제67조에 따른 관계전문기술자와의 협력을 분리 수행하도록 하는 경우에 "을"은 그 협력업무를 종합 조정한다.

② "갑"은 제1항에 따라 협력을 분리 수행하는 자로 하여금 "을"이 종합조정업무를 수행할 수 있도록 필요한 조치를 하여야 한다.

③ "갑"은 "을"의 종합조정업무에 소요되는 경비를 제4조의 지불시기에 따라 "을"에게 지불하여야 하며, 그 금액은 별도 발주한 용역대가 금액에 비례하여 "갑"과 "을"이 협의하여 정한다.

제10조(계약의 양도 및 변경 등) ① "갑"과 "을"은 상대방의 승낙없이는 이 계약상의 권리의무를 제3자에게 양도, 대여, 담보제공 등 그 밖의 처분행위

를 할 수 없다.

② "갑"의 계획변경, 관계법규의 개폐, 천재지변 등 불가항력적인 사유의 발생으로 설계업무를 수정하거나 계약기간을 연장할 상당한 이유가 있는 때에는 "갑"과 "을"은 서로 협의하여 계약의 내용을 변경할 수 있다.

③ 제2항에 따라 이미 진행한 설계업무를 수정하거나 재설계를 할 때에는 이에 소요되는 비용은 [별표1]을 참고하여 산정하여 추가로 지불한다.

제11조(이행지체) ① "을"은 설계업무를 약정기간 안에 완료할 수 없음이 명백한 경우에는 이 사실을 지체없이 "갑"에게 통지한다.

② "을"이 약정기간 안에 업무를 완료하지 못한 경우에는 지체일수 매 1일에 대하여 대가의 2.5/1000에 해당하는 지체상금을 "갑"에게 지불한다.

③ 천재지변 등 부득이한 사유 또는 "을"의 책임이 아닌 사유("갑"의 설계도서 검토, "갑"의 요구에 의한 설계도서 수정 등)로 인하여 이행이 지체된 경우에는 제2항의 규정에 따른 지체일수에서 제외한다.

④ "갑"은 "을"에게 지급하여야 할 대가에서 지체상금을 공제할 수 있다.

제12조(이행보증보험증서의 제출) ① "갑"과 "을"은 계약의 이행을 보증하기 위하여 계약체결시에 상대방에게 이행보증보험증서를 요구할 수 있다.

② 제1항의 규정에 의하여 이행보증보험증서를 제출받은 경우에는 이를 계약서에 첨부하여 보관한다.

제13조("갑"의 계약해제해지) ① "갑"은 다음 각호의 경우에 계약의 전부 또는 일부를 해제해지할 수 있다.

1. "을"이 금융기관의 거래정지 처분, 어음 및 수표의 부도, 제3자에 따른 가압류가처분강제집행, 금치산한정치산파산선고 또는 회사정리의 신청 등으로 계약이행이 불가능한 경우

2. "을"이 상대방의 승낙없이 계약상의 권리 또는 의무를 양도한 경우

3. 사망, 실종, 질병, 기타 사유로 계약이행이 불가능한 경우

② 천재지변 등 부득이한 사유로 계약이행이 곤란하게 된 경우에는 상대방과 협의하여 계약을 해제해지할 수 있다.

③ "을"은 제1항 각호의 해제해지 사유가 발생한 경우에는 "갑"에게 지체없이 통지한다.

④ "갑"은 제1항에 따라 계약을 해제해지하고자 할 때에는 그 뜻을 미리 "을"에게 13일 전까지 통지한다.

제14조("을"의 계약의 해제해지) ① "을"은 다음 각호의 경우에는 계약의 전부 또는 일부를 해제해지할 수 있다.

1. "갑"이 "을"의 업무를 방해하거나 그 대가의 지불을 지연시켜 "을"의 업무가 중단되고 30일 이내에 이를 재개할 수 없다고 판단된 때

2. "갑"이 계약 당시 제시한 설계요구조건을 현저하게 변경하여 약정한 "을"의 업무수행이 객관적으로 불가능한 것이 명백할 때

3. "갑"이 상대방의 승낙없이 계약상의 권리 또는 의무를 양도한 경우

4. "갑"이 "을"의 업무수행상 필요한 자료를 제공하지 아니하여 "을"의 업무수행이 곤란하게 된 경우

5. 사망, 실종, 질병, 기타 사유로 계약이행이 불가능한 경우

② 천재지변 등 부득이한 사유로 계약이행이 곤란하게 된 경우에는 상대방과 협의하여 계약을 해제해지할 수 있다.

③ "갑"은 제1항 각호의 해제해지 사유가 발생한 경우에는 "을"에게 지체없이 통지한다.

④ "을"은 제1항에 따라 계약을 해제해지하고자 할 때에는 그 뜻을 미리 "갑"에게 14일 전까지 통지한다.

제15조(손해배상) "갑"과 "을"은 상대방이 제10조 제2항에 따른 계약변경, 제13조 및 제14조에 따른 계약의 해제해지 또는 계약 위반으로 인하여 손해를 발생시킨 경우에는 상대방에게 손해배상을 청구할 수 있다.

제16조("을"의 면책사유) "을"은 다음 각호의 사항에 대하여는 책임을 지지 아니한다.

1. "갑"이 임의로 설계업무 대가의 지불을 지연시키거나 요구사항을 변경함으로써 설계업무가 지체되어 손해가 발생한 경우

2. 설계도서가 완료된 후 건축관계법령 등이 개폐되어 이미 작성된 설계도서 및 문서가 못쓰게 된 경우

3. 천재지변 등 불가항력적인 사유로 인하여 업무를 계속적으로 진행할 수 없는 경우

제17조(설계업무 중단시의 대가지불) ① 제13조 및 제14조에 따라 설계업무의 전부 또는 일부가 중단된 경우에는 "갑"과 "을"은 이미 수행한 설계업무에 대하여 대가를 지불하여야 한다.

② "을"의 귀책사유로 인하여 설계업무의 전부 또는 일부가 중단된 경우에는 "갑"이 "을"에게 이미 지불한 대가에 대하여 이를 정산환불한다.

③ 제1항 및 제2항에 따른 대가 지불 및 정산 · 환불은 제15조의 손해배상과는 별도로 적용한다.

제18조(저작권 보호) 이 계약과 관련한 설계도서의 저작권은 "을"에게 귀속되며, "갑"은 "을"의 서면동의 없이 이의 일부 또는 전체를 다른 곳에 사용하거나 양도할 수 없다.

제19조(비밀보장) "갑"과 "을"은 업무수행 중 알게 된 상대방의 비밀을 제3자에게 누설하여서는 아니 된다.

제20조(외주의 제한) "을"은 「건축법」 제67조 제1항에 따른 관계전문기술자의 협력을 받아야 하는 경우를 제외하고는 "갑"의 승낙없이 제3자에게 외주를 주어서는 아니 된다.

제21조(분쟁조정) ① 이 계약과 관련하여 업무상 분쟁이 발생한 경우에는 관계기관의 유권 해석이나 관례에 따라 "갑"과 "을"이 협의하여 정한다.

② "갑"과 "을"이 협의하여 정하지 못한 경우에는 「건축법」 제88조에 따른 "건축분쟁전문위원회"에 신청하여 이의 조정에 따른다.

③ 건축분쟁조정위원회의 결정에 불복이 있는 경우에는 "갑" 소재지의 관할법원의 판결에 따른다.

제22조(통지방법) ① "갑"과 "을"은 계약업무와 관련된 사항을 통지할 때에는 서면통지를 원칙으로 한다.

② 통지를 받은 날부터 7일 이내에 회신이 없는 경우에는 통지내용을 승낙한 것으로 본다.

③ 계약당사자의 주소나 연락방법의 변경시 지체 없이 서면으로 통지하여야 한다.

제23조(특약사항) 이 계약에서 정하는 사항 외에 "갑"과 "을"은 특약사항을 정할 수 있다.

③ 건축물의 공사감리표준계약서

(국토해양부고시 제2009-1093호)

1. 계 약 건 명 :
2. 대 지 위 치 :
3. 공 사 개 요 :
   1) 대 지 면 적 :   ㎡
   2) 건 축 면 적 :   ㎡
   3) 건 축 연 면 적 :   ㎡
   4) 용   도 :
   5) 층수 / 구조 : 지하   층, 지상   층 /
   6) 건 축 허 가 일 : 20   년   월   일(허가번호 제   호)
   7) 공 사 기 : 20   년   월   일(착공예정일)~20   년   월   일
4. 계 약 금 액 : 일금   원정(   ): 부가세 별도

20   년   월   일

   "갑"과 "을"은 상호 신의와 성실을 원칙으로 이 계약서에 의하여 공사감리 계약을 체결하고 각 1부씩 보관한다.

건축주 "갑"   감리자 "을"
상호 / 성 명 :   (서명 또는 인)   상호/감리자명 :   (서명 또는 인)
사업자등록번호/주민등록번호 :   사업자등록번호 :
주   소 :   주   소 :
전 화 / Fax :   전 화 / Fax

제1조(총칙) 이 계약은 「건축법」 제15조에 따라 건축주(이하 "갑"이라 한다)가 공사감리자(이하 "을"이라 한다)에게 위탁한 공사감리업무의 수행에 필요한 상호간의 권리와 의무 등을 정한다.

제2조(업무기간) ① 공사감리 업무의 수행기간은   년   월   일부터
           년   월   일까지(착공일부터 완공일)로 한다.

② "갑"의 사정에 의하여 공사가 일시 중지될 때에는 "갑"의 공사중지 통지 또는 "을"이 "갑"에게 서면확인함으로써 공사 감리업무의 중지 효력이 발생하며 "을"은 이 기간 동안의 감리비용을 청구할 수 없다.

제3조(공사감리비의 산출 및 지불방법) ① 공사감리비의 산출기준 및 방법은 [별표1]을 참고하여 현장여건 및 공사감리조건에 따라 "갑"과 "을"이 협의하여 정하며, 다중이용건축물의 감리대가는 건설기술관리법이 정하는 바에 의한다.

② 공사감리업무의 보수는 일시불로 또는 분할하여 지불할 수 있으며, 업무수행 중 업무기준이 변경된 기간의 감리비용은 공사금액 및 공사기간을 고려하여 정산한다.

③ 보수를 분할하여 지불하는 경우에 그 지불시기 및 지불금액은 다음과 같이 이행함을 원칙으로 하되, "갑"과 "을"이 협의하여 조정할 수 있다.

지불시기	지불 금액	비고
계약시	₩	20%
· · ·	₩	
· · ·	₩	
업무만료 시	₩	100%
계	₩	부가가치세별도

제4조(업무범위) ① 이 계약에서 정하는 업무범위는 「공사감리세부기준」의 업무범위에 따른다.

② 제1항의 업무범위 외에 ,"갑"과 "을"간의 특약이 있는 경우에는 이에 부수되는 개별계약을 추가로 체결할 수 있으며, 이에 소요되는 비용은 [별

표1]을 참고하여 별도로 산정한다. 단, 토목소방통신전기설비 등 타 법령에 의하여 감리를 지정하게 되어있는 감리업무는 별도의 계약에 의한다.

제5조(보수의 조정) ① 공사감리업무의 수행기간이 1년을 초과하는 경우에 이 기간 중 한국엔지니어링진흥협회가 통계법에 의하여 조사공포한 노임단가에 변경이 있을 경우 「국가를 당사자로하는 계약에 관한 법률」 시행규칙 제74조의 규정에 의하여 "갑"과 "을"이 협의하여 보수를 조정하여야 한다.

제6조(자료의 제공 및 성실 의무) ① "갑"은 공사감리 업무를 수행하는데 필요한 다음 각호의 자료를 "을"이 요구할 때는 지체 없이 제공하여야 하며 이때 "갑"은 "을"에게 자료수집을 위탁할 수 있다.

1. 건축허가 설계도서 및 공사계획 신고서
2. 공사도급계약서 및 현장관리인의 인적사항 관련자료
3. 시공계획서, 시공도면 및 공정표
4. 지적공사의 대지경계명시측량도 및 건축물의 현황측량도
5. 사용자재납품서 및 시험성적표
6. 지반 및 지질조사서
7. 보험가입증서, 산재보험가입 증서
8. 기타 공사감리업무수행에 필요한 자료

② "갑"이 제1항의 자료수집을 "을"에게 위탁한 경우에는 "갑"은 이에 소요되는 비용을 지불한다.

③ "갑"과 "을"은 신의와 성실의 관계를 유지하고 관계 법령을 준수하며, "을"은 건축물의 품질 향상을 위하여 노력한다.

제7조(업무의 착수시기) ① "갑"은 착공 3일 전까지 "을"에게 착공 일자를 통지하고, "을"은 착공일부터 공사감리업무를 착수한다.

② "갑"은 공사시공자에게 "을"의 인적 사항을 착공 전까지 통지한다.

제8조(업무의 수행) ① "을"은 관계법령이 정하는 바에 의하여 건축물이 설계도서의 내용대로 시공되는지의 여부를 확인하고 건축공사 감리세부기준 및 [별표2]와 [별표3], [별표4]에 의하여 건축물의 규모에 따라 공사감리업무를 수행한다.

부록

② "을"은 당해 공사가 설계도서대로 시행되지 아니하거나 관계 법령 및 이 규정에 의한 명령이나 처분에 위반된 사항을 발견한 경우에는 이를 "갑"에게 통보한 후 공사시공자에게 이를 시정 또는 재시공하도록 요청한다.

③ "을"은 제2항의 규정에 의한 요청에 대하여 공사시공자가 취한 조치의 결과를 확인한 후 이를 "갑"에게 통보한다.

④ "을"은 공사시공자가 제2항의 규정에 의한 요청에 응하지 아니하는 경우에는 당해 공사를 중지하도록 요청할 수 있다.

⑤ "을"은 공사시공자가 시정, 재시공 또는 공사 중지 요청에 응하지 아니하는 경우에는 이를 시장군수구청장에게 보고한 후 "갑"에게 통보한다.

⑥ "갑"은 제2항 제4항 및 제5항의 규정에 의하여 위반사항에 대한 시정재시공 또는 공사중지를 요청하거나 위반사항을 시장군수구청장에게 보고한 "을"에 대하여 이를 이유로 공사감리자의 지정을 취소하거나 보수의 지불을 거부 또는 지연시키는 등 불이익을 주어서는 아니 된다.

⑦ "갑"은 공사시공자가 "을"의 시정재시공 또는 공사중지 요청에 응하도록 협조한다.

제9조(현장지도확인) "을"은 다음 각호의 경우에 대하여는 현장에서 확인지도를 실시한 후에 공사 진행을 하게 한다.

1. 공사착공시
2. 건물의 배치, 수평보기, 기초 및 지하층 흙파기시
3. 기초 및 각층 철근배근과 거푸집 설치시
4. 외벽 등 주요구조부 공사시
5. 단열, 방수, 방습 및 주요취약부 공사시
6. 주요 설비 및 전기공사시
7. 기타 건축물의 규격 및 품질관리상 주요 부분의 공사시

제10조(주요 공정의 확인 점검) ① "을"은 공사의 주요 공정의 경우에는 그 적합성을 확인하고 서명한 후 "갑"에게 그 결과를 통보한다.

② 제1항의 규정에 의한 주요 공정은 설계도서에 따른 시공 여부의 확인과 건축물의 품질 향상을 위하여 필요한 공정으로서 건축물의 유형에 따라

"갑"과 "을"이 협의하여 다음과 같이 정한다.

1.

2.

3.

4.

5.

6.

제11조(상세시공도면의 작성 요청 등) ① "을"은 연면적의 합계가 5천제곱미터 이상인 건축 공사의 경우에 공사시공자에게 상세시공도면을 작성하도록 요청할 수 있으며, 이 경우 "갑" 또는 공사시공자는 "을"에게 상세시공도면을 제출하여야 한다.

② "을"은 작성된 상세시공도면을 확인검토하여 공사시공자에게 의견을 제시하고 "갑"에게 이를 통보한다.

제12조(공기 및 공법의 변경) ① "갑" 또는 공사시공자가 공기 및 공법을 변경할 때에는 7일 전까지 "을"에게 통보한다.

② "을"은 제1항의 규정에 의한 공법의 변경과 관련하여 공법의 안전성, 건축물의 품질 확보, 공사시공자의 기술력 확보 등에 대한 검토 의견을 제시할 수 있다.

제13조(감리보고서 등) ① "을"은 "갑"에게 감리결과를 매월 (   )일에 통보하되, 건축법시행령 제19조 제3항에서 정한 진도에 다다른 때에는 감리중간보고서를, 공사를 완료한 때에는 감리완료보고서를 각각 작성하여 "갑"에게 제출한다.

② "을"은 감리일지를 기록유지한다.

제14조(감리보조자 등) ① "을"을 대리하여 감리보조자가 공사감리업무를 수행하는 경우에는 "을"이 하는 것으로 본다.

② "을"은 감리보조자의 변경이 있는 경우에는 변경 후 3일 이내에 "갑"과 공사시공자에게 통지한다.

③ "을"은 공사감리업무에 참여하는 감리보조원의 신상명세, 자격 여부 등을 기록한 현황표를 공사 현장에 비치한다.

제15조(자재의 검사 등) ① "을"은 자재의 검사 및 품질시험을 "갑"과 협의하여 관련전문기관에 의뢰할 수 있으며, "갑"은 이에 소요되는 비용을 지불한다.

② "을"은 자재의 검사 및 품질시험의 결과를 확인검토한다.

③ "갑" 또는 공사시공자가 자재의 검사 및 품질시험을 의뢰하는 경우에는 "갑"은 그 일시, 장소, 시험목록을 시험일 7일 전까지 "을"에게 통지한다.

④ "을"은 제3항의 규정에 의한 자재의 검사 및 품질시험에 입회할 수 있다.

제16조(계약의 양도 및 변경) ① "갑"과 "을"은 상대방의 승락없이는 이 계약상의 권리의무를 제3자에게 양도, 대여, 담보 제공 등 기타 처분행위를 할 수 없다.

② "갑"의 계획변경, 관계법규의 개폐, 천재지변 등 불가항력적인 사유의 발생 기타 공사감리업무를 수정하거나 계약기간을 연장할 상당한 이유가 있는 때에는 "갑"과 "을"은 서로 협의하여 계약의 내용을 변경할 수 있다.

17조(이행보증보험증서의 제출) ① "갑"과 "을"은 계약의 이행을 보증하기 위하여 계약체결시에 상대방에게 이행보증보험증서를 제출할 수 있다.

② 제1항의 규정에 의하여 이행보증보험증서를 제출받은 경우에는 이를 계약서에 첨부하여 보관한다.

제18조("갑"의 계약 해제해지) ① "갑"은 다음 각호의 경우에 계약의 전부 또는 일부를 해제해지할 수 있다.

1. "을"이 관할 행정청으로부터 면허 또는 등록의 취소, 업무정지 등의 처분을 받은 경우

2. "을"이 금융기관의 거래정지 처분, 어음 및 수표의 부도, 제3자에 의한 가압류가처분강제집행, 금치산한정치산파산선고 또는 회사정리의 신청 등으로 계약이행이 곤란한 경우

3. "을"이 상대방의 승락없이 계약상의 권리 또는 의무를 양도한 경우

4. 사망, 실종, 질병, 기타 사유로 계약 이행이 불가능한 경우

② 천재지변 등 부득이한 사유로 계약이행이 곤란하게 된 경우에는 상대방과 협의하여 계약을 해제해지할 수 있다.

③ "을"은 제1항 각호의 해제해지 사유가 발생한 경우에는 "갑"에게 지체 없이 통지한다.

④ "갑"은 제1항의 규정에 의하여 계약을 해제해지하고자 할 때에는 그 뜻을 미리 "을"에게 14일 전까지 통지한다.

제19조("을"의 계약의 해제해지) ① "을"은 다음 각호의 경우에 계약의 전부 또는 일부를 해제해지할 수 있다.

1. "갑"이 "을"의 업무를 방해하거나 그 보수의 지불을 지연시켜 "을"의 업무가 중단되고 30일 이내에 이를 재개할 수 없다고 판단된 때

2. "갑"이 계약 당시 제시한 설계요구조건을 현저하게 변경하여 그 실현이 객관적으로 불가능한 것이 명백할 때

3. "갑"이 상대방의 승낙없이 계약상의 권리 또는 의무를 양도한 경우

4. "갑"이 "을"의 업무수행상 필요한 자료를 제공하지 아니하여 "을"의 업무 수행이 곤란하게 된 경우

5. 사망, 실종, 질병, 기타 사유로 계약이행이 불가능한 경우

② 천재지변등 부득이한 사유로 계약이행이 곤란하게 된 경우에는 상대방과 협의하여 계약을 해제해지할 수 있다.

③ "갑"은 제1항 각호의 해제해지 사유가 발생한 경우에는 "을"에게 지체 없이 통지한다.

④ "을"은 제1항의 규정에 의하여 계약을 해제해지하고자 할 때에는 그 뜻을 미리 "갑"에게 14일 전까지 통지한다.

제20조(손해배상) "갑"과 "을"은 상대방이 제16조 제2항의 규정에 의한 계약변경, 제18조 및 제19조의 규정에 의한 계약의 해제해지 또는 계약 위반으로 인하여 손해를 발생시킨 경우에는 상대방에게 손해배상을 청구할 수 있다.

제21조("을"의 면책사유) "을"은 다음 각호의 경우에는 책임을 지지 아니한다.

1. "갑"이 임의로 공사감리업무에 대한 보수의 지불을 지연시켜 업무가 중단된 경우

2. 공사시공자의 공사 중단으로 인하여 손해가 발생한 경우

3. 공사시공자가 제8조의 규정에 의한 "을"의 요청에 응하지 아니하고 임

의로 공사를 계속 진행하여 손해가 발생된 경우

4. 공사시공자가 제9조의 규정에 의한 현장 확인 지도를 받지 아니하고 공사를 진행하여 손해가 발생한 경우

5. 제2조 제2항에 따라 공사 감리업무가 중지된 경우

제22조(공사감리 업무 중단 시의 보수 지불) ① "갑"의 귀책사유로 인하여 공사감리 업무의 전부 또는 일부가 중단된 경우에는 "갑"은 "을"이 이미 수행한 공사감리 업무에 대하여 중단된 시점까지의 보수를 지불한다.

② 중단된 시점까지 수행한 업무에 대한 보수는 [별표1]을 참고하여 "갑"과 "을"이 협의를 통해 산정한다.

③ "을"의 귀책사유로 인하여 공사감리 업무의 전부 또는 일부가 중단된 경우에는 "갑"이 "을"에게 이미 지불한 보수에 대하여 이를 정산환불한다.

④ 제1항부터 제3항까지의 보수에 대한 정산은 제20조의 손해배상청구에 영향을 미치지 아니한다.

제23조(기성공사비의 지불검토) ① "갑"은 "을"에게 공사시공자로부터 제출받은 기성공사비의 지불청구에 대한 검토확인을 요구할 수 있다.

② "을"은 제1항의 규정에 의한 기성공사비의 지불청구에 대한 검토확인결과를 "갑"에게 통보한다.

제24조(특정공사에 대한 확인점검) ① "갑"이 토목소방통신전기설비 등의 특정공사에 대하여 제3자에게 도급을 준 경우에는 "을"이 그 특정공사에 대하여 확인점검할 수 있도록 보장한다.

② "갑"은 "을"이 토목소방통신전기설비 등의 특정공사의 시공자에게 공사감리에 필요한 자료를 제시 받을 수 있도록 보장한다.

제25조(비밀보장) "갑"과 "을"은 업무수행 중 알게 된 상대방의 비밀을 제3자에게 누설하여서는 아니 된다.

제26조(외주의 제한) ① "을"은 공사감리 업무의 전부를 "갑"의 승낙없이 제3자에게 외주를 주어서는 아니 된다. 단, 토목소방통신전기설비 등 타 법령에 따른 감리는 "갑"과 협의하여 관계전문기술자에게 의뢰할 수 있다.

제27조(분쟁조정) ① 이 계약과 관련하여 업무상 분쟁이 발생한 경우에는 관계기관의 유권해석이나 관례에 따라 "갑"과 "을"이 협의하여 정한다.

② "갑"과 "을"이 협의하여 정하지 못한 경우에는 건축법 제88조의 규정에 의한 건축분쟁조정위원회에 신청하여 이의 조정에 따른다.

③ 건축분쟁조정위원회의 결정에 불복이 있는 경우에는 "갑"의 소재지 관할법원의 판결에 따른다.

제28조(통지방법) ① "갑"과 "을"은 계약업무와 관련된 사항을 통지할 때에는 서면으로 하는 것을 원칙으로 한다.

② 통지를 받은 날로부터 7일 이내에 회신이 없는 경우에는 통지내용을 승락한 것으로 본다.

③ 계약당사자의 주소나 연락방법의 변경시 지체없이 서면으로 통지하여야 한다.

감정내역서 표준서식[1]

1 하자 감정내역서 서식

2 기성고 공사대금 감정내역서 서식

3 추가공사대금 감정내역서 서식

---

1 법원행정처 발간 건설감정매뉴얼(2014년) 부록편에서 인용.

1 하자 감정내역서 서식

[서식 1] 하자목록표

하 자 목 록 표

1. 공용부분 하자 표시[2]

하자유형	번호	하자현상	1 외벽	2 옥탑	3 계단실EV홀	4 주현관	5 지하주차장	6 주차장계단실	7 기계실전기실	8 물탱크	9 정화조	10 외부공간	증거
1. 균열	공용1	균열	●	●			●	●					갑 o호증
	공용2	습식균열, 백화											
	공용3	철근 노출											
2. 결로	공용4	결로수, 곰팡이			●		●						
3. 누수	공용5……	외벽 누수 하자											
4. 타일													
5. 미장													
6. 수장													
7. 창호													
8. 기타													

2 하자유형별 분류 후 공간별로 표시하여 작성. A4 가로형도 가능. 공용부분은 하자조사 동선을 고려하여 건물의 외부에서는 ① 외벽, ② 옥탑, ③ 계단실, ④ 주현관, ⑤ 지하주차장, ⑥ 주차장 계단, 램프, ⑦ 기계, 전기실 등 지하주요시설, ⑧ 조경 등 외부공간, ⑨ 기타공간 순으로 전개. 하자유형은 '건설감정실무'(2011년)의 주요하자 유형별로 전개.

2. 전유부분 하자 표시[3]

하자 유형	번호	하자현상	1 현관	2 거실	3 주방	4 발코니1	5 발코니2	6 화장실2	7 안방	8 화장실2	9 작은방	10 기타	증거
1. 균열	전유1	균열				●	●						갑 o호증
	전유2	습식균열, 백화											
	전유3	망상 균열											
2. 결로	전유4	결로, 곰팡이		●	●		●						
3. 누수	전유5.....	안방 천정 누수							●				
4. 타일								●	●	●			
5. 미장													
6. 수장													
7. 창호													
8. 기타													
9. 설비	전유설비 1	온수분배기 누수											
10. 전기	전유전기 1....	화장실 전등 이상											
11. 기타	전유기타 1												
12. 미시공	전유 미시공												
13. 변경 시공	변경시공												

---

3 전유세대 또한 하자조사 동선을 고려하여 ① 현관, ② 거실, ③ 주방, ④ 발코니, ⑤ 화장실 ⑥ 안방, 작은방, ⑦ 기타 등의 순서(조사동선)로 전개.

[서식 2] 세대조사 체크리스트

000 아파트		
동	호 수	
조 사 일 자		
조사자		
방 문 기 록		
1차	2차	3차	조사거부
비고:		

세대 평면도

실별	번호	하자 항목	산출서식	단위
현관	전유 1			
	전유 2			
거실	전유 3			
	전유 4			
주방	전유 5			
	전유 6			
발코니	전유 7			
	전유 8			
화장실	전유 9			
	전유10			
안방	전유11			
	전유12			
작은방	전유13			
	전유14			
기타	전유15			
	전유16			

부록

[서식 3] 구체적 감정사항 서식

[   ]

구분	하자 감정내용			
1.원고 측 주장	① 하자 판정	[ ] 하자 제외		
		[ ] 기능상 하자	[ ] 법규의 위반	
		[ ] 안전상 하자	[ ] 약정의 위반	
		[ ] 미관상 하자		
2.피고 측 주장	② 발생원인	[ ] 미시공 하자	[ ] 설계상 하자	
		[ ] 변경시공 하자	[ ] 감리상 하자	
		[ ] 부실시공 하자	[ ] 사용상 · 관리상 하자	
	③ 발생 시기	사용검사일 년 월 일		
		[ ] 사용검사 이전 발생		
3.감정인 의견		[ ] 사용검사 이후 발생		
		[ ] 1년 이내	[ ] 4년 이내	
		[ ] 2년 이내	[ ] 5년 이내	
		[ ] 3년 이내	[ ] 10년 이내	
		[ ] 구체적 발생 시기 판정 불가		
	④ 보수가능 여부	[ ] 보수 가능함	[ ] 보수 불가능	
	⑤ 하자의 중요성	[ ] 중요한 하자	[ ] 중요하지 않은 하자	
	⑥ 보수비 과다여부		과다하지 않음 보수비 과다	
			[ ] [ ]	
	⑦ 보수비의 산정	[ ] 보수비용 산출	[ ] 하자가 중요하지 않으면서 보수비가 과다한 경우 시공비 차액 산정 (보수불가능 포함)	

⑧ 하자 보수 요청		⑨ 하자 보수 여부	
하자 보수 요청 및 요청 일자	[ ] 요청하지 않음	[ ] 보수 완료 확인	
	[ ] 요청함	[ ] 하자 일부 보수	
	년 월 일	[ ] 보수하지 않음	

⑩ 집합건물법상 담보책임 (시행령 9조2항)

담보책임 존속기간	마감교체 · 보수 용이한 하자	설비 · 목공 · 창호조경 기능 · 미관	철콘 · 철골 · 조적 · 지붕 · 방수	주요구조부 지반
	[ ] 2년	[ ] 3년	[ ] 5년	[ ] 10년

⑪ 주택법 시행령 하자담보책임기간 (시행령 별표6)

공사	공종		
		[ ] 1년	[ ] 4년
		[ ] 2년	[ ] 5년
4.산출 금액		[ ] 3년	[ ] 10년

현황사진	설계도면

[서식 4] 전유세대 수량산출 집계표

전유세대 수량산출집계표

번호	품명	단위	소계	101호	102호	103호	104호	105호	201호	202호	203호	204호	205호	305호	401호	402호	403호	404호	405호	501호	502호	805호	901호	1004호	비고
전유01																									
전유02																									
전유03																									
전유04																									
전유05																									

[서식 5] 감정내역서(일반건축물, 공동주택 공통서식)[4]

감정내역서

항목 하자 담보 기간	단위	수량	직접공사비 재료비 (단가/금액)	노무비 (단가/금액)	경비 (단가/금액)	직접비소계 (단가/금액)	간접 노무비	제경비 (산재, 연금, 건강, 노인 / 고용, 퇴직, 보험, 장기 / 기타 관리비, 안전 관리비 경비)	경비 소계	일반 관리비	이윤	소계	건축비 부가가치 세	소계	합계
하자1															
하자2															
하자3															
[전체 합계]															

---

4 감정항목별로 감정항목의 규격, 수량, 단가, 금액 등의 직접공사비 내역과 간접 노무비, 각종 보험료 등의 제경비와 일반관리비, 이윤, 부가세 등의 원가계산금액을 표기하고, 열방향으로 하자담보기간별 공사항목을 전개시켜 '원가일체형내역서'로 작성한다.

[서식 6] 하자 감정서 집계표 1

집 계 표

1) 집합건물법상 담보책임존속기간에 따른 하자보수비 집계표

구분	기산일 이전		기산일 이후 발생한 하자					합계
	5년 초과	5년 이내	2년차	3년차	5년차	10년차	소계	
공용부분 :								
전유부분								
합계								

2) 주택법상 하자담보책임기간별 하자보수비 집계표

(단위: 원)

구분	사용검사 전		사용검사 후							합계
	미시공	변경 시공	1년차	2년차	3년차	4년차	5년차	10년차	소계	
공용부분										
전유부분										
합계										

3) 집합건물법상 담보책임존속기간에 따른 전유부분 세대별 보수비 집계표 [5]

(단위: 원)

구분	기산일 이전		기산일 이후 발생한 하자					합계
	5년 초과	5년 이내	2년차	3년차	5년차	10년차	소계	
101동 101호								
101동 102호								
101동 103호								
합계								

---

5 공용부분도 전유세대와 마찬가지로 감정신청시 구분한 세부공간별로 하자목록별 집계표와 감정내역서를 작성한다.

[서식 7] 하자 감정서 집계표 2[6]

집 계 표

1. 보수비 총괄표

1) 집합건물법상 담보책임존속기간에 따른 하자보수비 총괄표[7]

(단위: 원)

구분	기산일 이전		기산일 이후 발생한 하자					합계
	5년 초과	5년 이내	2년차	3년차	5년차	10년차	소계	
공용부분								
전유부분								
합계								

2) 주택법상 하자담보책임기간에 따른 하자보수비 총괄표

(단위: 원)

구분	사용검사 전		사용검사 후								합계
	미시공	변경 시공	1년차	2년차	3년차	4년차	5년차	10년차	소계		
공용부분											
전유부분											
합계											

---

6 집합건물법 개정(2013. 6. 19. 시행)에 따라 2013년 6월 19일 이후 분양된 집합주택에 대한 하자소송의 경우, 개정 집합건물법 및 동법 시행령에 정한 담보책임존속기간을 기준으로 한 하자보수비 총괄표와 주택법상 하자담보책임기간을 기준으로 한 하자보수비 총괄표를 각각 작성하여야 할 것으로 보인다.

7 개정 집합건물법 제9조의2(담보책임의 존속기간)
   ① 제9조에 따른 담보책임에 관한 구분소유자의 권리는 다음 각 호의 기간 내에 행사하여야 한다.
   1. 건축법 제2조 제1항 제7호에 따른 건물의 주요구조부 및 지반공사의 하자: 10년
   2. 제1호에 규정된 하자 외의 하자: 하자의 중대성, 내구연한, 교체가능성 등을 고려하여 5년의 범위에서 대통령령으로 정하는 기간

[서식 8] 하자목록별 집계표

2. 하자목록별 집계표

1) 집합건물법상 담보책임존속기간에 따른 하자목록별 집계표(전용/공용)

(단위: 원)

구분	기산일 이전		기산일 이후 발생한 하자					합계
	5년 초과	5년 이내	2년차	3년차	5년차	10년차	소계	
하자 1								
하자 2								
하자 3								
하자 4								
하자 5								
합계								

2) 주택법상 하자담보책임기간에 따른 하자목록별 총괄표(전용/공용)

(단위: 원)

구분	사용검사 전		사용검사 후							합계
	미시공	변경 시공	1년차	2년차	3년차	4년차	5년차	10년차	소계	
하자 1										
하자 2										
하자 3										
하자 4										
하자 5										
합계										

[서식 9] 공용부분 하자보수비 집계표

3. 공용 및 구분소유자별 하자보수비 집계표

1) 공용부분

① 집합건물법상 담보책임존속기간에 따른 공용부분 공간별보수비 집계표

(단위: 원)

구분	기산일 이전		기산일 이후 발생한 하자					합계
	5년 초과	5년 이내	2년차	3년차	5년차	10년차	소계	
지하주차장1								
지하주차장2								
101동 외벽								
102동 외벽								
103동 외벽								
합계								

② 주택법상 하자담보책임기간에 따른 공용부분 공간별보수비 집계표

(단위: 원)

구분	사용검사 전		사용검사 후							합계
	미시공	변경 시공	1년차	2년차	3년차	4년차	5년차	10년차	소계	
지하주차장1										
지하주차장2										
101동 외벽										
102동 외벽										
103동 외벽										
합계										

[서식 10] 구분소유자별 하자보수비 집계표

2) 전유부분: 구분소유자

① 집합건물법상 담보책임존속기간에 따른 구분소유자별 보수비 집계표

(단위: 원)

구분	기산일 이전		기산일 이후 발생한 하자					합계
	5년 초과	5년 이내	2년차	3년차	5년차	10년차	소계	
101동 101호								
101동 102호								
101동 103호								
101동 104호								
101동 105호								
101동 106호								
101동 107호								
합계								

② 주택법상 하자담보책임기간에 따른 구분소유자별 보수비 집계표

(단위: 원)

구분	사용검사 전		사용검사 후							합계
	미시공	변경 시공	1년차	2년차	3년차	4년차	5년차	10년차	소계	
101동 101호										
101동 102호										
101동 103호										
101동 104호										
101동 105호										
101동 106호										
101동 107호										
합계										

[서식 11] 기성고 공사대금 집계표

기성고 공사대금 집계표

사건:

원고:

피고:

구분	산출내역	비고
① 계약금액	₩　　　원	도급 계약서 약정금액 (VAT포함)
② 기성고 비율	$\dfrac{\text{기시공 부분에 소요된 공사비}}{(\text{기시공 부분에 소요된 공사비}) + (\text{미시공 부분에 소요될 공사비})}$ = 기성고 비율 (%)	
③ 기성고 공사대금	₩＿＿＿원 × % = ₩＿＿＿원 (계약금액) (기성고 비율) (기성고 공사대금)	VAT 포함, (천원 미만 버림)

[서식 12] 기시공공사비 · 미시공공사비 집계표

기시공공사비 · 미시공공사비 집계표

비목		기시공 부분에 소요된 공사비	미시공된 부분에 소요될 공사비	구성비
순공사원가	재료비	직접재료비			
		간접재료비			
		작업설, 부산물			
		[소계]			
	노무비	직접노무비			
		간접노무비			직접노무비 * 요율
		[소계]			
	경비	기계경비			
		산재보험료			노무비 * 요율
		고용보험료			노무비 * 요율
		국민건강보험료			직접노무비 * 요율
		국민연금보험료			직접노무비 * 요율
		노인장기요양보험료			건강보험료 * 요율
		퇴직공제부금비			직접노무비 * 요율
		산업안전보건관리비			(재료비+직노) * 요율
		환경보전비			(재료비+직노+기계경비) * 요율
		기타경비			(재료비+노무비) * 요율
		하도급지급보증수수료			(재료비+직노+기계경비) * 요율
		[소계]			
계					
일반관리비					계 * 요율
이윤					(노무비+경비+일반관리비)*요율
공급가액					
부가가치세					공급가액 * 요율
합계					

[서식 13] 기성고 공사대금 감정내역서

기성고 공사대금 감정내역서

품명	규격	단위	기시공 부분에 소요된 공사비												미시공 부분에 소요된 공사비												비고
			수량	재료비		노무비		경비		소계		수량	재료비		노무비		경비		소계			
				단가	금액	단가	금액	단가	금액	단가	금액		단가	금액	단가	금액	단가	금액	단가	금액	
합계																					

3 추가공사대금 감정내역서 서식

[서식 14] 추가공사대금 감정내역서 집계표

추가공사대금 집계표

사건:

원고:

피고:

번호	감정신청 사항	감정금액	비고
1			
2			
3			
4			
5			
6			
7			
8			
9			
10			
계			

부록

[서식 15] 추가공사대금 감정내역서[8]

추가공사대금 감정내역서

항목	단위 수량	재료비 단가/금액	직접공사비 노무비 단가/금액	직접공사비 경비 단가/금액	직접비소계 단가/금액	간접 노무비	제경비 산재, 연금, 건강 보험료	제경비 고용	제경비 퇴직 보험 공제 장기 요양	제경비 안전 관리비	제경비 기타 경비	제경비 경비 소계	일반 관리비	이윤	간접비 소계	부가 가치세	합계
추가공사항목1																	
추가공사항목2																	
추가공사항목3																	
추가공사항목4																	
추가공사항목5																	
[전체 합계]																	

8 감정항목별로 감정항목의 규격, 수량, 단가, 금액 등의 직접공사비 내역과 간접 노무비, 각종 보험료 등의 제경비와 일반관리비, 이윤, 부가세 등의 원가계산금액을 표기하고, 열방향으로 하자담보기간별 공사항목을 전개시켜 '원가일체형내역서'로 작성한다.

III 기성고 감정서

이 사건 감정의 목적은 건축주인 원고가 피고 건설사로부터 반환받을 선급금이 있는지, 또는 피고 건설사가 건축주인 원고로부터 지급받을 공사대금이 존재하는지 확인하기 위해 감정목적물(지하2층, 지상 7층 규모의 업무시설)의 계약해제시점의 기성고 비율 및 기성고 공사대금을 산출하는 것이다.

사 건 : □□□□나△△△△손해배상(기)등
원고 : ○ ○ ○
피 고 : ○○종합건설

감 정 서

경기도 ○○시 ○○○로 ○

2020. 00. 00.

감정인 ○ ○ ○

○○법원 제○민사부 귀중

제 출 문

사 건 □□□□나△△△△손해배상(기)등

원 고 ○ ○ ○

피 고 ○○종합건설

  이 사건 감정을 수행함에 있어 재판부의 지시사항과 감정신청내용을 근거로 현장을 조사·확인하였습니다. 이에 대한 기술적 검토를 거쳐 감정결과를 보고합니다.

2020. 00. 00.

감 정 인 : 건 축 사 · 건축시공기술사 ○   ○   ○   (인)

사 무 소 : △△건축사사무소

주   소 : 서울시 ○○구 ○○○로

전   화 : 02-0000-0000 / 팩 스 : 02-0000-0000

이 메 일 : abc@abc.co.kr

○○법원 제○민사부 귀중

감정 수행 경과 보고

1. 감정서 제출 목록

구 분	제출도서 및 서류	제출부수	비 고
감정서	1. 감정보고서 2. 참고자료	1부	전자제출

2. 감정인 업무수행 및 당사자 · 관계자 접촉 경과표

번호	일 자	장 소	참 가 자	내 용	비고
1	2020.00.00.		감정인, 원고, 피고	감정기일	
2	2020.00.00.	감정인사무실	감정인, 피고	감정회의 및 자료 제출	도면, 서류
3	2020.00.00.	감정인사무실	감정인, 원고	감정회의 및 자료 제출	도면, 서류
4	2020.00.00.		감정인	현장조사 일정 공문 발송	
5	2020.00.00.		원고	자료 제출	E-mail
6	2020.00.00.		피고	자료 제출	우편 수령
7	2020.00.00.	감정건물	감정인, 원고, 피고	현장조사	
8	2020.00.00.		원고	자료 제출	E-mail
9	2020.00.00.		원고	자료 제출	E-mail
10	2020.00.00. ~ 2020.00.00.	-	감정인외 1명	감정서 및 내역서 작성	
11	2020.00.00. ~ 2020.00.00.	-	감정인외 1명	감정서 검토 및 수정	
12	2020.00.00.	-	-	감정서 인쇄, 제본	
13	2020.00.00.	-	-	감정서 제출	

감정요약문

사 건 □□□□나△△△△손해배상(기)등
원 고 ○ ○ ○
피 고 ○○종합건설

1. 기성고 비율

산정 공식	기성고 비율
$$\dfrac{\text{기시공 부분에 소요된 공사비}}{(\text{기시공 부분에 소요된 공사비}) + (\text{미시공 부분에 소요될 공사비})} = \text{기성고 비율(\%)}$$ ⬇ $$\dfrac{1,344,769,299원}{1,344,769,299원 + 2,642,538,610원} = 33.73(\%)$$	원고의 재시공 공사비 제외 33.73%

2. 기성고 공사대금

산정 공식	비고
3,938,000,000원 × 33.73% = 1,328,287,000원 (계약금액)　　(기성고비율)　　(기성고 공사대금)	1. 계약서 약정금액 (부가가치세 포함) 2. 천단위 이하 절사

1 감정보고서

1. 개 요

1.1 감정 개요

감정대상 건축물은 경기도 ○○시 ○○○로 ○에 위치한 지하2층, 지상7층 업무시설 건물이다. 이 사건 감정의 목적은 감정대상물에 대하여 원고가 피고 ○○종합건설로부터 반환받을 선급금, 또는 피고 ○○종합건설이 원고로부터 지급받을 공사대금이 존재하는지 여부를 확인하기 위한 것이다. 이를 확인하기 위해 2020. 00. 00. 현장조사를 실시하였다.

감정 대상 건축물의 전경

1.2 감정 목적물 표시

구 분	내 용	비 고
주 소	경기도 ○○시 ○○○로 ○	
용 도	근린생활시설	
건 축 규 모	지하 2층, 지상 7층	
대 지 면 적	957.0 ㎡	
연 면 적	6,397.25 ㎡	
건 폐 율	69.71 %	
용 적 율	483.10 %	
건물구조형식	철근콘크리트조	

1.3 감정 목적물 위치

2. 감정의 목적 및 감정 신청사항

2.1 감정의 목적

이 사건 감정의 목적은 감정대상물에 대하여 원고가 피고 ○○종합건설로부터 반환받을 선급금, 또는 피고 ○○종합건설이 원고로부터 지급받을 공사대금이 존재하는지 여부를 확인하기 위한 것이다.

2.2 감정 신청사항

구분	감정사항	비고
1	가. 이 사건 건물 신축공사 중 20△△. 6. 5.까지 피고 ○○종합건설이 시공한 부분(이하 '기성부분'이라고 함)과 그 이후 원고 ○○종합건설이 직접 발주하여 시공한 부분(이하 '미시공부분'이라고 함)을 명확하게 구분하고, 기성부분을 공사하는데 소요될 객관적 공사비가 얼마인지 여부 나. 이 사건 건물 신축공사 중 미시공 부분을 완성하는데 소요될 객관적 공사비는 얼마인지 여부 다. 전체공사비 가운데 아래 '기성고 비율 산정방식'에 따라 20△△. 6. 5.까지의 기성고 비율은 얼마인지 여부	

3. 전제사실 및 감정기준

3.1 전제사실

1) 기성고 공사 현황[1]

현재 이 사건 건물 공사가 완료된 상태이기 때문에 기성고 공사 현황을 확인하는 것이 불가능하였다. 그래서 원고 및 피고가 제출한 당시 사진자료, 동영상을 참고하여 기시공 부분과 미시공 부분을 구분하여 기성고 비율을 산정하였다. 이와 같은 자료를 기준으로 판단한 기성고 공사 현황은 다음과 같다.

---

1 기성고 비율을 산정하기 위해서는 계약해제시점의 기시공 부분 및 미시공 부분의 현황을 확인하여야 한다. 감정 당시 감정대상 건물 공사가 중단된 상태라면 조사를 통해 기시공 부분과 미시공 부분을 구분한다. 하지만 계약해제시점 이후 후속 시공등을 통해 공사를 재개한 경우나, 계약해제시점에 이미 공사가 완료된 경우 등 감정목적물의 상태가 계약해제시점과 다를 경우에는 부득이 사진, 동영상 등 당시 공사자료들을 확인하여 기시공 부분과 미시공 부분의 현황을 파악할 수밖에 없다.

구분	기둥			옹벽			보, 슬라브			비고
	철근	거푸집	레미콘	철근	거푸집	레미콘	철근	거푸집	레미콘	
터파기, 흙막이										공사완료
기초										공사완료
지하2층	●	●	●	●	●	●	●	●	●	
지하1층	●	●	●	●	●	●	●	●	●	
1층	●	●	●	●	●	●	●	●	●	
2층	●	●	●	●	●	●	●	●	●	
3층	●	●	×	●	●	×	●	●	×	
4층	×	×	×	×	×	×	×	×	×	
5층	×	×	×	×	×	×	×	×	×	
6층	×	×	×	×	×	×	×	×	×	
7층	×	×	×	×	×	×	×	×	×	
옥탑, 지붕	×	×	×	×	×	×	×	×	×	

2) 감정 시점[2]

해당 공사 기성고 공사대금 감정기준시점은 20△△년 6월 5일(계약해제시점)로 하였다.

3) 기준 도면[3]

이 사건과 관련하여 원고는 최초 허가도면(20△△. 9.), 공사용 도면(20△

---

2 기성고의 산정기준이 되는 시점은 원칙적으로 공사가 중단된 시점을 기준으로 한다. 하지만 감정기일에 감정인 신문 시나 신문기일이 지정되지 않은 경우에는 서면으로 재판부에 그 시점을 확인하여 줄 것을 반드시 요청한 후 감정시점을 확정하여야 한다. 시점이 확정되면 적용되는 단가는 반드시 동일한 시점을 기준으로 하여 동일한 단가를 적용하여 이미 완성된 부분의 공사비와 미시공 부분에 소요될 공사비를 산정하여야 한다.

3 감정 기준 도면은 물량 산출의 기준이 되는 도면이다. 제출한 도면이 여러 개일 경우에는 계약서, 현장조사 현황 등을 고려하여 감정 기준 도면을 결정한 후 감정을 수행한다.

부록

△. 12.), 1차 설계변경 도면, 준공도면을, 피고는 허가도면(20△△. 12.)을 제출하였다. 원고가 제출한 계약내역서 및 피고가 제출한 기성청구내역서와 각각의 도면을 비교 검토한 결과, 최초 허가도면(20△△. 9.)을 계약내역서 산정의 기준으로 확정하고 이 도면을 기준으로 기시공, 미시공 수량을 산출하였다.

4) 기성고비율 산출기준

기성고비율은 대법원 판례[4]에서 제시하는 방식으로 기시공부분에 소요된 공사비와 미시공부분에 소요될 공사비를 확인한 후 다음과 같이 산출하였다.

$$\text{기성고 비율 (\%)} = \frac{\text{기시공부분에 소요된 공사비}}{\text{기시공부분에 소요된 공사비} + \text{미시공부분에 소요될 공사비}}$$

5) 기성고공사대금 산출

기성고 공사대금은 약정금액[5]에 기성고 비율을 곱해서 산출하였다.

$$\text{기성고 공사대금} = \underset{\text{(약정금액)}}{3{,}938{,}000{,}000원} \times \text{기성고 비율}$$

---

4 대법원 1992.3.31. 선고 91다42630 판결; 대법원 1992.11.23. 선고 93다25080 판결; 대법원 1996. 1.23. 선고94다31631,31648 판결 등 다수
"건축공사도급계약에 있어서 수급인이 공사를 완성하지 못한 상태로 계약이 해제되어 도급인이 그 기성고에 따라 수급인에게 공사대금을 지급하여야 할 경우, 그 공사비 액수는 공사비 지급방법에 관라여 달리 정한 경우 등 다른 특별한 사정이 없는 한 당사자 사이에 약정된 총공사비에 공사를 중단할 당시의 공사기성고 비율을 적용한 금액이고, 기성고 비율은 공사비지급의무가 발생한 시점을 기준으로 하여 이미 완성된 부분에 소요된 공사비에다 미시공부분을 완성하는데 소요될 공사비를 합친 전체 공사비 가운데 완성된 부분에 소요된 비용이 차지하는 비율"
5 기성고 감정에 있어서 가장 먼저 확인되어야 할 사항은 바로 '약정금액'의 총액이다.

3.2 감정기준

1) 조사방법

① 건축물 현황은 육안조사를 통해 확인하였다.

② 조사시점에 확인이 불가능한 기시공 부분은 원고 및 피고가 제출한 사진, 동영상, 기성청구내역서 등을 참고하였다.

2) 물량검토 기준[6]

① 원고가 제시한 최초 허가도면과 시공된 현황을 근거로 물량을 검토하였다.

② 관련 자료로 물량 산출이 불가능한 경우는[7] 계약내역서 수량 및 기성청구내역서 물량을 참고하였다.

3) 공사비 산출 기준[8]

① 수량산출 항목 중 도급계약내역서와 동일한 항목은 도급계약내역서의 단가를 그대로 적용하였다.

② 도급계약내역서에 없는 항목의 단가는 건설표준품셈을 기준으로 하였다.

　　ⓐ 재료비는 감정시점의 정부에서 공인한 물가조사 기관의 물가자료집 단가를 적용하였다.

　　ⓑ 노무비는 통계법 제17조 규정에 의한 통계작성(승인번호 제36504호)

---

6 '약정금액을 확인한 후의 업무는 약정에 의한 '계약항목'을 확정하는 것이다. 이 단계에서는 계약 항목 자체를 '기시공부분'과 '미시공부분'으로 구분해 놓으면 그에 맞추어 기성고 비율을 쉽게 산정할 수 있다. 기준도면과 현장조사를 통해 확인한 조사 현황을 바탕으로 '기시공 부분'과 '미시공 부분'의 수량을 산출하여 수량산출 서식에 기재한다.

7 매립되어 있거나 이미 공사가 완료되어 조사가 불가능한 경우에는 공사 당시 사진, 계약내역서, 기성청구내역서 등의 자료를 참고하여 '기시공 부분'과 '미시공 부분'의 수량을 산출할 수밖에 없다.

8 기성고 감정에서 계약 공사비내역서가 있는 경우 일반적으로 공사비내역서의 단가를 기준으로 기성고 비율을 산출한다. 수급인이 계약을 위해 제출한 견적서도 그 금액의 차이가 크지 않고 도급금액과 연관성이 있다면 그 단가를 참고할 수도 있다. 단순히 공사비 총액만 알 수 있고 공사비내역서 등을 통해 각 공종별 금액 구성과 공사 항목별 단가 확인이 불가능한 경우에는 감정시점의 표준품셈과 물가조사공인기관에서 조사한 물가정보를 기준으로 공사비를 산출한다.

승인기관이 조사 공표한 가격(시중 노임)을 적용하였다.

4) 공사원가계산 제비율 적용 기준[9]

공사비 원가계산 기준은 원고가 제출한 도급계약내역서의 제비율을 적용하였다.

구 분	비 목	요 율	비 고
(1) 직접공사비	직접재료비		
	직접노무비		
	직접경비		
	소 계		
(2) 경비	산재보험료	노무비×3.4%	
	고용보험료	노무비×1.17%	
	안전관리비	(재료+노무)×1.81%	
	국민건강/연금보험료	노무비×3.92%	
	소 계		
(3)	일반관리비	(1)직접공사비×3%	
	이윤	(노무비＋경비＋일반)×12%	
	소 계		
(1)＋(2)＋(3) 합계			
부가가치세		10%	
총 공 사 비			

5) 감정기준 자료

이 감정은 원고와 피고가 제출한 아래 자료를 근거로 감정하였다.

---

9 기시공 부분과 미시공 부분의 물량산출을 산출하고 단가 적용을 통해 직접공사비 산출이 완료되면 '간접비'를 산정하는 공사원가계산서를 작성한다. 이 단계에서 간접비 산출은 계약 공사비내역서가 있을 경우 해당 내역서에 명시된 제비율을 적용한다. 공사비내역서가 없을 경우에는 감정시점에 조달청에서 발표한 원가계산 제비율 적용기준 표를 참고하여 제비율을 적용한다. 조달청 발표 원가계산 제비율 적용기준 표의 경우 매년 원가계산 제비율 적용기준을 발표하고 있고, 공사규모, 공사기간에 따라 적용 비율이 달라질 수 있으므로 반드시 확인하여야 한다.

번호	제출일자	제출자	제출자료	자료 형태	제출자료 보관			비 고
					감정인 보관	감정서 첨부	반환	
1	2020.00.00.	피고	허가도면, 기성청구서, 주간회의록, 감정평가서 외	문서	●	×	×	직접수령
2	2020.00.00.	원고	공문, 변경전후 대비도면	문서	●	×	×	직접수령
3	2020.00.00.	원고	전체도면(1차설계변경, 공사용, 최초허가) 계약서(우창건설, 녹산기업), 준공도면, 구조계산서 외	문서, 파일	●	●	×	e-mail
4	2020.00.00.	피고	기성청구서, 사진첩	문서, 사진	●	●	×	우편수령
6	2020.00.00.	원고	계약내역서, 사진, 동영상	파일	●	●	×	e-mail
6	2020.00.00.	원고	준공도면, 구조계산서, 변경전후도면	파일	●	×	×	e-mail

6) 감정의 수정·변경

이 사건 감정은 제시된 자료와 피고 주장에 근거한 것으로 추후 별도의 자료가 제출될 경우 수정·변경될 수 있다.

4. 구체적 감정사항

감정항목

가. 이 사건 건물 신축공사 중 20△△. 6. 5.까지 피고 ○○종합건설이 시공한 부분(이하 '기성부분'이라고 함)과 그 이후 원고 ○○종합건설이 직접 발주하여 시공한 부분(이하 '미시공부분'이라고 함)을 명확하게 구분하고, 기성부분을 공사하는데 소요될 객관적 공사비가 얼마인지 여부

나. 이 사건 건물 신축공사 중 미시공 부분을 완성하는데 소요될 객관적 공

부록

사비는 얼마인지 여부

다. 전체공사비 가운데 아래 '기성고 비율 산정방식'에 따라 20△△. 6.
5.까지의 기성고 비율은 얼마인지 여부

기성고 비율 산정 방식:

$$기성고\ 비율(\%) = \frac{기시공부분에\ 소요된\ 공사비}{기시공부분에\ 소요된\ 공사비\ +\ 미시공부분에\ 소요될\ 공사비}$$

□ 감정의견

1) 원고 감정신청에 따라 피고가 시공한 범위에 대하여 '가. 완성된 부분에
소요된 공사비'를 「기시공부분에 소요된 공사비」로, '나. 미시공 부분을 완성
하는데 소요될 공사비'를 「미시공된 부분에 소요될 공사비」로 적용하여 '다,
전체 공사비 가운데 기시공 부분에 소요된 비용이 차지하는 비율'을 산출하
였다.

2) 기성고 비율 및 기성고공사대금

전제사실에 명시한 산출기준에 따라 산출된 이 사건 '가. 완성된 부분에 소
요된 공사비'는 1,344,769,299원(VAT 포함), '나. 미시공 부분을 완성하는데
소요될 공사비'는 2,642,538,610원(VAT 포함)이고, '다, 전체 공사비 가운데 기
시공 부분에 소요된 비용이 차지하는 비율'은 약 33.73%이다.

산출된 기성고 비율에 따른 기성고공사대금은 1,328,287,000원(VAT 포함,
천단위이하 절사)으로 확인되었다.

① 기성고 비율

산정 공식	기성고 비율
$$\frac{기시공\ 부분에\ 소요된\ 공사비}{(기시공\ 부분에\ 소요된\ 공사비) + (미시공\ 부분에\ 소요될\ 공사비)} = 기성고\ 비율\ (\%)$$ $$\downarrow$$ $$\frac{1,344,769,299원}{1,344,769,299원\ +\ 2,642,538,610원} = 33.73\ (\%)$$	33.73%

② 기성고 공사대금

산정 공식	비고
3,938,000,000원 × 33.73% = 1,328,287,000원 (계약금액)　　(기성고비율)　　(기성고 공사대금)	1. 계약서 약정금액 (부가가치세 포함) 2. 천단위 이하 절사

5. 현황사진

부록

정면	우측면

배면

좌측면

1층 내부

1층 복도

계단실

5층 매장

지하1층 주차장	지하1층 발전기실

옥상층	옥상층

1. 기성고 비율 및 기성고 공사대금

기성고비율 및 기성고 공사대금

(□ □ □ □ 나△△△△손해배상(기)등)

구분	산정 공식	비고
1) 약정금액	₩ 3,938,000,000 원	계약서 약정금액 (부가가치세 포함)
2) 기성고 비율	(기시공 부분에 소요된 공사비) ━━━━━━━ = =기성고 비율 (기시공 부분에 소요된 공사비) (미시공 부분에 소요될 공사비) 산출한 기시공 부분 총공사비와 미시공부분 총공사비를 기성고 비율 산정 산식에 넣어 기성고 비율을 ₩ 1,344,769,299원 (기시공 부분에 소요된 공사비) ━━━━━━━ = 33.73% ₩ 1,344,769,299원 + ₩ 2,642,538,610원 (기시공 부분에 소요된 공사비) (미시공 부분에 소요될 공사비) 약정금액(계약금액)에 산출한 기성고 비율을 곱해 기성고 공사대금을 산출한다.	
3) 기성고 공사대금	₩ 3,938,000,000 원 x 33.73% = ₩ 1,328,287,000원 (계약금액) (기성고비율) (기성금액)	VAT포함 천단위 이하 절사

2. 기성고 내역서

공사원가계산서

구분	비목	적용요율	기 시공된 부분에 소요된 공사비	미 시공된 부분에 소요될 공사비	비고
(1) 직접공사비	간접비 산정 시 공사비내역서가 있을 경우 계약내역서의 제비율을 적용한다. 공사비내역서가 없을 경우에는 감정시 점에 조달청에서 발표한 원가계산 제비 율 적용기준 표를 참고하여 산정한다.		682,941,523	물량산출과 단가 적용을 통해 직접공사비 산출이 완료되면 '간접비'를 산정하는 공사원가 계산서를 작성한다.	
			296,592,501		
			114,051,498		
	(1) 소 계		1,093,585,522	2,131,490,671	
(2) 경비	산재보험료	(노무비)x3.4%	10,084,145	26,031,621	
	고용보험료	(노무비)x1.17%	3,470,132	8,957,940	
	안전관리비	(재료+노무)x1.81%	17,729,566	37,915,612	
	국민건강/연금보험료	(노무비)x3.92%	11,626,426	30,012,928	
	(2) 소 계		42,910,269	102,918,102	
(3)	일반관리비	(직접공사비)x3%	32,807,566	63,944,720	
	이윤	(노무비+경비+일반)x12%	53,214,188	103,954,334	
	(3) 소 계		86,021,753	직접공사비에 간접비(제경비)를 적용하여 기시공 부분과 미시공 부분의 총공사비를 산출한다.	
	합 계(1+2+3)		1,222,517,545		
부가가치세		10%	122,251,754	240,230,783	
	도 급 금 액		1,344,769,299	2,642,538,610	

※ 적용요율 : 도급계약서

집계표

□□□□나△△△△순부채상위기등

[집계표]

품 명	규 격	단위	수량	기시공 부분에 소요된 공사비 재료비 금액	노무비 금액	경비 금액	합계 금액	미시공 부분에 소요될 공사비 재료비 금액	노무비 금액	경비 금액	합계 금액	비고
1. 공통가설공사		식	1	9,841,500	16,871,565	15,386,020	42,099,085	3,851,000	28,671,435	22,507,980	55,030,415	
2. 가설공사		식	1	7,641,776	11,988,540	-	19,630,316	13,120,471	22,762,792	-	35,883,263	
3. 철근콘크리트공사		식	1	573,346,984	221,563,768	17,400,478	812,311,230	361,515,275	163,564,180	11,142,020	536,221,475	
4. 조적공사		식	1					5,684,730	11,972,610		17,657,340	
5. 방수공사		식	1					23,025,850	25,802,810		48,828,660	
6. 단열공사		식	1					15,030,240	3,405,960		18,436,200	
7. 미장공사		식	1					73,733,443	97,774,495	1,355,475	172,863,413	
8. 타일, 석공사		식	1					240,777,565	114,485,680		355,263,245	
9. 금속공사		식	1					90,822,366	67,594,885		158,417,251	
10. 창호, 유리공사		식	1					149,650,400	53,355,098		203,005,498	
11. 수장공사		식	1					68,769,329	18,624,704		87,394,033	
12. 도장공사		식	1					60,483,410	41,130,700		101,614,110	
13. 기타공사		식	1					71,140,000	42,539,000	1,700,000	115,379,000	
[소계]				590,830,260	250,423,873	32,786,498	874,040,630	1,177,604,079	691,684,349	36,705,475	1,905,993,903	
14. 설비공사		식	1	3,568,763	3,866,629	-	7,435,392	151,545,196	73,951,572		225,496,768	
[소계]				3,568,763	3,866,629		7,435,392	151,545,196	73,951,572			
15. 토목공사		식	1	88,542,500	42,302,000	81,265,000	212,109,500	-	-			
[소계]				88,542,500	42,302,000	81,265,000	212,109,500					
합계				682,941,523	296,592,501	114,051,498	1,093,585,522	1,329,149,275	765,635,921	36,705,475	2,131,490,671	

계약항목

기시공 부분

미시공

기시공 부분에 소요된 공사비와 미시공 부분에 소요될 공사비를 구분하여 직접공사비 합계액을 산출한다.

건축내역서

품 명	규 격	단위	수량	재료비 단가	재료비 금액	합계 단가	합계 금액	기사용 부분 단가	기사용 부분 금액	미사용 부분 단가	미사용 부분 금액	비 고

3. 철근콘크리트공사

□□□□(a.a.a.a.a.a)철근(a) 기둥

계약항목

	25~180×12	M3	60.8	52,000	3,163,264	52,000	3,163,264			52,000	98,399,840	
레미콘	25~240×12	M3	2,676.6	56,000	149,888,480	56,000	149,888,480			56,000	149,888,480	
콘크리트타설(펌프카)	보강근	M3	2,676.6			15,000	40,148,700	9,500	25,427,510	5,500	16,692,830	
콘크리트타설(펌프카)	무근	M3	60.8			15,800	961,146	6,800	413,658	9,000		
철근	HD-10	TON	57.2	800,000	45,776,000	800,000	45,776,000			800,000	39,832,000	
철근	HD-13	TON	57.2	800,000	45,776,000	800,000	45,776,000			800,000	29,056,000	
철근	HD-19	TON	20.5	800,000	16,376,000	800,000	16,376,000			800,000	2,432,000	
철근	HD-22	TON	169.0	800,000	135,176,000	800,000	135,176,000			800,000	93,200,000	
철근가공조립	각봉	TON	303.9	5,000	1,519,400	290,000	88,125,204	280,000	85,086,400	280,000	810,780	
거푸집	합판 3.4회	M2	7,830.4	6,500	50,897,665	19,000	148,777,796	12,500	97,880,125	6,500	46,599,800	
거푸집	합판 3.4회	M2	6,364.1	4,500	54,095,105	8,500	54,095,105	8,500		8,500	36,812,055	
강관비계		M2	6,364.1	4,500	28,638,565	4,500	28,638,565			4,500	19,488,735	4,500	19,488,735
거푸집정치 및 인양		M2	7,830.4			1,500	11,745,615	1,500	11,745,615	1,500	10,753,800	
철근 및 스페이서	자동, 반침거두수+DECK	M2	6,364.1	6,500	41,366,845	200	612,400	200	612,400	200	667,000	6,500	28,150,395
PE필름	0.03.2겹	M2	3,062.0	220	673,640	550	1,684,100	330	1,010,460	330	733,730	550	1,834,250

| 소 계 | | | | | 573,346,864 | | 812,311,230 | | 221,563,768 | | 341,515,275 | | 536,221,475 |

4. 조적공사

시멘트벽돌	190×90×57×18	매		60		60				60	3,199,608	60	3,199,608
시멘트벽돌	190×90×57×4.58	매		60		60				60	791,262	60	791,262
시멘트벽돌쌓기		매				150		150		150	9,977,175	150	9,977,175
소운반	시멘트벽돌	매				30		30		30	1,995,435	30	1,995,435
모래	40KG	B/G		4,500		4,500		4,500		4,500	1,259,284	4,500	1,259,284
모래		M3		18,000		18,000		18,000		18,000	434,576	18,000	434,576

| 소 계 | | | | | | | | | | | 5,684,730 | | 17,657,340 |

5. 방수공사

시멘트액체방수2수	2차	M2		800		6,300		5,500		800	2,800,968	6,300	22,687,623
우레탄도막방수2수		M2		19,500		28,000		8,500		19,500	13,755,885	28,000	19,752,040
시멘트	40KG	B/G		4,500		4,500				4,500	5,387,025	4,500	5,287,026
모래		M3		18,000		18,000				18,000	1,101,970	18,000	1,101,970

| 소 계 | | | | | | | | | | | 23,025,860 | | 48,828,660 |

> 도급계약내역서가 있을 경우 적용하며, 공사비 내역서가 없을 경우에는 감정시점의 표준품셈 및 정부거래단가를 활용하여 단가를 산정한다. 이 때 계약 항목을 기사용 부분과 미사용 분의 적용단가는 동일하게 적용해야 한다.

기사용 부분

미사용 부분

건축 수량검토서

품 명	규 격	단위	가시공 부분에 소요된 물량 산출서	산출물량	미시공 부분의 소요물량 산출서	미시공 부분
3. 철근콘크리트공사						
레미콘	25-180-12	M3	=(백업콘크리트시공연적911.7*높이0.06)+총물량자체(2.83+3.3)	60.8	=미시공수량0	
레미콘	25-240-12	M3	=콘크수량집계2,676.58	2,676.6	=콘크수량집계1,757.14	1,757.1
콘크리트타설(펌프카)	철근	M3	=콘크수량집계2,676.58	2,676.6	=콘크수량집계1,757.14	1,757.1
콘크리트타설(펌프카)	무근	M3	=(백업콘크리트시공연적911.7*높이0.06)+총물량자체(2.83+3.3)	60.8	=미시공수량0	
철근	HD-10	TON	=콘크수량집계57.22	57.2	=콘크수량집계49.79	
철근	HD-13	TON	=콘크수량집계57.22	57.2	=콘크수량집계36.32	
철근	HD-16	TON	=콘크수량집계20.47	20.5	=콘크수량집계3.04	
철근	HD-22	TON	=콘크수량집계168.97	169.0	=콘크수량집계74.00	
철근가공조립	각종	TON	=콘크수량집계(57.22+57.22+20.47+168.97)	303.9	=콘크수량집계(49.79+35.32+3.04+74.0)	
거푸집	유로폼	M2	=콘크수량집계7830.41	7,830.4	=콘크수량집계7,169.20	7,169.2
거푸집	합판 3,4회	M2	=콘크수량집계6364.13	6,364.1	=콘크수량집계4330.83	4,330.8
각자재비		M2	=콘크수량집계6364.13	6,364.1	=콘크수량집계4330.83	4,330.8
거푸집해체 및 인양		M2	=유로폼수량7830.41	7,830.4	=유로폼수량7,169.20	7,169.2
진동기초료		M3	=가시공건축면적(887*2+621+667)	3,062.0	=미시공건축면적(667+5개층)	3,335.0
철선 및 스페이서	각종, 합판거푸집+DECK	M2	=합판거푸집수량6364.13	6,364.1	=합판거푸집수량4330.83	4,330.8
펌핑통	0.03, 2겹	M2	=가시공건축면적(887*2+621+667)	3,062.0	=미시공건축면적(667+5개층)	3,335.0
4. 조적공사						
시멘트벽돌	190*90*57-18	매	=가시공 수량0	-	=미공물량집계53326.8	53,326.8
시멘트벽돌	190*90*57-0.58	매	=가시공 수량0	-	=미공물량집계13187.70	13,187.7
시멘트벽돌쌓기	0.5B	매	=가시공 수량0	-	=미공수량집계66514.5	66,514.5
순운반	시멘트벽돌	매	=가시공 수량0	-	=미공물량집계66514.5	66,514.5
시멘트	40KG	B/G	=가시공 수량0	-	=510kg*0.33+66.51천매/40	279.8
모래		M3	=가시공 수량0	-	=1.1m*0.33+66.51천매	24.1

3. 물량산출근거

3-1 골조물량 산출근거

골조수량집계

층	부재명	기시공에 소요된 수량							미시공에 소요될 수량						
		25-24-12	할판3회	유로폼	H10	H13	H16	H22	25-24-12	할판3회	유로폼	H10	H13	H16	H22
FT	기초	934.40		122.40				56.59							
합계		934.40	-	122.40				56.59	-	-	-	-	-	-	-
B2	기둥	82.47		178.16	0.71			6.16							
B2	보	87.80	439.18		2.12	0.69		16.44							
B2	슬라브	168.86	1,096.38	14.22	5.03	11.54									
B2	옹벽	196.91	244.60	1,039.66	2.99	0.14	16.54	2.89							
B2	계단	2.66	18.30		0.06	0.10	0.38								
B2	잡	114.66		65.52				5.92							
층계		603.38	1,798.46	1,297.56	10.91	12.47	16.92	31.42							
B1	기둥	31.78		172.50	0.55			4.07							
B1	보	103.14	474.18		2.29	1.80		20.75							
B1	슬라브	129.32	840.81	13.69	3.99	8.55									
B1	옹벽	152.31		1,357.80	2.76	8.62									
B1	계단	3.01	20.52		0.06	0.13	0.48								
층계		419.55	1,335.51	1,543.79	9.65	19.10	0.43	24.82							
1	기둥	36.96		208.05	0.66			5.48							
1	보	66.84	329.12		1.71	0.74		13.91							
1	슬라브	104.94	699.61	16.93	3.75	6.95									
1	옹벽	170.13		1,730.36	7.23	0.62									
1	계단	10.26	69.77		0.19	0.53	1.60								
층계		389.13	1,098.50	1,955.34	13.54	8.84	1.60	19.39							
2	기둥	28.80		165.55	0.52			4.48							
2	보	66.84	329.12		1.71	0.74		13.91							
2	슬라브	104.94	699.61	17.73	3.75	6.95									
2	옹벽	124.08		1,262.20	5.43	0.48									
2	계단	5.45	37.10		0.12	0.22	0.76								
층계		330.11	1,065.83	1,445.48	11.52	8.38	0.76	18.38							
3	기둥			165.55	0.52			4.48							
3	보		329.12		1.71	0.74		13.91							
3	슬라브		699.61	17.73	3.75	6.95									
3	옹벽			1,282.56	5.52	0.53									
3	계단		37.10		0.12	0.22	0.76								
층계		-	1,065.83	1,465.84	11.60	8.44	0.76	18.38	-	-	-	-	-	-	-
4	기둥								28.80		165.55	0.52			4.54
4	보								66.84	329.12		1.71	0.74		13.91
4	슬라브								104.94	699.61	17.73	3.75	6.95		
4	옹벽								120.26		1,205.66	5.28	0.45		
4	계단								5.45	37.10		0.12	0.22	0.76	
층계									326.29	1,065.83	1,388.94	11.37	8.36	0.76	18.45
5	기둥								26.53		157.85	0.48			4.23
5	보								66.84	329.12		1.71	0.74		13.91
5	슬라브								104.94	699.61	17.73	3.75	6.95		
5	옹벽								124.08		1,262.20	5.43	0.48		
5	계단								5.45	37.10		0.12	0.22	0.76	
층계		-	-	-	-	-	-	-	327.84	1,065.83	1,437.78	11.48	8.38	0.76	18.14
6	기둥								26.53		157.85	0.48			4.23
6	보								66.84	329.12		1.71	0.74		13.91
6	슬라브								104.94	699.61	17.73	3.75	6.95		
6	옹벽								125.93		1,282.56	5.52	0.53		
6	계단								5.45	37.10		0.12	0.22	0.76	
층계									329.69	1,065.83	1,458.14	11.57	8.44	0.76	18.14
7	기둥								26.53		157.85	0.48			5.38
7	보								66.84	329.12		1.71	0.74		13.91
7	슬라브								104.94	699.61	17.73	3.75	6.95		
7	옹벽								146.27		1,484.00	5.98	0.48		
7	계단								5.45	37.10		0.12	0.22	0.76	
층계		-	-	-	-	-	-	-	350.03	1,065.83	1,659.58	12.03	8.38	0.76	19.28
PH1	슬라브								10.13	67.51		0.49	0.30		
PH1	옹벽								81.19		1,224.76	2.86	2.45		
층계		-	-	-	-	-	-	-	91.32	67.51	1,224.76	3.35	2.76	-	-
합계		2,676.56	6,364.13	7,830.41	57.22	57.22	20.47	168.97	1,757.14	4,330.83	7,160.20	46.79	36.32	3.04	74.00

> 현장조사 현황과 감정기준 도면을 근거로 기시공부분과 미시공 부분의 물량을 각각 산출한다. 건물의 규모가 작을 경우 물량산출 서식에 직접 산출서식을 입력하여 수량을 산출하고, 건축물의 규모가 큰 경우에는 별도로 수량을 산출하여 수량산출서에 결과값을 입력한다.

부재별산출서

층	부호	명칭	규격	산 출 식	결과값
동 명 : [본동] - 기초					
FT	MF1	콘크리트	25-24-12	((29.2*32*1))*1	934.4
		거푸집	유로폼	(((29.2+32)*2*1))*1	122.4
		상부주근	H22	〈(32/(200/1000))〉=160*〈29.2+(0*2)-0.12'피복두께'〉=29.08*1	4652.8
		하부주근	H22	〈(32/(200/1000))〉=160*〈29.2+(0*2)-0.12'피복두께'〉=29.08*1	4652.8
		상부부근	H22	〈(29.2/(200/1000))〉=146*〈32+(0*2)-0.12'피복두께'〉=31.88*1	4654.5
		하부부근	H22	〈(29.2/(200/1000))〉=146*〈32+(0*2)-0.12'피복두께'〉=31.88*1	4654.5
동 명 : [본동] - 기둥					
B2	2BC1	콘크리트	25-24-12	((0.9*0.9*(3.6-0.2))*2	5.508
		거푸집	유로폼	(〈(0.9+0.9)*2*(3.6-0.2)〉=12.24)*2	24.48
		주근	H22	20*〈3.6+(1.0'기초두께'+0.88'기초정착')=5.48*2	219.2
		대근	H10	〈(3.6-0.2+1.0)/(250/1000))=18*〈(0.9+0.9)*2〉=3.6*2	129.6
		보조대근	H10	〈(3.6-0.2+1.0)/(750/1000))=6*3.6*2	43.2
B2	1BC2,2BC2	콘크리트	25-24-12	(0.7*0.7*(3.6-0.2))*3	4.998
		거푸집	유로폼	(〈(0.7+0.7)*2*(3.6-0.2)〉=9.52)*3	28.56
		주근	H22	20*〈3.6+(1.0'기초두께'+0.88'기초정착')=5.48*3	328.8
		대근	H10	〈(3.6-0.2+1.0)/(250/1000))=18*〈(0.7+0.7)*2〉=2.8*3	151.2
		보조대근	H10	〈(3.6-0.2+1.0)/(750/1000))=6*2.8*3	50.4
B2	2BC3~7C3	콘크리트	25-24-12	(0.6*0.6*(3.6-0.2))*2	2.448
		거푸집	유로폼	(〈(0.6+0.6)*2*(3.6-0.2)〉=8.16-〈(3.6-0.2)*(0.4+0.4)'폼공제'〉=2.72)*2	10.88
		주근	H22	16*〈3.6+(1.0'기초두께'+0.88'기초정착')=5.48*2	175.4
		대근	H10	〈(3.6-0.2+1.0)/(250/1000))=18*〈(0.6+0.6)*2〉=2.4*2	86.4
		보조대근	H10	〈(3.6-0.2+1.0)/(750/1000))=6*1.2*2	14.4
B2	1BC4,1C1	콘크리트	25-24-12	(0.8*0.8*(3.6-0.2))*1	2.176
		거푸집	유로폼	(〈(0.8+0.8)*2*(3.6-0.2))=10.88)*1	10.88
		주근	H22	20*〈3.6+(1.0'기초두께'+0.88'기초정착')=5.48*1	109.6
		대근	H10	〈(3.6-0.2+1.0)/(250/1000))=18*〈(0.8+0.8)*2〉=3.2*1	57.6
		보조대근	H10	〈(3.6-0.2+1.0)/(750/1000))=6*3.2*1	19.2
B2	1BC5,2BC5	콘크리트	25-24-12	(0.7*0.7*(3.6-0.2))*1	1.666
		거푸집	유로폼	(〈(0.7+0.7)*2*(3.6-0.2)〉=9.52)*1	9.52
		주근	H22	22*〈3.6+(1.0'기초두께'+0.88'기초정착')=5.48*1	120.6
		대근	H10	〈(3.6-0.2+1.0)/(250/1000))=18*〈(0.7+0.7)*2〉=2.8*1	50.4
		보조대근	H10	〈(3.6-0.2+1.0)/(750/1000))=6*2.8*1	16.8
B2	1BC6,2BC6	콘크리트	25-24-12	(0.5*0.8*(3.6-0.2))*1	1.36
		거푸집	유로폼	(〈(0.5+0.8)*2*(3.6-0.2)〉=8.84-〈(3.6-0.2)*(0.4+0.4)'폼공제'〉=2.72)*1	6.12
		주근	H22	18*〈3.6+(1.0'기초두께'+0.88'기초정착')=5.48*1	98.6

3-2 마감물량 산출근거

마감물량집계표

품 명	규 격	단위	합계	지하2층	지하1층	1층	2층	3층	4층	5층	6층	7층	계단실 (X2/Y2~5)	계단실 (X3/Y3)	옥탑,지붕층	외부	기타	참조	비고
4. 조적공사																			
시멘트벽돌	190×90×57×1B	매	63,526.60	6,638.46	10,697.06	37,191.20	-	-	-	-	-	-	-	-	-	-	-	-	
시멘트벽돌	190×90×57×0.5B	매	13,187.70	3,676.35	1,958.86	-	-	-	-	-	-	-	-	-	7,552.50	-	-	-	
시멘트벽돌할증		매	86,514.50	9,514.81	12,455.90	37,191.20	-	-	-	-	-	-	-	-	7,552.50	-	-	-	
소요량	시멘트벽돌	매	86,514.50	9,514.81	12,455.90	37,191.20	-	-	-	-	-	-	-	-	7,552.50	-	-	-	
5. 방수공사																			
시멘트액체방수	3차	M2	5,801.21	1,508.82	1,340.50	71.85	57.79	57.79	57.79	57.79	57.79	57.76	93.59	-	9.99	-	-	
우레탄도막방수		M2	706.43	-	-	-	-	-	-	-	-	-	-	-	706.43	-	-	-	
6. 단열공사																			
열반사단열재	테크론 12m	M2	2,397.60	-	-	-	-	-	-	-	-	-	-	-	141.91	2,155.69	-	
방수폴리스치렌 타실부착	SLAB, 바탕0.03, 110m	M2	800.00	-	-	-	-	-	-	-	-	-	667.63	17.12	16.16	9.09	-	-	
발포성차음단열재 타설부착	SLAB, 바탕0.03, 10m	M2	118.00	-	-	-	-	-	-	-	-	-	-	-	-	118.00	-	-	
7. 미장공사																			
모트타르바름	내벽	M2	6,959.86	382.56	680.01	1,297.84	591.06	606.89	591.06	591.06	606.89	591.06	495.16	416.79	113.00	-	-	
모트타르바름	박닥	M2	4,277.29	25.94	35.20	498.65	576.79	570.98	576.79	570.98	576.79	576.71	141.45	-	-	-	
모르탈밀	30m	M2	1,606.99	442.50	816.22	146.94	116.65	116.65	116.65	116.65	116.65	-	-	-	-	-	
모르탈밀	50m	M3	-	-	-	-	-	-	-	-	-	-	-	-	-	-	-	
콘크리트		M2	232.67	108.47	124.20	-	-	-	-	-	-	-	-	-	-	-	-	
창틀주변모르타르충진		M	250.20	-	-	-	-	-	-	-	-	-	-	-	-	250.20	참조 참조	
기계미장	박닥	M2	1,274.43	645.00	629.43	-	-	-	-	-	-	-	-	-	-	-	-	
우근고르기	100m	M3	246.45	86.33	85.56	-	-	-	-	-	-	-	1.51	-	71.55	-	-	
8. 타일, 석공사																			
바닥타일	자기질	M2	172.23	-	-	26.44	23.97	23.97	23.97	23.97	23.97	23.97	-	-	-	-	-	
벽타일	자기질	M2	674.01	-	-	117.91	92.69	92.69	92.69	92.69	92.69	92.69	-	-	-	-	-	
화강석	감청색	M3	191.53	-	-	2.18	2.71	2.18	2.18	2.71	2.18	9.69	10.62	-	146.99	-	-	
화강석	얻은색	M2	1,832.92	-	-	-	-	-	-	-	-	-	-	-	129.01	1,501.91	-	
대리석	20T	M2	407.31	10.07	10.29	264.68	20.38	20.38	20.38	20.38	20.38	20.38	-	-	-	-	-	
화점석	1속 화벽	M2	257.96	-	-	-	-	-	-	-	-	-	-	-	257.96	-	-	
물갈기화강석	계단실	M2	541.50	-	-	82.31	42.93	43.92	42.93	42.93	43.92	42.93	49.37	141.46	-	-	-	
9. 금속공사																			
경량원형동	M·BAR	M2	4,120.21	-	-	527.29	600.76	591.95	600.76	600.76	591.95	600.76	-	-	-	-	-	
AL 동말		M	1,064.90	-	-	256.86	187.43	181.24	187.43	187.43	181.24	185.43	-	-	-	-	-	
합승수직환엽	300×600	M2	172.29	-	-	26.44	23.97	23.97	23.97	23.97	23.97	23.97	-	-	-	-	-	
계단핸드레일	스텐	M	123.95	-	-	-	-	-	-	-	-	-	69.35	54.60	-	-	-	
철체계단	목상	M	4.00	-	-	-	-	-	-	-	-	-	-	4.00	-	-	
커텐박스		M	525.84	-	-	-	-	-	-	-	-	-	-	-	-	525.84	참조 참조	
스텐점검구	600×1200	EA	20.00	-	-	-	-	-	-	-	-	-	-	-	20.00	-	
점검점점구	600×600	EA	24.00	-	-	-	-	-	-	-	-	-	-	-	24.00	-	
스텐시다리	W450	M	3.00	-	-	-	-	-	-	-	-	-	-	-	3.00	-	
신축동	스텐	M	136.00	-	-	-	-	-	-	-	-	-	-	-	136.00	-	
양석홈동	250×250	EA	6.00	-	-	-	-	-	-	-	-	-	-	-	6.00	-	
방화셔타	2.4×3.5	EA	10.00	-	-	-	-	-	-	-	-	-	-	-	-	10.00	참조 참조	
방화셔타	3.9×2.5	EA	1.00	-	-	-	-	-	-	-	-	-	-	-	-	1.00	참조 참조	
스틸그레이팅	W300	M	20.00	10.00	10.00	-	-	-	-	-	-	-	-	-	-	-	-	
루프드레인		EA	8.00	-	-	-	-	-	-	-	-	-	-	-	8.00	-	
도어체크		EA	37.00	-	-	-	-	-	-	-	-	-	-	-	37.00	참조 참조	
도어록		EA	37.00	-	-	-	-	-	-	-	-	-	-	-	37.00	참조 참조	
힌지		EA	41.00	-	-	-	-	-	-	-	-	-	-	-	41.00	참조 참조	
11. 수장공사																			
마스타밀		M3	3,626.05	-	-	409.95	539.86	527.16	539.86	533.66	527.16	533.66	29.34	-	-	-	
단열몰밀	T=80	M2	896.57	-	896.57	-	-	-	-	-	-	-	-	-	-	-	
아미텍스		M2	3,015.95	-	-	498.65	468.78	570.98	468.78	468.78	570.98	468.78	-	-	-	-	
아미텍페씨	150×150	M2	705.43	-	-	-	-	-	-	-	-	-	-	-	705.40	-	-	
점배선승강이		EA	2.00	-	-	1.00	1.00	-	-	-	-	-	-	-	-	-	
우바동		M2	209.57	-	-	35.04	35.90	-	34.65	34.65	34.65	34.65	-	-	-	-	
신축동눈		M	487.19	-	-	-	-	-	-	-	-	-	-	-	487.19	-	
점자블럭		EA	24.00	-	-	12.00	2.00	2.00	2.00	2.00	2.00	2.00	-	-	-	-	
12. 도장공사																			
수성페인트		M2	6,624.90	1,908.14	1,149.42	945.27	451.80	441.31	451.80	451.80	441.31	451.80	-	-	132.90	-	-	
우성페인트		M2	192.86	69.95	129.20	-	-	-	-	-	-	-	-	-	-	-	
후니소트		M2	1,702.04	-	-	76.15	101.27	76.15	76.15	101.27	76.15	859.49	535.41	-	-	-	
에폭시		M2	1,289.51	645.00	629.43	-	-	-	-	-	-	-	15.08	-	-	-	
쎄라인		M2	174.47	13.21	14.12	22.96	19.96	19.50	19.96	19.96	19.50	19.96	4.94	0.86	-	-	

마감물량산출서

위치/부위	품명	규격	단위	산식	물량	비고
지하2층 주차장						
바닥	액체방수	2차	M2	=CAD면적645.0	645.00	
	무근콘크리트	T100	M3	=CAD면적645.0*두께0.1	64.50	
	피니셔		M2	=CAD면적645.0	645.00	
	에폭시미감	T3	M2	=CAD면적645.0	645.00	
걸레받이	시멘트몰탈	벽	M2	=벽에포함0	~	
	세라민페인트	H100	M2	=(CAD둘레(146.91)-개구부(0.9+1.3*2+1.8)-램프5.0-elev4.5)*높이0.1	13.21	
벽	액체방수	2차	M2	=((외벽둘레CAD87.53)*높이(3.6-0.7))	253.84	
	보호몰탈	벽	M2	=((외벽둘레CAD87.53)*높이(3.6-0.7))	253.84	
	보호몰탈	벽	M2	=(내부벽(50.8+4.15)*높이(3.6-0.7)-개구부(0.9*2.1+1.3*0.6*2EA)+기둥((0.5*0.8)*2+3ea*0.8*4+3ea*0.7*4+3ea*0.6*4+2ea+(0.9+0.5)*2+1ea)*높이(3.6-0.7)	252.77	
	수성페인트2회		M2	=((외벽둘레(CAD87.53)*높이(3.6-0.7))+(내부벽(50.8+4.15)*높이(3.6-0.7)-개구부(0.9*2.1+1.3*0.6*2EA)+기둥((0.5*0.8)*2+3ea*0.8*4+3ea*0.7*4+3ea*0.6*4+2ea+(0.9+0.5)*2+1ea)*높이(3.6-0.7)	506.60	
천정	제물치장콘크리트		M2	=CAD면적645.0+보측면((0.7-0.15)*2+(30.2+13.65*2+16.6+12.5+21.0+19.5+17.6+22.1+2.6*4ea)+(0.7-0.15)*1+(30.2+1.7+8.5+7.7+2.6+24.3+9.42+22.2))	898.56	
	액체방수	2차	M2	=외벽방수연창들레84.14*폭1.0	84.14	
	수성페인트	천장	M2	=CAD면적645.0+보측면((0.7-0.15)*2+(30.2+13.65*2+16.6+12.5+21.0+19.5+17.6+22.1+2.6*4ea)+(0.7-0.15)*1+(30.2+1.7+8.5+7.7+2.6+24.3+9.42+22.2))	898.56	
지하2층 물탱크실, 펌프실					~	
바닥	액체방수	2차	M2	=CAD면적129.84	129.84	
	무근콘크리트	T100	M3	=CAD면적129.84*두께0.1	12.98	
	쇠흙손 마감		M2	=CAD면적129.84	129.84	
벽	액체방수	2차	M2	=(2.62+15.87+11.6+5.3*2.2)*높이4.28+(9.83*높이(4.22+2.2)*0.5)-개구부(1.8*2.1)	188.66	
	보호몰탈	벽	M2	=(2.62+15.87+11.6+5.3*2.2)*높이4.28+(9.83*높이(4.22+2.2)*0.5)-개구부(1.8*2.1)	188.66	
	시멘트몰탈	벽	M2	=기둥(0.5*0.9)*2*높이(4.28-0.55)	10.44	
	수성페인트2회		M2	=(2.62+15.87+11.6+5.3*2.2)*높이4.28+(9.83*높이(4.22+2.2)*0.5)-개구부(1.8*2.1)+기둥(0.5*0.9)*2*높이(4.28-0.55)	199.10	
천정	제물치장콘크리트		M2	=CAD면적129.84	129.84	
	액체방수	2차	M2	=외벽방수연창들레19.4*폭1.0	19.40	
	수성페인트		M2	=CAD면적129.84	129.84	
지하2층 ELEV						
걸레받이	시멘트몰탈	벽	M2	=벽에포함0	~	
	인조대리석		M2	=벽에포함0	~	
벽	시멘트몰탈	벽	M2	=4.5*높이(3.6-0.15)-개구부(1.3*2.1*2ea)	10.07	
	인조대리석		M2	=4.5*높이(3.6-0.15)-개구부(1.3*2.1*2ea)	10.07	
지하2층 램프						
바닥	액체방수	2차	M2	=폭4.6*길이(7.7+10.95+4.93)	108.47	
	무근콘크리트	T100	M3	=폭4.6*길이(7.7+10.95+4.93)*두께0.1	10.85	
	조면처리		M2	=폭4.6*길이(7.7+10.95+4.93)	108.47	
	스틸그레이팅		m	=5.0+5.0	10.00	
벽	액체방수	2차	M2	=(7.7*2+10.95+7.5+4.93*2ea)*높이2.5	109.28	
	시멘트몰탈	벽	M2	=(7.7*2+10.95+7.5+4.93*2ea)*높이2.5	109.28	
	수성페인트2회		M2	=(7.7*2+10.95+7.5+4.93*2ea)*높이(2.5-1.0)	65.57	
	안전도색	H:1000	M2	=(7.7*2+10.95+7.5+4.93*2ea)*높이1.0	43.71	
천창	수성페인트2회		M2	=폭4.6*길이(7.7+10.95+4.93)	108.47	
층돌방지턱	무근콘크리트	T100	M3	=(폭0.55*길이(7.7+10.95+4.93)+폭0.25*길이(7.7+10.95+4.93))*높이0.15	2.83	

설계비 감정서

이 사건 감정의 목적은 동일 부지의 오피스텔, 숙박시설 2건의 설계 용역을 대상으로 각 설계용역별로 1. 용역의 기성율 및 이에 따른 용역비를 산출하고, 2. 건축심의완료를 용역 범위 100%로 보았을 때의 오피스텔, 숙박시설의 완성도를 산출하는 것이다.

부록

사 건 : 20△△가합0000 용역비
원 고 : ○○종합건축사사무소
피 고 : 주식회사 ◇◇

감 정 서
서울시 ○○구 ○○동 △△△△-△번지 개발사업

20△△. 00. 00.
감정인 ○ ○ ○

○○법원 제○민사부 귀중

제 출 문

사 건 20△△가합0000 용역비
원 고 ○○종합건축사사무소
피 고 주식회사 ◇◇

   이 사건 감정을 수행함에 있어 재판부의 지시사항과 감정신청내용을 근거로 관련 자료 및 설계도서를 조사, 확인하였습니다. 이에 대한 기술적 검토와 제반자료 분석결과를 보고합니다.

20△△. 00. 00.

감 정 인 : 건 축 사 · 건축시공기술사 ○ ○ ○ (인)
사 무 소 : △△건축사사무소
주   소 : 서울시 ○○구 ○○○로
전   화 : 02-0000-0000 / 팩   스 : 02-0000-0000
이 메 일 : abc@abc.co.kr

○○법원 제○민사부 귀중

감정 수행 경과 보고

1. 감정서 제출 목록

구 분	제출도서 및 서류	제출부수	비 고
감정서	감정보고서	1부	전자제출

2. 감정인 업무수행 및 당사자 · 관계자 접촉 경과표

번호	일 자	장 소	참 가 자	내 용	비고
1	2020.00.00.	-	-	감정촉탁	
2	2020.00.00.	-	-	자료 제출 요청 공문 발송	
4	2020.00.00.	-	-	원고 자료제출(계약서 외)	우편
5	2020.00.00.	감정인 사무실	-	원고 제출자료관련 설명	
6	2020.00.00. ~ 2020.00.00.	-	감정인 외 1인	감정보고서 작성	
7	2020.00.00.	-	감정인	감정보고서 검토	
8	2020.00.00.	-	-	감정보고서 제출	

감 정 요 약 문

사 건 20△△가합0000 용역비
원 고 ○○종합건축사사무소
피 고 주식회사 ◇◇

감정 총괄표

1. 이 사건 감정대상 설계용역 2건의 전체 업무대비 수행비율방식에 따른 기성율 및 이에 따른 용역비 산출금액은 184,824,127원(VAT 포함)로 산출되었다.

구분	계약금액 (A)	수행비율에 의한기성율 (B)	용역비 산출금액 (C)=A*B	VAT (D)	계 (E)=C+D	비고
용역1	540,000,000	17.09%	92,286,000	9,228,600	101,514,600	오피스텔
용역2	436,266,900	17.36%	75,735,934	7,573,593	83,309,527	숙박시설
계	976,266,900	-	168,021,934	16,802,193	184,824,127	

2. 이 사건 감정대상 설계용역 2건에 대해 건축심의완료를 100% 용역의 범위로 가정할 때 산출된 용역별 완성도는 다음과 같다.

구분	완성도	비고
용역1	67.14 %	오피스텔
용역2	68.21 %	숙박시설

부록

1 감정보고서

1. 개 요

1.1 감정 개요

이 사건 감정대상은 서울시 서초구 ○○동 △△△△-△번지 외 2필지 개발사업을 위하여 원고가 제공한 2건의 건축설계용역 건이다. 감정의 목적은 상기 설계용역과 관련하여 원고가 제공한 용역의 완성율을 산정하여 정확한 용역비를 산정하는 것이다.

1.2 감정 목적물 표시

구 분	내 용			비 고
사 업 명	○○동 오피스텔 신축공사. ○○동 숙박시설 신축공사			
주 소	서울시 ○○구 ○○동 △△△△-△번지			
용 도	오피스텔, 숙박시설			
구 조	철근콘크리트구조			
대 지 면 적	1,324 ㎡			
용 역 비	구분	용역1(오피스텔)	용역2(숙박시설)	
	계약금액	540,000,000원	436,266,900원	
	부가가치세	54,000,000원	43,626,690원	
	계	594,000,000원	479,893,590원	

1.3 감정 목적물 위치

2. 감정의 목적 및 감정신청사항

2.1 감정의 목적

이 건 감정의 목적은 서울시 ○○구 ○○동 △△△△-△번지 개발사업과 관련한 2건의 설계용역에 대해 원고가 제공한 용역의 완성율을 산정하여 정확한 용역비를 산정하는 것이다.

2.2 감정신청사항

1. 제1차 용역계약에 관하여 진행 일자별 용역이 제공되었을 경우, 건축심의완료시까지 원고가 제공한 용역의 완성도(건축심의완료를 100% 용역제공이라 할 경우 그 완성도를 %로 산정하여 주시기 바랍니다)

2. 제2차 용역계약에 관하여 진행 일자별 용역이 제공되었을 경우, 건축심의완료시까지 원고가 제공한 용역의 완성도(건축심의완료를 100% 용역제공이라 할 경우 그 완성도를 %로 산정하여 주시기 바랍니다)

3. 감정기본자료 및 전제사실

3.1 감정기본자료

번호	제출일자	제출자	제출자료	자료형태	비고
1	2020.00.00.	원고	계약서	출력자료	A4
2	2020.00.00.	원고	E-mail 및 첨부도면	출력자료	A4
3	2020.00.00.	원고	설계도면	출력도면, CAD-FILE	A3

3.2 전제사실

1) 감정시점

이 건 감정 기준시점은 소 제기일인 20△△년 ○월 ○○일로 하였다.

2) 감정신청사항 완성도 산정

이 사건 감정대상 설계용역 2건의 건축심의완료를 100% 용역의 범위로 가정할 때 완성도는 '공공발주사업에 대한 건축사의 업무범위와 대가기준[1]'[국토교통부 고시 제2015-911호, 2015. 12. 8.]'을 근거로 '설계업무 수행비율 방식'을 적용하여 산출한 '수행비율에 의한 기성율'을 보정하여 산출하였다.

3) 수행비율방식에 의한 기성율 산정

원고의 설계용역 업무에 대하여 '공공발주사업에 대한 건축사의 업무범위와 대가기준'을 근거로 '설계업무 수행비율 방식'을 적용하여 산출한 업무수행비율에 따라 용역비를 산출[2]하였다.

---

1 현재 국내에는 설계도서의 업무단계를 구체적으로 규정하고 있는 기준으로 '공공발주사업에 대한 건축사의 업무범위와 대가기준' 외에는 없다. 그래서 감정을 위해서는 비록 공공건축물에 한정된 기준이지만 업무단계 비율을 정하고 있는 '공공발주사업에 대한 건축사의 업무범위와 대가기준'을 준용할 수밖에 없다. 만일 약정으로 그 비율을 특정한 경우에는 약정에 따라야 한다.
2 설계용역비는 크게 '설계업무 수행비율 방식'을 통해 기성율을 산출하여 용역비를 산출하는 방식과 '실비정액 가산방식'으로 용역비를 산출하는 방식이 있다.
'설계업무 수행비율 방식'은 약정된 업무를 100%로 놓고 업무의 비율을 구분하여 배분한 후, 해당 업무의 완성도를 판단하여 설계업무의 수행비율방식을 산출하는 방식이다.
'실비정액 가산방식'의 경우 설계업무에 소요된 직접 인건비, 직접경비, 제경비, 기술료의 합계 금액으로 설계 용역비를 산출한다.

4) 기성율 산정방식

① 용어정의

이 건 감정에서 사용한 설계와 관련한 업무의 구분은 '건축물의 설계도서 작성기준 [국토교통부고시 제2016-1025호, 2016.12.30.]'에 근거하였다. 이 기준에 따른 설계단계별 정의는 다음과 같다.

ㄱ 설계

"설계"라 함은 건축사가 자기 책임하에(보조자의 조력을 받는 경우를 포함한다) 건축물의 건축대수선, 용도변경, 리모델링, 건축설비의 설치 또는 공작물의 축조를 위한 설계도서를 작성하고 그 설계도서에서 의도한 바를 설명하며 지도자문하는 행위를 말한다.

ㄴ 기획업무

"기획업무"라 함은 건축물의 규모검토, 현장조사, 설계지침 등 건축설계 발주에 필요하여 건축주가 사전에 요구하는 설계업무를 말한다.

ㄷ 계획설계

"계획설계"라 함은 건축사가 건축주로부터 제공된 자료와 기획업무 내용을 참작하여 건축물의 규모, 예산, 기능, 질, 미관 및 경관적 측면에서 설계목표를 정하고 그에 대한 가능한 계획을 제시하는 단계로서, 디자인 개념의 설정 및 연관분야(구조, 기계, 전기, 토목, 조경 등을 말한다. 이하 같다)의 기본 시스템이 검토된 계획안을 건축주에게 제안하여 승인을 받는 단계이다.

ㄹ 중간설계

"중간설계(건축법 제8조제3항에 의한 기본설계도서를 포함한다. 이하 같다)"라 함은 계획설계 내용을 구체화하여 발전된 안을 정하고, 실시설계 단계에서의 변경 가능성을 최소화하기 위해 다각적인 검토가 이루어지는 단계로서, 연관분야의 시스템 확정에 따른 각종 자재, 장비의 규모, 용량이 구체화된 설계도서를 작성하여 건축주로부터 승인을 받는 단계이다.

ㅁ 실시설계

"실시설계"라 함은 중간설계를 바탕으로 하여 입찰, 계약 및 공사에 필요한 설계도서를 작성하는 단계로서, 공사의 범위, 양, 질, 치수, 위치, 재질, 질감, 색상 등을 결정하여 설계도서를 작성하며, 시공중 조정에 대해서는 사후설계관리업무 단계에서 수행방법 등을 명시한다.

ⓑ 사후설계관리업무

"사후설계관리업무"라 함은 건축설계가 완료된 후 공사시공 과정에서 건축사의 설계의도가 충분히 반영되도록 설계도서의 해석, 자문, 현장여건 변화 및 업체선정에 따른 자재와 장비의 치수, 위치, 재질, 질감, 색상, 규격 등의 선정 및 변경에 대한 검토보완 등을 위하여 수행하는 설계업무를 말한다.

② 설계업무의 정량적 판단을 위한 감정기준

이 사건 설계업무에 대한 수행비율을 산출하기 위해서는 '업무범위의 확정'과 '업무단계별 비율' 그리고 각 '설계도면의 완성도'에 대한 정량적 분석이 필요하다. 분석의 근거는 아래와 같다.

㉠ 업무범위의 확정

이 사건 설계용역의 업무는 'ㅇㅇ동 오피스텔 신축 설계용역 계약서' 및 'ㅇㅇ동 숙박시설 신축 설계용역 계약서'의 '제3조(계약의 범위)'에 따라 확정하였다. 세부 내용은 다음과 같다.

1. ㅇㅇ동 오피스텔 신축 설계용역 계약서 (용역 1)

> 제3조(계약의 범위 등)
> ① 계약의 범위 등은 [첨부]의 "설계 용역 업무범위"에 따른다.
> ② 공사완료도서 및 건축물관리대장 작성 등 설계업무를 위해 필요한 세부사항은 "갑"과 "을"이 협의하여 정한다.
> [첨부]
> 1. 설계 용역범위
> 1) 신축설계 대상
>   (1) 업무시설 및 근린생활시설 : (연면적: 17,850㎡ / 5,400평 내외)
> 2) 설계업무
>   (1) 기본설계 : 중급
>   (2) 실시설계 : 중급

(3) 건축, 토목, 구조, 전기, 통신, 설비, 조경분야 제반 설계업무 총괄 및 책임

　　(4) 대 관공서 인허가 관련업무(도서작성 및 착공에 관한 설계지원업무 포함)

　　(5) 세대 유니트 및 공용부 인테리어 설계

　　(6) 설계업무는 "을"과 "병"이 협의하여 진행

　3) 시공단계 설계 조정업무(해석, 자문, 검토, 보완 등 시공단계 설계조정)

　4) 투시도 또는 조감도 1매 작성

2. ○○동 숙박시설 신축 설계용역 계약서 (용역 2)

제3조(계약의 범위 등)

① 계약의 범위 등은 [첨부]의 "설계 용역 업무범위"에 따른다.

② 공사완료도서 및 건축물관리대장 작성 등 설계업무를 위해 필요한 세부사항은 "갑"과 "을"이 협의하여 정한다.

[첨부]

1. 설계 용역범위

　1) 신축설계 대상

　　(1) 숙박시설(생활형 숙박시설) 및 부대시설 : (연면적: 17,850㎡ / 5,400 평 내외)

　2) 설계업무

　　(1) 기본설계 : 중급

　　(2) 실시설계 : 중급

　　(3) 건축, 토목, 구조, 전기, 통신, 설비, 조경분야 제반 설계업무 총괄 및 책임

　　(4) 대 관공서 인허가 관련업무

　3) 시공단계 설계 조정업무(해석, 자문, 검토, 보완 등 시공단계 설계조정)

　4) 투시도 또는 조감도 1매 작성

부록

ⓒ 업무단계별 비율(이하 수행비율) 적용 기준

설계자가 일정한 단계까지 용역업무를 수행한 후 계약이 해제된 경우, 설계용역의 업무단계별로 수행한 업무비율을 산정하기 위해서는 기준이 필요하다. 이 사건 감정에서는 '공공발주사업에 대한 건축사의 업무범위와 대가기준' [국토교통부 고시 제2015-911호, 2015. 12. 8.](이하 '건축사대가기준'이라고 한다)을 '업무단계별 수행비율' 의 산정 기준으로 하였다. 현재 국내에는 이 기준 외에는 설계도서의 업무단계를 구체적으로 규정하고 있는 공인된 기준이 없기 때문이다.

가. 도서작성 구분 (건축사대가기준 별표2)

건축설계에 필요한 도서작성 업무는 다음과 같은 방법으로 구분하였다. 건축사대가기준 제10조에서는 소규모 건축물 등과 같이 인·허가와 관련된 최소한의 설계도서만을 요구하는 경우에는 기본으로 하며, 공종별 공사비 산정을 위한 설계도서를 작성하는 경우에는 중급으로 하고, 중급에 비하여 세부적인 공사비 산정을 위한 구체적인 설계도서 작성을 요구하는 경우에는 상급으로 분류하며 세부적인 설계도서의 내용은 기존 [별표2]에 따라 구분한다.

이 사건 감정에서는 상기 [별표2]에 따른 세부항목과 설계계약에서 규정하고 있는 업무의 범위를 감안하여 구체적인 평가항목을 결정하였다. 이 건 설계용역은 오피스텔과 숙박시설로 계약서에서 요구하는 설계도서의 품질은 '중급'이다.

나. 업무단계별 비율 보정

이 건 감정에서 적용한 각 업무단계별 업무비율은 아래와 같다. '건축사대가기준'의 업무비율에 이 건 설계용역계약의 범위를 감안하여 비율을 조정하였다. 구체적인 내용은 다음과 같다.

이 사건 계약서에 따른 용역의 범위는 기획업무에서부터 사후설계 관리까지 이다. 이를 단계별 업무비율로 적용하면 총 110 %이므로 이를 100%로 보정하는 것이 필요하다. 보정에 따른 각 업무단계별 비율은 아래와 같다.

❖ 표 1   설계용역의 범위와 계약범위의 비교

설계용역의 범위 구분	설계계약서 제 3조 (계약의 범위)
1. 기획업무	기본설계
2. 계획설계	(건축 심의 포함)
3. 중간설계	실시설계
4. 실시설계	대 관공서 인허가 업무 등
5. 사후 설계관리 업무	시공단계 설계 조정업무

❖ 표 2   업무단계별 보정비율

업무단계	업무비율 (A)	업무비율조정[3] (B)	보정비율[4] (C=B/110)	비고
기획업무	8 %	8 %	7.27 %	종별: 제2종(보통)
계획설계업무	20 %	20 %	18.18 %	설계도서수준·중급
중간설계업무	30 %	30 %	27.27 %	
실시설계업무	50 %	50 %	45.45 %	(기획업무 8%, 사후
사후설계관리업무	-	2 %	1.82 %	설계 관리업무 2%)
계	108 %	110 %	100 %	반영

다. 설계도서별 기성율 산정기준

- 완성도 : 각 도면의 완성도를 비율로 산정하였다.
- 수행비율 : 건축설계 도서작성 업무내용에 대한 각 도면별 완성도를 반영하여 산정하였다.
- 기성율 : '업무단계별 수행비율'에 '보정비율'을 곱하여 산정하였다.

---

3 '공공발주사업에 대한 건축사의 업무범위와 대가기준' [별표 1]에 따르면 기획업무는 대가의 구분에 따라 I-3%, II-5%, III-8%의 비율이 명시되어 있다.
같은 기준 제6조(설계업무)에서는 다른 조건에서의 계획설계, 중간설계, 실시설계 단계별 업무비율을 제시하고 있다.
이 사건 감정에서는 건축신고만으로 건축이 가능한 건축물, 일괄수행시 업무비율 조건을 기준으로 계획설계 20%, 중간설계 30%, 실시설계 50%를 적용하였다.
사후설계관리업무에 대해서는 별도의 비율을 명시한 내용이 없다. 설계비 감정 시 사후 설계관리업무가 약정 업무에 포함되어 있다면 감정인의판단에 따라 적정 비율을 적용하여 보정비율을 산정하도록 한다.
4 약정된 업무의 비율이 100%가 되도록 업무비율을 보정한다.

설계도서별 완성도 적용기준

설계도서별 진척도 적용기준	완성도	비고
1. 완성	100 %	설계도서 작성완료
2. 실명 및 세부치수등 도면일부 미 완성	80 %	협의안 확정(수정안)
3. 해당공종 중간단계 작성도면	50 %	관련업무 진행 중 (제시안)
4. 해당공종 초기단계 작성도면	30 %	관련업무 진행 중 (검토안)
5. 관련도면 미작성	0 %	

③ 용역비 확정[5]

이 사건에서 원·피고가 체결한 '○○동 오피스텔 신축 설계용역 계약서' 및 '○○동 숙박시설 신축 설계용역 계약서'에 명시된 계약금액은 다음과 같다.

구분	계약금액(VAT제외)	비고
용역 1	540,000,000	오피스텔 신축설계 용역
용역 2	436,266,900	숙박시설 신축설계 용역

5) 감정기준 자료목록

원고가 제출한 설계관련 자료는 아래와 같다. 이를 기준으로 단계별 실시설계 수행비율을 산정하였다.

구분	제출자료	규격	수량	감정기준	비고
원고	계약서 (○○동 오피스텔 신축 설계용역 계약서)	A4	10	○	용역 1
	계약서 (○○동 오피스텔 신축 공사감리 계약서)	A4	9	-	
	계약서 (○○동 숙박시설 신축 설계용역 계약서)	A4	9	○	용역 2
	계약서 (○○동 숙박시설 신축 공사감리 계약서)	A4	8	-	
	메일자료	A4	186	-	E-mail 및 첨부도면
	도면자료	A3	220	○	오피스텔 & 숙박시설
피고	-	-	-	-	

5 드물게 설계용역계약서에 용역비 총액이 확정되지 않았거나 객관적인 업무대가 기준이 없는 경우에는 '엔지니어링사업 대가의 기준'의 '실비정액 가산식'을 적용하기도 한다.

3.3 감정의 수정 · 변경

이 사건 감정은 제출된 자료에 한정하여 감정한 것으로 추후 별도의 자료가 제시될 경우 수정 · 변경될 수 있다.

4. 감정사항

1. 제1차 용역계약에 관하여 진행 일자별 용역이 제공되었을 경우, 건축심의완료시까지 원고가 제공한 용역의 완성도(건축심의완료를 100% 용역제공이라 할 경우 그 완성도를 %로 산정하여 주시기 바랍니다)

□ 감정의견

이 사건 감정은 원고가 제출한 자료를 근거로 '국토개발계획 표준품셈' 및 '건축사대가기준'의 업무비율에 따라 용역비를 산정하였다.

1. 건축설계업무 수행비율에 따른 기성율(%) 및 용역비

원고가 제출한 설계도서는 상기 설계용역 중 기획 및 계획설계 과정에서 작성된 도면들로 추정된다. 이들 설계도서에 대해 설계업무수행비율에 따라 산출된 기성율은 17.09%이다. 이를 설계용역비 540,000,000원(VAT 제외)에 곱한 산출금액은 101,514,600원(VAT 포함)이다. 구체적인 내용은 다음과 같다.

공종별 설계용역 수행비율

구분	공종별 설계용역 수행비율 (%)							비고
	건축	구조	기계	전기	토목	조경	계	
1. 기획업무	100.0%	-	-	-	-	-	100.0%	공종구분 없음
2. 계획설계	54.00%	0.00%	0.00%	0.00%	0.00%	0.00%	54.00%	
3. 중간설계	0.00%	0.00%	0.00%	0.00%	0.00%	0.00%	0.00%	미수행
4. 실시설계	0.00%	0.00%	0.00%	0.00%	0.00%	0.00%	0.00%	미수행
5. 사용승인	0.00%	0.00%	0.00%	0.00%	0.00%	0.00%	0.00%	미수행

설계업무 단계별 수행비율

구분	공공발주사업 건축사의 업무범위 구분기준		감정사항		비고
	단계별 업무비율 (A)	보정비율 (B)=A/110	수행비율 (C)	전체 기성율 (D)=C*B	
1. 기획업무	8.00%	7.27%	100.00%	7.27%	
2. 계획설계	20.00%	18.18%	54.00%	9.82%	
3. 중간설계	30.00%	27.27%	0.00%	0.00%	미수행
4. 실시설계	50.00%	45.45%	0.00%	0.00%	미수행
5. 사용승인	2.00%	1.82%	0.00%	0.00%	미수행
계	110%	100.00%		17.09%	

계약금액 (A)	수행비율에 의한 기성율 (B)	용역비 산출금액 (C)=A*B	VAT (D)	계 (E)=C+D	비고
540,000,000	17.09%	92,286,000	9,228,600	101,514,600	

2. 건축심의완료를 100% 용역범위로 가정할 때 완성도(%)

전제사실에서 밝힌 바와 같이 건축심의완료를 100% 용역의 범위로 가정할 때 완성도는 상기 기준에 따라 산출한 기획 및 계획설계 수행비율의 합을 100%로 환산하여 산출하였다. 산출된 완성도는 67.14%이며 산출근거는 다음과 같다.

구분	보정비율 (A)	재 보정비율 (B)=A/25.93	수행비율 (C)	완성도 (D)=C*B	비고
1. 기획업무	7.41%	28.57%	100.00%	28.57%	
2. 계획설계	18.52%	71.43%	54.00%	38.57%	건축심의단계
계	25.93%	100.00%		67.14%	

2. 제2차 용역계약에 관하여 진행 일자별 용역이 제공되었을 경우, 건축심
의완료시까지 원고가 제공한 용역의 완성도(건축심의완료를 100% 용역제공
이라 할 경우 그 완성도를 %로 산정하여 주시기 바랍니다)

□ 감정의견

1. 건축설계업무 수행비율에 따른 기성율(%) 및 용역비

원고가 제출한 설계도서는 상기 설계용역 중 기획 및 계획설계 과정에서 작
성된 도면들로 추정된다. 이들 설계도서에 대해 설계업무수행비율에 따라 산
출된 기성율은 17.36%이다. 이를 설계용역비 436,266,900원(VAT 제외)에 곱한
산출금액은 83,309,527원(VAT 포함)이다. 구체적인 내용은 다음과 같다.

공종별 설계용역 수행비율

구분	공종별 설계용역 수행비율 (%)							비고
	건축	구조	기계	전기	토목	조경	계	
1. 기획업무	100.0%	-	-	-	-	-	100.0%	공종구분 없음
2. 계획설계	54.00%	0.00%	0.00%	0.00%	0.00%	0.00%	54.00%	
3. 중간설계	0.00%	0.00%	0.00%	0.00%	0.00%	0.00%	0.00%	미수행
4. 실시설계	0.00%	0.00%	0.00%	0.00%	0.00%	0.00%	0.00%	미수행
5. 사용승인	0.00%	0.00%	0.00%	0.00%	0.00%	0.00%	0.00%	미수행

부록

설계업무 단계별 수행비율

구분	공공발주사업 건축사의 업무범위 구분기준		감정사항		비고
	단계별 업무비율 (A)	보정비율 (B)=A/110	수행비율 (C)	전체 기성율 (D)=C*B	
1. 기획업무	8.00%	7.27%	100.00%	7.27%	
2. 계획설계	20.00%	18.18%	55.50%	10.09%	
3. 중간설계	30.00%	27.27%	0.00%	0.00%	미수행
4. 실시설계	50.00%	45.45%	0.00%	0.00%	미수행
5. 사용승인	2.00%	1.82%	0.00%	0.00%	미수행
계	110%	100.00%		17.36%	

계약금액 (A)	수행비율에 의한 기성율 (B)	용역비 산출금액 (C)=A*B	VAT (D)	계 (E)=C+D	비고
436,266,900	17.36%	75,735,934	7,573,593	83,309,527	

2. 건축심의완료를 100% 용역범위로 가정할 때 완성도(%)

전제사실에서 밝힌 바와 같이 건축심의완료를 100% 용역의 범위로 가정할 때 완성도는 상기 기준에 따라 산출한 기획 및 계획설계 수행비율의 합을 100%로 환산하여 산출하였다. 산출된 완성도는 68.21%이며 산출근거는 다음과 같다.

구분	보정비율 (A)	재 보정비율 (B)=A/25.93	수행비율 (C)	완성도 (D)=C*B	비고
1. 기획업무	7.41%	28.57%	100.00%	28.57%	
2. 계획설계	18.52%	71.43%	55.50%	39.64%	건축심의단계
계	25.93%	100.00%		68.21%	

5. 결론

1. 이 사건 감정대상 설계용역 2건의 수행비율방식에 따른 기성율 및 이에 따른 용역비 산출금액은 184,824,127원(VAT 포함)이다. 산출근거는 다음과 같다.

구분	계약금액 (A)	수행비율에 의한 기성율 (B)	용역비 산출금액 (C)=A*B	VAT (D)	계 (E)=C+D	비고
용역1	540,000,000	17.09%	92,286,000	9,228,600	101,514,600	오피스텔
용역2	436,266,900	17.36%	75,735,934	7,573,593	83,309,527	숙박시설
계	976,266,900	-	168,021,934	16,802,193	184,824,127	

2. 이 사건 감정대상 설계용역 2건에 대해 건축심의완료를 100% 용역의 범위로 가정할 때 산출된 용역별 완성도는 다음과 같다.

구분	완성도	비고
용역1	67.14%	오피스텔
용역2	68.21%	숙박시설

부록

2 설계업무 수행비율

1. 설계용역 수행비율 집계표

설계용역 수행비율 집계표—용역1(오피스텔)

1. 감정기준 자료

구분	제출자료	감정기준자료	비고
원고	계약서 4 건 : 설계 2건 + 감리 2건	계약서(2건) : 오피스텔 설계용역 + 숙박시설 설계용역	감리계약 제외
	관련메일 및 첨부자료(도면 등)	-	
	도면	도면 : 오피스텔 계획안 & 숙박시설 계획안	A3 , 220장
	준비서면	-	
피고	**제출자료 없음**		

2. 감정기준자료 구분

NO	감정기준자료	규격	수량	비고
1	○○동 오피스텔 신축공사 계획안	A3	150	계약1
2	○○동 숙박시설 신축공사 계획안	A3	70	계약2
	계		220	

3. 설계도서별 진척도 적용기준

설계도서별 진척도 적용기준	진척도	비고
1. 단계별 업무완료	100%	설계도서 작성완료
2. 실명 및 세부치수등 도면일부 미 완성	80%	협의안 확정 (수정안)
3. 해당공종 중간단계 작성도면	50%	관련업무 진행 중 (제시안)
4. 해당공종 초기단계 작성도면	30%	관련업무 진행 중 (검토안)
5. 관련도면 미 작성	0%	

4. 공종 및 업무단계 별 실시설계 수행비율- 용역 1 (오피스텔 계획안)

구분	공종별 진척도							
	건축	구조	기계	전기	토목	조경	계	
1) 기획업무	100.00%	-	-	-	-	-	**100.00%**	공종구분 없음
2) 계획설계	54.00%	0.00%	0.00%	0.00%	0.00%	0.00%	**54.00%**	일부 수행
3) 중간설계	0.00%	0.00%	0.00%	0.00%	0.00%	0.00%	**0.00%**	미수행
4) 실시설계	0.00%	0.00%	0.00%	0.00%	0.00%	0.00%	**0.00%**	미수행
5) 사용승인	0.00%	0.00%	0.00%	0.00%	0.00%	0.00%	**0.00%**	미수행

> 업무단계별 수행비율을 산출한다.

설계용역 수행비율 집계표—용역1(오피스텔)

5. 공공발주사업 건축사의 업무범위 구분기준에 따른 설계업무 기성률 - 용역1(오피스텔)

각 업무단계별 보정비율에 수행비율을 반영하여 전체 설계업무의 기성률을 산출한다.

구분	공공발주사업 건축사의 업무범위 구분기준 (관고시 설계도서 작성기준과 동일)		확인사항		비고
건축사대가기준'의 업무비율에 이 사건 설계용역계약의 업무 범위를 감안하여 각 업무단계별 비율을 보정한다.		보정비율 (B) = A / 110	수행비율 (C)	전체 기성률 (D) = C * B	
		7.27%	100.00%	7.27%	
2)	20%	18.18%	54.00%	9.82%	일부 수행
3) 중간설계	30%	27.27%	0.00%	0.00%	미수행
4) 실시설계	50%	45.45%	0.00%	0.00%	미수행
5) 사용승인	2%	1.82%	0.00%	0.00%	미수행
계	110%	100%		17.09%	

6. 수행비율에 따른 계약금액대비 건축설계업무 용역비

구분	총 계약금액 (A)	수행비율에 의한 기성율 (B)	용역비 산출금액 (C=A*B)	VAT (D=C*10%)	계 (C+D)	비고
용역 1	540,000,000	17.09%	92,286,000	9,228,600	101,514,600	

총 계약금액에 산출한 기성률을 곱해 설계업무 용역비를 산출한다.

7. 건축심의완료를 100% 용역제공이라고 할 경우 완성도- 용역1 (오피스텔)

구분	보정비율 (A)	재 보정비율 (B) = A / 25.93	수행비율 (C)	(D) = C * B	비고
1) 기획업무	7.27%	28.57%	100.00%	28.57%	
2) 계획설계	18.18%	71.43%	54.00%	38.57%	
계	25.45%	100%		67.14%	

설계도서 기성고 비율 산출근거-유형1

설계도서 기성고 비율 산출근거-용역1

구분	비율	용역	건축설계업무단위비율	업무단위	업무내역	산출기초자료 (OO동 오피스텔 신축공사)	경영기준표	한도	시방서	계산서	기타	드로잉	비율	사용비율
건축	30%		20.0%	법규검토	계획범위검토, 인허가법자 파악	1-20121008-오피스텔 계획(1층필자)-지하1층 주차진입-설계개요	OO동 오피스텔 신축공사	100%					100%	20%
						5-20121008-오피스텔 계획(4층필자)-전용용 50%-설계개요								
						9-20121008-오피스텔 계획(4층필자)-전용용 50%-설계개요								
			10.0%	설계구상안		1-20121008-오피스텔 계획(3층필자)-지하1층 주차진입-설계개요		100%					100%	10.00%
						5-20121008-오피스텔 계획(3층필자)-지하1층 주차진입-설계개요								
						9-20121008-오피스텔 계획(4층필자)-전용용 50%-설계개요								
		건축계획서	1.0%	설계개요		1-20121008-오피스텔 계획(4층필자)-지하1층 주차진입-설계개요		100%					100%	1.00%
			10.0%	배치계획		2-20121008-오피스텔 계획(1층필자)-지하1층 주차진입-지하1층 평면도		100%					100%	10.00%
	20%					6-20121008-오피스텔 계획(3층필자)-지하1층 주차진입-지하1층 평면도								
						10-20121008-오피스텔 계획(4층필자)-전용용 50%-지하1층 평면도								
			5.0%	평면계획		2-20121008-오피스텔 계획(3층필자)-지하1층 주차진입-지하1층 평면도		100%					100%	5%
						6-20121008-오피스텔 계획(3층필자)-지하1층 주차진입-지하1층 평면도								
						10-20121008-오피스텔 계획(4층필자)-전용용 50%-지하1층 평면도								
			2.0%	단면계획		21-20121019-오피스텔 계획(3층필자)-지하1층 주차진입-주민도		100%					0%	0.00%
			1.0%	입면계획									100%	1%
			1.0%	외장재료 비교 분석		2-20121008-오피스텔 계획(3층필자)-지하1층 주차진입-지하1층 평면도		50%					50%	3%
			5.0%	배치도		21-20121019-오피스텔 계획(3층필자)-지하1층 주차진입-주민도		50%					50%	1%
70%			1.0%	대지 중 평면도		2-20121008-오피스텔 계획(3층필자)-지하1층 주차진입-지하1층 평면도		50%					50%	3%
			5.0%	각층 평면도									0%	0.00%
			1.0%	입면도(2면 이하)		21-20121019-오피스텔 계획(3층필자)-지하1층 주차진입-주민도								
						31-20130123-비지니스오피텔 계획(3층필자)-지하1층 주차진입-주민도								
						40-20130130-비지니스오피텔 계획(3층필자)-지하1층 주차진입-주민도								
						48-20130201-비지니스오피텔 계획(3층필자)-관공숙박시설-주민도								
						56-20130201-호텔 계획(3층필자)-일반숙박시설-주민도								
	15%	건축도면	3.0%	입면도(총 첨부면도)		64-20130201-오피스텔 계획(3층필자)-지하1층 주차진입-주민도		50%					50%	2%
						72-20130204-비지니스 계획(3층필자)-관공숙박시설-주민도								
						80-20130204-호텔 계획(3층필자)-일반숙박시설-주민도								
						89-20130212-호텔 프로젝트(3층필자)-관공숙박시설-주민도								
						93-20130314-호텔 계획(3층필자)-관공숙박시설-주민도-검토완1								
						94-20130314-호텔 계획(3층필자)-관공숙박시설-주민도-검토완2								
						96-20130401-호텔 계획(3층필자)-관공숙박시설-주민도								
						104-20130410-호텔 계획(3층필자)-관공숙박시설-주민도								
						114-20130412-호텔 계획(3층필자)-지하1층 주차진입-주민도								
						123-20130412-호텔 계획(3층필자)-관공숙박시설-354실-주민도								
						132-130416-호텔 계획(3층필자)-관공숙박시설-354실-주민도								
						141-130425-호텔 계획(3층필자)-관공숙박시설-354실-주민도								
						150-130425-호텔 계획(3층필자)-관공숙박시설-354실-주민도								
	5%		5.0%	설비대상인									0%	0%
합계	5%		70.0%										0%	54.00%

설계도서 기성고 비율 산출근거-용역1

공사 단계 구분	용역 구분	배분 비율	업무종류	업무별 비율	업무내용	설계도서별 완성도						수량 비율	비고
						도면	시방서	계산서	내역서	기타	소계		
구조	구조	10%	구조계획서	5.0%	구조계획개요						0%	0.00%	
			합계	5.0%							0%	0.00%	
				10.0%	기존 건축물 사용을 할 경우, 철거계획 포함								
기계	기계	5%	기계설비 계획서	1.0%	기계설비 계획개요						0%	0.00%	
				1.0%	각종 계통도 및 zoning 계획						0%	0.00%	
	기기			1.0%	자동 시스템 비교 검토						0%	0.00%	
				1.0%	개략 공사비 추정						0%	0.00%	
		0%	심의도서	0.0%	심의 대상인 경우						0%	0.00%	
			합계	5.0%							0%	0.00%	
전기	전기	5%	전기설비 계획서	1.0%	해당 법규 검토						0%	0.00%	
				2.0%	부하량 설정, 전기설비계획자료 비교						0%	0.00%	
				1.0%	수전 부하 산정						0%	0.00%	
				1.0%	개략 예산 검토						0%	0.00%	
				0.0%	심의 대상인 경우						0%	0.00%	
			합계	5.0%							0%	0.00%	
토목	토목	9%	토목계획서	4.0%	개략 흙막이 계획서						0%	0.00%	
				3.0%	흙막이 계획도						0%	0.00%	
				1.0%	우·오수처리계획서 오수계획서						0%	0.00%	
				1.0%	예상공사비 계산서						0%	0.00%	
			합계	9.0%							0%	0.00%	
조경	조경	1%	조경계획서	0.5%	녹지 및 공개공지 계획도						0%	0.00%	
				0.3%	식재 계획도						0%	0.00%	
				0.2%	서울시 계획 및 조경계획도						0%	0.00%	
		0%		0.0%	심의 대상인 경우						0%	0.00%	
	소방		심의도서								0%	0.00%	
			합계	1.0%							0%	53.00%	
	합계	90%	합계	0.0%							0%	0.00%	
		100%	소계	100.0%	법규체크리스트 및 사업자계획자						0%	0.10%	
	인허가 일반사항	12%	개략 시방서	1.0%	공사용 시방서(초안)						0%	0.00%	
			공사비 계산서	2.0%	건축물 개략산정에관한안내,용역등 포함						0%	0.00%	
				2.0%	공사개요(위치, 대지면적 등)						0%	0.00%	
			건축계획서	1.0%	건축규모(구조,규모,연면적,용적률등 수록)						0%	0.00%	
				1.0%	건축물 용도 면적, 주차장규모						0%	0.00%	
				1.0%	배치계획						0%	0.00%	
				1.0%	주차 및 동선계획						0%	0.00%	
			법규 검토서	1.0%	관련사항에 따른 법규검토						0%	0.00%	
			도서		공통 구조에서 분류 작성						0%	0.00%	
			안내도	0.1%	방위, 도로, 대지위치 주변 정보 수록						0%	0.00%	
			수의축도	2.5%	대지인허가에 대한 기술						0%	0.00%	
			면적표	2.5%	거실, 벽, 천장 등 실내 면적						0%	0.00%	
			배치도	3.0%							0%	0.00%	

업무단계 (일계)	공종비율	업무분류 항목	업무종류	업무세부비율	건축설계 도서작성 연무 내용 업무내용	업무요령	감정기준자료 ○○동 오피스텔 신축공사	도면	시방서	계산서	내역서	기타	소계	수행비율	비고
설계단계	40%	건축 도면 16%	주차계획도	1.5%	옥외 및 지하 주차장 도면								0%	0.00%	0.00%
				0.5%	방화 구획 및 방화벽의 위치								0%	0.00%	0.00%
			단면도(2인 이상)	1.0%									0%	0.00%	0.00%
			단면도(층·층단/연도)	1.0%	도면								0%	0.00%	0.00%
			투시도	0.0%	투시도 또는 조감도								0%	0.00%	0.00%
				0.0%	코아 상세도								0%	0.00%	0.00%
		건축 상세도 8%	수직동선상세도	1.0%	계단평면 단면 상세도								0%	0.00%	0.00%
				1.0%	주차장사례, 월면상세도								0%	0.00%	0.00%
			부분 상세도	1.0%	주차리프트 등, 단면상세도								0%	0.00%	0.00%
				1.0%	지상층 외벽 평, 입, 단면도								0%	0.00%	0.00%
				1.0%	지하층 부분 단면 상세도								0%	0.00%	0.00%
			전개도	1.0%	천장 평면도								0%	0.00%	0.00%
			창호도	1.0%	창호 평면도								0%	0.00%	0.00%
				1.0%	창호 입면물								0%	0.00%	0.00%
			정화조	1.0%	정화조 평면 단면도								0%	0.00%	0.00%
				3.0%	용량 계산서								0%	0.00%	0.00%
		건축 기타 4%	특수부아계획권도	0.0%	자동 방음, 방진								0%	0.00%	0.00%
				0.0%	내대, 조명								0%	0.00%	0.00%
				0.0%	전시, 미술장식물								0%	0.00%	0.00%
				0.0%	분수								0%	0.00%	0.00%
				0.0%	주방								0%	0.00%	0.00%
				0.0%	음향								0%	0.00%	0.00%
		합계		36.6%									0%	0.00%	0.00%
	25%	구조 일반사항 20%	개략 시방서	2.0%									0%	0.00%	0.00%
			구조계산서	15.0%									0%	0.00%	0.00%
			협계설계서	3.0%									0%	0.00%	0.00%
		구조 도면 5%	기초일람표	1.5%									0%	0.00%	0.00%
			구조평면도	1.5%									0%	0.00%	0.00%
			가구도	0.1%									0%	0.00%	0.00%
			기둥 일람표	0.1%									0%	0.00%	0.00%
			보 일람표	0.1%									0%	0.00%	0.00%
			슬래브 일람표	0.1%									0%	0.00%	0.00%
			계단표 일람표	0.1%									0%	0.00%	0.00%
		구조 연역	도리수	1.2%									0%	0.00%	0.00%
		기계	개략 시방서	0.5%									0%	0.00%	0.00%
			계산공사비 계산서	0.5%									0%	0.00%	0.00%

설계도서 기성고 비율 산출근거-용역1

용역단계	용역단계별 비율	세부단계	세부단계별 비율	건축설계 도서작성 업무내용 (업무종류)	업무내용별 비율	완성도: 도면	시방서	계산서	내역서	기타	소계	완성도 비율	비고
	10%	설비	5%	설계 계산서	0.5%						0%	0.00%	
				개략부하 계산서	1.0%						0%	0.00%	
				자동 제어 설명서	0.5%						0%	0.00%	
		기계		빠라미터 내역서	1.0%						0%	0.00%	
		설비		소방시설 신고서	1.0%						0%	0.00%	
				보안 목록표	0.5%						0%	0.00%	
				소방 설비도	0.5%						0%	0.00%	
				장비 일람표	0.5%						0%	0.00%	
				덕트 일람표	0.5%						0%	0.00%	
				계통도	0.5%						0%	0.00%	
		기계 설비	5%	자동제어 계통(구역)안내도	0.5%						0%	0.00%	
				지수조 및 고가수조	0.5%						0%	0.00%	
				설비용 트르평면 상세도	0.5%						0%	0.00%	
				도시가스 인입확인	0.5%						0%	0.00%	
				기구 상세도	0.5%						0%	0.00%	
				합계	10.0%						0%	0.00%	
	10%	전기	5%	개략 시방서	1.0%						0%	0.00%	
		설비		공사비 계산서	1.0%						0%	0.00%	
				설계설명서	1.0%						0%	0.00%	
				각종 부하계산서	1.0%						0%	0.00%	
				소방시설 설치 목록표	0.1%						0%	0.00%	
		전기	5%	계통도	3.0%						0%	0.00%	
		설비		배치도	1.5%						0%	0.00%	
				도배치	0.4%						0%	0.00%	
				합계	10.0%						0%	50%	
	13%	토목 설비 사업	10%	개략 시방서	1.0%						0%	0.00%	
				개략 공사비 계산서	1.0%						0%	0.00%	
				설계 설명서	8.0%						0%	0.00%	
				도면 목록표	0.1%						0%	0.00%	
				각종 도면	0.4%						0%	0.00%	
				대지 종 단면도	0.1%						0%	0.00%	
		토목 도면	3%	표준상세 계획도	1.0%						0%	0.00%	
				포장계획 평면 단면도	0.1%						0%	0.00%	
				보도블록 평면도	0.1%						0%	0.00%	
				입면계획도	0.1%						0%	0.00%	
				우·오수배수처리 및 흐름평면도	0.1%						0%	0.00%	
				상하수 계통도	1.0%						0%	0.00%	
				합계	13.0%						0%	0.00%	
			1%	개략 시방서	0.1%						0%	0.00%	
				개략 공사비 계산서	0.1%						0%	0.00%	

설계도서 기성고 비율 산출근거-용역1

부록

업무단계	공종별 비율	세부업무	세부업무별 비율	건축설계 도서작성 업무내용 업무종류	세부내용	산정기준자료 ○○동 오피스텔 신축공사	산정기준자료	설계도서별 완성도 도면	시방서	계산서	내역서	기타	소계	수행 비율	비고
	2%		1%	설계설명서									0%	0.00%	
				도면목록표	0.1%								0%	0.00%	
				조견배치도	0.5%								0%	0.00%	
				식재평면도	0.4%								0%	0.00%	
				단면도	0.1%								0%	0.00%	
			100%	소계	2.0%								0%	0.00%	
			3%	공사시방서	1.0%								0%	0.00%	
				설계개요	0.5%								0%	0.00%	
				각 공종별 공사비 내역서	0.0%								0%	0.00%	
				각종 계산서	1.0%								0%	0.00%	
				표지	0.5%								0%	0.00%	
			5%	도면목록표	0.0%								0%	0.00%	
				안내도	0.5%								0%	0.00%	
				구적도	0.1%								0%	0.00%	
				지적도	0.1%								0%	0.00%	
				면적산출표	0.1%								0%	0.00%	
				대지 및 횡단면도	0.5%								0%	0.00%	
				배치도	0.3%								0%	0.00%	
				주차계획도	0.5%								0%	0.00%	
				평면도	0.5%								0%	0.00%	
				입면도(2면 이상)	1.0%								0%	0.00%	
				단면도(총 평면도 등)	0.2%								0%	0.00%	
	50%			단면 상세 및 내부수장도	0.2%								0%	0.00%	
					1.0%								0%	0.00%	
				상세도	2.0%								0%	0.00%	
					1.0%								0%	0.00%	
					0.5%								0%	0.00%	
					2.0%								0%	0.00%	
					0.5%								0%	0.00%	
					0.5%								0%	0.00%	
					0.5%								0%	0.00%	
				각종 상세도	0.5%								0%	0.00%	
					0.5%								0%	0.00%	
					0.5%								0%	0.00%	
					0.5%								0%	0.00%	
					0.5%								0%	0.00%	
					0.5%								0%	0.00%	
			40%	도면 조견표	1.0%								0%	0.00%	

설계도서 기성고 비율 산출근거-용역1

감정비목	항목비율	건설사업관리 업무내용 인용유형	업무내용	산출근거자료 OO동 오피스텔 신축공사	감정근거자료 도면	시방서	계산서	내역서	기타	소계	수행률	비고
			창호 상세도	1.0%						0%	0.00%	
			창호 일람도	1.0%						0%	0.00%	
			창호 창틀 배치도	3.0%						0%	0.00%	
			각종 천장 평면도	1.0%						0%	0.00%	
			천장 상세도	1.0%						0%	0.00%	
			부분 상세도	1.0%						0%	0.00%	
			주방 관련 설치 상세도	1.0%						0%	0.00%	
			홀비바닥패턴도	1.0%						0%	0.00%	
			로비 천장도	1.0%						0%	0.00%	
			주요실 전개도	1.0%						0%	0.00%	
			승강기 HALL 전개 상세도	1.0%						0%	0.00%	
			화장실 전개 상세도	1.0%						0%	0.00%	
			현관아 전개 도 및 상세도	1.0%						0%	0.00%	
			실내마감 상세도	3.0%						0%	0.00%	
			도어 일람표	1.0%						0%	0.00%	
			건축용 철 일람도	0.5%						0%	0.00%	
			도면	1.0%						0%	0.00%	
			자종 상세도	0.5%						0%	0.00%	
			계산서	0.0%						0%	0.00%	
			시방서	1.0%						0%	0.00%	
			설계설명서	0.5%						0%	0.00%	
			도면목록표	0.5%						0%	0.00%	
			구조 평면도	0.1%						0%	0.00%	
			구조 단면도	0.5%						0%	0.00%	
			기초 상세도	0.5%						0%	0.00%	
			프레임도	0.2%						0%	0.00%	
			프레임 기둥도	0.5%						0%	0.00%	
			프레임 보	0.2%						0%	0.00%	
			코아 상세도	0.5%						0%	0.00%	
			계단실도	0.5%						0%	0.00%	
			프레임 접합부	0.5%						0%	0.00%	
			BRACE접합부 상세도	0.2%						0%	0.00%	
			프레임 상세도	0.1%						0%	0.00%	

설계도서 기성고 비율 산출근거-용역1

공종 가중치	분야별 가중치	세부 가중치	도서내용	세부 가중치	강행기준표 ○○건축소방전기통신기술사사무소 사용공사	승인	시방서	계산서	내역서	기타	확정	비율 합계	비고
10%	구조 상세도	3%	DECK PLATE 설치도	0.1%							0%	0.00%	
			STUD BOLT 설치도	0.1%							0%	0.00%	
			ANCHOR BOLT 상세도	0.1%							0%	0.00%	
			접 상세도	0.1%							0%	0.00%	
			가구	0.1%							0%	0.00%	
			각부구조 상세도	0.1%							0%	0.00%	
			보 OPENING 위치도	0.1%							0%	0.00%	
			캐노피	0.1%							0%	0.00%	
			파라펫	0.1%							0%	0.00%	
			TRUSS	0.1%							0%	0.00%	
			합계								0%	0.00%	
	기계 설비도	3%	시방서	1.0%							0%	0.00%	
			공사내역서	0.0%							0%	0.00%	
			부하계산서	1.5%							0%	0.00%	
			장비계열도	0.5%							0%	0.00%	
	기계 도면		덕트평면도	0.2%							0%	0.00%	
			장비참고표	0.3%							0%	0.00%	
			옥외배관 평면도	0.5%							0%	0.00%	
			주범 배관도	0.5%							0%	0.00%	
			각 설비 평면도	1.0%							0%	0.00%	
	기계 도면	7%	각 설비 평면도(상세부분 포함)	0.5%							0%	0.00%	
			화장실배관평면상세도	1.0%							0%	0.00%	
			덕트 상세도	0.5%							0%	0.00%	
			자재참고표	0.5%							0%	0.00%	
			자동제어인테리얼도	1.0%							0%	0.00%	
			합계	0.0%							0%	0.00%	
	전기 도면	3%	시방서	1.0%							0%	0.00%	
			공사내역서	0.0%							0%	0.00%	
			자동부하계산서	1.0%							0%	0.00%	
			간선계통도	0.5%							0%	0.00%	
			장비참고표	0.1%							0%	0.00%	
			면적목록표	0.4%							0%	0.00%	
	전기 도면		전체배치도	0.0%							0%	0.00%	
			통신배치도	0.3%							0%	0.00%	
			소방배치도	0.3%							0%	0.00%	
			전력간선 계통도	0.3%							0%	0.00%	
			전력간선 계통도	0.4%							0%	0.00%	
			통신 계통도	0.4%							0%	0.00%	
			소방계통도	0.4%							0%	0.00%	

부록

설계도서 기성고 비율 산출근거_용역1

접수 상황	부분 상황	공종 상황	건축공사 도서작성 항목내용		세부내용	항목내용	감정기준자료 OOO용 오피스텔 신축공사					작성 점수	점수	비고
			항목 구성	도서명			준공	시방서	계산서	내역서	기타			
접수 도면	전기 도면	10%	7%	평면도	0.4%	전기실 정비배치 평면도						0%	0.00%	
					0.4%	기계실 정비배치 평면도						0%	0.00%	
					0.4%	전기실 평면도						0%	0.00%	
					0.4%	조명 설비 평면도						0%	0.00%	
					0.4%	통신 설비 평면도						0%	0.00%	
					0.4%	방범 설비 평면도						0%	0.00%	
					0.4%	소방 설비 평면도						0%	0.00%	
					0.4%	방송 설비 평면도						0%	0.00%	
				상세도	0.4%	조명기구 상세도						0%	0.00%	
					0.4%	생태배 핏트 상세도						0%	0.00%	
					0.1%	전기배관 배피트						0%	0.00%	
					0.4%	전기 설비 상세도						0%	0.00%	
					0.4%	TV안테나 설치 상세도						0%	0.00%	
	내역 서류	15%	5%	공사 시방서	4.0%	공사 시방서						0%	0.00%	
					0.0%	공사비 내역서						0%	0.00%	
					1.0%	공사명영서						0%	0.00%	
					1.0%	주요 일위대						0%	0.00%	
			10%	도면	0.5%	대지 중 일위대 도면						0%	0.00%	
					1.0%	포장상세도						0%	0.00%	
					0.5%	도로횡단 수직면도						0%	0.00%	
					1.0%	옹벽 및 단면 전개 도서						0%	0.00%	
					0.5%	우배 상세도						0%	0.00%	
					1.0%	도면인 외 상세						0%	0.00%	
					0.5%	도배상 상세						0%	0.00%	
					1.0%	지형상세도						0%	0.00%	
					1.0%	도면인 수배수 상세도						0%	0.00%	
	조경 도면	9%	1%	공사시방서	0.8%	공사시방 서						0%	0.00%	
					0.0%	공사비 내역서						0%	0.00%	
					0.2%	공사명영서						0%	0.00%	
			4%	도면	0.1%	도면 목차, 범용품 결과(가지 내용도 표기)						0%	0.00%	
					1.0%	공사계획도 및 배치도						0%	0.00%	
					0.3%	배치도						0%	0.00%	
					0.3%	도면배 최종용						0%	0.00%	
					0.3%	도면활 통용						0%	0.00%	
					0.2%	식재 일면도 및 면적 근거도						0%	0.00%	
						식재 면 수 및 규격								

설계도서 기성고 비율 산출근거-용역1

설계 단계	공종별 배분	반영 비율	배점 비율	건축설계도서작성 업무 내용			감정기준자료 ○○증 오피스텔 신축공사	설계도서별 완성도						수행 총괄 비율	비고
				업무종류	업무세부	업무내용		도면	시방서	계산서	내역서	기타	소계		
수행/설계				상세도									0%	0.00%	
					0.3%	지구축 상세도						0%	0.00%	
					0.3%	식재 및 수목보호 일계상세도						0%	0.00%	
					0.3%	조명등 상세도						0%	0.00%	
					0.3%	플랜터 상세도						0%	0.00%	
					0.3%	시설물 상세도						0%	0.00%	
		100%	합계									0%	0.00%	
설계	건축	95%	95%	100.0%				0%					0%	0.00%	
	구조	1%	1%	100.0%				0%					0%	0.00%	
	기계	1%	1%	100.0%				0%					0%	0.00%	
	전기	1%	1%	100.0%				0%					0%	0.00%	
	도씨	1%	1%	100.0%				0%					0%	0.00%	
	합계	100%	100%	100.0%										0.00%	

부 록 **517**

3. 감정기준자료 목록표

감정기준자료 목록표-용역1

NO	구분			감정기준 자료명	비고
	일자	제출자료	자료명		
1	20121008	오피스텔 계획안(3필지)- 지상1층 주차진입	설계개요	1-20121008-오피스텔 계획안(3필지)- 지상1층 주차진입-설계개요	
2	20121008	오피스텔 계획안(3필지)- 지상1층 주차진입	지상1층 평면도	2-20121008-오피스텔 계획안(3필지)- 지상	
3	20121008	오피스텔 계획안(3필지)- 지상1층 주차진입	지하1층 평면도	3-20121008-오피스텔 계획안(3필지)-	
4	20121008	오피스텔 계획안(3필지)- 지상1층 주차진입	지하2층 평면도	4-20121008-오피스텔 계획안(3필지)- 지상	
5	20121008	오피스텔 계획안(3필지)- 지하1층 주차진입	설계개요(3필지)	5-20121008-오피스텔 계획안(3필지)- 지하	
6	20121008	오피스텔 계획안(3필지)- 지하1층 주차진입	지상1층 평면도	6-20121008-오피스텔 계획안(3필지)- 지하1층 주차진입-지상1층 평면도	
7	20121008	오피스텔 계획안(3필지)- 지하1층 주차진입	지하1층 평면도	7-20121008-오피스텔 계획안(3필지)- 지하1층 주차진입-지하1층 평면도	
8	20121008	오피스텔 계획안(3필지)- 지하1층 주차진입	지하2층 평면도	8-20121008-오피스텔 계획안(3필지)- 지하1층 주차진입-지하2층 평면도	
9	20121008	오피스텔 계획안(4필지)- 전용율 50%	설계개요	9-20121008-오피스텔 계획안(4필지)- 전용율 50%-설계개요	
10	20121008	오피스텔 계획안(4필지)- 전용율 50%	지상1층 평면도	10-20121008-오피스텔 계획안(4필지)- 전용율 50%-지상1층 평면도	
11	20121008	오피스텔 계획안(4필지)- 전용율 50%	지상2~3층 평면도	11-20121008-오피스텔 계획안(4필지)- 전용율 50%-지상2~3층 평면도	
12	20121008	오피스텔 계획안(4필지)- 전용율 50%	지하1층 평면도	12-20121008-오피스텔 계획안(4필지)- 전용율 50%-지하1층 평면도	
13	20121008	오피스텔 계획안(4필지)- 전용율 50%	지하2층 평면도	13-20121008-오피스텔 계획안(4필지)- 전용율 50%-지하2층 평면도	
14	20121019	오피스텔 계획안(3필지)- 지하1층 주차진입	표지	14-20121019-오피스텔 계획안(3필지)- 지하1층 주차진입-표지	제외
15	20121019	오피스텔 계획안(3필지)- 지하1층 주차진입	설계개요	15-20121019-오피스텔 계획안(3필지)- 지하1층 주차진입-설계개요	
16	20121019	오피스텔 계획안(3필지)- 지하1층 주차진입	지하1층 평면도	16-20121019-오피스텔 계획안(3필지)- 지하1층 주차진입-지하1층 평면도	
17	20121019	오피스텔 계획안(3필지)- 지하1층 주차진입	지상1층 평면도	17-20121019-오피스텔 계획안(3필지)- 지하1층 주차진입-지상1층 평면도	
18	20121019	오피스텔 계획안(3필지)- 지하1층 주차진입	지상2~3층 평면도	18-20121019-오피스텔 계획안(3필지)- 지하1층 주차진입-지상2~3층 평면도	
19	20121019	오피스텔 계획안(3필지)- 지하1층 주차진입	지상4~15층 평면도	19-20121019-오피스텔 계획안(3필지)- 지하1층 주차진입-지상4~15층 평면도	
20	20121019	오피스텔 계획안(3필지)- 지하1층 주차진입	지하2층 평면도	20-20121019-오피스텔 계획안(3필지)- 지하1층 주차진입-지하2층 평면도	
21	20121019	오피스텔 계획안(3필지)- 지하1층 주차진입	주단면도	21-20121019-오피스텔 계획안(3필지)- 지하1층 주차진입-주단면도	
22	20130123	오피스텔 계획안(3필지)- 지하1층 주차진입	설계개요	22-20130123-오피스텔 계획안(3필지)- 지하1층 주차진입-설계개요	
23	20130123	오피스텔 계획안(3필지)- 지하1층 주차진입	설계개요	23-20130123-오피스텔 계획안(3필지)- 지하1층 주차진입-설계개요	
24	20130123	비지니스호텔 계획안(3필지)- 지하1층 주차진입	표지	24-20130123-비지니스호텔 계획안(3필지)- 지하1층 주차진입-표지	제외
25	20130123	비지니스호텔 계획안(3필지)- 지하1층 주차진입	설계개요	25-20130123-비지니스호텔 계획안(3필지)- 지하1층 주차진입-설계개요	
26	20130123	비지니스호텔 계획안(3필지)- 지하1층 주차진입	지하2층 평면도	26-20130123-비지니스호텔 계획안(3필지)- 지하1층 주차진입-지하2층 평면도	
27	20130123	비지니스호텔 계획안(3필지)- 지하1층 주차진입	지하1층 평면도	27-20130123-비지니스호텔 계획안(3필지)- 지하1층 주차진입-지하1층 평면도	
28	20130123	비지니스호텔 계획안(3필지)- 지하1층 주차진입	지상1층 평면도	28-20130123-비지니스호텔 계획안(3필지)- 지하1층 주차진입-지상1층 평면도	
29	20130123	비지니스호텔 계획안(3필지)- 지하1층 주차진입	지상2층 평면도	29-20130123-비지니스호텔 계획안(3필지)- 지하1층 주차진입-지상2층 평면도	
30	20130123	비지니스호텔 계획안(3필지)- 지하1층 주차진입	지상3~16층 평면도	30-20130123-비지니스호텔 계획안(3필지)- 지하1층 주차진입-지상3~16층 평면도	
31	20130123	비지니스호텔 계획안(3필지)- 지하1층 주차진입	주단면도	31-20130123-비지니스호텔 계획안(3필지)- 지하1층 주차진입-주단면도	
32	20130130	비지니스호텔 계획안(3필지)- 지하1층 주차진입	표지	32-20130130-비지니스호텔 계획안(3필지)- 지하1층 주차진입-표지	제외
33	20130130	비지니스호텔 계획안(3필지)- 지하1층 주차진입	설계개요	33-20130130-비지니스호텔 계획안(3필지)- 지하1층 주차진입-설계개요	
34	20130130	비지니스호텔 계획안(3필지)- 지하1층 주차진입	지하2층 평면도	34-20130130-비지니스호텔 계획안(3필지)- 지하1층 주차진입-지하2층 평면도	
35	20130130	비지니스호텔 계획안(3필지)- 지하1층 주차진입	지하1층 평면도	35-20130130-비지니스호텔 계획안(3필지)- 지하1층 주차진입-지하1층 평면도	
36	20130130	비지니스호텔 계획안(3필지)- 지하1층 주차진입	지상1층 평면도	36-20130130-비지니스호텔 계획안(3필지)- 지하1층 주차진입-지상1층 평면도	
37	20130130	비지니스호텔 계획안(3필지)- 지하1층 주차진입	지상2층 평면도	37-20130130-비지니스호텔 계획안(3필지)- 지하1층 주차진입-지상2층 평면도	
38	20130130	비지니스호텔 계획안(3필지)- 지하1층 주차진입	지상3~16층 평면도	38-20130130-비지니스호텔 계획안(3필지)- 지하1층 주차진입-지상3~16층 평면도	
39	20130130	비지니스호텔 계획안(3필지)- 지하1층 주차진입	지상17층 평면도	39-20130130-비지니스호텔 계획안(3필지)- 지하1층 주차진입-지상17층 평면도	
40	20130130	비지니스호텔 계획안(3필지)- 지하1층 주차진입	주단면도	40-20130130-비지니스호텔 계획안(3필지)- 지하1층 주차진입-주단면도	
41	20130201	비지니스호텔 계획안(3필지)- 관광숙박시설	표지	41-20130201-비지니스호텔 계획안(3필지)- 관광숙박시설-표지	제외
42	20130201	비지니스호텔 계획안(3필지)- 관광숙박시설	설계개요	42-20130201-비지니스호텔 계획안(3필지)- 관광숙박시설-설계개요	

제출된 감정기준 자료를 토대로 리스트를 작성한다. 해당 자료의 내용을 확인하여 각 세부업무의 용역 수행 여부 및 완성도를 판단한다.

감정기준자료 목록표–용역1

NO	구분			감정기준 자료명	비고
	일자	제출자료	자료명		
43	20130201	비지니스호텔 계획안(3필지)- 관광숙박시설	지하1층 평면도	43-20130201-비지니스호텔 계획안(3필지)- 관광숙박시설-지하1층 평면도	
44	20130201	비지니스호텔 계획안(3필지)- 관광숙박시설	지상1층 평면도	44-20130201-비지니스호텔 계획안(3필지)- 관광숙박시설-지상1층 평면도	
45	20130201	비지니스호텔 계획안(3필지)- 관광숙박시설	지상2층 평면도	45-20130201-비지니스호텔 계획안(3필지)- 관광숙박시설-지상2층 평면도	
46	20130201	비지니스호텔 계획안(3필지)- 관광숙박시설	지상3~16층 평면도	46-20130201-비지니스호텔 계획안(3필지)- 관광숙박시설-지상3~16층 평면도	
47	20130201	비지니스호텔 계획안(3필지)- 관광숙박시설	지상17층 평면도	47-20130201-비지니스호텔 계획안(3필지)- 관광숙박시설-지상17층 평면도	
48	20130201	비지니스호텔 계획안(3필지)- 관광숙박시설	주단면도	48-20130201-비지니스호텔 계획안(3필지)- 관광숙박시설-주단면도	
49	20130201	호텔 계획안(3필지)- 일반숙박시설	표지	49-20130201-호텔 계획안(3필지)- 일반숙박시설-표지	제외
50	20130201	호텔 계획안(3필지)- 일반숙박시설	설계개요	50-20130201-호텔 계획안(3필지)- 일반숙박시설-설계개요	
51	20130201	호텔 계획안(3필지)- 일반숙박시설	지하1층 평면도	51-20130201-호텔 계획안(3필지)- 일반숙박시설-지하1층 평면도	
52	20130201	호텔 계획안(3필지)- 일반숙박시설	지상1층 평면도	52-20130201-호텔 계획안(3필지)- 일반숙박시설-지상1층 평면도	
53	20130201	호텔 계획안(3필지)- 일반숙박시설	지상2층 평면도	53-20130201-호텔 계획안(3필지)- 일반숙박시설-지상2층 평면도	
54	20130201	호텔 계획안(3필지)- 일반숙박시설	지상3~14층 평면도	54-20130201-호텔 계획안(3필지)- 일반숙박시설-지상3~14층 평면도	
55	20130201	호텔 계획안(3필지)- 일반숙박시설	지상15층 평면도	55-20130201-호텔 계획안(3필지)- 일반숙박시설-지상15층 평면도	
56	20130201	호텔 계획안(3필지)- 일반숙박시설	주단면도	56-20130201-호텔 계획안(3필지)- 일반숙박시설-주단면도	
57	20130201	오피스텔 계획안(3필지)- 지하1층 주차진입	표지	57-20130201-오피스텔 계획안(3필지)- 지하1층 주차진입-표지	제외
58	20130201	오피스텔 계획안(3필지)- 지하1층 주차진입	설계개요	58-20130201-오피스텔 계획안(3필지)- 지하1층 주차진입-설계개요	
59	20130201	오피스텔 계획안(3필지)- 지하1층 주차진입	지하2층 평면도	59-20130201-오피스텔 계획안(3필지)- 지하1층 주차진입-지하2층 평면도	
60	20130201	오피스텔 계획안(3필지)- 지하1층 주차진입	지하1층 평면도	60-20130201-오피스텔 계획안(3필지)- 지하1층 주차진입-지하1층 평면도	
61	20130201	오피스텔 계획안(3필지)- 지하1층 주차진입	지상1층 평면도	61-20130201-오피스텔 계획안(3필지)- 지하1층 주차진입-지상1층 평면도	
62	20130201	오피스텔 계획안(3필지)- 지하1층 주차진입	지상2층 평면도	62-20130201-오피스텔 계획안(3필지)- 지하1층 주차진입-지상2층 평면도	
63	20130201	오피스텔 계획안(3필지)- 지하1층 주차진입	지상3~15층 평면도	63-20130201-오피스텔 계획안(3필지)- 지하1층 주차진입-지상3~15층 평면도	
64	20130201	오피스텔 계획안(3필지)- 지하1층 주차진입	주단면도	64-20130201-오피스텔 계획안(3필지)- 지하1층 주차진입-주단면도	
65	20130204	비지니스호텔 계획안(3필지)- 관광숙박시설	표지	65-20130204-비지니스호텔 계획안(3필지)- 관광숙박시설-표지	제외
66	20130204	비지니스호텔 계획안(3필지)- 관광숙박시설	설계개요	66-20130204-비지니스호텔 계획안(3필지)- 관광숙박시설-설계개요	
67	20130204	비지니스호텔 계획안(3필지)- 관광숙박시설	지하1층 평면도	67-20130204-비지니스호텔 계획안(3필지)- 관광숙박시설-지하1층 평면도	
68	20130204	비지니스호텔 계획안(3필지)- 관광숙박시설	지상1층 평면도	68-20130204-비지니스호텔 계획안(3필지)- 관광숙박시설-지상1층 평면도	
69	20130204	비지니스호텔 계획안(3필지)- 관광숙박시설	지상2층 평면도	69-20130204-비지니스호텔 계획안(3필지)- 관광숙박시설-지상2층 평면도	
70	20130204	비지니스호텔 계획안(3필지)- 관광숙박시설	지상3~16층 평면도	70-20130204-비지니스호텔 계획안(3필지)- 관광숙박시설-지상3~16층 평면도	
71	20130204	비지니스호텔 계획안(3필지)- 관광숙박시설	지상17층 평면도	71-20130204-비지니스호텔 계획안(3필지)- 관광숙박시설-지상17층 평면도	
72	20130204	비지니스호텔 계획안(3필지)- 관광숙박시설	주단면도	72-20130204-비지니스호텔 계획안(3필지)- 관광숙박시설-주단면도	
73	20130204	호텔 계획안(3필지)- 일반숙박시설	표지	73-20130204-호텔 계획안(3필지)- 일반숙박시설-표지	제외
74	20130204	호텔 계획안(3필지)- 일반숙박시설	설계개요	74-20130204-호텔 계획안(3필지)- 일반숙박시설-설계개요	
75	20130204	호텔 계획안(3필지)- 일반숙박시설	지하1층 평면도	75-20130204-호텔 계획안(3필지)- 일반숙박시설-지하1층 평면도	
76	20130204	호텔 계획안(3필지)- 일반숙박시설	지상1층 평면도	76-20130204-호텔 계획안(3필지)- 일반숙박시설-지상1층 평면도	
77	20130204	호텔 계획안(3필지)- 일반숙박시설	지상2층 평면도	77-20130204-호텔 계획안(3필지)- 일반숙박시설-지상2층 평면도	
78	20130204	호텔 계획안(3필지)- 일반숙박시설	지상3~14층 평면도	78-20130204-호텔 계획안(3필지)- 일반숙박시설-지상3~14층 평면도	
79	20130204	호텔 계획안(3필지)- 일반숙박시설	지상15층 평면도	79-20130204-호텔 계획안(3필지)- 일반숙박시설-지상15층 평면도	
80	20130204	호텔 계획안(3필지)- 일반숙박시설	주단면도	80-20130204-호텔 계획안(3필지)- 일반숙박시설-주단면도	
81	20130212	호텔 프로젝트(3필지)- 관광숙박시설	표지	81-20130212-호텔 프로젝트(3필지)- 관광숙박시설-표지	제외
82	20130212	호텔 프로젝트(3필지)- 관광숙박시설	설계개요	82-20130212-호텔 프로젝트(3필지)- 관광숙박시설-설계개요	
83	20130212	호텔 프로젝트(3필지)- 관광숙박시설	지하2층 평면도	83-20130212-호텔 프로젝트(3필지)- 관광숙박시설-지하2층 평면도	
84	20130212	호텔 프로젝트(3필지)- 관광숙박시설	지하1층 평면도	84-20130212-호텔 프로젝트(3필지)- 관광숙박시설-지하1층 평면도	

감정기준자료 목록표—용역1

NO	구분			감정기준 자료명	비고
	일자	제출자료	자료명		
85	20130212	호텔 프로젝트(3필지)- 관광숙박시설	지상1층 평면도	85-20130212-호텔 프로젝트(3필지)- 관광숙박시설-지상1층 평면도	
86	20130212	호텔 프로젝트(3필지)- 관광숙박시설	지상2층 평면도	86-20130212-호텔 프로젝트(3필지)- 관광숙박시설-지상2층 평면도	
87	20130212	호텔 프로젝트(3필지)- 관광숙박시설	지상3~16층 평면도	87-20130212-호텔 프로젝트(3필지)- 관광숙박시설-지상3~16층 평면도	
88	20130212	호텔 프로젝트(3필지)- 관광숙박시설	지상17층 평면도	88-20130212-호텔 프로젝트(3필지)- 관광숙박시설-지상17층 평면도	
89	20130212	호텔 프로젝트(3필지)- 관광숙박시설	주단면도	89-20130212-호텔 프로젝트(3필지)- 관광숙박시설-주단면도	
90	20130314	호텔 계획안(3필지)- 관광숙박시설	설계개요	90-20130314-호텔 계획안(3필지)- 관광숙박시설-설계개요	
91	20130314	호텔 계획안(3필지)- 관광숙박시설	설계개요-기타	91-20130314-호텔 계획안(3필지)- 관광숙박시설-설계개요-기타	
92	20130314	호텔 계획안(3필지)- 관광숙박시설	검토스케치	92-20130314-호텔 계획안(3필지)- 관광숙박시설-검토스케치	
93	20130314	호텔 계획안(3필지)- 관광숙박시설	주단면도-검토안1	93-20130314-호텔 계획안(3필지)- 관광숙박시설-주단면도-검토안1	
94	20130314	호텔 계획안(3필지)- 관광숙박시설	주단면도-검토안2	94-20130314-호텔 계획안(3필지)- 관광숙박시설-주단면도-검토안2	
95	20130401	호텔 계획안(3필지)- 관광숙박시설	설계개요	95-20130401-호텔 계획안(3필지)- 관광숙박시설-설계개요	
96	20130401	호텔 계획안(3필지)- 관광숙박시설	주단면도	96-20130401-호텔 계획안(3필지)- 관광숙박시설-주단면도	
97	20130410	호텔 계획안(3필지)- 관광숙박시설	설계개요	97-20130410-호텔 계획안(3필지)- 관광숙박시설-설계개요	
98	20130410	호텔 계획안(3필지)- 관광숙박시설	지하1층 평면도	98-20130410-호텔 계획안(3필지)- 관광숙박시설-지하1층 평면도	
99	20130410	호텔 계획안(3필지)- 관광숙박시설	지상1층 평면도	99-20130410-호텔 계획안(3필지)- 관광숙박시설-지상1층 평면도	
100	20130410	호텔 계획안(3필지)- 관광숙박시설	지상2층 평면도	100-20130410-호텔 계획안(3필지)- 관광숙박시설-지상2층 평면도	
101	20130410	호텔 계획안(3필지)- 관광숙박시설	지상3~16층 평면도	101-20130410-호텔 계획안(3필지)- 관광숙박시설-지상3~16층 평면도	
102	20130410	호텔 계획안(3필지)- 관광숙박시설	지상17층 평면도	102-20130410-호텔 계획안(3필지)- 관광숙박시설-지상17층 평면도	
103	20130410	호텔 계획안(3필지)- 관광숙박시설	지하2층 평면도	103-20130410-호텔 계획안(3필지)- 관광숙박시설-지하2층 평면도	
104	20130410	호텔 계획안(3필지)- 관광숙박시설	주단면도	104-20130410-호텔 계획안(3필지)- 관광숙박시설-주단면도	
105	20130410	호텔 계획안(3필지)- 관광숙박시설	설계개요-기타	105-20130410-호텔 계획안(3필지)- 관광숙박시설-설계개요-기타	
106	20130412	호텔 계획안(3필지)- 관광숙박시설-354실	표지	106-20130412-호텔 계획안(3필지)- 관광숙박시설-354실-표지	제외
107	20130412	호텔 계획안(3필지)- 관광숙박시설-354실	설계개요	107-20130412-호텔 계획안(3필지)- 관광숙박시설-354실-설계개요	
108	20130412	호텔 계획안(3필지)- 관광숙박시설-354실	지하1층 평면도	108-20130412-호텔 계획안(3필지)- 관광숙박시설-354실-지하1층 평면도	
109	20130412	호텔 계획안(3필지)- 관광숙박시설-354실	지상1층 평면도	109-20130412-호텔 계획안(3필지)- 관광숙박시설-354실-지상1층 평면도	
110	20130412	호텔 계획안(3필지)- 관광숙박시설-354실	지상2층 평면도	110-20130412-호텔 계획안(3필지)- 관광숙박시설-354실-지상2층 평면도	
111	20130412	호텔 계획안(3필지)- 관광숙박시설-354실	지상3~16층 평면도	111-20130412-호텔 계획안(3필지)- 관광숙박시설-354실-지상3~16층 평면도	
112	20130412	호텔 계획안(3필지)- 관광숙박시설-354실	지상17층 평면도	112-20130412-호텔 계획안(3필지)- 관광숙박시설-354실-지상17층 평면도	
113	20130412	호텔 계획안(3필지)- 관광숙박시설-354실	지하2층 평면도	113-20130412-호텔 계획안(3필지)- 관광숙박시설-354실-지하2층 평면도	
114	20130412	호텔 계획안(3필지)- 관광숙박시설-354실	주단면도	114-20130412-호텔 계획안(3필지)- 관광숙박시설-354실-주단면도	
115	20130412	호텔 계획안(3필지)- 관광숙박시설-354실	표지	115-20130412-호텔 계획안(3필지)- 관광숙박시설-354실-표지	제외
116	20130412	호텔 계획안(3필지)- 관광숙박시설-354실	설계개요	116-20130412-호텔 계획안(3필지)- 관광숙박시설-354실-설계개요	
117	20130412	호텔 계획안(3필지)- 관광숙박시설-354실	지하2층 평면도	117-20130412-호텔 계획안(3필지)- 관광숙박시설-354실-지하2층 평면도	
118	20130412	호텔 계획안(3필지)- 관광숙박시설-354실	지하1층 평면도	118-20130412-호텔 계획안(3필지)- 관광숙박시설-354실-지하1층 평면도	
119	20130412	호텔 계획안(3필지)- 관광숙박시설-354실	지상1층 평면도	119-20130412-호텔 계획안(3필지)- 관광숙박시설-354실-지상1층 평면도	
120	20130412	호텔 계획안(3필지)- 관광숙박시설-354실	지상2층 평면도	120-20130412-호텔 계획안(3필지)- 관광숙박시설-354실-지상2층 평면도	
121	20130412	호텔 계획안(3필지)- 관광숙박시설-354실	지상3~16층 평면도	121-20130412-호텔 계획안(3필지)- 관광숙박시설-354실-지상3~16층 평면도	
122	20130412	호텔 계획안(3필지)- 관광숙박시설-354실	지상17층 평면도	122-20130412-호텔 계획안(3필지)- 관광숙박시설-354실-지상17층 평면도	
123	20130412	호텔 계획안(3필지)- 관광숙박시설-354실	주단면도	123-20130412-호텔 계획안(3필지)- 관광숙박시설-354실-주단면도	
124	130416	호텔 계획안(3필지)- 관광숙박시설-354실	표지	124-130416-호텔 계획안(3필지)- 관광숙박시설-354실-표지	제외
125	130416	호텔 계획안(3필지)- 관광숙박시설-354실	설계개요	125-130416-호텔 계획안(3필지)- 관광숙박시설-354실-설계개요	
126	130416	호텔 계획안(3필지)- 관광숙박시설-354실	지하2층 평면도	126-130416-호텔 계획안(3필지)- 관광숙박시설-354실-지하2층 평면도	

감정기준자료 목록표-용역1

NO	구분			감정기준 자료명	비고
	일자	제출자료	자료명		
127	130416	호텔 계획안(3필지)- 관광숙박시설-354실	지하1층 평면도	127-130416-호텔 계획안(3필지)- 관광숙박시설-354실-지하1층 평면도	
128	130416	호텔 계획안(3필지)- 관광숙박시설-354실	지상1층 평면도	128-130416-호텔 계획안(3필지)- 관광숙박시설-354실-지상1층 평면도	
129	130416	호텔 계획안(3필지)- 관광숙박시설-354실	지상2층 평면도	129-130416-호텔 계획안(3필지)- 관광숙박시설-354실-지상2층 평면도	
130	130416	호텔 계획안(3필지)- 관광숙박시설-354실	지상3~16층 평면도	130-130416-호텔 계획안(3필지)- 관광숙박시설-354실-지상3~16층 평면도	
131	130416	호텔 계획안(3필지)- 관광숙박시설-354실	지상17층 평면도	131-130416-호텔 계획안(3필지)- 관광숙박시설-354실-지상17층 평면도	
132	130416	호텔 계획안(3필지)- 관광숙박시설-354실	주단면도	132-130416-호텔 계획안(3필지)- 관광숙박시설-354실-주단면도	
133	130425	호텔 계획안(3필지)- 관광숙박시설-354실	표지	133-130425-호텔 계획안(3필지)- 관광숙박시설-354실-표지	제외
134	130425	호텔 계획안(3필지)- 관광숙박시설-354실	설계개요	134-130425-호텔 계획안(3필지)- 관광숙박시설-354실-설계개요	
135	130425	호텔 계획안(3필지)- 관광숙박시설-354실	지하2층 평면도	135-130425-호텔 계획안(3필지)- 관광숙박시설-354실-지하2층 평면도	
136	130425	호텔 계획안(3필지)- 관광숙박시설-354실	지하1층 평면도	136-130425-호텔 계획안(3필지)- 관광숙박시설-354실-지하1층 평면도	
137	130425	호텔 계획안(3필지)- 관광숙박시설-354실	지상1층 평면도	137-130425-호텔 계획안(3필지)- 관광숙박시설-354실-지상1층 평면도	
138	130425	호텔 계획안(3필지)- 관광숙박시설-354실	지상2층 평면도	138-130425-호텔 계획안(3필지)- 관광숙박시설-354실-지상2층 평면도	
139	130425	호텔 계획안(3필지)- 관광숙박시설-354실	지상3~16층 평면도	139-130425-호텔 계획안(3필지)- 관광숙박시설-354실-지상3~16층 평면도	
140	130425	호텔 계획안(3필지)- 관광숙박시설-354실	지상17층 평면도	140-130425-호텔 계획안(3필지)- 관광숙박시설-354실-지상17층 평면도	
141	130425	호텔 계획안(3필지)- 관광숙박시설-354실	주단면도	141-130425-호텔 계획안(3필지)- 관광숙박시설-354실-주단면도	
142	130425	호텔 계획안(3필지)- 관광숙박시설-354실	표지	142-130425-호텔 계획안(3필지)- 관광숙박시설-354실-표지	제외
143	130425	호텔 계획안(3필지)- 관광숙박시설-354실	설계개요	143-130425-호텔 계획안(3필지)- 관광숙박시설-354실-설계개요	
144	130425	호텔 계획안(3필지)- 관광숙박시설-354실	지하2층 평면도	144-130425-호텔 계획안(3필지)- 관광숙박시설-354실-지하2층 평면도	
145	130425	호텔 계획안(3필지)- 관광숙박시설-354실	지하1층 평면도	145-130425-호텔 계획안(3필지)- 관광숙박시설-354실-지하1층 평면도	
146	130425	호텔 계획안(3필지)- 관광숙박시설-354실	지상1층 평면도	146-130425-호텔 계획안(3필지)- 관광숙박시설-354실-지상1층 평면도	
147	130425	호텔 계획안(3필지)- 관광숙박시설-354실	지상2층 평면도	147-130425-호텔 계획안(3필지)- 관광숙박시설-354실-지상2층 평면도	
148	130425	호텔 계획안(3필지)- 관광숙박시설-354실	지상3~16층 평면도	148-130425-호텔 계획안(3필지)- 관광숙박시설-354실-지상3~16층 평면도	
149	130425	호텔 계획안(3필지)- 관광숙박시설-354실	지상17층 평면도	149-130425-호텔 계획안(3필지)- 관광숙박시설-354실-지상17층 평면도	
150	130425	호텔 계획안(3필지)- 관광숙박시설-354실	주단면도	150-130425-호텔 계획안(3필지)- 관광숙박시설-354실-주단면도	

부록

최근 몇 년 동안 건설분쟁의 양상이 점점 더 고도화되고 있다. 분쟁적 관점에서 보면 공사의 착공부터 준공 그리고 유지관리까지 건축물의 일생에 걸쳐 갖은 다툼이 발생하고 있다. 감정은 이 다툼에 대한 사실과 주장의 교차점에 놓여있다. 감정결과에 따라 주장이 사실로 확인되기도 하고, 그냥 주장으로만 남기도 한다. 감정이 건설재판에서 중요한 비중을 차지하는 것이 바로 이 때문이다.

혹자는 감정이 최고 기술의 정수인 것처럼 자부하기도 하지만 감정은 법리의 틀 안에서 추구되어야 한다. 분쟁에 대한 최종적 판단은 법원이 내릴 수밖에 없기 때문이다. 소송을 벗어나 독자적으로 설 수 없는 것이 감정이다. 결국 감정(鑑定)은 소송의 생산물이다. 법원의 요청에 따라 감정인은 법원이 알지 못하는 법규범이나 경험법칙에 대한 지식을 중개하거나, 주어진 전제사실로부터 자신의 전문지식과 경험칙으로 감정결과를 이끌어 내야 한다.

하지만 법원은 감정결과에 구속되지 않는다. 감정결과나 상반되는 감정, 재감정 중 어떤 것을 택하느냐는 법원의 자유로운 심증에 달려있다. 그럼에도 불구하고 감정결과에 따라 재판이 좌우되는 현실을 외면할 수는 없다. 오히려 재판에서 감정인의 영향은 커지고 있다. 감정없이는 확정할 수 없는 사실관계가 증가하고 있다. 법원이 감정내용을 그대로 따른 채 재판할 수밖에 없는 경우도 적지 않다. 감정의 오류로 인해 재판결과까지 부실해지는 것을 예방하기 위해서는 감정의 오류가 재판결과의 오류로 전이되는 것을 막아야 한다. 이것이 법원이 감정결과의 증거력을 평가해야 하는 이유이다.

감정절차도 마찬가지다. 감정인은 실체적 진실 발견을 위한 전문성과 기술력을 갖추어야 한다. 법원도 우연히 사건 감정을 맡게 된 감정인에게 의지해서는 안 된다. 이 모든 문제의 정점에 감정인의 자질이 걸려 있다. 법원은 어떤 감정인이 특화된 전문지식 · 경험칙을 가졌는지 제대로 조회할 수 있어야 한다. 전국의 법원에서 감정인 명단을 체계적으로 구성하여 적재적소에 활용할 수 있어야 한다. 감정인 명단을 제대로 작성하기 위해서는 먼저 개별 감정결과의 객관적 평가가 요구된다. 이런 평가를 기반으로 전문화된 감정인 명단을 작성해야 한다. 궁극적으로는 감정인을 전문가 집단화해야 한다.

한편 법원은 지금까지 감정수행을 감정인의 재량에 맡겨 왔다. 그렇지만 감정인은 동일한 사안도 적지 않은 편차를 보인다는 지적을 피하기 어렵다. 게다가 각기 제각각 감정내역서를 작성하다보니 업무완료에 소요되는 기간도 천차만별이다. 감정결과의 제출이 과도하게 지체되는 경우도 많다. 이로 말미암아 법원의 재판진행에 큰 지장이 초래되기도 한다. 이유는 의외로 단순하다. 대부분 감정인은 아직 수작업 형태로 감정내역서를 작성하고 있기 때문이다. 수백세대의 감정내역서를 일일이 수작업으로 작성하고 있다. 세상은 인터넷과 스마트폰을 넘어 웨어러블시대로 가고 있는데 감정인들의 업무 방식은 수십 년 전 그대로 수기 방식에 머물러 있다. 너무 뒤처져 있다.

그래서 감정업무의 정보화가 절실하다. 업무자동화를 통해 더욱 객관적이고 효율적인 감정 수행이 가능할 것이다. 뿐만 아니라 감정료의 적정화에도 크게 기여할 것이다. '감정'결과가 전문가가 인지한 사실로서 증거 결정에 중대한 영향을 미친다는 점에서 감정업무의 정보화는 '시대정신'이라고 할 수 있다.

최근 건설산업은 건축물의 성능 위주로 패러다임이 바뀌고 있다. 에너지 사용량을 줄이고 환경부하를 저감할 수 있는 친환경 건축물 구축에 초점을 맞추고 있다. 건설 산업의 큰 방향은 저탄소 녹색성장을 화두로 친환경, 녹색건축, 에너지제로하우스 건설로 설정되었다. 이와 관련된 기술이 적극 개발되고 실제 적용되고 있다. 동시에 에너지소비와 이산화탄소 배출을 줄이기 위한 정책으로 인해 건설 산업이 개선 대상이 되었다. 이러한 흐름에 따라 건설분야의 감정도 새로운 전환점에 서 있다. 감정의 대상이라고 할 건설 산업이 '건축물의 성능'을 구체적으로 평가하는 시대로 접어들었기 때문이다. 변화된 추세에 적절하게 대응할 수 있는 감정능력을 배양해야 한다

문제는 신기술로 구현된 건축물을 감정하기 위해서는 기존 감정인이 보유한 지식과 경험칙이 부족한 경우가 많다는 것이다. 게다가 현재와 같은 감정인 수급구조로는 전문 감정인을 배양하기 힘들다. 일부는 비경험자라도 이론서적과 논문만으로도 정확한 감정결과를 도출할 수 있다고 강변한다. 하지만 전문분야의 다양성과 급변하고 있는 기술의 특수성을 감안한다면 이러한 주장은 오히려 부실감정의 근거만 될 뿐이다.

건축성능의 구체적 이해와 기술을 바탕으로 한 감정기법에 대한 교육이 요구되는 이유가 여기 있다. 이제 법원은 감정인을 대상으로 한 심층 교육에 초점을 맞추어야 한다. 교육의 방향은 감정인이 감정업무를 맡았을 때 감정인이 가진 능력을 끌어내고, 새로운 지식이나 기능을 습득하는 데 맞춰져야 한다. 건축 설계단계에서부터 전 건설단계를 통해 구체적 건축성능을 감정할 수 있는 전문가의 양성이 시급하다.

무분별하게 감정인을 등재시켜도 안 되지만 그렇다고 감정인이 되기 위한 진로에 진입장벽이 있어도 안 된다. 감정인 등재에 관한 상세

한 정보를 제공해야 한다. 감정인을 체계적으로 양성하기 위한 제도가 필요하다. 감정에 관한 지식, 기술, 기능, 가치관 등을 가르치고 익히게 하는 활동이 준비돼야 한다. 정기적인 교육 프로그램을 수행할 수 있는 감정인 전문 교육기관도 요구된다. 법원과 감정인, 변호사가 모여 다양한 학술과 전문 주제를 토론하고 논의할 수 있는 연구기능을 가진 학회의 설립도 고민해 보아야 한다. 이러한 제반 노력이 화학적으로 결합할 때 비로소 전문 감정인의 시대가 열릴 수 있을 것이다.

나의 아내 은정에게 감사한다. 그녀는 언제나 나에게 깊은 영감을 준다. 두 딸들에게도 감사한다. 나에게 해낼 수 있다는 자신감을 준다. 살아가는 기쁨도 준다. 이 책의 절반은 그녀들의 것이다. 늦었지만 항상 격려와 용기를 북돋워 주신 부모님과 장모님께도 감사드린다.

이 책을 쓰면서 법리에 관해서는 다른 분의 책을 인용할 수밖에 없었다. 사실 감정인이 법을 알면 얼마나 알겠는가. 대부분 윤재윤 변호사님의 '건설분쟁관계법'의 내용을 인용하였다. 지금은 법무법인 세종의 변호사로 계시는 윤재윤 변호사님은 광운대 건설법무대학원 수학시절 '건설분쟁'을 가르쳐 주신 은사님이시기도 하다. 2011년 석사 논문을 보내드렸는데 "하자감정실무에 큰 도움이 될 것이다. 계속 발전하여 최고의 전문가가 되기를 기원한다"는 메일을 보내주셨다. 그 메일을 출력해서 사무실 벽에 붙여놓고 종종 본다. 작은 격려지만 나에겐 큰 힘이 되고 있다. 영광스럽게도 이 책의 감수까지 맡아주셨다. 이 자리를 빌려 그동안 보내주신 가르침과 격려에 진심으로 감사의 뜻을 전한다.

이 책에서는 건설소송의 유형을 기초로 건설감정을 분류하였다. 이 과정에서 모자라는 지식을 보충하기 위하여 법원행정처의 '건설감정 실무개선연구회'에서 작성한 건설감정매뉴얼의 '감정절차'와 '유형'을 인용하였다. '건설감정실무개선연구회'는 건설감정의 절차를 매뉴얼 화하기 위해서 2013년 하반기에 구성되었는데 이 연구에 참가하게 되었다. 이때 감정절차와 유형을 익혔다. 이 감정절차를 총론으로 삼고 감정의 유형별로 한 걸음씩 다가가고자 하였다. 짧은 기간이었지만 정말 많이 배웠다. 이 자리를 빌려 '건설감정실무개선연구회'를 이끌어 주셨던 오재성 부장판사님과 조응 부장판사님께 진심으로 감사드린다. 박선준, 이오영, 김윤종, 이영선, 김이경, 권순엽, 이우용, 이하림 판사님께도 감사한다. 이범상 변호사님을 비롯해 정원, 황선줄, 박종욱 변호사님도 참여하셨다. 그 분들께 정말 많이 배웠다. 깊은 감사의 뜻을 전한다.

이 책을 쓰는 막바지에 서울중앙지방법원의 2015 건설감정실무개선연구회에도 참여하게 되었다. 아니나 다를까 여기서도 부족한 점을 채울 수 있었다. 건설감정실무개선연구회를 주관하셨던 사봉관 판사님께 진심으로 감사드린다. 더불어 서민석, 우라옥, 최성배 부장판사님께도 감사의 뜻을 전한다. 많은 자료와 의견을 보내주셨다.

이 책의 내용에는 지난 10년 간 수행했던 감정의 지식과 경험 외에도 많은 다른 감정인들의 지식이 같이 함축되어 있다. 혹자는 감정인의 노하우가 다 공개되는 것이라며 우려하는 목소리를 낼 것이다. 때론 의견이 갈리는 것도 있을 것이다. 정답이 아니라고 느낄 수도 있다. 그래도 중요한 것은 소통이 아닌가 싶다. 사실 감정인의 책상서랍 속에는 다들 많은 노하우가 쌓여있을 것이다. 이제 이 노하우를 꺼내야 한다. 버려야할 건 버리고, 고쳐야 할 건 고치고, 갈고 닦아야 할 건 갈고 닦아야 한다. 그래야 앞으로 나갈 수 있을 것이다.
같이 감정실무개선연구회에 참여하였던 많은 감정인들이 도와주셨다. 김원기, 김석현, 이명규 박사님께 진심으로 감사의 뜻을 전한다. 김근영, 문현재, 최순정, 정상선 감정인께도 진심으로 깊은 감사의 뜻을 전한다. 이 책을 쓰는데 정말 많은 땀과 정성을 보태준 사람이 있다. 전문 감정인의 길을 걷고 있는 손은성 감정인이다. 진심으로 감사의 뜻을 전하고 싶다.

우선 뭔가를 던져놓아야 비로소 그것에 대해 인식하고 논의할 수 있다며 많은 자료를 건네주며 도와주셨던 건설법무대학원의 유선봉 원장님께 감사의 뜻을 전한다. 이 자리를 빌려 박상열 원장님께도 같이 감사드린다. 항상 격려를 아끼지 않은 권헌영 교수님께도 고마운 마음을 전한다.

나를 도와준 우리 회사 직원들 이야기를 빼놓을 순 없다. 지난 몇 년간 나의 고민은 어떻게 하면 감정인의 단순 반복 업무를 손쉽게 할 수 있는가였다. 그래서 나는 직원들과 함께 2010년 건설감정에 특화된 감정내역 작성 프로그램을 개발하였다. 이제는 제법 알려진 '블루코스트'가 그것이다. 내친 김에 2014년에는 현장조사용 애플리케이션도 개발하였다. 현장조사와 동시에 현장조사서, 수량산출서, 사진정리까지 단박에 끝내는 스마트앱이다. 이름도 '바로체크'다. 둘 다 국내최초, 국내유일의 감정 솔루션이다. 이렇게 미끈한 솔루션을 개발하기 위해 밤낮으로 고생했던 류성호 부장을 비롯해 이정훈, 임희정, 김상호, 이한수, 홍은실에게 감사의 뜻을 전한다. 이들이 없었다면 이 프로그램은 개발하지 못하였을 것이다. 마음 놓고 책도 쓸 수 없었을 것이다.

항상 조언을 아끼지 않는 사법연수원의 정재헌 부장판사님께 진심으로 감사의 뜻을 전한다.

저자 약력

이기상   건축사 · 건축시공기술사
경희대학교 건축공학과
한양대학교 공학대학원 공학석사
광운대학교 건설법무대학원 건설법무학 석사
광운대학교 건설법무대학원 건설법무학 박사
㈜ CMX엔지니어링건축사사무소 대표
2011, 2015 서울중앙지방법원 「건설감정실무」 외 공동연구
법원행정처 「건설감정매뉴얼」 공동집필
leekisang@empal.com / www.cmx.co.kr

손은성   건축사 · 건축시공기술사 · 조경기사 · CVP
전남대학교 건축공학과
광운대학교 건설법무대학원 건설법무학 석사
광운대학교 건설법무대학원 건설법무학 박사
광주고등법원 상임전문심리위원
2015 서울중앙지방법원 「건설감정실무」 외 공동연구
법원행정처 「건설감정매뉴얼」 공동집필
esson71@naver.com

감수자 약력

윤재윤   서울중앙지방법원 부장판사(건설전문 재판부)
서울고등법원 부장판사(건설전문 재판부)
춘천지방법원장
법무법인 세종 변호사

개정판
건설감정 – 공사비편

개정판발행	2020년 11월 20일
초판발행	2015년 5월 10일
공저자	이기상 · 손은성
감 수	윤재윤
펴낸이	안종만 · 안상준
편 집	조보나
기획/마케팅	임재무
표지디자인	박현정
제 작	고철민 · 조영환
펴낸곳	(주) **박영사**
	서울특별시 금천구 가산디지털2로 53, 210호(가산동, 한라시그마밸리)
	등록 1959. 3. 11. 제300-1959-1호(倫)
전 화	02)733-6771
f a x	02)736-4818
e-mail	pys@pybook.co.kr
homepage	www.pybook.co.kr
ISBN	979-11-303-1103-6 93540

copyright©이기상 · 손은성, 2020, Printed in Korea

정 가	29,000원